マルチテナントSaaS アーキテクチャの構築

原則、ベストプラクティス、AWSアーキテクチャパターン

Tod Golding 著

河原 哲也 訳
櫻谷 広人

本文中の製品名は、一般に各社の登録商標、商標、または商品名です。
本文中では™、®、©マークは省略しています。

Building Multi-Tenant SaaS Architectures
Principles, Practices, and Patterns Using AWS

Tod Golding

Beijing • Boston • Farnham • Sebastopol • Tokyo

©2025 O'Reilly Japan, Inc. Authorized Japanese translation of the English edition of "Building Multi-Tenant SaaS Architectures" ©2024 Tod Golding. This translation is published and sold by permission of O'Reilly Media, Inc., the owner of all rights to publish and sell the same.

本書は、株式会社オライリー・ジャパンがO'Reilly Media, Inc.の許諾に基づき翻訳したものです。日本語版についての権利は、株式会社オライリー・ジャパンが保有します。

日本語版の内容について、株式会社オライリー・ジャパンは最大限の努力をもって正確を期していますが、本書の内容に基づく運用結果については責任を負いかねますので、ご了承ください。

「マルチテナントSaaSアーキテクチャの構築」への賛辞

SaaSビジネスの構築、持続、成功を目指す人にとって、本書の指針は極めて有益である。一般的な課題に対する現実的な解決策に基づいているだけでなく、そのパターンやプラクティスは時が経っても通用するものだ。

> エイドリアン・デ・ルーカ (Adrian De Luca)
> クラウドアクセラレーション担当ディレクター
> AWS

セキュリティ、テナント分離、拡張性などに対処するための、実際のアーキテクチャパターンを深く掘り下げたSaaSの概念に関する完璧なリファレンスと言える。マルチテナントのSaaSソリューションを構築するすべての人にとって必携の一冊である。

> トニー・パラス (Tony Pallas)
> 最高商業責任者および最高技術責任者
> ShyTouch Technology

この本は、SaaSやPaaS製品を成功させるために習得すべき、重要なドメインの概念と手段に見事に焦点を当てている。

> ラス・マイルズ (Russ Miles)
> プラットフォームエンジニア
> Clear.Bank

トッドの長年にわたる多種多様な顧客との実務経験が、本書で存分に活かされている。特にAWS上で、拡張性が高くて安全なSaaSソリューションを構築したい人にとっては、素晴らしい情報源になるだろう。

> アヌバヴ・シャルマ (Anubhav Sharma)
> プリンシパルソリューションアーキテクト
> AWS

トッド・ゴールディングは、対話形式と実践的な例を用いて、AWS上でSaaSを構築するという複雑な世界を解き明かしてくれた。また、難しい技術的な概念を、あらゆるレベルのビルダーが理解できるように、わかりやすく解説している。SaaSの初心者であれ経験豊富なプロであれ、トッドの実体験に基づく洞察と苦労して得たベストプラクティスは、堅牢で拡張性の高いSaaSを設計するのに役立つはずだ。本書は、AWS上でSaaSの提供を成功させたいと考えている人にとって、欠かすことのできないガイドブックである。

トビー・バックリー (Toby Buckley)
シニアソリューションアーキテクト
AWS

トッドは、私たちがStediで実装したマルチテナントアーキテクチャの立役者だ。彼は市場の何年も先を見ており、私たちは彼のフレームワークを早期に採用することで素晴らしい利点を実現できた。この本はまさに宝物である。

ザック・カンター (Zack Kanter)
創業者兼CEO
Stedi

日本語版へ寄せて

　長年にわたり、私は幸運にも世界中のさまざまな SaaS 企業と仕事をしてきました。そして今、私の著書の日本語版が出版されるという、大変喜ばしい機会に恵まれました。これは、SaaS の考え方を体系化して紹介するまたとない機会であり、日本の開発者の方々が SaaS 製品の構築にどのように取り組むかという点に少なからず貢献できると確信しています。理想を言えば、ここで取り上げた原則やベストプラクティスが、SaaS ソリューションを構築するときにバランスを考慮しなければならないビジネスと技術の SaaS 特有な組み合わせについて、より幅広い視点をビルダーたちに示すことができればと願っています。また、日本の企業が SaaS の価値提案を最大限に実現できる戦略とパターンを理解する手助けにもなればと考えています。さらに、日本のチームが SaaS 製品を定義し、モデリングし、構築する際に、より明確で一貫性のある方法をもたらす基礎的な洞察も提供できているはずです。

2025年1月

トッド・ゴールディング（Tod Golding）

訳者まえがき

　本書をお手にとっていただきまして、ありがとうございます。本書は、トッド・ゴールディング氏の著作『*Building Multi-Tenant SaaS Architectures*』（O'Reilly Media, Inc. 2024）の全訳です。

　原著者のトッド・ゴールディングは、アマゾン ウェブ サービス（AWS）のシニアプリンシパルパートナーソリューションアーキテクトとして、AWS SaaS Factoryのグローバルテックリードを務めるSaaSの第一人者です。AWS SaaS Factoryは、SaaSデリバリーモデルの採用または最適化を加速できるよう幅広いリソースを提供しています。私たち、日本でSaaSビジネスに関わるアマゾン ウェブ サービス ジャパン合同会社の社員も、トッドがSaaS Factoryを通じて提供するSaaSビジネス戦略および技術戦略のベストプラクティスや、AWSでSaaS製品を構築するためのリファレンスアーキテクチャ、特別トレーニングをよく活用しています。本書は、トッドの長年にわたって培ってきたマルチテナントSaaSアーキテクチャの構築における原則、ベストプラクティス、そしてAWSアーキテクチャパターンが一冊に凝縮されています。日本語で書かれたSaaSのビジネス書籍は多数ありますが、技術書籍は初めてではないでしょうか。本書が、SaaSに関わるすべての人にとって、必携の一冊になれば、訳者としてこの上ない幸せです。

　日本の市場においても、ソフトウェアのデリバリーモデルとしてSaaSを採用する企業は、近年急速に増えています。ある調査会社のレポートによれば、日本のソフトウェア市場の半分以上をすでにSaaSが占めており、その比率は右肩上がりに増え続けています。SaaSは、ソフトウェア企業の俊敏性を高め、より多くのイノベーションを起こし、スケーラブルな成長を促進する方法として期待されているだけでなく、利用者側のユーザーにとっても多くのメリットをもたらします。使いたいと思ったときにすぐに利用を始めることができ、構築や管理が不要で、頻繁にアップデートを享受できることで、ユーザーは手軽に多くのビジネス価値を実現することができます。こういった背景から、日本でもSaaSに対する期待が高まっているわけですが、一方で、すべての企業が「正しく」SaaSビジネスを運営できているわけではありません。

　私たちが、これからSaaSを始めようとする日本のお客様と会話するとき、最初にお伝えするのが「SaaSの本質はビジネスモデル」です。本書の第1章では、主要なSaaSのビジネス目標として、俊敏性、運用効率、イノベーション、スムーズなオンボーディング、成長が挙げられています。SaaSの

アーキテクチャと戦略のほぼすべての側面は、これらのビジネス目標から導き出されます。SaaS技術者は、アプリケーションの構築だけに取り組めばいいということはありません。SaaSの定義や用語について共通認識を持つことが、SaaSへの道のりの最初の一歩となります。第1章からぜひ読み進めてください。

　マルチテナントのSaaSアーキテクチャを構築するためには、コントロールプレーンとアプリケーションプレーン、オンボーディング、アイデンティティ、メトリクス、請求、テナント管理、テナント分離、データパーティショニング、ティアリングなど、さまざまな要素を理解する必要があります。第2章では、これらの概要を取り上げ、SaaSアーキテクチャの全体像を整理し、以降の章で各要素の詳細を解説していきます。また、第16章では、どのように生成AIをSaaSに統合するかといった、最新のトピックにも触れています。本書を一通り読み終えた後は、実際に各要素を検討してSaaSアーキテクチャを構築するときに、各章を辞書的にもお使いいただけると思います。本書をSaaSへの道のりのガイドブックとして、常に手元においておくことをお勧めします。

　もちろん座学だけでなく、手を動かすことも重要です。第10章でAmazon EKS SaaSリファレンスアーキテクチャ（https://github.com/aws-samples/aws-saas-factory-eks-reference-architecture）を、第11章でサーバーレスSaaSリファレンスアーキテクチャ（https://github.com/aws-samples/aws-saas-factory-ref-solution-serverless-saas）を紹介しています。これらには、SaaSを構成する上で重要なマルチテナントの概念が含まれており、独自のSaaSを開発する上で参考になる具体的な実装例を確認することができます。さらに、本書では触れていませんが、AWSがオープンソースで提供するSaaS Builder Toolkit for AWS（SBT）（https://github.com/awslabs/sbt-aws）もあります。SBTは、SaaSのベストプラクティスを適用し、開発速度を向上させるためのツールキットです。本書で学んだ内容を、ぜひ実践してみてください。

　残念ながら、本書で解説しているSaaS開発と運用のベストプラクティスを実装に組み込んでいる企業はそう多くはありません。これは、SaaSが比較的新しいモデルであることや、個々の技術スタックによって実装パターンがさまざま異なることなどに起因します。また、開発者はまずアプリケーションの機能的な側面に注力する傾向があり、長期的な運用に対する投資の重要性が比較的低く見られがちなことも影響しているでしょう。というのも、本書で紹介している原則やコントロールプレーンの機能を取り入れなかったとしても、ひとまずアプリケーションとしては正しく動作して運用できてしまうからです。しかし、それはSaaSの目指すビジネス目標を持続的かつ効率的に達成できる状態ではありません。本書が目指すのは、これから5年先、10年先のビジネスの成功を形作るための堅牢なSaaS基盤です。これからの日本のSaaS市場の行く末を決めるのは、これらの構築を担う技術者の皆さんと言っても過言ではありません。ぜひ一度、SaaSビジネスの成功に必要なアーキテクチャとはどのようなものか？という視点で改めて立ち止まって考えてみてください。その際は、本書が皆さんの道筋を示すコンパスとなることでしょう。

　翻訳の役割分担として、第1章から第9章を河原が、第10章から第17章を櫻谷が担当しました。また、各自の担当箇所を訳出し終えた後に、担当しなかった章の相互レビューを実施しています。そ

して、この翻訳作業を通じて各章の内容を深く考えることになり、あらためてSaaSが何を意味するかについての多くを学ぶことができました。本書の翻訳にあたり、株式会社オライリー・ジャパンの赤池 涼子さんに多大なる支援をいただきました。この素晴らしい書籍を翻訳する機会を与えてくださっただけでなく、文章の確認から画像の対応まで行っていただきました。本当にありがとうございます。また、レビュアーとしてクラスメソッド株式会社の岩浅 貴大さん、株式会社アンチパターンの矢ヶ崎 哲宏さん、アマゾン ウェブ サービス ジャパン合同会社の豊田 真行さんにもご協力いただきました。短い時間にもかかわらず、原稿を丁寧に確認いただき、鋭い指摘を多数くださいました。原著者のトッドを始め、多くの方のご尽力で『マルチテナントSaaSアーキテクチャの構築』を完成することができました。多大なる感謝を申し上げます。

2025年1月

河原 哲也

櫻谷 広人

はじめに

　私が最初にSoftware-as-a-Service（SaaS）の分野を調べ始めたとき、既存のベストプラクティスの指針がたくさん見つかるだろうと期待していました。何しろ、SaaSは決して新しい概念ではなかったからです。成功したSaaS企業の例は複数あり、SaaSが多くの企業にとって望ましい提供形態としての地位を確立しつつあるという一般的な見解もありました。私にとっては、既存のパターンや戦略を取り入れ、それを実践するだけの仕事だと考えていました。しかし、驚いたことに、その通りにはいきませんでした。

　顧客のソリューションに目を向けたり、指針を求めて業界を調べたりするうちに、SaaS環境を設計、構築、運用する意味について、いかに明確な指針が欠如しているかを痛感するようになりました。その一因は、あらゆる技術にレッテルを貼ることで生じる、自然な曖昧さがもたらした副産物だと思います。絶対的な基準がないため、SaaSのあるべき姿に関する定義や意見が対立する余地が多くありました。これにより、実装やアプローチが根本的に異なる企業でも、SaaSのブランドを名乗ることが許されています。実際、SaaSデリバリーモデルを採用することの意味について、まったく異なる、ずれた見解を持ってSaaSへの道のりを歩んでいる企業を今でも数多く見かけます。

　これ自体は何も間違ったことではありません。SaaSとは何かの意味について、さまざまな考え方があるのは素晴らしいことです。しかし、あなたを「SaaSの専門家」として頼りにしている顧客と仕事をする必要がある場合、こうした考え方は大きな問題になります。専門家として、顧客が望むものを何でも構築すればよいというわけにはいきません。実証済みのベストプラクティスの戦略やパターンを教えてくれることをあなたに期待しているチームには、曖昧さは通用しません。自分の仕事をするためには、ベストプラクティスのSaaSアーキテクチャとビジネスを構築することの意味について、明確な見解を持って議論に臨まなければなりませんでした。また、マルチテナントアーキテクチャを直接形成するトレードオフやアーキテクチャパターン、運用上の考慮事項をチームが理解できるように、SaaSの全体像をより具体化する必要がありました。そのためには、幅広いドメイン、ワークロード、顧客属性などに対応できるSaaSの原則と戦略を体系化する必要がありました。これは多くの点で、SaaSソリューションとは何かという広く開かれた概念から意図的に離れ、組織が進むべき道のりを描くのに役立つ、より具体的な一連のガードレールを定義することでもありました。

この基本的な必要性こそが、私をSaaSアーキテクチャの全体像をより明確に定義するための長年にわたる取り組みへと駆り立てたのです。いくつかのブログ投稿から始まったものが、ホワイトペーパー、ウェビナー、ポッドキャスト、トレーニングビデオ、カンファレンスのプレゼンテーションへと続きました。その過程で、私が提唱していた概念や原則が、より多くの場面で受け入れられ、より広く実践されるようになってきていることに気づきました。そこで、この指針の主要な要素をすべて1冊のエンドツーエンドの体験に集約した本を書くべきときがきたのではないかと考えました。

本書によって、SaaSに関する議論により明確な定義をもたらし、SaaSについての考え方や、これらの概念を現実世界の構造に関連付ける方法についてのフレームワークを確立できればと思っています。目標は、基本原則について認識を一致させた上で、それらの原則がさまざまなユースケースや技術スタックでどのように実現されるかを説明することです。これらの概念を特定の技術（Kubernetes、サーバーレスなど）に関連付けることで、個々の技術の微妙な違いが、マルチテナントアーキテクチャの全体的な動作環境にどれほど大きな影響を及ぼすかを理解できるようになります。

その過程で、あらゆるSaaS環境の中核となる要素を明確に分類し、SaaS用の語彙を定義することで、SaaSアーキテクチャの可動部分を分類して説明する方法について、より普遍的なアプローチを取れるようにします。テナント分離、オンボーディング、ティアリング、アイデンティティ、メトリクス、請求、データパーティショニングなど、SaaS固有のアーキテクチャの仕組みを幅広く取り上げます。これらの各分野について、さまざまな環境でどのように適用できるかの例を見ていきます。

また、SaaSの運用上の要素を探求しなければ、本書は不完全なものになってしまいます。お気づきのように、SaaS環境のアーキテクチャは、中核となる運用上のビジネス目標（俊敏性、イノベーション、コスト効率）によって大きく左右されます。本書全体を通して、この強い相関関係を検討し、SaaS環境の構成に影響を与える運用上の考慮事項を概説していきます。

結論から言えば、本書はSaaSアーキテクチャの議論の良い出発点となるでしょう。本書は、ベストプラクティスのSaaSアーキテクチャを構築するためのアプローチを形成する上で中核となる主要な原則や構造、戦略に焦点を当てて、SaaSとは何かの意味を明確に定義することを目的としています。

進化する状況

私が取り組んだ初期のマルチテナントソリューションでは、SaaSとは何かの意味について非常に単純な理解しかありませんでした。これらの環境では、通常、顧客が1つのコンピューティングクラスターを共有し、各顧客のデータを別々のデータベースに保存するモデルが採用されていました。現在でも、特にチームが独自のSaaSインフラストラクチャを所有して管理している環境では、このモデルを使用しているシステムがまだまだ多いのではないかと思います。

そして、クラウドが登場したことで、SaaSの状況にまったく新しい次元の可能性がもたらされました。クラウドのマネージドサービス、動的な拡張性、従量課金制の特性によって、SaaSチームは自分たちの要件に自然に合致するツールや仕組みを手に入れることができるようになりました。組織は、

SaaS環境のコストや運用、俊敏性の特性を強化するために、クラウドのあらゆる利点を活用することができるようになったのです。場合によっては、クラウドの魅力があまりにも強力だったため、クラウドを利用することがSaaSであることだと同一視する企業さえありました（実際にはそうではありません）。

　クラウドの出現が、SaaSアーキテクトにとってまったく新しい世界を切り拓いたことは想像に難くないでしょう。アーキテクトは、マルチテナント環境の開発を合理化できる、非常に幅広いツールやサービス、運用の仕組みを手に入れることができました。また、SaaSチームはさらに多くの運用上の複雑性をクラウドに任せることができ、SaaSビジネスのサポートと運営に伴う摩擦や負担を軽減することができました。さらに、拡張性、高可用性、コスト／運用効率を向上させるネイティブな仕組みも提供しています。

　SaaSとクラウドのこうした相性の良さは、SaaSデリバリーモデルの幅広い魅力と急速な普及に大きく貢献しました。新しいSaaS企業は、クラウドの強みを活用してSaaS製品の開発を加速し、既存のドメインや市場セグメントを破壊することが可能になりました。クラウドベースのSaaSビジネスは、より迅速に事業を展開し、より高い利益率を達成し、新しい市場を開拓し、より速いペースでイノベーションを実現することができます。これは、ご存知の通り、既存のソフトウェア企業がSaaSへの移行を加速する動機となりました。その中には、SaaSへの移行が生き残るための必須条件であると考える企業もありました。また、SaaSモデルの摩擦の少なさや価値重視の特性を期待し、取り入れるようになったソフトウェア業界の顧客の行動にも直接的な影響を与えました。

　このような活動のすべてが、SaaSの普及に雪崩を打つような効果をもたらしました。また、これらのクラウドの構造をマルチテナントアーキテクチャにどのように適用できるかについて、さらなる洞察と指針が強く求められるようになりました。より広範で詳細なアーキテクチャの指針の必要性、一般に広がるSaaSの採用の勢い、クラウドの影響など、これらの要因が重なったことで、SaaSソリューションの設計、構築、運用の方法をより明確にしたいという需要が高まりました。

　では、このことは本書にとって何を意味するのでしょうか？　要点は、SaaSのベストプラクティスの領域は常に変化し続けるということです。SaaS企業の急速な進化と新しい技術の出現は、将来の指針に影響を与える可能性のある新しい戦略や仕組み、構造を次々と生み出し続けています。変化する技術の状況に応じて、SaaSのベストプラクティスと戦略も変化し続けると考えるのが正しいでしょう。

本書の対象読者

　本書は、SaaSソリューションの作成、移行、または最適化に携わるビルダー（発明が好きな人や開発者）、アーキテクト、運用チームを対象としています。SaaSについてまったくの初心者で、SaaSを始めるための基礎となる概念を学ぼうとしている人もいれば、すでにSaaSに深く取り組んでおり、本書で概説した原則を既存のソリューションを強化するために適用する方法を模索している人もいるでしょう。また、この範疇には運用も含まれていることにご注目ください。本書の大部分はビルダー

やアーキテクトにより焦点を当てていますが、運用チームも同様に、サービスとしての体験の全体像を定義するために使用されるトレードオフや戦略の策定に深く関与する必要があることは明らかです。それに応じて、ビルダーやアーキテクトは、運用体験にもっと深く関わる必要があります。

私は意図的に、本書全体にまたがる明確な基本的な概念の体系を確立することから始めています。SaaSの経験がある人でも、これらの基本的な概念から着手することを強くお勧めします。本書の序盤で確立する考え方は、SaaSとは何かという従来の概念に疑問を投げかけ、SaaS環境の設計と構築のあらゆる側面に影響する用語やマインドセットを提唱します。本書の後半で紹介する例は、これらの設計上の選択やパターンがどのように実現され、適用されるかを示しています。こうした基礎を固め、これらの中心的な原則を適切に理解することは、マイクロサービスの分割、ソリューションのデプロイモデル、採用するアイデンティティモデルなどに対するアプローチに直接影響します。私が言いたいのは、実装の詳細に踏み込んでいくにつれて、中心的な原則と、採用する可能性のある基本的な実装戦略との間に強い関連性があることを理解できるということです。共通の行動指針に則ることで、あなたとあなたのチームは、SaaS環境の設計、開発、運用全体において共通の価値観を適用することができます。

また、このSaaSのコンテンツは、SaaSのリーダーや利害関係者にとっても価値があるものです。彼らは技術的な詳細にはあまり興味がないかもしれませんが、本書の基本的な要素を参考にすることで、SaaSのビジョンを洗練し明確化することができるでしょう。SaaSの採用には、企業文化やメトリクス、チームの力学に関する考慮事項があります。そして、組織のSaaS戦略が成功するかどうかは、共通の価値観に根ざしたリーダーがいるかどうかに大きく依存します。これは、最高水準のSaaSビジネスを構築する上で、最も見落としがちな側面の1つです。同じ理由から、プロダクトオーナーやSaaSのビジョンに関係する人々が、これらの基本的なSaaSの原則をしっかりと理解することで、いかに価値を生み出せるようになるかも想像できるでしょう。

バイブルではなく基礎

本書で取り上げる原則は、さまざまなドメイン、顧客体験、業界など、多数のSaaSプロバイダーと仕事をしてきた私の経験から生まれた副産物です。本書は、それらのプロジェクトから浮かび上がったテーマやパターン、指針をまとめたものです。また、このビジョンの実現を助けてくれるチームや人々に恵まれていたことも幸運でした。

ただし、注意すべき重要な点は、本書がSaaSに関するあらゆる事柄を網羅した事実上のバイブルとみなすべきではないということです。ここで取り上げるSaaSアーキテクチャを構築するための戦略やパターンは、マルチテナントの設計やアーキテクチャの全体像をより明確に定義するための出発点として作成したものです。多くの点において、私は自分自身が空白を埋める役割を担っていると感じています。代替戦略が存在するか、将来登場する可能性があることを踏まえて、SaaSソリューションの本質をより適切に説明し、特徴付ける方法を模索してきました。

私の願いは、これらの概念にもっと注目が集まり、より多くのビルダーやアーキテクトがより幅広

い議論に参加し、他の人々もこれらの原則に沿って行動するように導いてほしいということです。

SaaS業界における私の経験の多くは、AWSのサービスとツールのスタックを直接扱う仕事や業務から得たものです。つまり、より具体的な内容に踏み込んでいくにつれて、私は自然とAWSのツールや戦略に目を向けるようになります。しかし、原則や戦略の大部分は、AWSのスタックに限定されるものではありません。実際、ほとんどの環境にうまく適用できるはずです。また、ここで取り上げる戦略や原則は、あくまでも私自身の見解や意見、考え方を表したものとご理解ください。これから紹介する内容の多くは、間違いなく私がAWS在職中に培ってきた知識や実務経験に影響を受けています。しかし、最終的に本書に掲載された内容は、必ずしもAWSが推奨する指針として捉えるべきではありません。

本書で扱わない内容

　SaaSは、多くの要素を伴う広範なトピックです。本書の目次を見ると、SaaSの世界の大部分を網羅し、ビジネスに関する話題も含めて、設計、開発、実装の観点からかなり幅広い範囲を扱っていることがわかるでしょう。実際、SaaSのビジネス戦略と技術戦略の関連性を強調する例が、次から次へと出てきます。ビルダーやアーキテクトは、ソリューションの全体像を形成するために、SaaSのビジネス上の要因を考慮すべきであると明言しておきます。

　これらのビジネスの要素はSaaSの中核となる部分ですが、私が意図的にビジネス領域の特定の側面について深く掘り下げるのを避けていることにも気づくでしょう。SaaSの販売、マーケティング、市場開拓、ビジネスモデリング、ロードマップ、メトリクスなどを扱った書籍はたくさん出版されています。私の考えでは、これらのトピックはそれ自体で完結しており、SaaS業界により一般的に適用できるものです。私はこれらの領域にもある程度精通していますが、独立した個別のトピックとして扱うべきだと考えています。強固なSaaSビジネスを構築する一環として、組織がSaaSの概念を十分に理解することを強くお勧めします。ただし、ここではそれらを取り上げるつもりはありません。

　また、本書では、SaaSのあらゆる組み合わせを網羅しようとしているわけではないことも付け加えておきます。SaaSについて考えるとき、多くの人が思い浮かべるのは、企業対消費者（B2C）の商用ソリューションです。一般の人々にとって最も馴染みのあるものかもしれませんが、それらの多くは、標準的ではないモデルに基づいて設計および構築されています。SaaSビルダーの大半は、何百万ものユーザーをサポートしようとはしていません。一般的に、B2C環境では独自の設計戦略を採用し、特定の拡張性に関する課題に焦点を当てて、高度に最適化を図る場合が多くあります。対照的に、数百から数千の顧客をサポートする企業間取引（B2B）のSaaS企業は、マルチテナント環境の設計や構築方法について、異なるアプローチを取る傾向があります。B2Cの市場は興味深いものであり、B2Cの概念は、これから取り上げる中心的な原則と多くの共通点があると思います。同時に、B2B戦略とB2C戦略が大きく異なる領域があることも認識しておく必要があります。たとえば、テナントに専用のインフラストラクチャを提供することは、B2B環境では完全に有効な選択肢です。ただし、同じアプローチがほとんどのB2C環境で有効である可能性は低いでしょう。

本書の表記法

本書では次の表記法を使います。

ゴシック（サンプル）

新しい用語を示します。

等幅（sample）

プログラムリストに使うほか、本文中でも変数、関数、データ型、環境変数、文、キーワードなどのプログラムの要素を表すために使います。

一般的な注釈を表します。

サンプルコードの使い方

「10章　EKS SaaS：アーキテクチャパターンと戦略」のコードはhttps://oreil.ly/saas-ch10-codeから、「11章　サーバーレスSaaS：アーキテクチャパターンと戦略」のコードはhttps://oreil.ly/saas-ch11-codeからダウンロードできるようになっています。各章でもサンプルコードのリンクについての説明があります。

サンプルコードを使う上で技術的な質問や問題がある場合はsupport@oreilly.comに連絡してください。

本書は、読者の仕事を助けるためのものです。全般的に、本書のサンプルコードは、読者のプログラムやドキュメントで使用して問題ありません。コードのかなりの部分を複製するわけでもない限り、弊社に許可を求める必要はありません。O'Reillyの書籍に掲載されたサンプルを販売したり、配布したりする場合には許可が必要となります。たとえば、本書の複数のコードチャンクを使ったプログラムを書くときには、許可は必要ありません。本書の文言を使い、サンプルコードを引用して質問に答えるときにも、許可は必要ありません。しかし、本書のサンプルコードの大部分を自分の製品のドキュメントに組み込む場合には、許可が必要です。出典を表記していただけるのはありがたいことですが、出典の表記は必須ではありません。

出典を表記する際には、タイトル、著者、出版社、ISBNを入れてください。たとえば、『*Building Multi-Tenant SaaS Architectures*』Tod Golding、O'Reilly、Copyright 2024 Tod Golding、978-1-098-14064-9、邦題『マルチテナントSaaSアーキテクチャの構築』オライリー・ジャパン、ISBN978-4-8144-0101-7のようになります。

サンプルコードの使い方が公正使用の範囲を逸脱したり、上記の許可の範囲を越えるように感じる場合には、permissions@oreilly.comに気軽に問い合わせてください。

オライリー学習プラットフォーム

オライリーはフォーチュン100のうち60社以上から信頼されています。オライリー学習プラットフォームには、6万冊以上の書籍と3万時間以上の動画が用意されています。さらに、業界エキスパートによるライブイベント、インタラクティブなシナリオとサンドボックスを使った実践的な学習、公式認定試験対策資料など、多様なコンテンツを提供しています。

https://www.oreilly.co.jp/online-learning/

また以下のページでは、オライリー学習プラットフォームに関するよくある質問とその回答を紹介しています。

https://www.oreilly.co.jp/online-learning/learning-platform-faq.html

連絡先

本書に関するコメントや質問については下記にお送りください。

株式会社オライリー・ジャパン
電子メール japan@oreilly.co.jp

本書には、正誤表、追加情報等が掲載されたWebページが用意されています。

https://oreil.ly/bldg-multitenant-saas（英語）
https://www.oreilly.co.jp/books/9784814401017（日本語）

本、講座、カンファレンス、ニュースの詳細については、当社のWebサイト（https://www.oreilly.com）を参照してください。

その他にもさまざまなコンテンツが用意されています。

LinkedIn
https://linkedin.com/company/oreilly-media

YouTube
https://www.youtube.com/oreillymedia

謝辞

私は幸運にも、本書の制作に直接的または間接的に貢献してくださった多くの方々に恵まれ、影響を受け、支えられ、鼓舞されてきました。最初に、AWSでの入社当初の頃を振り返りたいと思います。当時、私はSaaSソリューションアーキテクトとして採用され、クラウドでSaaS製品を構築するということが何を意味するのか、そのビジョンを定義し、具体化しようと試みていました。この時期

に、私は幸運にもマット・ヤンチシン（Matt Yanchyshyn）から指導を受ける機会に恵まれました。彼は、深く掘り下げ、迅速に行動し、結果を出すように私を後押ししてくれました。マットは、さまざまなことを問いかけ、行動する機会を与え、大きなことを考えるように鼓舞する能力を兼ね備えています。彼の当初の励ましがなければ、私はこの道を歩むことはなかったでしょう。また、彼の賢明な助言がなかったら、私はこれほど早く成長できていたかどうかはわかりません。

　SaaSに関する洞察を深く掘り下げて発展させる私の能力も、SaaS企業との仕事を通じて培われた経験に大いに影響を受けています。さまざまな組織とひざを突き合わせ、彼らのSaaSソリューションについて深く議論したことで、幅広い業界、ドメイン、ビジネスケース、導入事例を知ることができました。こうした取り組みから得られたデータやパターン、コードは、これまでも、そしてこれからもかけがえのない財産です。また、私は幸運にも、素晴らしいSaaSアーキテクトやビジネスリーダーのチームに支えられてきました。彼らはSaaSの発展に重要な役割を果たし、私にベストプラクティスの戦略やパターンを常に見直すきっかけを与えてくれました。ここで全員を挙げることはできませんが、クレイグ・ウィックス（Craig Wicks）、セス・フォックス（Seth Fox）、エミリー・タイアック（Emily Tyack）、そしてマイケル・シュミット（Michael Schmidt）に対して、初期からのリーダーシップと協力に感謝の言葉を述べたいと思います。エイドリアン・デ・ルーカ（Adrian De Luca）も絶え間なくインスピレーションを与えてくれ、継続的な指導と奨励をしてくれました。

　また、書籍を執筆するには、一緒にこの道を歩んでくれる裏方の貢献者たちの存在も欠かせません。オライリーのチームは、本書の制作のすべての段階において素晴らしい働きをしてくれました。私が日々オライリーとやり取りするとき、中心的な役割を果たしてくれたのがメリッサ・ポッター（Melissa Potter）です。メリッサは、本書の完成に至るまで、あらゆる面で欠かせない存在でした。彼女は、プロセスを管理し、私の初稿をレビューし、質問に答え、いつも励ましの言葉をかけてくれました。オライリーのルイーズ・コリガン（Louise Corrigan）も最初からずっと付き合ってくれ、本書の構成を固める初期の段階から、重要な決定のたびに助言してくれました。また、本書の技術面のレビューに付き合ってくれたアヌバヴ・シャルマ（Anubhav Sharma）、ラッセル・マイルズ（Russell Miles）、トビー・バックリー（Toby Buckley）にも感謝しています。時間を割いて洞察を共有してくれてありがとうございました。皆さんのご意見のおかげで、この物語を洗練することができ、より良い書籍に仕上げることができました。

　もちろん、私が歩んできた道のりの中心には、常に家族がいました。私の仕事について、家族は決して完全に理解しているわけではありませんが、いつも私のそばで応援してくれました。妻のジャニーン（Janine）は、私がすることをすべて応援してくれており、この取り組みも例外ではありませんでした。彼女の励ましの言葉は、私がいつも前に進み続けるのを後押ししてくれます。それから、私の子供たち、チェルシー（Chelsea）とライアン（Ryan）がいます。彼らはもう成長してそれぞれ自分の道を歩んでいますが、それでも私の一日を輝かせてくれ、私がどれほど幸運であるかを思い出させてくれます。

目　次

日本語版に寄せて …………………………………………………	vii
訳者まえがき ………………………………………………………	ix
はじめに……………………………………………………………	xiii

1章　SaaSマインドセット …………………………………………… 1

1.1　出発点 …………………………………………………………	2
1.2　統合モデルへの移行 …………………………………………	4
1.3　マルチテナントの再定義 ……………………………………	8
1.3.1　SaaSの境界線は？ …………………………………	12
1.3.2　マネージドサービスプロバイダーモデル …………	13
1.4　SaaSの本質はビジネスモデル ……………………………	14
1.5　製品ではなくサービスを構築する …………………………	17
1.6　SaaSの定義 …………………………………………………	19
1.7　まとめ …………………………………………………………	19

2章　マルチテナントアーキテクチャの基礎 ………………………… 21

2.1　テナントを追加したアーキテクチャ ………………………	22
2.2　あらゆるSaaSアーキテクチャの2つの要素 ……………	24
2.3　コントロールプレーンの内部 ………………………………	26
2.3.1　オンボーディング ………………………………………	27
2.3.2　アイデンティティ ………………………………………	28
2.3.3　メトリクス ………………………………………………	29
2.3.4　請求 ………………………………………………………	30
2.3.5　テナント管理 …………………………………………	30
2.4　アプリケーションプレーンの内部 …………………………	31
2.4.1　テナントコンテキスト ………………………………	31
2.4.2　テナント分離 …………………………………………	32
2.4.3　データパーティショニング …………………………	34

xxii | 目 次

	2.4.4 テナントのルーティング	34
	2.4.5 マルチテナントアプリケーションのデプロイ	36
2.5	グレーエリア	37
	2.5.1 ティアリング	37
	2.5.2 テナント、テナント管理、システム管理者	38
	2.5.3 テナントのプロビジョニング	39
2.6	コントロールプレーンとアプリケーションプレーンの統合	40
2.7	自社のプレーンに最適な技術を選ぶ	41
2.8	絶対的なものを避ける	42
2.9	まとめ	42

3章 マルチテナントのデプロイモデル 45

3.1	デプロイモデルとは何か？	46
3.2	デプロイモデルの選択	47
3.3	サイロモデルとプールモデルの紹介	48
3.4	フルスタックのサイロデプロイ	50
	3.4.1 フルスタックのサイロが適している場面	51
	3.4.2 フルスタックのサイロに関する考慮事項	52
	3.4.3 フルスタックのサイロの実例	56
	3.4.4 フルスタックのサイロにおけるマインドセットに一貫して取り組む	63
3.5	フルスタックのプールモデル	63
	3.5.1 フルスタックのプールに関する考慮事項	65
	3.5.2 サンプルアーキテクチャ	68
3.6	ハイブリッドなフルスタックのデプロイモデル	70
3.7	混合モードのデプロイモデル	71
3.8	ポッドのデプロイモデル	73
3.9	まとめ	75

4章 オンボーディングとアイデンティティ 77

4.1	ベースライン環境の構築	78
	4.1.1 自社のベースライン環境の構築	79
	4.1.2 システム管理者のアイデンティティの作成と管理	82
	4.1.3 管理コンソールからのオンボーディング	82
	4.1.4 コントロールプレーンのプロビジョニングの選択肢	83
4.2	オンボーディング体験	84
	4.2.1 オンボーディングはサービスの一部	84
	4.2.2 セルフサービスと内部オンボーディングの比較	85
	4.2.3 オンボーディングの基本要素	86
	4.2.4 オンボーディングの状態の追跡と可視化	89
	4.2.5 ティアベースのオンボーディング	89

	4.2.6	オンボーディングされたリソースの追跡	93
	4.2.7	オンボーディングの障害対応	94
	4.2.8	オンボーディング体験のテスト	95

4.3 SaaSアイデンティティの作成 95
 4.3.1 テナントアイデンティティの追加 97
 4.3.2 オンボーディングにおけるカスタムクレームの追加 100
 4.3.3 カスタムクレームの適切な利用 101
 4.3.4 テナントコンテキストを解決するための一元化されたサービスは存在しない 101
 4.3.5 フェデレーションSaaSアイデンティティ 103
 4.3.6 テナントのグループ化/マッピング構造 105
 4.3.7 テナント間でのユーザーIDの共有 106
 4.3.8 テナント認証はテナント分離ではない 107
4.4 まとめ 107

5章 テナント管理 109

5.1 テナント管理の基礎 110
 5.1.1 テナント管理サービスの構築 111
 5.1.2 テナント識別子の生成 113
 5.1.3 インフラストラクチャ構成の保存 113
5.2 テナント構成の管理 114
5.3 テナントライフサイクルの管理 117
 5.3.1 テナントの有効化と無効化 118
 5.3.2 テナントの廃止 120
 5.3.3 テナントのティアの切り替え 123
5.4 まとめ 126

6章 テナントの認証とルーティング 129

6.1 正面玄関から入る 130
 6.1.1 テナントドメイン経由でのアクセス 130
 6.1.2 単一ドメイン経由でのアクセス 135
 6.1.3 間接層の課題 137
6.2 マルチテナントの認証フロー 138
 6.2.1 認証フローの例 138
 6.2.2 フェデレーション認証 139
 6.2.3 万能な認証方法は存在しない 140
6.3 認証済みテナントのルーティング 140
6.4 さまざまな技術スタックによるルーティング 142
 6.4.1 サーバーレスのテナントルーティング 142
 6.4.2 コンテナのテナントルーティング 145
6.5 まとめ 147

7章 マルチテナントサービスの構築 149

7.1 マルチテナントサービスの設計 150
   7.1.1 従来のソフトウェア環境におけるサービス 150
   7.1.2 プール型マルチテナント環境におけるサービス 151
   7.1.3 既存のベストプラクティスの拡張 152
   7.1.4 ノイジーネイバーへの対応 153
   7.1.5 サイロ化するサービスの特定 155
   7.1.6 コンピューティング技術の影響 158
   7.1.7 ストレージに関する考慮事項の影響 159
   7.1.8 メトリクスを用いた設計の分析 160
   7.1.9 1つのテーマ、多くの視点 161
7.2 マルチテナントサービスの内部 161
   7.2.1 テナントコンテキストの抽出 163
   7.2.2 テナントコンテキストを用いたログとメトリクス 164
   7.2.3 テナントコンテキストを用いたデータへのアクセス 167
   7.2.4 テナント分離のサポート 169
7.3 マルチテナントの詳細の隠ぺいと一元化 172
7.4 傍受ツールと戦略 175
   7.4.1 アスペクト 175
   7.4.2 サイドカー 176
   7.4.3 ミドルウェア 177
   7.4.4 AWS Lambda レイヤー /Extensions 177
7.5 まとめ 177

8章 データパーティショニング 179

8.1 データパーティショニングの基礎 180
   8.1.1 ワークロード、SLA、そして顧客体験 181
   8.1.2 Blast Radius 182
   8.1.3 分離の影響 183
   8.1.4 管理と運用 184
   8.1.5 適材適所で使い分けるツール 184
   8.1.6 プールモデルのデフォルト化 185
   8.1.7 複数環境のサポート 185
8.2 ライトサイジングの課題 186
   8.2.1 スループットとスロットリング 188
   8.2.2 サーバーレスストレージ 188
8.3 リレーショナルデータベースのパーティショニング 189
   8.3.1 リレーショナルデータベースのプールデータパーティショニング 189
   8.3.2 リレーショナルデータベースのサイロデータパーティショニング 190

目次 | xxv

    8.4　NoSQLのデータパーティショニング ……………………………………… 192
        8.4.1　NoSQLのプールデータパーティショニング …………………………… 192
        8.4.2　NoSQLのサイロデータパーティショニング …………………………… 193
        8.4.3　NoSQLのチューニング方法 ……………………………………………… 194
    8.5　オブジェクトのデータパーティショニング ……………………………… 195
        8.5.1　オブジェクトのプールデータパーティショニング ……………………… 195
        8.5.2　オブジェクトのサイロデータパーティショニング ……………………… 197
        8.5.3　データベースのマネージドアクセス ……………………………………… 198
    8.6　OpenSearchのデータパーティショニング ……………………………… 199
        8.6.1　OpenSearchのプールデータパーティショニング ……………………… 200
        8.6.2　OpenSearchのサイロデータパーティショニング ……………………… 201
        8.6.3　混合モードのパーティショニングモデル ………………………………… 203
    8.7　テナントデータのシャーディング ………………………………………… 203
    8.8　データライフサイクルの考慮事項 ………………………………………… 205
    8.9　マルチテナントデータのセキュリティ …………………………………… 205
    8.10　まとめ ……………………………………………………………………… 206

9章　テナント分離 ……………………………………………………………… 209

    9.1　中心的な概念 ………………………………………………………………… 210
        9.1.1　分離モデルの分類 …………………………………………………………… 213
        9.1.2　アプリケーションによる強制的な分離 ………………………………… 214
        9.1.3　RBAC、認可、分離 ……………………………………………………… 215
        9.1.4　アプリケーションの分離とインフラストラクチャの分離 …………… 216
    9.2　分離モデルのレイヤー ……………………………………………………… 216
    9.3　デプロイ時とランタイムでの分離 ………………………………………… 218
        9.3.1　傍受による分離 …………………………………………………………… 221
        9.3.2　拡張性の考慮事項 ………………………………………………………… 222
    9.4　実例 …………………………………………………………………………… 224
        9.4.1　フルスタックの分離 ……………………………………………………… 224
        9.4.2　リソースレベルの分離 …………………………………………………… 225
        9.4.3　アイテムレベルの分離 …………………………………………………… 227
    9.5　分離ポリシーの管理 ………………………………………………………… 229
    9.6　まとめ ………………………………………………………………………… 230

10章　EKS SaaS：アーキテクチャパターンと戦略 ……………………… 233

    10.1　EKSとSaaSの相性 ………………………………………………………… 234
    10.2　デプロイパターン …………………………………………………………… 236
        10.2.1　プールデプロイ ………………………………………………………… 237
        10.2.2　サイロデプロイ ………………………………………………………… 238
        10.2.3　プールデプロイとサイロデプロイの組み合わせ …………………… 241

| | 10.2.4 | コントロールプレーン | 242 |

10.2.4　コントロールプレーン　242
10.3　ルーティングに関する考慮事項　243
10.4　オンボーディングとデプロイの自動化　245
　　10.4.1　Helmを使用したオンボーディングの設定　247
　　10.4.2　Argo WorkflowsとFluxによる自動化　248
　　10.4.3　テナントを意識したサービスのデプロイ　250
10.5　テナント分離　252
10.6　ノードタイプの選択　257
10.7　サーバーレスコンピューティングとEKSの組み合わせ　259
10.8　まとめ　260

11章　サーバーレスSaaS：アーキテクチャパターンと戦略　263

11.1　SaaSとサーバーレスの相性　264
11.2　デプロイモデル　267
　　11.2.1　プールデプロイとサイロデプロイ　269
　　11.2.2　混合モードのデプロイ　270
　　11.2.3　デプロイに関するその他の考慮事項　271
　　11.2.4　コントロールプレーンのデプロイ　272
　　11.2.5　運用上の影響　273
11.3　ルーティング戦略　274
11.4　オンボーディングとデプロイの自動化　276
11.5　テナント分離　281
　　11.5.1　動的注入によるプール分離　281
　　11.5.2　デプロイ時の分離　283
　　11.5.3　サイロ分離とプール分離の同時サポート　284
　　11.5.4　ルートベースの分離　285
11.6　同時実行数とノイジーネイバー　287
11.7　サーバーレスコンピューティングのその先へ　288
11.8　まとめ　289

12章　テナントを意識した運用　291

12.1　SaaS運用のマインドセット　292
12.2　マルチテナント運用メトリクス　294
　　12.2.1　テナントアクティビティに関するメトリクス　294
　　12.2.2　俊敏性メトリクス　296
　　12.2.3　使用量メトリクス　299
　　12.2.4　テナントあたりのコストメトリクス　302
　　12.2.5　ビジネス健全性メトリクス　304
　　12.2.6　複合メトリクス　305
　　12.2.7　ベースラインメトリクス　306

| | | 12.2.8 | メトリクスの計装と集約 | 306 |

12.3　テナントを意識した運用コンソールの構築 ……………………… 308
　　　12.3.1　体験と技術メトリクスの組み合わせ ……………………… 311
　　　12.3.2　テナントを意識したログ ………………………………… 311
　　　12.3.3　能動的な戦略の作成 …………………………………… 312
　　　12.3.4　ペルソナ固有のダッシュボード ……………………… 312
12.4　マルチテナントデプロイの自動化 ……………………………… 313
　　　12.4.1　デプロイ範囲の制御 …………………………………… 314
　　　12.4.2　ターゲットリリース …………………………………… 315
12.5　まとめ ………………………………………………………… 317

13章　SaaS移行戦略 …………………………………………………… 319

13.1　移行におけるバランスの取り方 ………………………………… 320
　　　13.1.1　タイミングに関する考慮事項 ………………………… 321
　　　13.1.2　フィッシュモデルの活用 ……………………………… 323
　　　13.1.3　技術変革の先に目指すもの …………………………… 325
13.2　移行パターン …………………………………………………… 325
　　　13.2.1　基礎 …………………………………………………… 326
　　　13.2.2　サイロ型リフトアンドシフト …………………………… 328
　　　13.2.3　レイヤー型移行 ………………………………………… 329
　　　13.2.4　サービスごとの移行 …………………………………… 332
　　　13.2.5　パターンの比較 ………………………………………… 336
　　　13.2.6　段階的なアプローチ …………………………………… 337
13.3　どこから始めるかが重要 ………………………………………… 339
13.4　まとめ ………………………………………………………… 341

14章　ティアリング戦略 ……………………………………………… 343

14.1　ティアリングパターン …………………………………………… 344
　　　14.1.1　使用量重視のティアリング ……………………………… 345
　　　14.1.2　価値重視のティアリング ………………………………… 347
　　　14.1.3　デプロイ重視のティアリング …………………………… 348
　　　14.1.4　フリーティア …………………………………………… 349
　　　14.1.5　複合ティアリング戦略 ………………………………… 350
　　　14.1.6　請求とティアリング …………………………………… 350
　　　14.1.7　ティアリングとプロダクトレッドグロース ……………… 351
14.2　ティアリングの実装 …………………………………………… 352
　　　14.2.1　APIのティアリング …………………………………… 352
　　　14.2.2　コンピューティングのティアリング …………………… 354
　　　14.2.3　ストレージのティアリング ……………………………… 356
　　　14.2.4　デプロイモデルとティアリング ………………………… 358

　　　　14.2.5　スロットリングとテナント体験 ……………………………… 360
　　　　14.2.6　ティアの管理 ……………………………………………………… 360
　　14.3　運用とティアリング …………………………………………………… 361
　　14.4　まとめ ……………………………………………………………………… 362

15章　SaaS Anywhere …………………………………………………………… 365

　　15.1　基本的な概念 …………………………………………………………… 366
　　　　15.1.1　オーナーシップ …………………………………………………… 367
　　　　15.1.2　流れを制限する …………………………………………………… 369
　　　　15.1.3　さまざまな種類のリモート環境 ………………………………… 370
　　　　15.1.4　地域ごとのデプロイ vs. リモートリソース …………………… 370
　　15.2　アーキテクチャパターン ……………………………………………… 371
　　　　15.2.1　リモートデータ …………………………………………………… 372
　　　　15.2.2　リモートアプリケーションサービス …………………………… 373
　　　　15.2.3　リモートアプリケーションプレーン …………………………… 375
　　　　15.2.4　同じクラウド内にとどまる ……………………………………… 376
　　　　15.2.5　統合戦略 …………………………………………………………… 376
　　15.3　運用上の影響と考慮事項 ……………………………………………… 377
　　　　15.3.1　プロビジョニングとオンボーディング ………………………… 377
　　　　15.3.2　リモートリソースへのアクセス ………………………………… 378
　　　　15.3.3　拡張性と可用性 …………………………………………………… 378
　　　　15.3.4　運用上の洞察 ……………………………………………………… 379
　　　　15.3.5　更新のデプロイ …………………………………………………… 379
　　15.4　まとめ ……………………………………………………………………… 379

16章　生成AIとマルチテナント …………………………………………… 381

　　16.1　中心的な概念 …………………………………………………………… 382
　　　　16.1.1　マルチテナントによる影響 ……………………………………… 384
　　　　16.1.2　カスタマイズされたテナントAI体験の構築 ………………… 386
　　　　16.1.3　幅広い可能性 ……………………………………………………… 387
　　　　16.1.4　SaaSとAI/ML ……………………………………………………… 388
　　16.2　テナント固有のリファインメントの導入 …………………………… 389
　　　　16.2.1　RAGによるテナントレベルのリファインメントのサポート ……… 389
　　　　16.2.2　ファインチューニングによるテナント固有のリファインメントのサポート　393
　　　　16.2.3　RAGとファインチューニングの組み合わせ ………………… 396
　　16.3　一般的なマルチテナントの原則の適用 ……………………………… 397
　　　　16.3.1　オンボーディング ………………………………………………… 397
　　　　16.3.2　ノイジーネイバー ………………………………………………… 398
　　　　16.3.3　テナント分離 ……………………………………………………… 399

	16.4	生成AIのプライシングとティアリングに関する考慮事項	400
	16.4.1	プライシングモデルの開発	400
	16.4.2	階層型テナント体験の構築	403
	16.5	まとめ	404

17章　指針となる原則 ································· 407

	17.1	ビジョン、戦略、組織	408
	17.1.1	ビジネスモデルと戦略を構築する	408
	17.1.2	効率性を徹底的に重視する	409
	17.1.3	技術ファーストの罠を回避する	410
	17.1.4	コスト削減を越えて考える	411
	17.1.5	SaaSに全力で取り組む	411
	17.1.6	サービス中心のマインドセットを採用する	412
	17.1.7	既存のテナントペルソナを越えて考える	413
	17.2	主要な技術上の考慮事項	414
	17.2.1	万能なモデルは存在しない	414
	17.2.2	マルチテナントの原則を守る	415
	17.2.3	マルチテナントの基盤を初日から構築する	415
	17.2.4	1回限りのカスタマイズは避ける	417
	17.2.5	マルチテナントアーキテクチャを測定する	418
	17.2.6	開発者体験を効率化する	418
	17.3	運用のマインドセット	419
	17.3.1	システムの健全性を越えて考える	419
	17.3.2	能動的に構成を変更する	421
	17.3.3	マルチテナント戦略を検証する	421
	17.3.4	あなたはチームの一員です	423
	17.4	まとめ	423

索引 ···································· 425

1章
SaaSマインドセット

私はこれまで、Software-as-a-Service（SaaS）ソリューションを構築する多くのチームと仕事をしてきました。私がそうしたチームと話し合い、SaaSへの道筋を描くとき、彼らはSaaSが何を意味するのかについて、合理的で大まかな視点から始める傾向があります。しかし、私がさらに深く掘り下げて彼らのソリューションの詳細について理解を深めていくと、彼らのビジョンには大きな違いがあることがよくあります。たとえば、誰かがビルを建てたいと言ったと想像してみてください。私たちは、ビルには壁や窓、ドアがあることを誰もが知っていますが、これらの構造は千差万別です。超高層ビルを思い描いているチームもあれば、住宅を建てるチームもあります。

SaaSの定義が曖昧であることはある意味当然です。すべての技術領域において言えることですが、SaaSの世界も常に進化しています。クラウドの出現、顧客ニーズの変化、ソフトウェア分野の経済状況は絶え間なく変化しています。昨日のSaaSの定義は、今日の定義とは異なるかもしれません。もう1つの課題は、SaaSの範囲が技術的なものにとどまらないということです。つまり、多くの点において、SaaSプロバイダーの組織全体にわたるマインドセット（物事の見方や考え方、心構え）であると言えます。

それを念頭に置いて、この旅を始めるのにふさわしいのは、私がSaaSをどのように定義しているか、そしてこの定義がSaaSソリューションの計画、設計、構築に対するアプローチにどのような影響を与えると考えているかを明確にすることでしょう。この章の目的は、SaaSとはどういうものかという混乱を少しでも解消するための基礎となるメンタルモデルを構築することです。SaaSに対する曖昧な概念を排除し、少なくとも本書の範囲では、今後の章で探求する戦略を形作る、より具体的な指針をSaaSの定義に当てはめていきます。

そのためには、SaaSへの移行の動機となった要因を調べ、これらの要因が結果として生み出されたアーキテクチャモデルにどのように直接的な影響を与えたかを確認する必要があります。この流れを追うことで、現代的なSaaS環境の開発の中核をなす技術的およびビジネス的なパラメーターを融合し、SaaSの価値提案を最大限に実現するSaaSソリューションを構築するために用いられる基本原則について、より具体的に理解できるようになります。SaaSアーキテクトにとって、SaaSは技術ファーストのマインドセットではないことを理解することが不可欠です。SaaSアーキテクトは、最初

にマルチテナントアーキテクチャを設計し、その上にビジネス戦略の要素をどのように重ねるかを考えるわけではありません。そうではなく、ビジネスと技術が協力して、ビジネス目標とそれらの戦略を実現するマルチテナントソリューションの最適な共通点を見つけます。このテーマは、本書全体を通じて取り上げていきます。

SaaSが何を意味するのか理解されているかもしれませんが、ここで説明する基本的な概念は、SaaSに対するあなたの見解や、SaaS環境を説明するために使用する用語に疑問を抱かせる可能性があります。そのため、この章を飛ばして先に進みたい気持ちになるかもしれませんが、この章は本書の中で最も重要な章の1つです。単なる導入ではありません。本書で取り上げるアーキテクチャ、コーディング、実装戦略に組み込むための共通の用語とメンタルモデルを定義することを目的としています。

1.1　出発点

SaaSの定義を掘り下げる前に、この旅がどこから始まったのか、そしてSaaSデリバリーモデルの勢いを加速させた要因を理解する必要があります。まず、ソフトウェアが従来どのように構築、運用、管理されてきたかを見てみましょう。一般的に、SaaS以前のシステムは、顧客がソフトウェアのインストールと設定を行う「インストール型ソフトウェア」モデルで提供されていました。顧客のITチームがベンダーの提供する環境にインストールする場合もあれば、自社のインフラストラクチャ上で実行する場合もあります。この方式では、これらの環境の管理と運用は、程度の差こそあれ、顧客のITチームが担当することになります。また、プロフェッショナルサービスチームが、顧客環境のインストール、カスタマイズ、設定において、何らかの役割を果たすこともあります。

このモデルでは、ソフトウェア開発チームはこれらのデリバリーと設定の詳細にあまり関与しない傾向がありました。彼らは、ソリューションの機能的な能力を継続的に強化することに重点的に取り組んでいます。デリバリーと運用は、多くの場合、壁の向こう側で行われ、日々の開発作業のやや下流工程で対応されるのが一般的です。

図1-1は、従来のソフトウェアデリバリーモデルの全体像を概念的に示しています。

図1-1の左上に、顧客にソフトウェアを販売する主体である独立系ソフトウェアベンダー（ISV）を記載しました。また、現在ISVのソフトウェアを所有している2人の顧客、顧客1と顧客2も記載しました。これらの顧客はそれぞれ、ISV製品の特定のバージョンを使用しています。オンボーディングの一環として、ISVのプロフェッショナルサービスチームが対応することになる、製品への1回限りのカスタマイズを必要としました。さらに、カスタマイズされている場合とされていない場合があるさまざまなバージョンの製品を使用している他の顧客もいます。

新しい顧客がオンボーディングするたびに、プロバイダーの運用組織は、これらの顧客環境の日々のニーズをサポートできる専門チームを作る必要があるかもしれません。これらのチームは、特定の顧客に専念する場合もあれば、さまざまな顧客をサポートする場合もあります。

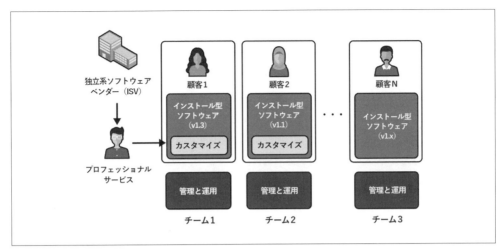

図1-1　インストール型ソフトウェアモデル

　こうした従来のソフトウェアデリバリー方式は、より営業主導型のモデルです。ビジネスは顧客獲得に重点を置き、それぞれの新規顧客の具体的なニーズに対応するために技術チームに引き渡します。この手法が、顧客体験の文化や開発サイクル全体にどのような影響を与えるかは想像に難くありません。製品の構築方法、新機能の配信方法、カスタマイズに対する考え方など、これらの手法の影響を受ける領域は数多くあります。ここでのマインドセットは、俊敏性、拡張性、運用効率の必要性よりも、契約締結が優先されるというものです。また、これらのソリューションは長期契約で販売されることが多く、顧客は他のベンダーの製品に簡単に移行することができません。

　これらの顧客環境は分散していてばらつきがあるため、新機能のリリースや導入が遅れることがよくあります。顧客がこれらの設定を管理していることが多く、いつ、どのように新しいバージョンにアップグレードするかを決定します。このような環境のテストとデプロイの複雑さは非常に難しく、ベンダーは四半期ごとまたは半年ごとのリリースを余儀なくされる可能性があります。

　公平を期して言えば、このモデルを使用してソフトウェアを構築して提供することは、一部の企業にとっては現在も完全に有効なアプローチであり、今後もそうであり続けるでしょう。特定の分野におけるレガシー、コンプライアンス、ビジネスの現実が、このモデルにうまく適合する可能性があります。しかし、多くの人にとって、このソフトウェアデリバリー方式は多くの課題をもたらします。このアプローチの中核は、拡張性、俊敏性、コスト/運用効率のトレードオフと引き換えに、顧客が必要とするものを何でも販売できるようにすることに重点を置いています。

　表面的には、これらのトレードオフはそれほど重要ではないように思えるかもしれません。顧客の数が限られていて、年間契約数が数件程度であれば、このモデルで十分かもしれません。それでも非効率性は残るでしょうが、それほど目立たないでしょう。ただし、インストールベースがかなりあり、ビジネスの急速な成長を目指しているシナリオを考えてみましょう。そうなると、このアプローチの課題が多くのソフトウェアベンダーにとって現実的な問題になり始めます。

4 | 1章　SaaS マインドセット

　このモデルを採用する企業が最初に痛感するのは、多くの場合、運用効率とコスト効率です。新規顧客1社あたりのサポートにかかる間接費は、利益率を低下させ、事業運営の複雑化を招くなど、ビジネスに深刻な影響を及ぼし始めます。新規顧客が増えるたびに、より多くのサポートチーム、より多くのインフラストラクチャ、そして顧客ごとのインストールに伴う一時的な変更管理のためにより多くの労力が必要になる可能性があります。場合によっては、このモデルの運用上の負担が原因で、企業が意図的に成長を遅らせるという事態にまで陥ることがあります。

　しかし、ここでのより大きな問題は、このモデルが俊敏性、競争力、成長、イノベーションにどのような影響を与えるかということです。本質的に、このモデルは決して俊敏なものではありません。顧客が独自の環境を管理できるようにする、顧客ごとに異なるバージョンをサポートする、カスタマイズを都度行うことを許容する——これらはすべて、スピードと俊敏性を損なう要因になります。このような環境で新機能を配信すると、どのような事態が生じるかを想像してみてください。新機能のアイデアを思いついてから開発を繰り返して、すべての顧客に提供できるようになるまでの期間は、往々にして時間のかかる慎重なプロセスとなります。新機能が登場する頃には、顧客と市場のニーズはすでに変化しているかもしれません。これは、企業の競争力にも影響を及ぼし、摩擦の少ないモデルを基盤とした新しいソリューションに迅速に対応できる能力を妨げる可能性もあります。

　業務や開発規模を拡大することが難しくなる一方で、顧客のニーズや期待も変化しています。顧客は、環境を管理または統制する能力を維持することにあまり重点を置かなくなっています。それよりも、ソフトウェアから得られる価値を最大限に引き出すことに関心が高まっています。ビジネスニーズの変化に応じてソリューションをより自由に切り替えられる、ニーズに合わせて継続的に革新できる、摩擦の少ない体験を求める傾向が一段と強まっています。

　また、顧客は、自社の価値と消費パターンにより適したプライシング（サービスの提供形態や価格設定に関する作業全般を指す概念）モデルに魅力を感じています。場合によっては、サブスクリプションや従量課金制のプライシングモデルの柔軟性を求めています。

　ここで見られるのは、当然ながら生じる相反する状況です。多くの人にとって、従来のデリバリーモデルは、ビジネスの拡大や成長、顧客の進化するニーズへの対応能力とは必ずしも一致しません。クラウドの出現も、ここで重要な役割を果たしました。クラウドモデルは、企業のソフトウェアのホスティング、管理、運用の方法を根本的に変えました。クラウドの従量課金制の性質と運用モデルは、業界のマインドセットを一変させ、俊敏性と規模の経済性をより重視するようになりました。これらの要因が相まって、ソフトウェアプロバイダーは、ソリューションの構築、提供、運用、販売の方法を見直す必要に迫られました。

1.2　統合モデルへの移行

　ここまでくれば、従来のモデルの基本的な課題は明らかです。このモデルに苦労している組織もあれば、このアプローチでは経済的にも業務的にも拡張性がないことをすでに理解している組織もあります。たとえば、数千の顧客を抱えるB2BのISVの場合、顧客ごとに個別にサポート、管理、運用し

なければならないモデルでは、ビジネスを維持することは困難でしょう。

多くの組織にとって、その答えは、顧客ごとのサポートモデルに伴う複雑さとコストを削減して、より統合された体験を提供するモデルに移行することでした。そこで、ビジネスを拡大し、運用モデルをより効果的に合理化できる共有インフラストラクチャモデルを採用するチームが登場しました。

このより統合された共有モデルへの移行は、ソフトウェアプロバイダーにさまざまな新しい機会をもたらしました。**図1-2**は、簡素化された共有インフラストラクチャのSaaS環境の概念図を示しています。

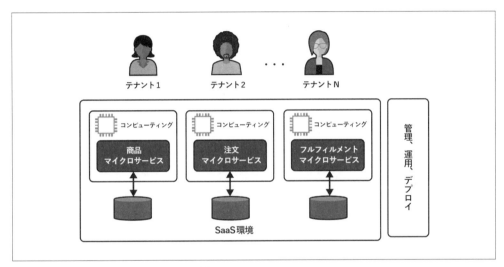

図1-2　共有インフラストラクチャのSaaSモデル

図1-2では、従来のSaaSの概念を簡略化してみました。**図1-1**で示した従来のモデルの分散型、単発型、カスタム型の性質から完全に脱却していることに気づくでしょう。それどころか、システムのアプリケーションサービスとインフラストラクチャをすべて顧客と共有する統合戦略に移行しています。また、「顧客」という用語を「テナント」に置き換えていることにも気づくでしょう。テナントの概念については、**「2章　マルチテナントアーキテクチャの基礎」**でさらに詳しく説明します。基本的な考え方は、この統合されたマインドセットに移行することで、環境に対する見方が変わるということです。つまり、1つのリソースセットを1人または複数の消費者が共有して占有するという考え方です。これらの消費者は、環境の一時的な居住者であり、必要なリソースだけを使用するということです。これが「テナント」という用語の由来です。

アプリケーションを共有インフラストラクチャモデルに移行することで、顧客環境が分かれていることに伴う多くの欠点が解消されます。すべてが共有されることで、一括して拡張、管理、運用できるリソースセットができました。**図1-2**の右側に、この環境の管理、運用、デプロイを表すボックスが追加されていることがわかります。これにより、更新のデプロイがどれほど簡単になるか想像してみてください。共有インフラストラクチャでは、デプロイの自動化により、この統合されたSaaS環

境に更新がデプロイされるだけで、すべてのテナントが変更にすぐにアクセスできるようになります。顧客環境を個別にデプロイ、バージョン管理、運用するという考えはなくなります。

共有インフラストラクチャの利点は、ソフトウェアビジネスのほぼすべての側面に及びます。運用テレメトリの集計と収集を効率化できます。これにより、DevOpsの自動化の複雑さを簡素化できます。新しいテナントのオンボーディングを簡単にできます。おそらく最大の利点は、共有インフラストラクチャによってもたらされるコスト効率でしょう。インフラストラクチャの利用状況を実際のテナントの活動と関連付けることができれば、チームは利益率を最大化し、規模の経済性を実現できます。

このモデルが、従来のモデルのコストや運用上の課題に悩まされていた組織にとって、いかに魅力のあるものだったか、おわかりいただけるでしょう。顧客体験が統一されるだけでなく、これらの環境に新たなレベルの俊敏性がもたらされました。適切に構築されたこれらの環境は、新しい機能をはるかに速いペースでリリースする機会を生み出し、組織が顧客や市場のニーズにより迅速に対応できるようになります。このモデルの性質により、一部のISVにとって新たな成長機会が生まれ、利益率を損なうことなく、追加の運用コストを負担することなく、より速いペースで新しいテナントを追加できるようになるのです。クラウドインフラストラクチャの弾力性による従量課金制の性質もこのモデルとうまく一致しており、クラウドの弾力性にぴったりと合ったプライシングと拡張モデルをサポートしています。

この共有インフラストラクチャへの移行は、さまざまな新しい課題も伴うことに留意すべきです。本書を読み進めていくと、インフラストラクチャを共有することに伴うさまざまな問題や複雑さがわかります。共有インフラストラクチャをサポートすることは、SaaS環境のセキュリティ、パフォーマンス、拡張性、可用性、および回復力（レジリエンスとも呼ばれ、アプリケーションが障害に対応し、迅速に復旧する能力）に直接影響します。これらの要素は、SaaS環境の設計と実装のアプローチ方法に明確な影響を与えるでしょう。

すべてのテナントが同一の**バージョン**の製品を実行するというこの概念は、SaaS環境の重要な判断基準です。これは、SaaSデリバリーモデルを採用する上で中核となるビジネス上の利点の多くを実現するための基礎となります。

統一された顧客体験を実現するには、SaaSアプリケーションを一元的に管理、運用、デプロイするために必要なすべての機能を提供する、新しい横断的なコンポーネント群を導入する必要があります。これらのコンポーネントを個別に構築することは、SaaSビジネスを成功させ、拡大していく上で不可欠です。たとえアプリケーションに共有インフラストラクチャがない場合でも同様です。実際には、これらのコンポーネントはSaaS企業の俊敏性、イノベーション、効率性の向上という目標を推進する中核を担っています。この点をより深く理解するために、SaaS環境の少し異なる観点について見てみましょう（**図1-3**を参照）。

図1-3 横断的なSaaS機能の構築

　図1-3の中央には、SaaSアプリケーションの体験を表すプレースホルダーがあります。ここには、SaaSアプリケーションのさまざまなコンポーネントがデプロイされます。アプリケーションのインフラストラクチャもここにあります。アプリケーションの周りには、SaaS環境の幅広いニーズをサポートするために必要な一連のコンポーネントがあります。たとえば、一番上には、新しいテナントをシステムに導入するためのすべての機能を提供するオンボーディングとアイデンティティを目立つように配置しました。左側には、SaaSの導入および管理機能のプレースホルダーを表示しています。そして、右側には、請求、メータリング、メトリクス、分析などの基本的な概念を表示しています。

　多くのSaaSビルダーにとって、これらの周辺コンポーネントは、SaaSアーキテクチャの二次的で重要性の低い要素として捉えがちです。事実、私は、これらのコンポーネント/サービスの導入を先送りにし、マルチテナントアプリケーションの構築に全力を注ぎ込んだチームと働いたことがあります。

　アプリケーションアーキテクチャを正しく構築することは確かにSaaSモデルの重要な部分ですが、SaaSビジネスの成功はこれらの周辺コンポーネントの機能に大きく左右されます。これらの機能は、企業がSaaSモデルを採用する動機となっている運用効率、成長、イノベーション、俊敏性の目標の多くを実現するための中核となるものです。つまり、SaaSソリューションを構築する際には、すべてのSaaS環境に共通するこれらのコンポーネントを最優先で考慮しなければなりません。だからこそ、私はいつもSaaSチームにSaaS開発を彼ら自身の手で始めるように促してきました。アプリケーションの機能とは何の関係もないこれらのビルディングブロックが、SaaSのアーキテクチャ、設計、コード、ビジネスに大きな影響を与えることになるのです。

　これは、SaaSの効率性と俊敏性には複数の側面があるという事実を浮き彫りにするはずです。効率性の一部はここで紹介しているサービスによって実現され、一部はアプリケーションアーキテクチャに適用する戦略によって実現されます。アプリケーションアーキテクチャがインフラストラクチャを共有している場合、より多くの環境の効率性と規模の経済性をもたらすことができます。重要なのは、これらの周辺サービスが、統合モデルの基盤となる要素として表現しなければならないとい

8 | 1章　SaaS マインドセット

うことです。そして、そこから、アプリケーションアーキテクチャをどのように最適化すれば、効率性と俊敏性を最大化できるかを考えることができます。

1.3　マルチテナントの再定義

　ここまで、マルチテナントという概念についてあえて言及してきませんでした。これはSaaS業界で頻繁に使用される用語で、本書の残りの部分でもたびたび登場します。しかし、これは慎重に扱わなければならない用語です。マルチテナントという概念には多くの付随的な意味合いが伴い、それを整理する前に、企業がSaaSデリバリーモデルを採用するに至った根本的な要因について、いくつかの根拠を示しておきたいと思います。もう1つの課題は、本書で定義するマルチテナントの概念が、この用語に通常付随する従来の定義のいくつかを逸脱することです。

　長年にわたり、多くの業界で「マルチテナント」という用語は、複数のテナントがリソースを共有しているという概念を表すために使用されてきました。これは多くの文脈で当てはまります。たとえば、クラウドインフラストラクチャの一部は、テナントがその基盤となるインフラストラクチャの一部を共有できるため、マルチテナントとみなすことができます。クラウド上で稼働する多くのサービスは、規模の経済性を実現するためにマルチテナントモデルで実行されている可能性があります。クラウドの利用者にとっては、これはまったく見えないところで起こっているかもしれません。自社でホスティングしている環境でも、チームはコンピューティング、データベース、その他のリソースをテナント間で共有するソリューションを構築できます。これにより、マルチテナントと共有リソースの概念が非常に密接に結び付きます。実際、この文脈では、これはマルチテナントの概念として完全に正しいものです。

　さて、SaaS環境について考え始めると、マルチテナントの概念を当てはめるのはごく自然なことのように思えます。結局のところ、SaaS環境でもインフラストラクチャを共有しており、そのインフラストラクチャの共有はマルチテナントとして表現しても間違いないでしょう。

　この点をわかりやすく説明するために、この章で説明してきた概念をまとめたSaaSモデルのサンプルを見てみましょう。**図1-4**の画像は、マルチテナントのSaaS環境のサンプルを示しています。

　この例では、アプリケーションサービスの共有インフラストラクチャを、SaaS環境のすべての可動部分の管理と運用に使用される周辺のマイクロサービス群の中に配置しています。すべてのテナントがインフラストラクチャ（コンピューティング、ストレージなど）を共有していると仮定すると、これはマルチテナントの従来の定義にも当てはまり、SaaSプロバイダーがこのパターンに従ってソリューションを定義して提供することは珍しくありません。

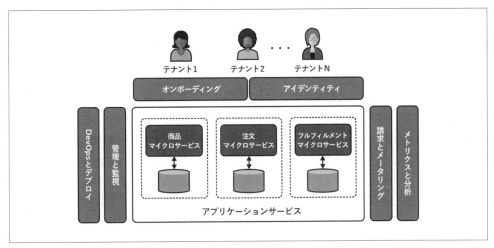

図1-4　マルチテナント環境のサンプル

課題は、SaaS環境がこのモデルだけに準拠しているわけではないということです。たとえば、**図1-5**のようなSaaS環境を作ったとします。

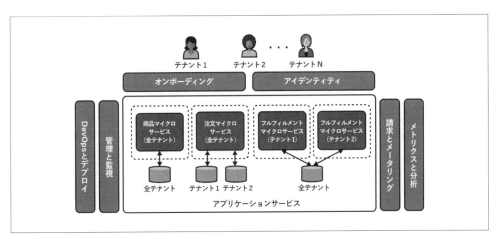

図1-5　共有リソースと専用リソースを備えたマルチテナント

　一部のアプリケーションのマイクロサービスの配置が変更されていることに注目してください。商品のマイクロサービスは変更されていません。そのコンピューティングとストレージのインフラストラクチャは今でもすべてのテナントで共有されています。しかし、注文のマイクロサービスに目を移すと、少し変更されていることがわかります。ドメインやパフォーマンス、セキュリティの要件により、テナントごとにストレージを分ける必要があった可能性があります。そのため、注文のマイクロサービスのコンピューティングは引き続き共有されていますが、テナントごとに個別のデータベースがあります。

　また、フルフィルメントのマイクロサービスも変更されています。要件により、各テナントが専用

のコンピューティングリソースを実行するモデルに移行しました。ただし、この場合でも、データベースはすべてのテナントで共有されたままです。

このアーキテクチャは、マルチテナントの概念に新しい要素を加えたことが明らかです。マルチテナントの最も純粋な定義に固執するのであれば、ここで稼働しているすべてがマルチテナントの本来の定義に準拠しているとは言えません。たとえば、注文サービスのストレージは、テナント間でインフラストラクチャを共有していません。フルフィルメントのマイクロサービスのコンピューティングも共有されていませんが、このサービスのデータベースはすべてのテナントで共有されています。

SaaSの世界では、これらのマルチテナントの境界線を曖昧にするのが一般的です。SaaS環境を構築するときは、マルチテナントの絶対的な定義に固執するのではなく、システムのビジネス要件と技術要件に最も適した共有リソースと専用リソースの組み合わせを選択します。これはすべて、ビジネスのニーズに合わせてSaaSアーキテクチャの効率性を最適化するためのものです。

たとえこのリソースがすべてのテナントで共有されていないとしても、先に説明したSaaSの基本原則は依然として有効です。たとえば、この環境では、アプリケーションのデプロイにおけるアプローチは変わりません。この環境のすべてのテナントは、引き続き同じバージョンの製品を実行することになります。また、前の例で説明したのと同じ共有サービスによって、環境のオンボーディング、運用、管理が引き続き行われます。つまり、完全に共有されたインフラストラクチャで実現できるはずの運用効率と俊敏性の多くを、(いくつか注意点があるものの)この環境からも引き出せるということです。

この点をより理解するために、もっと極端な例を見てみましょう。**図1-6**に示されているモデルに似たSaaSアーキテクチャがあるとします。この例では、ドメインや市場、レガシーの要件により、各テナントが完全に独立したインフラストラクチャリソースを備えた専用モデルで、すべてのコンピューティングとストレージを実行する必要がありました。

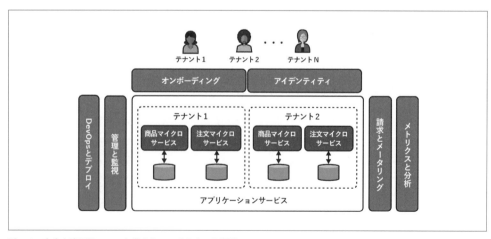

図1-6 完全な専用リソースを備えたマルチテナント環境

このモデルではテナントはインフラストラクチャを共有していませんが、すべての例に共通する一連の共有機能を通じて、テナントのオンボーディング、管理、運用が継続されていることがわかります。つまり、すべてのテナントが同じバージョンのソフトウェアを実行していて、一括して管理および運用されているということです。

これは、ありそうもないシナリオのように思えるかもしれません。しかし、現実の世界では、SaaSプロバイダーは、このモデルで運用する必要があるさまざまな要因を抱えている可能性があります。SaaSに移行中のプロバイダーは、SaaSへの第一歩としてこのモデルを採用することがよくあります。他の業界では、インフラストラクチャを共有することが許可されていないような極端な分離要件があるかもしれません。SaaSプロバイダーがこのモデルを採用する正当な理由はたくさんあります。

このような背景から、SaaS環境におけるマルチテナントをどのように定義すべきかを自問するのは当然のことのように思えます。マルチテナントの文字通りの共有インフラストラクチャの定義は、テナントのインフラストラクチャをデプロイする際に使用できるさまざまなモデルとあまり相性がよくないように見えます。そのため、SaaSモデルのこれらの多様性により、マルチテナントとはどういう意味かという定義を進化させる必要が生じています。

少なくとも本書の範囲では、「マルチテナント」という用語は、ここで説明した実態に対応するために間違いなく広義に解釈されるでしょう。今後、マルチテナントという用語は、単一の統合された体験を通じてテナントのオンボーディング、デプロイ、管理、運用を行うあらゆる環境を指します。インフラストラクチャの共有性は、「マルチテナント」という用語とはまったく関係がありません。

次の章では、マルチテナントに付随する曖昧さを解消するのに役立つ新しい用語を紹介します。

「シングルテナント」という表現は避ける

一般的に、アーキテクトやビルダーが何かをマルチテナントと呼ぶ場合、それに対応するシングルテナントの意味があるはずだと考えるのが自然です。シングルテナントの考え方は、テナントがインフラストラクチャを共有していない環境に当てはまるようです。

このマインドセットの理屈には納得できますが、この用語はここで説明したSaaSのモデルのどこにも当てはまりません。図1-6を振り返ると、私たちのソリューションには共有インフラストラクチャがありませんでしたが、すべてのテナントが同じバージョンを実行していて、一括で管理または運用されていたので、マルチテナント環境と分類しました。これをシングルテナント環境と表現すると、SaaSモデルの利点を十分に活用できていないという意見が出てきます。

この点を考慮し、この章以降では「シングルテナント」という用語は使用しません。これから説明するすべての設計とアーキテクチャはマルチテナントアーキテクチャとみなされます。また、特定のSaaS環境内でインフラストラクチャが共有されているかどうか、どのように共有されているかを伝えることができるように、さまざまなデプロイモデルを説明する新しい用語を付けることにします。ここで目指しているのは、マルチテナントの概念をインフラストラクチャの共有から切り離し、SaaSモデルで構築、デプロイ、管理、運用されるあらゆる環境を特徴付ける広

12 | 1章 SaaS マインドセット

義な用語として使用することです。

これは、SaaSが何であるか、何でないかということよりも、本書全体を通して探求する概念にもっとふさわしい用語を定着させることの方が重要だからです。

1.3.1 SaaSの境界線は？

SaaSとは何かを定義する土台は整いましたが、まだ十分に説明していない点も多くあります。たとえば、SaaSアプリケーションでシステムの一部を外部環境にデプロイする必要がある場合や、アプリケーションが他のベンダーのソリューションに依存しているシナリオを想像してみてください。サードパーティの請求システムを使用していたり、データが別の環境に保存されていたりする場合があるかもしれません。SaaS環境全体の一部を、完全に自社で管理できない場所にホスティングする必要があるのには、さまざまな理由があります。

では、この分散型の環境が、すべてのテナントに単一の統合された体験を提供するという考えとどのように両立できるでしょうか？ 結局のところ、システムのすべての可動部分を完全に制御できれば、イノベーションと迅速な対応能力を最大限に発揮できるでしょう。同時に、一部のSaaSプロバイダーが、外部でホストされているコンポーネント、ツール、技術をサポートする必要に迫られるようなドメインや技術的な課題に直面しない、と考えるのは現実的ではありません。

これこそが、SaaSの定義をあまり極端にしたくない理由です。私にとって、境界線はむしろ、これらの外部依存関係がどのように構成、管理、運用されるかにあります。それの依存関係がテナントから完全に見えなくなっていて、一元化された体験を通じて管理および運用されているのであれば、これは私にとってはSaaSです。新たな複雑さをもたらすかもしれませんが、私たちが構築しようとしているSaaSモデルの本質は変わりません。

さらに興味深いのは、SaaSプロバイダーが外部リソースに依存し、テナントから直接見える場合です。たとえば、私のSaaSソリューションがあるテナントがホストするデータベースにデータを保存する場合、状況はより複雑になります。つまり、完全に自分の管理下にはないインフラストラクチャに依存することになるかもしれないのです。このデータベースの更新、スキーマの変更、健全性の管理など、これらはこのモデルではさらに複雑になります。そして、この外部リソースがSaaSの第3の壁を打ち破り、インフラストラクチャをテナントに公開し、SaaS環境の俊敏性、運用、イノベーションを損なうような懸念や依存関係を生み出していないかどうか、疑問を投げかけるようになります。

私の経験則では（いくつかの例外を除いて）、私たちはサービス体験を提供しているということです。サービスモデルでは、テナントの視点はサービスの表面的な部分に限定されます。そのサービスを現実のものにするために使用されるツール、技術、リソースは、テナントからは完全に隠されるべきです。多くの点で、これは私たちのシステムが一時的な依存関係や変更につながるパターンに陥るのを防ぐ、強固な防壁となります。

1.3.2　マネージドサービスプロバイダーモデル

マルチテナントのSaaS環境とは何かを明確にするにあたり、最後に解決すべき課題があります。一部の組織では、マネージドサービスプロバイダー（MSP）モデルを採用しています。場合によっては、MSPをSaaSの一種として分類することもあります。これはSaaS業界に混乱をもたらしました。ここでの課題をより深く理解するために、まずMSP環境を見ていき、それがこの議論にどのように、どこに当てはまるかを確認しましょう。**図1-7**はMSP環境の概念図を示しています。

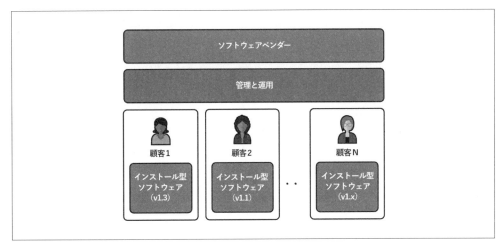

図1-7　マネージドサービスプロバイダー（MSP）モデル

このモデルは、先に説明した従来のインストール型ソフトウェアモデルに似ています。この図の下部には、ソフトウェアベンダーの製品のさまざまなバージョンを実行している顧客の一覧が表示されています。これらの顧客はそれぞれ、独自のインフラストラクチャまたは環境で実行することになります。

しかし、MSPでは、業務を一元化されたチームまたは組織に移すことで、効率性と規模の経済性を向上させようとしています。これが、MSPが提供するサービスです。多くの場合、顧客それぞれのインストール、管理、サポートの責任を負っており、顧客環境を運用するために使用するツールや仕組みからある程度の効率性と規模の経済性を引き出そうとします。また、図の上部にはソフトウェアベンダーが記載されています。これは、ソフトウェアプロバイダーが顧客環境を管理している1つ以上のMSPと第三者関係を結んでいる可能性があることを示すものです。

MSPモデルをSaaSと同一視する人がいるかもしれません。結局のところ、すべての顧客に統一された管理および運用体験を提供しようとしているように見えるからです。しかし、SaaSの説明に使用した原則を振り返ると、MSPモデルとSaaSの間には大きな違いがあることがわかります。最大の違いの1つは、顧客が別々のバージョンを実行できることです。そのため、管理と運用の一元化を図る試みはあるものの、MSPは各顧客環境のさまざまな違いに対応するために、運用面での個別対応

をせざるを得ないでしょう。これには専任チームが必要な場合があります。少なくとも、各顧客の固有のニーズに対応できるチームが必要であることは間違いありません。繰り返しになりますが、MSPモデルは多くの価値をもたらし、効率性を高めることは確かですが、顧客が単一バージョンの製品を実行することで効率性を高め、多くの場合、インフラストラクチャの一部またはすべてを共有することで規模の経済性を実現するという、いわゆるシングルペインオブグラス（単一の画面ですべての必要な情報を把握できる状態）のモデルとは明らかに異なります。MSPモデルでは、顧客ごとに異なるニーズに対応するという難しさの一部は依然として残るでしょう。MSPは、こうした課題の一部を緩和するためにいくつかの対策を導入できますが、それでもなお個別の顧客環境における独自かつ一過性のニーズへの対応に伴う運用上の複雑さや俊敏性の欠如という課題に直面します。

　もう1つの違いは、SaaSチームの編成と運営方法に関係しています。一般的に、SaaS企業では、運用チームと組織の他のメンバーとの間に明確な境界線を引かないようにしています。運用、アーキテクト、プロダクトオーナー、そしてチームのさまざまな役割が緊密に連携して、提供するサービスの顧客体験を継続的に評価し、改善することを目指しています。

　これは通常、これらのチームが緊密に連携していることを意味します。テナントがどのようにシステムを利用しているか、どのように負荷をかけているか、どのようにオンボーディングを行っているか、その他多くの重要な情報を把握するために、それぞれのチームが同じように力を注いでいます。SaaSビジネスでは、自社のシステムの状況を常に把握したいと考えており、また把握する必要があります。これは、ビジネスの成功を促進し、テナントの全体的な体験により直接的に結び付くための重要な要素だからです。つまり、これはあまり具体的な境界ではありませんが、それでもSaaSとMSPの重要な違いを表しています。

　ここで重要なのは、MSPは完全に有効なモデルだということです。しばしば、一部のソフトウェアプロバイダーにとっては最適なモデルとなります。MSPは、SaaSプロバイダーにとって、SaaSデリバリーモデルに向けて移行を進める間、ある程度の効率性を高める手段としても利用できます。重要なのは、SaaSとMSPの境界を明確に理解し、SaaSとMSPを同義語とみなさないことです。

1.4　SaaSの本質はビジネスモデル

　ここまでお読みいただければ、SaaSとは何かをどのように定義しているか、おわかりいただけたかと思います。SaaSは、明確なビジネス成果を生み出すことに焦点を当てた技術、ビジネス、運用文化の醸成に深く関わっていることが明らかです。技術的なパターンや戦略の観点からSaaSについて考えるのは魅力的ですが、SaaSはビジネスモデルとして捉えるべきです。

　このマインドセットをより深く理解するために、SaaSの採用がSaaSプロバイダーのビジネスにどのように影響するかを考えてみましょう。SaaSの採用は、チームが自社の製品を構築、管理、運用、マーケティング、サポート、販売する方法に直接影響し、その方向性を決定します。SaaSの原則は最終的にSaaS企業の文化に織り込まれ、ビジネス領域と技術領域の境界線が曖昧になります。SaaSの場合、ビジネス戦略は、勢いを失ったり成長を損なったりすることなく、現在および新興市場の

ニーズに対応できるサービスを生み出すことに重点が置かれます。

　もちろん、SaaS企業にとって特徴や機能は依然として重要です。しかし、SaaS企業では、俊敏性と運用効率を犠牲にしてその特徴や機能を導入することはめったにありません。マルチテナントのSaaSソリューションを提供するときは、常に少数のニーズよりも多数のニーズを優先すべきです。サービスの長期的な成功を犠牲にして、専用の1回限りのサポートを必要とする単発的なビジネス機会を追い求める時代は終わりました。

　このようなマインドセットの変化は、SaaS企業のほぼすべての役割に影響します。たとえば、プロダクトオーナーの役割は大きく変わります。プロダクトオーナーは視野を広げ、バックログを構築する一環として、運用上の属性を考慮する必要があります。オンボーディングの体験、製品価値を実感するまでの時間、俊敏性など、これらはすべて、プロダクトオーナーが常に意識しておかなければならない項目の例です。プロダクトオーナーは、SaaSビジネスを成功させるために不可欠なこれらの運用上の特性を優先し、評価しなければなりません。アーキテクト、エンジニア、品質保証メンバーも同様にこの変化の影響を受けます。彼らは今、自分たちが設計、構築、テストしているソリューションが、より流動的なサービス体験のニーズにどのように対応できるのかを、もっと深く考える必要があります。SaaS製品のマーケティング、提供価格、販売、サポートの方法も変わります。このように、新しく発生する責任や重複する責任というこのテーマは、ほとんどのSaaS企業に共通しています。

　そこで問題となるのは、SaaS企業のビジネスモデルを形作り、導く基本原則は何かということです。質問に対する答えについては議論の余地があるかもしれませんが、SaaSのビジネス戦略を左右すると思われる重要なテーマがいくつかあります。以下は、これらの主要なSaaSビジネス目標の概要です。

俊敏性

　この用語は、ソフトウェア業界ではしばしば曖昧な意味で使用されます。しかし、SaaSの世界では、SaaSビジネスの中心的な柱であり、動機付けの要因の1つとみなされることがよくあります。SaaSに移行しようとする組織の多くは、現在のモデルでは事業運営に支障をきたすようになったため、SaaSを採用しています。SaaSを採用するということは、スピードと効率性を重視する文化やマインドセットに転換することを意味します。新バージョンのリリース、市場動向への対応、新しい顧客セグメントの開拓、プライシングモデルの変更など、企業がSaaSモデルを採用することで得られると期待する利点はたくさんあります。サービスの設計、運用、販売方法はすべて、俊敏性を最大化したいという目的によって決定されます。俊敏性を高めることなくコスト削減のみを図るマルチテナントサービスは、SaaSの本来の目的から外れてしまうでしょう。

運用効率

　SaaSは、多くの点で拡張性が重要です。マルチテナント環境では、新規顧客の追加をサポートするための専門スタッフやチームを必要とせずに、顧客基盤を継続的に拡大することに重点を置いています。SaaSでは、継続的な、そして理想的には急速な成長をサポートできる運用上およ

び技術的な基盤を構築することになります。この成長を支えるということは、組織全体の効率的な運用基盤の構築に投資することを意味します。私はよくSaaS企業に、もし明日1,000人の新規顧客がそのサービスにサインアップしたらどうなるか尋ねます。これを歓迎する人もいれば、うんざりする人もいます。この質問は、SaaS企業の運用効率に関する重要な課題を浮き彫りにすることがよくあります。運用効率とは、顧客のニーズに反応し、それに対応することでもあるという点が重要です。新機能のリリース速度、顧客のオンボーディング速度、問題への対応速度など、これらはすべて運用効率に関する議題の一部です。組織のあらゆる部門が、運用効率の高いサービスの構築に貢献できる可能性を秘めています。

イノベーション

迅速な対応力は、SaaS企業にとって多くの利点をもたらします。企業は自由度が増し、戦略の転換や新たな実験をより積極的に行うことができるようになります。俊敏性と運用効率への投資により、組織はより流動的で柔軟な対応が可能になります。これによって、新しいビジネス機会、新しい市場セグメント、新しいパッケージング（サービスが提供する体験とビジネス価値をペルソナごとに差別化し、購入可能な単位を定義する作業）/プライシング戦略、その他多くの可能性を取り入れることができるようになります。全体的な目標は、業務およびコストモデルの根底となる強みを、イノベーション推進の原動力として活用することです。SaaSビジネスの幅広い成功に大きな役割を果たすことができるのは、このイノベーションです。

スムーズなオンボーディング

SaaSビジネスでは、顧客をどのように自社の環境に導入するかを慎重に検討する必要があります。できる限り俊敏で効率的な運用を維持したいなら、顧客のオンボーディングをどのように効率化できるかも考えなければなりません。一部のSaaSビジネスでは、顧客が完全にセルフサービス方式でオンボーディングプロセスを完了できるよう、従来の登録ページを通じてこれを実現しています。他の環境では、組織はオンボーディングを推進するために社内プロセスに頼っているかもしれません。重要なのは、すべてのSaaSビジネスは、摩擦を取り除き、俊敏性と運用効率を可能にするオンボーディング体験の創出に注力しなければならないということです。一部の企業にとっては、これは簡単でしょう。他の企業にとっては、チームがオンボーディング体験を構築し、運営し、自動化する方法を再考するのに、より多くの努力が必要かもしれません。

成長

どの組織も成長を目指しています。ただし、SaaS企業は通常、成長に対する考え方が異なります。成長にうまく対応できるよう構築されたモデルや組織構造に投資しているのです。生産工程のすべてのステップを最適化し、自動化した、非常に効率的な自動車工場を想像してみてください。それから、その工場に1日に2台の車だけを生産するように依頼することを想像してみてください。無意味ですよね。SaaSでは、顧客の獲得、オンボーディング、サポート、管理といっ

たプロセス全体を効率化できるビジネス基盤を構築しています。SaaS企業は、最終的に利益率やビジネスの成功全般に影響を与える成長の支えとなり、原動力となることを期待してこの投資を行います。つまり、ここでの成長とは、SaaSに不可欠な俊敏性、運用効率、イノベーションなしには実現できないレベルの加速を達成することを指します。成長の度合いは相対的なものです。ある企業にとっては、成長とは100人の新規顧客の獲得であり、他の企業にとっては、5万人の新規顧客の獲得を意味するかもしれません。企業の規模はさまざまですが、成長に焦点を当てるという目標は、すべてのSaaSビジネスにとって等しく重要です。

ここで説明した項目は、SaaSビジネスの基本原則の一部を表しています。これらは、SaaS企業においてトップダウンで推進されるべき理念であり、俊敏性、運用効率、成長目標への投資を通じて成長を生み出すことに重点を置いたビジネス戦略の推進を経営陣が明言するものです。

SaaSのアーキテクチャと戦略のほぼすべての側面は、ビジネスビジョンから導き出されます。ターゲットとなるテナントのペルソナ、パッケージング、プライシング、コストモデル、その他多くの要因が、最終的に構築するソリューションのアーキテクチャ、運用、管理方法に影響を与えます。これらの点に関してビジネスとの明確な整合性がなければ、ビジネス目標を完全に実現するSaaSソリューションを構築できる状況にはありません。

1.5　製品ではなくサービスを構築する

多くのソフトウェアプロバイダーは、自分たちのビジネスを製品開発と捉えています。そして、多くの点で、これはそのビジネスモデルと一致しています。このマインドセットは、私たちが何かを作り、顧客がそれを手に入れ、ほとんどの場合、顧客が使用するというパターンに焦点を当てています。この製品中心のモデルには、多くの組み合わせや微妙な違いがありますが、それらはすべて、より静的なものを作り、顧客に購入してもらうことに焦点を当てたモデルへとつながっています。

この製品重視のマインドセットでは、一般的に、ソフトウェアプロバイダーがギャップを埋めて新しい機会を獲得するために必要な特徴や機能を定義することに重点が置かれています。昨今、SaaSでは、製品を作るのではなくサービスを作るという方向に変わりつつあります。これは単なる用語上の変化なのでしょうか、それともSaaSの提供方法に対するアプローチに意味のある影響を与えるものなのでしょうか？　これは用語上の変化以上のものであることが明らかです。

ソフトウェアをサービスとして提供する場合、成功の定義も変わってきます。もちろん、あなたのソリューションは顧客の機能的ニーズを満たす必要があります。これは解決すべき問題の1つの側面であり、決してなくなるものではありません。ただし、サービスとして提供する場合、ビジネスのあらゆる側面における幅広い顧客体験にはるかに重点を置くことになります。

サービスと製品の違いをより明確に示す例を見てみましょう。レストランは、これらの違いを明らかにするのに最適な場所です。夕食に出かけるとき、あなたは料理（製品）を楽しみにしているのは間違いありません。しかし、サービスも食事体験の一部です。玄関で出迎えられるまでの時間、ウェ

イターがテーブルに来るまでの時間、水が届くまでの時間、食べ物が届くまでの時間は、すべてサービス体験の尺度となります。料理がどんなに美味しくても、サービスの質がレストランに対する全体的な印象に大きく影響します。

では、SaaS製品の観点から考えてみてください。SaaSのテナントも同様のサービスが期待されています。ソリューションを簡単に導入できるか、製品価値を実感できるまでにかかる時間、新機能がリリースされるまでの時間、フィードバックの提供のしやすさ、システムがダウンする頻度など、これらはすべて、SaaSチームにとって最優先で取り組むべきサービスの側面です。素晴らしい製品があっても、全体的な体験で顧客の期待を満たせられなければ意味がありません。

これは、ソフトウェアがSaaSモデルで提供される場合に特に意味があります。テナントから見えるのは、SaaSソリューションの表面だけです。SaaSのテナントは、システムの基盤となる要素を一切見ることができません。顧客はパッチや更新、インフラストラクチャの設定については考えていません。顧客が気にするのは、そのサービスが、ソリューションの価値を最大化できる体験を提供しているかどうかだけです。

このサービスモデルでは、SaaS企業が運用の俊敏性を活用して顧客ロイヤルティを高めることもよくあります。これらのSaaSプロバイダーは、新機能をリリースし、フィードバックに対応し、システムを急速に変化させる体制を整えます。こうした絶え間ない急速なイノベーションを目にすることで、顧客はこの絶え間ない進化の恩恵を受けることができるという確信を持ちます。実際、これは新興のSaaS企業が従来のSaaS以外の市場リーダーからビジネスを奪うためのツールとなることもよくあります。大規模で定評のある市場リーダーの中には、はるかに豊富な機能群を提供している企業もありますが、市場や顧客のニーズに迅速に対応できないと、顧客はより俊敏なSaaSベースのサービスに目を向けることになります。

この製品とサービスの比較は、少し学術的すぎるように思えるかもしれませんが、私はこれをSaaSのメンタルモデルに不可欠な要素だと考えています。これは、SaaSはSaaS企業全体の仕事や顧客へのアプローチ方法を決定付ける考え方であるというマインドセットに直接つながっています。実際、多くのSaaS企業は、サービス中心の目標を達成する能力を測定する一連の指標を採用しています。将来的にサービスに組み込むことができるものだと思いたくなるかもしれません。しかし、成功しているSaaS企業の多くは、これらの指標をSaaSビジネスの重要な柱として活用しています。

B2BとB2CのSaaSストーリー

チームがSaaSについて話すとき、戦略やパターンを企業対消費者（B2C）モデルと企業対企業（B2B）モデルに当てはめて考えることがよくあります。序文で説明したように、これら2つのモデルのアーキテクチャ設計のアプローチには明らかな違いがあることを理解することが重要です。たとえば、B2Cの規模では、これらの環境のワークロードプロファイルとコストモデルに対応できる、高度に専門化された戦略が必要になることがよくあります。同時に、概念レベルでは、ここで説明した多くのトピックと仕組みがB2CとB2Bの環境にも当てはまる可能性がありま

す。これらのモデルで異なるアプローチが必要になる例をすべて挙げるつもりはありません。何がB2Cに適し、何がB2Bに適しているかを断言するには、あまりにも考慮すべき要素が多すぎます。そこで、本書の対象範囲については、B2CかB2Bであるかどうかが、ソリューションの全体的なアーキテクチャモデルに影響を与える可能性があることを認識しておきましょう。

1.6　SaaSの定義

この章の大部分を割いて、SaaSであることの境界線、範囲、本質をより明確にしてきました。ここで説明したすべての情報を活用して、理想的には、これまでに説明した概念と原則を盛り込んだSaaSの明確な定義を提示するのが当然だと思います。私が本書で用いるSaaSの見解を最もよく要約していると考える定義は、以下の通りです。

> SaaSとは、顧客とプロバイダーの両方に最大の価値をもたらし、摩擦の少ないサービス中心のモデルでソリューションを提供できる、ビジネスとソフトウェアのデリバリーモデルである。成長、市場拡大、イノベーションを促進するビジネス戦略の柱として、俊敏性と運用効率に重点を置いている。

この定義は、SaaSはビジネスモデルであるというテーマに沿っていることがわかります。技術やアーキテクチャに関する考慮事項についての言及はありません。ビジネスの目標を実現するための基盤となるパターンや戦略を立てるのは、SaaSアーキテクトおよびビルダーとしてのあなたの仕事です。それは、あらゆるアーキテクトの仕事のように思えるかもしれませんが、ビジネスと技術の融合というSaaS環境に特有の要件が、SaaSソリューションの設計、アーキテクチャ、実装に直接反映されることは明らかです。

1.7　まとめ

この章では、SaaSのマインドセットの基礎となる要素を確立することを目的としており、SaaSのアーキテクチャパターンと戦略を深く掘り下げる際に重要になる中心的な概念と用語を紹介しました。議論の重要な部分は、SaaSの基本的な目標を理解することに焦点を当てて、多くの組織がSaaSデリバリーモデルを採用する動機となった中心的な要素を明確にすることでした。そのためには、従来のソフトウェアデリバリーモデルをさらに詳しく調べて、これらのモデルに関連する従来の課題のいくつかを明らかにする必要がありました。その後、SaaSがこれらの課題をどのように克服し、より大きな成長とイノベーションを可能にする効率性、規模の経済性、俊敏性を実現する方法を探求しました。重要なのは、SaaSアーキテクトやビルダーは、堅牢なSaaSアプリケーションの構築だけに集中してはいけないということです。自社のソリューションが組織のより広範な業務、俊敏性、効率性の目標をどのように解決するかについても考えなければなりません。

この章の大部分では、いくつかの中心的な概念の整理にも重点を置いていました。テナントという概念を紹介し、インフラストラクチャを共有モデルで利用できる環境を構築する際の重要なポイント

をいくつか挙げました。共有インフラストラクチャについての議論でも、SaaSと従来の顧客ごとのインストール型モデルとの主な違いがいくつか浮き彫りになりました。このテーマの中心となったのは、SaaSのテナントをまとめて管理、デプロイ、運用できる統一された体験を作り出すという考え方でした。

また、SaaSとそうでないものの境界線を明確にすることも不可欠でした（少なくとも本書の範囲においては）。マルチテナントと、この用語に付随する歴史的な背景について調べ始めたのはそのためです。目的は、インフラストラクチャ中心の狭義のマルチテナントという概念から離れて、SaaSに対応したマルチテナントについて新しい概念を作り出すことでした。インフラストラクチャを共有しているかどうかとは関係のない、より広義のマルチテナントの定義の必要性を強調するために、一連のSaaSデプロイ戦略を検討しました。マルチテナントという用語がいつ、どのように使われるかを明確にすることは、SaaSについて話す方法や、SaaSアーキテクチャを説明する方法の基本となります。

最後に、この章の後半では、SaaSの境界をさらに絞り込もうと試みました。たとえば、MSPモデルを検証し、MSPモデルとSaaSモデルを区別する主な要因をいくつか見直しました。また、SaaS企業とサービスを構築するためのビジョンを形成するときに適用すべきだと思った基本原則についても検討しました。これには、（製品ではなく）サービスを構築することに関連する主な違いを検証することも含まれていました。

この章を読んで、本書全体でSaaSをどのように捉えるかについて、より深い理解を得られたのであれば幸いです。これらの原則に沿って行動することで、アーキテクチャの選択を方向付け、指針となる要因について共通の認識を持ちながら、より具体的な概念へと進むことができます。また、理想的には、このトピックに従来からつきまとっていた誤解もいくらか取り除くことができます。

SaaSの基本的なマインドセットを理解したところで、これらの原則をより具体的なアーキテクチャパターンや構造にどのように当てはめるかを考えてみましょう。次の章では、特定のソリューションや技術スタックの詳細については触れずに、SaaSアーキテクチャの主要な仕組みと戦略を網羅的に説明します。これにより、SaaSアーキテクチャを定義する際に考慮すべきすべての事項が明らかになります。テナントコンテキストの定義、必要な共通サービスや機能の議論、データパーティショニングの説明など、これらはすべて、これから取り上げるより詳細な洞察のリストに含まれています。この章の目標は、ハイレベルのSaaSアーキテクチャ構造の多くを見直し、それらの役割、特徴、およびそれらがSaaSアーキテクチャ全体の中でどのように位置付けられるかを説明することです。

2章
マルチテナントアーキテクチャの基礎

　本書を読み進めていくと、SaaSアーキテクチャにはさまざまな形態やサイズがあることに気づくでしょう。SaaS企業のドメイン、コンプライアンス、ビジネス要件に最も適したSaaSアーキテクチャを構築するために、マルチテナントアーキテクチャのパターンと戦略には、無数の組み合わせがあります。

　ただし、すべてのSaaSアーキテクチャに共通するいくつかの主要なテーマもあります。この章では、マルチテナントのSaaSアーキテクチャを構築するための最も基本的な出発点として、一連のアーキテクチャの構造と概念を見ていきます。中核となるビルディングブロックの詳細を説明して、これらの概念が特定の技術でどのように実現されるかをより深く理解するための土台を築くのが目的です。私は、各ビルダーがSaaS環境の可動部分を定義し始めるときに最優先する必要があるアーキテクチャ構造のみに焦点を絞って、意図的にこの内容を構成することにしました。

　まず、テナントの概念と、テナントのコンテキストがどのようにアーキテクチャに導入されるかを確認します。マルチテナントアーキテクチャのさまざまなレイヤーにどのように、どこでテナントが関わるかを説明し、アーキテクチャ全体におけるテナントの役割を明らかにすることが目的です。次に、マルチテナントアーキテクチャのさまざまな要素をどのようにグループ化し、整理するかを確認します。SaaSアーキテクチャの共通要素を特定することに焦点を当て、テナントや環境全体のオンボーディング、認証、運用、管理を実現する、中核となる水平型サービスを実行するために必要な基盤サービスについて説明します。

　この検討の一環として、アプリケーションの実装に登場する中核となるマルチテナント構造についても見ていきます。アプリケーションごとに微妙な違いがありますが、SaaS環境におけるマルチテナントのセキュリティ、ストレージ、デプロイ、ルーティングモデルを実装するために使用される、いくつかの共通戦略があります。これから取り上げるトピックを読むと、マルチテナントがアプリケーションの可動部分の設計と構築にどのように影響するかをより深く理解できます。さらに、SaaSモデルの基盤の一部として含める必要のある例外的な要素をいくつか説明します。これらには、階層化された体験の構築、テナントリソースのプロビジョニングと構成、環境へのシステム管理ビューの構築などが含まれます。

SaaSアーキテクチャの中核となる構造をしっかりと理解することが、マルチテナントアーキテクチャに通常含まれる要素について確かな理解を深めるための鍵となります。私の目標は、SaaSアーキテクチャの全体像を定義し始めるときに、考慮すべきビルディングブロックをより深く理解してもらうことです。堅牢なアーキテクチャを拡張、保護、設計、運用することの意味について、すでに強い考えをお持ちのことでしょう。SaaSでは、マルチテナントがこれらの重要な概念にどのように、どこで影響し、重なり合うかを理解し、マルチテナント環境を構築するためのアプローチ方法を変えることが狙いです。

2.1 テナントを追加したアーキテクチャ

SaaSアーキテクチャの概念を探求するにあたり、まずは従来のSaaS以外のアプリケーションから見てみましょう。従来のアプリケーションでは、環境は個々の顧客がインストールして実行することを前提としてゼロから構築します。顧客にはそれぞれ専用の環境が用意されます。図2-1は、これらのアプリケーションがどのように設計および構築されるかを概念的に示しています。

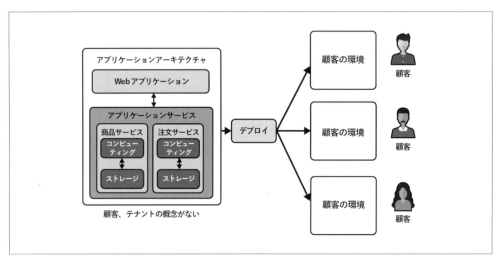

図2-1 従来のSaaS以外の環境

左側には、アプリケーションの簡単な概要があります。このアプリケーションは構築された後、個々の顧客に販売されます。これらの顧客は、ソフトウェアを自社の環境にインストールする場合もあれば、クラウド上で実行する場合もあります。このアプローチにより、この環境のアーキテクチャモデル全体が簡素化されます。顧客が環境にアクセスする方法、リソースにアクセスする方法、環境のサービスを利用する方法についての選択肢は、それぞれの顧客専用の環境で稼働することを知っていれば、はるかに単純化できます。一般的なマインドセットでは、ソフトウェアを所有していて、ソフトウェアのコピーを新しい顧客ごとに作成しているだけとされています。

それでは、これと同じアプリケーションをマルチテナントのSaaS環境で提供するとはどういうこと

なのか考えてみましょう。図2-2は、それがどのようなものになるかを概念的に示しています。ご覧の通り、顧客はテナントとして、全員が同じアプリケーションを使用しています。

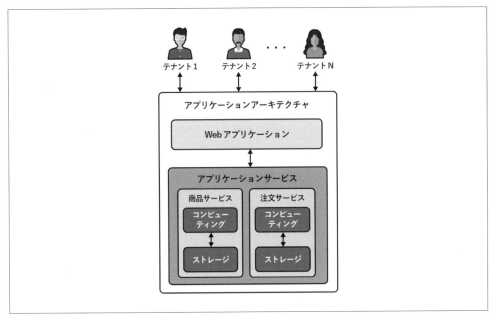

図2-2　テナント中心の体験への転換

　この変化は、図ではかなり単純に見えるかもしれません。しかし、この環境を設計、構築、保護、管理する方法に大きな影響を与えます。私たちは、顧客ごとの専用モデルからマルチテナントアーキテクチャへの移行を事実上行いました。このモデルをサポートすることは、システムの基盤となる実装のあらゆる側面に及びます。認証、ルーティング、拡張性、パフォーマンス、ストレージの実装方法に影響し、特定の領域では、システムのアプリケーションロジックのコーディング方法にも影響します。

　また、この図の用語の重要な変更にも気づくでしょう。この図の一番上を見ると、システムの利用者をもはや顧客と呼んでいないことがわかります。その代わりに、本書全体を通して、顧客はテナントと呼ばれています。なぜ変わったのでしょうか？ この中心的な概念をより深く理解するために、アプリケーションサービスの1つを稼働中に観察し、テナントが実行時にどのように環境に表示されるかを確認しましょう。商品のマイクロサービスのスナップショットを3つの異なる時間間隔で個別に取得すると、図2-3の画像に似たものが表示されるかもしれません。

　スナップショット1では、商品のマイクロサービスは2つのテナント（T1とT3）が利用しています。次のスナップショットには、3つのまったく異なるテナントがいます。重要なのは、リソースはもはや特定の利用者のものではなく、システムのすべてのテナントによって利用される共有インフラストラクチャであるということです。また、多くの場合、複数のテナントが同時に利用することもあります。

図2-3 テナントの実行中のスナップショット

このような共有インフラストラクチャの利用への移行に伴い、システムがどのように利用されているかを説明する新しい方法が必要になりました。以前は、すべての利用者が独自の専用インフラストラクチャを持っていたので、「顧客」という用語を使い続けるのは簡単でした。しかし、マルチテナント環境では、環境の利用者を「テナント」と表現していることがわかります。

この概念をしっかりと理解することが重要です。テナントという概念は、一棟の建物を所有し、それをさまざまなテナントに貸し出す集合住宅のイメージと非常によく似ています。このマインドセットでは、建物はソリューションの共有インフラストラクチャに例えられ、テナントは集合住宅のさまざまな居住者に例えられます。建物のテナントは、建物内の共有資源（電力、水など）を利用します。あなたは建物の所有者として、建物全体の管理と運営を行い、さまざまなテナントが出入りします。入居率は刻々と変わる可能性があります。

この用語が、任意の数のテナントを収容できる共有インフラストラクチャ上で稼働するサービスを構築しているSaaSモデルにいかに適しているかおわかりでしょう。もちろん、テナントは依然として顧客ですが、「テナント」という用語は、顧客がSaaS環境を利用していることをより的確に表現しています。

先に進むにつれて、テナントがどのように、どこでSaaSアーキテクチャの実装に影響するのかをより深く理解できるようになります。現時点では、私たちの環境を利用する顧客がいずれもテナントと呼ばれることを知っておいてください。このテナント情報は、SaaSアーキテクチャに関する議論における複数の分野にわたって活用します。これは、あらゆるSaaSアーキテクチャの最も基本的な要素の1つです。

2.2　あらゆるSaaSアーキテクチャの2つの要素

SaaSの詳細から少し離れて考えてみると、通常、すべてのSaaS環境は、そのドメインや設計に関係なく、2つのまったく異なる要素に分けることができます。実際、本書全体を通してSaaSについて説明していく中で、マルチテナントシステムがどのように構築、デプロイ、運用されているか、この2つの要素を基準に話を進めていきます。

図2-4は、SaaSの2つの要素を概念的に示したものです。図の右側には、コントロールプレーンと表示されている箇所があります。コントロールプレーンは、マルチテナントのSaaS環境の基盤となる

要件を網羅する、すべての共通コンポーネント、サービス、機能を配置する場所です。

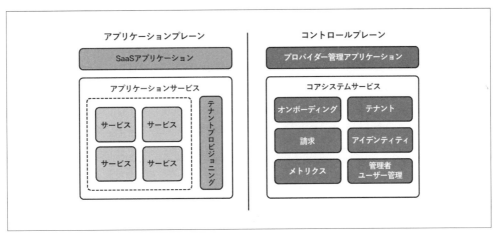

図2-4　SaaSのアプリケーションとコントロールプレーン

　コントロールプレーンは、SaaSソリューションのすべての可動部分を調整して操作するために使用されるシングルペインオブグラスと表現されることがよくあります。これは、SaaSビジネスの成功に不可欠な多くの原則を可能にする中心的なものです。このコントロールプレーンには、テナントのオンボーディング、請求、メトリクス、その他多数のサービスといった概念があります。また、コントロールプレーンには管理アプリケーションが含まれていることがわかります。これは、SaaSプロバイダーがSaaS環境を構成、管理、運用するために使用するコンソールまたは管理機能を表しています。このコントロールプレーンは、**「1章　SaaSマインドセット」**で見た、アプリケーションを取り巻く一連のコンポーネントという概念と関連しています。

　ここで興味深い注意点の1つは、コントロールプレーンで実行されているサービスは、マルチテナントサービスとして構築または設計されていないということです。考えてみれば、コントロールプレーンの機能には、マルチテナント的な要素が何もありません。個々のテナントの要件をサポートする機能はないのです。その代わり、すべてのテナントにまたがるサービスと機能を提供しています。

　アーキテクトやビルダーは、アプリケーションのマルチテナントの側面からSaaSの議論を始めたいと思うことがよくありますが、SaaSアーキテクチャの基礎はコントロールプレーンから始まります。多くの点において、コントロールプレーンは強制的な機能として働き、エンジニアは開発の初期段階からテナントのさまざまな側面を考慮し、対応することが求められます。

　それとは対照的に、アプリケーションプレーンは、SaaS製品の特徴や機能を具体化する部分です。ここでは、SaaS環境に一般的に適用されるマルチテナントの原則がすべて具体化されます。つまり、マルチテナントが、サービスとその基盤となるリソースの設計、機能、セキュリティ、パフォーマンスにどのような影響を与えるか、より重点的に注目するのです。アプリケーションプレーンに費やす時間とエネルギーは、環境、スケジュール、ビジネスの要件に最も適した技術やアプリケーション

サービス、アーキテクチャパターンを特定して選択することに集中させます。ここで、俊敏性を取り入れ、ビジネスがさまざまなペルソナや利用モデルをサポートできるように、アプリケーションの基盤を構築することに全力を注ぎます。

アプリケーションプレーンには、単一の設計、アーキテクチャ、ブループリントが存在しないことにご注意ください。私はアプリケーションプレーンを、SaaS製品が必要とするサービスと機能の独自の構成に基づいて描かれた空白のキャンバスと捉える傾向があります。確かに、SaaSアプリケーションアーキテクチャにまたがるテーマやパターンはあります。それでも、SaaSアプリケーションの基盤に特定の要件を課すビジネス、ドメイン、レガシーの考慮事項は常に存在します。

SaaSの2つの側面をこのように捉えることは、「1章 SaaSマインドセット」で説明したマルチテナントのメンタルモデルと一致しています。アプリケーションプレーンは、すべてのテナントのインフラストラクチャを共有することも、完全に専用のインフラストラクチャを持つこともできますが、それは問題ではありません。統一された体験を通じてこれらのテナント環境を管理および運用するコントロールプレーンさえあれば、それはマルチテナント環境とみなされます。

この考え方の違いは、SaaS環境の要素がどのように更新され進化していくかというメンタルモデルにも影響を与えます。コントロールプレーンのサービスと機能には、通常、バージョン管理、更新、デプロイに関する独自のプロセスがあります。システムのライフサイクル全体にわたって使用でき、運用面と機能面のさまざまな要件に対応します。一方、アプリケーションプレーンは、システムのテナントの要件や体験によって大きく左右されます。ここでは、新機能の提供、テナントのパフォーマンスの向上、新しいティアリング戦略をサポートするための更新とデプロイが行われます。

SaaSのこの2つの要素は、あらゆるSaaS環境の最も基本的なビルディングブロックとなります。これらのプレーンが果たす役割を理解することは、SaaS製品のアーキテクチャ、設計、分割のアプローチに大きな影響を与えます。

2.3　コントロールプレーンの内部

コントロールプレーンとアプリケーションプレーンの役割について理解が深まったところで、コントロールプレーンに共通する中心的な概念を簡単に説明していきましょう。これらの各トピックについては、本書の後半でさらに詳しく掘り下げ、具体的な実装やアーキテクチャ戦略を見ていきます。ただし、この段階では、もう一歩踏み込んで、構築するコントロールプレーンを構成するさまざまなコンポーネントについての理解を深める必要があります。これらのコンポーネント、コンポーネントが果たす役割、コンポーネント間の関連性について、より深く理解することで、技術、開発言語、およびドメインの考慮事項といった特定の要件を検討するときに生じるさまざまな問題点に気を取られることなく、マルチテナントのビルディングブロックを探求することができます。このような全体像を把握することで、さまざまな選択肢が明確になり、すべてのSaaSアーキテクチャモデルにまたがるさまざまなコンポーネントを理解できるようになります。

以下は、オンボーディング、アイデンティティ、メトリクス、請求、テナント管理など、SaaSアー

キテクチャのコントロールプレーンに表示される可能性が高いさまざまなサービスと機能の詳細です。

2.3.1　オンボーディング

　コントロールプレーンは、新しいテナントをSaaS環境に導入するために必要なすべての手順を管理し、統合する役割を担います。一見すると単純な概念のように思えるかもしれません。しかし、「4章　オンボーディングとアイデンティティ」で説明するように、オンボーディング体験には多くの要素が関係しています。ここでどのような選択をするかは、多くの点で、SaaS環境のマルチテナントビジネスや設計要素の多くを実装する上で非常に重要なものとなります。

　この段階では、オンボーディング体験の重要な要素を大まかに見ていきましょう。図2-5には、オンボーディング体験で重要な役割を果たすコンポーネントの概念図を示しています。ここでは、SaaS製品にサインアップし、コントロールプレーンを介してオンボーディングプロセスを開始するテナントを例に挙げています。この最初のリクエストの後、コントロールプレーンが残りのオンボーディングフローを処理し、テナントとそれに対応するアカウント情報を作成して設定します。これには、マルチテナントアーキテクチャのほとんどの可動部分で活用される、一意の識別子をテナントに割り当てる作業が含まれます。

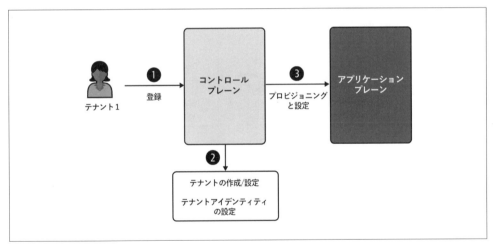

図2-5　テナントのオンボーディング

　また、コントロールプレーンがアプリケーションプレーンと連動し、各テナントに必要なアプリケーション固有のリソースをプロビジョニングおよび構成していることもわかります。オンボーディングの原則を詳しく見ていくと、この部分がオンボーディング体験にいかに深く関わっているかがわかるでしょう。

　オンボーディング体験には共通のテーマがありますが、実際のオンボーディングの実装は、所属するドメイン、ソリューションのビジネス目標、アプリケーションアーキテクチャの要件によって大きく異なります。しかし、重要なのは、オンボーディングがSaaS体験の第一歩となる基本的な概念で

あるということです。事業部門は、このシステムの構築方法にどのようにアプローチするかについて、大きな関心を持ち、積極的に関与すべきです。

重要なのは、オンボーディングは、テナント、ユーザー、アイデンティティ、テナントのアプリケーションリソースといったマルチテナント環境の最も基本的な要素を構築し、連携させる中心的な役割を担っているということです。オンボーディングはこれらの要素を結び付け、SaaS環境のあらゆる可動部分にテナントを導入するための基盤を確立します。

2.3.2 アイデンティティ

最初は、なぜアイデンティティがSaaSの話題に含まれるのか不思議に思うかもしれません。確かに、SaaSソリューションを構築するために使用できるアイデンティティソリューションは数多くあります。アイデンティティプロバイダーは、コントロールプレーンに関する議論の範囲外である、と主張することもできるでしょう。しかし、マルチテナントとコントロールプレーンは、SaaSアーキテクチャと密接に結び付いていることがよくあります。図2-6は、マルチテナント環境におけるアイデンティティの簡略化された適用例です。

図2-6 ユーザーとテナントアイデンティティの紐付け

左側には、認証と認可に通常関連付けられるユーザーアイデンティティの典型的な概念を示しています。SaaSユーザーがSaaSシステムに対して認証を行います。しかし、マルチテナント環境では、ユーザーを認証できるだけでは不十分です。SaaSシステムは、ユーザーとして誰であるかを把握していなければならず、そのユーザーをテナントに結び付けることもできなければなりません。実際、システムにログインするすべてのユーザーは、何らかの方法でテナントに紐付けられている必要があります。私はよく、このユーザーとテナントの紐付けを、SaaSアイデンティティと呼んでいます。

 ユーザーとテナントを紐付けるというこの考え方は、個人が企業の一部としてサービスに紐付く環境に、より自然に当てはまります。B2Bの設定では、企業がテナントとなり、ユーザーはその企業で働く多くの社員のうちの1人です。B2Cモデルでは、ユーザー自身がテナントになる可能性があります。テナントに個別に紐付ける必要はありません。

このユーザーとテナントの紐付けは、システム全体のアイデンティティ体験に難題をもたらす

アーキテクトやビルダーは、全体的な認証モデルの要件を満たしながら、この2つの概念を結び付ける戦略を練る必要があります。マルチテナント環境でフェデレーションアイデンティティモデルを実装する方法を考え始めると、さらに複雑になります。アイデンティティ体験が制御不能になればなるほど、ユーザーとテナント間のこのような結び付きをサポートすることがより複雑で困難になることがわかります。場合によっては、この2つの概念を結び付けるために、何らかの仕組みを導入する必要に迫られるかもしれません。

「**4章　オンボーディングとアイデンティティ**」でオンボーディングとアイデンティティについて掘り下げていきますが、アイデンティティがマルチテナントの全体像において果たす重要な役割について、より理解を深めることができるでしょう。アイデンティティを正しく理解することは、SaaSアーキテクチャにテナントを導入するための明確かつ効率的な戦略を練る上で不可欠です。ここで適用するポリシーやパターンは、設計と実装の多くの要素に波及的な影響を及ぼします。

2.3.3　メトリクス

アプリケーションがマルチテナントモデルで実行されていると、テナントがシステムを利用している状況を正確に把握するのが難しくなります。たとえば、インフラストラクチャを共有している場合、現在どのテナントがそのインフラストラクチャを利用しているのか、個々のテナントのアクティビティがソリューションの拡張性やパフォーマンス、可用性にどのような影響を与える可能性があるのかを知ることは非常に困難です。システムを利用しているテナントの数も常に変化している可能性があります。新しいテナントが追加されるかもしれません。既存のテナントが退去するかもしれません。このような状況では、マルチテナント環境の運用と管理が特に困難になります。

これらの要因から、SaaS企業にとって、コントロールプレーンの一部として、豊富なメトリクスと分析機能の構築に投資することが特に重要になっています。目的は、テナントのアクティビティを収集し集約するための統合ハブを構築して、個々のテナントの用途や利用状況を監視および分析できるようにすることです。

メトリクスの役割は非常に広範囲に及びます。収集されたデータは運用状況の把握に使用され、システムの健全性を測定し、トラブルシューティングすることができます。プロダクトオーナーは、このデータを使って特定の機能の利用状況を評価する場合があります。カスタマーサクセスチームは、このデータを使用して新規顧客の価値実現までの時間を測定するかもしれません。つまり、成功しているSaaSチームは、このデータを活用して、SaaS製品のビジネス、運用、技術的な成功を推進しているのです。

メトリクスが、マルチテナントシステムの多くの可動部分のアーキテクチャと実装にどのように影響するか想像できるでしょう。マイクロサービスの開発者は、メトリクスをどのように、どこに組み込むかを考える必要があります。インフラストラクチャチームは、システムのアクティビティをどのように、どこに公開するかを決める必要があります。事業部門は、顧客体験を測定できるメトリクスを把握し、適切な判断を下し、協力する必要があります。これらは、メトリクスが実装に影響を与え

る可能性のある多くの分野のほんの一例です。

このメトリクス戦略の中心はテナントでなければなりません。利用状況やアクティビティに関するデータがあっても、個々のテナントの視点でそれをフィルタリングしたり、分析したり、表示したりできなければ、価値が大幅に低下します。

2.3.4 請求

ほとんどのSaaSシステムは、請求システムに何らかの形で依存しています。これは、自社開発の請求システムの場合もあれば、さまざまな請求代行事業者が提供する商用SaaS請求システムのどれかである場合もあります。いずれのアプローチであっても、請求はコントロールプレーンに自然に組み込まれるべき中心的な概念です。

請求は、コントロールプレーン内にいくつかの接点を持ちます。通常、請求システムは、新しいテナントを「顧客」として作成するオンボーディング体験と連動しています。これには、テナントの請求プランの設定や、テナントの請求に関するその他の属性情報の設定などが含まれます。

多くのSaaSソリューションでは、請求書作成の一環としてテナントのアクティビティを計測し、課金する請求戦略があります。これには、帯域幅の使用量、リクエスト数、ストレージの使用量、または特定のテナントに割り当てられたその他のアクティビティに関連するイベントなどが考えられます。このようなモデルでは、コントロールプレーンと請求システムが、このアクティビティデータを取得、処理し、請求システムに送信する方法を実装する必要があります。これは、請求システムと直接統合することも、このデータを処理して請求システムに送信する独自のサービスを導入することもできます。

請求統合の詳細については、「14章　ティアリング戦略」で詳しく説明します。ここで重要なのは、請求はコントロールプレーンのサービスの一部となる可能性が高いこと、そしてこの統合を管理するために専用のサービスを導入することになる可能性が高いということです。

2.3.5 テナント管理

SaaSシステムでは、すべてのテナントを一元管理し、設定する必要があります。コントロールプレーンでは、これはテナント管理サービスによって実現されます。通常、これは非常に基本的なサービスであり、テナントの作成と状態の管理に必要なすべての機能を提供します（B2C環境の場合、これらはユーザーに対応します）。これには、テナントに関連付ける一意の識別子、請求プラン、セキュリティポリシー、アイデンティティ設定、アクティブ／非アクティブの状況といった主要な属性のトラッキングが含まれます。

チームによっては、このサービスを見落としてしまったり、他の要素（アイデンティティなど）と組み合わせてしまったりすることがあります。マルチテナント環境では、テナントの状態をすべて管理する一元化されたサービスがあることが重要です。これにより、テナント構成の一元化が可能になり、一元化された体験でテナントを簡単に管理できるようになります。

「**5章　テナント管理**」では、テナント管理を実装する要素とその組み合わせについて詳しく説明します。

2.4　アプリケーションプレーンの内部

さて、コントロールプレーンの中心的な概念の理解が深まったところで、アプリケーションプレーンにおけるマルチテナントの共通要素を見ていきましょう。通常、コントロールプレーンには一連の一貫した共通サービスがありますが、アプリケーションプレーンはもう少し抽象的です。アプリケーションプレーン内でマルチテナントがどのように、どこで導入されるかは、さまざまな要因によって大きく異なります。そうは言っても、アプリケーションプレーンには、形は違えど、やはり共通するテーマがいくつか存在します。そのため、ここで挙げる例には若干の違いがあるにせよ、すべてのSaaSアーキテクトは、これらのテーマをソリューションのアプリケーションプレーンにどのように、どこに組み込むかを検討する必要があります。

アプリケーションプレーンを掘り下げていくと、技術スタックとデプロイのパターンが、これらの要素をどのように適用するかについて、大きな影響を及ぼすことがわかります。場合によっては、ユースケースにぴったり合う既製のソリューションがあるかもしれません。また、技術スタックのギャップを埋めるためのソリューションを独自に開発しなければならないかもしれません。これらのギャップを埋めるために何かを構築することは、ソリューションの実装が複雑になり、余分な手間をかけることになりますが、ほとんどの場合、SaaSソリューションがマルチテナントアーキテクチャの重要な要素を損なわないように、この追加作業を行うことになるでしょう。

以降の章では、これらの仕組みがアプリケーションプレーン内でどのように実現されているかをより具体的に説明する、実際の動作例を見ていきます。しかし、ここではまず、SaaSアーキテクチャすべてに共通するアプリケーションプレーンの基本原則を整理しましょう。

2.4.1　テナントコンテキスト

アプリケーションプレーンにおける最も基本的な概念の1つは、テナントコンテキストです。テナントコンテキストは、特定の戦略や仕組みに当てはまるものではありません。むしろ、アプリケーションプレーンは常に特定のテナントのコンテキストで機能するという考えを示す、より広範な概念です。このコンテキストは、多くの場合、トークンやその他の要素として表現され、テナントのすべての属性をパッケージ化します。よくある例は、JSON Web Token（JWT）です。これは、ユーザー情報とテナント情報を1つの構造にまとめ、マルチテナントアーキテクチャのすべての可動部分で共有します。このJWTは、このコンテキストに依存するあらゆるサービスやコードとテナント情報（コンテキスト）を共有するためのパスポートになります。このトークンが、テナントコンテキストと呼ばれるものです。

このテナントコンテキストは、アプリケーションアーキテクチャがテナントのリクエストを処理する方法に直接影響することがわかります。これは、ルーティング、ログ、メトリクス、データアクセ

ス、およびアプリケーションプレーン内で実行される他の多くの構造に影響を与える可能性があります。図2-7は、実際に機能するテナントコンテキストの概念図を示しています。

図2-7の流れは、マルチテナント環境の一部であるさまざまなサービスやリソースにテナントコンテキストが適用されていることを示しています。これは図の左側から始まります。テナントはオンボーディング時に作成されたアイデンティティに対して認証を行い、テナントコンテキストを取得します。その後、このコンテキストはアプリケーションのサービスに注入されます。このコンテキストがシステムのさまざまな処理に流れ込み、さまざまなユースケースにわたってコンテキストを取得し、適用することを可能にします。

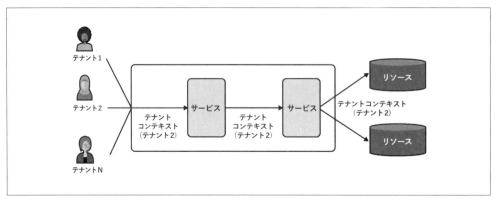

図2-7　テナントコンテキストの適用

　これは、SaaS環境の最も根本的な違いの1つです。サービスはユーザーだけを対象とするものではありません。SaaSアプリケーションのすべての可動部分の実装の一環として、テナントコンテキストを組み込む必要があります。作成するすべてのマイクロサービスは、このテナントコンテキストを使用します。システムの実装をあまり複雑にすることなく、このコンテキストを効果的に適用する方法を見つけるのがあなたの仕事になります。実際に、これは「7章　マルチテナントサービスの構築」でSaaSのマイクロサービスを掘り下げるときに取り上げる重要なテーマです。

　つまり、SaaSアーキテクトは、テナントコンテキストがシステム全体にどのように適用されるかを常に考えなければならないということです。また、複雑さを抑え、俊敏性を高めるために、このテナントコンテキストをパッケージ化して適用するために使用する具体的な技術戦略についても考える必要があります。これは、SaaSアーキテクトやビルダーにとって、絶え間なく続くバランス感覚の問われる作業です。

2.4.2　テナント分離

　マルチテナントは、その性質上、顧客とそのリソースを、共通のインフラストラクチャ環境で共有したり、少なくとも隣り合わせに配置したりできる環境に導入することに重点を置いています。この事実から、マルチテナントのソリューションには、テナントのリソースが他のテナントからのアクセ

スから確実に保護されるように、創意工夫した対策を適用して実装する必要があります。

この概念の基本をより深く理解するために、アプリケーションプレーンで実行されているソリューションの簡単な概念図を見てみましょう（**図2-8**を参照）。

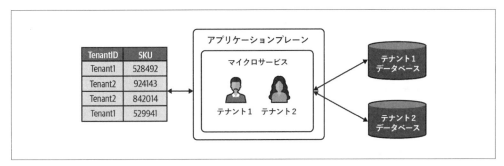

図2-8　テナント分離の実装

ご覧の通り、最も単純なアプリケーションプレーンで単一のマイクロサービスを実行しています。この例では、マイクロサービスは2つの異なるデータセットを管理しています。右側には、テナントデータが2つの別々のデータベースに保存されています。左側には、同じマイクロサービスが同じテーブルに混在したデータを持っています。同時に、マイクロサービスはすべてのテナントとコンピューティングを共有しています。つまり、マイクロサービスはテナント1とテナント2からのリクエストを同時に処理できるということです。

テナントのデータは別々のストレージ構造で保存されていますが、このソリューションには、テナント1がテナント2のデータにアクセスできないことを保証するものは何もありません。これは別々のデータベースでも当てはまります。データを別のデータベースに保存しても、テナントがこの境界線を越えないことを保証するものではありません。一般的に、専用モデルにリソースをデプロイしても、テナント分離を実現したことにはなりません。しかし、実装は容易にできるでしょう。

他のテナントのリソースへのアクセスを防ぐには、アプリケーションプレーンにこのテナント間のアクセスを防ぐ仕組みを導入する必要があります。この仕組みをどのように実装するかは、さまざまな考慮事項によって大きく変わります。ただし、テナント分離という基本的な概念は、あらゆるソリューションに共通するものです。つまり、すべてのアプリケーションプレーンに、個々のテナントリソースの分離を確実に実現する仕組みを導入する必要があるということです。これは、共有リソース上で実行されている場合でも同様です。

この概念については、「**9章　テナント分離**」で詳しく説明します。言うまでもなく、テナント分離はSaaSアーキテクチャの最も基本的なビルディングブロックの1つです。アプリケーションプレーンを構築するときは、SaaSアーキテクチャのさまざまなレイヤーで分離を実施できる方法と手段を判断する必要があります。

34 | 2章 マルチテナントアーキテクチャの基礎

2.4.3 データパーティショニング

アプリケーションプレーン内のサービスや機能は、テナントのデータを保存する必要がよくあります。もちろん、そのデータをどこに、どのように保存するかは、SaaSアプリケーションのマルチテナントの属性によって大きく異なります。データの保存方法に影響を与える要素は数多くあります。データの種類、コンプライアンス要件、利用パターン、データサイズ、使用する技術など、これらはすべてマルチテナントストレージというパズルを構成するピースです。

マルチテナントストレージの世界では、これらのさまざまなストレージモデルの設計をデータパーティショニングと呼んでいます。重要なのは、データの特性に基づいてテナントデータを分割するストレージ戦略を選択するということです。これは、データが専用の構造に保存されていることを意味する場合もあれば、共有の構造に保存されることを意味する場合もあります。これらの分割戦略は、さまざまな変数の影響を受けます。使用しているストレージ技術（オブジェクト、リレーショナル、NoSQLなど）は、テナントデータを記録し、保存するための選択肢に大きな影響を与えます。アプリケーションのビジネスやユースケースも、選択する戦略に影響を与える可能性があります。ここで挙げた変数と選択肢は多岐にわたります。

SaaSアーキテクトの仕事は、システムに保存されているさまざまなデータを確認し、どのパーティショニング戦略がニーズに最も合っているかを判断することです。また、これらの戦略がソリューションの俊敏性にどのような影響を及ぼすかも検討してください。新機能の追加、ソリューションの稼働時間、運用面の複雑さにどのように影響するかを慎重に考慮することが、データパーティショニング戦略の選択には不可欠です。また、戦略を選ぶとき、多くの場合、綿密な検討が必要となることも覚えておく必要があります。データを分割する方法は、アプリケーションプレーン内のサービスによって異なります。

これはより深いトピックであり、「8章　データパーティショニング」でさらに詳しく取り上げます。その章を読み終える頃には、さまざまなストレージ技術を使用してさまざまな戦略を実現することの意味について、はっきりと理解できるでしょう。

2.4.4 テナントのルーティング

この最も単純なSaaSアーキテクチャモデルでは、すべてのテナントがリソースを共有していることがわかります。ただし、ほとんどの場合、アーキテクチャにはいくつかのバリエーションがあり、テナントのインフラストラクチャの一部またはすべてが専用になることがあります。実際、テナントごとにデプロイされるマイクロサービスがあるのは珍しいことではありません。

重要なのは、SaaSアプリケーションのアーキテクチャは、多くの場合、共有モデルと専用モデルの組み合わせで稼働する任意の数のリソースを持つ分散型構成をサポートする必要が多いということです。**図2-9**は、共有テナントリソースと専用テナントリソースの組み合わせをサポートするSaaSアーキテクチャの簡略化された例を示しています。

この例では、アプリケーションサービスの操作を実行するようリクエストを行う3つのテナントが

あります。この特定の例では、共有リソースと専用リソースが混在しています。左側には、テナント1が使用する専用サービス一式があります。一方、右側には、テナント2と3が使用しているサービスがあります。これら2つのテナントが共有している商品と評価のサービスがあることに注意してください。また、これら2つのテナントは、それぞれ注文サービスの専用インスタンスを持っています。

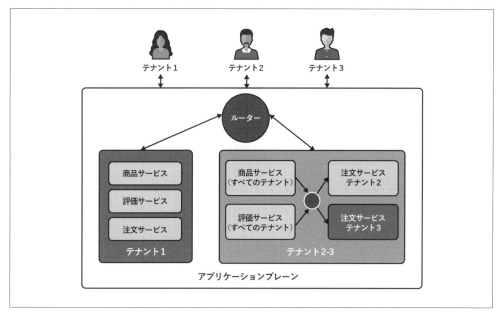

図2-9　テナントコンテキストに基づくルーティング

　ここで一歩下がって、これらのサービスの全体的な構成を見てみると、マルチテナントアーキテクチャには、テナントのリクエストを適切なサービスに正しくルーティングするための戦略と仕組みをどこに組み込む必要があるかがわかります。この例では、2つの階層で起こっています。一番上を見ると、アプリケーションプレーンが3つの別々のテナントからリクエストを受け取っていることがわかります。ここで、ルーターの概念的なプレースホルダーを用意しました。このルーターは、すべてのテナントからのリクエストを受け入れ、先ほど説明したテナントコンテキストを使用して、各リクエストをどのように、どこにルーティングするかを決定する必要があります。また、右側のテナント2-3の枠内には、どのインスタンスの注文サービスが（テナントコンテキストに基づいて）リクエストを受け取るかを決定するルーティング用の別のプレースホルダーがあります。

　これを整理するために、具体例をいくつか見てみましょう。テナント1から商品の検索リクエストがあったとします。ルーターはこのリクエストを受け取ると、テナントコンテキストを調べて、トラフィックを左側の商品サービス（テナント1用）にルーティングします。次に、テナント2から、注文の更新をする必要がある商品の更新リクエストもあったとしましょう。このシナリオでは、最上位のルーターが（テナント2のコンテキストに基づいて）右側にある共有の商品サービスにリクエストを送

信します。続いて、商品サービスは、サービス間のルーターを介して注文サービスにリクエストを送信します。このルーターはテナントコンテキストを確認し、テナント2に割り当て、テナント2専用の注文サービスにリクエストを送信します。

この例は、SaaS環境において想定されるさまざまなデプロイに対応できる、マルチテナント対応のルーティング構造の必要性を強調するために挙げました。当然ながら、ここで適用する技術や戦略は、さまざまなパラメーターによって異なります。また、ルーティングツールや技術も豊富に存在していますが、それぞれ異なる手法を採用している場合もあります。多くの場合、テナントコンテキストに基づいてトラフィックを取得し、動的にルーティングする柔軟かつ効率的な方法を提供するツールを適切に選択することが重要です。

本書の後半で、特定のソリューションにこれらのルーティング構造を適用する方法を説明します。この段階では、マルチテナント環境におけるルーティングは、インフラストラクチャのルーティングモデルに新たな難題をもたらす可能性があることを理解するのが重要です。

2.4.5　マルチテナントアプリケーションのデプロイ

デプロイはかなりよく理解されているトピックです。構築するすべてのアプリケーションには、アプリケーションの初期バージョンとそれ以降の更新をデプロイできるDevOpsの技術とツールが必要です。これらの概念は、マルチテナント環境のアプリケーションプレーンにも当てはまりますが、テナントのアプリケーションモデルの種類が異なると、アプリケーションのデプロイモデルに新たな考慮事項が追加されることも理解できるでしょう。

テナントには専用リソースと共有リソースが混在している可能性があることはすでに述べました。専用リソースのみを使用する場合もあれば、共有リソースのみを使用する場合もあり、専用リソースと共有リソースを混在して使用する場合もあります。これを踏まえた上で、このことがアプリケーションのデプロイにおけるDevOpsの実装にどのような影響を与えるかを検討しなければなりません。

2つの専用マイクロサービスと3つの共有マイクロサービスを備えたアプリケーションをデプロイすることを想像してみてください。このモデルでは、SaaSアプリケーションのマルチテナント構成を可視化できるデプロイ自動化コードが必要になります。従来の環境のように、更新されたサービスを単にデプロイするだけではありません。テナントのデプロイ状態を確認し、専用マイクロサービスごとに個別にマイクロサービスをデプロイする必要があるテナントを判断する必要があります。そのため、アプリケーションプレーン内のマイクロサービスは複数回デプロイされる可能性があります。また、インフラストラクチャの自動化コードでは、これらのマイクロサービスの構成とセキュリティ設定にテナントコンテキストを適用する必要がある場合もあります。

厳密には、これはアプリケーションプレーンの一部ではありません。しかし、アプリケーションプレーン内で適用する設計や戦略と密接に関係しています。一般的に、アプリケーションプレーンとテナント環境のプロビジョニングは、非常に相互に関連していることがわかります。

2.5　グレーエリア

　コントロールプレーンとアプリケーションプレーンは、マルチテナントアーキテクチャの基本的な構造のほとんどをカバーしていますが、どちらのプレーンにも完全に当てはまらない概念がいくつかあります。同時に、このような分野は、SaaSの重要なトピックとして議論すべきです。これらを特定のプレーンに当てはめるべきだという意見もありますが、議論を避けるために、ここではこれらの項目を個別に扱い、どちらのプレーンに分類すべきかについて、検討すべき要素をいくつか取り上げていきます。

2.5.1　ティアリング

　ティアリングは、多くのアーキテクトがさまざまなサードパーティ製品を使用する際に出会ってきた戦略です。基本的な考え方は、SaaS企業が価格帯の異なるさまざまな種類の製品を提供するためにティアリングを利用するというものです。たとえば、SaaSプロバイダーは、顧客にベーシック、アドバンスト、プレミアムといった3つのティアを提供し、各ティアで段階的に付加価値を追加していくという方法があります。ベーシックティアのテナントは、パフォーマンス、ユーザー数、機能などに制約があるかもしれません。プレミアムティアのテナントには、より優れたサービスレベル契約（SLA）、より多くのユーザー数、追加機能などが提供されます。

　SaaSアーキテクトやビルダーが犯しがちな間違いは、これらのティアは主にプライシング戦略とパッケージング戦略であると決めつけることです。実際には、ティアリングはマルチテナントアーキテクチャの多くの側面に大きな影響を及ぼします。ティアリングは、より柔軟性の高いSaaSアーキテクチャを構築することで可能になります。これにより、ビジネスに新たな価値の境界線を設定する機会が生まれ、これまで実現できなかった価値の提供が可能になります。

　アーキテクチャ全体で共有されるコンテキストには、特定のテナントのティアへの照会が含まれることが多いため、ティアリングはテナントコンテキストに関する議論に自然に含まれます。このティアはアーキテクチャ全体に適用されるため、ルーティングやセキュリティ、システム基盤の実装におけるその他の多くの側面に影響を与える可能性があります。

　ティアリングの実装によっては、これを最上位の概念としてコントロールプレーンに配置するチームを見かけます。確かに、オンボーディングには、テナントの属性を特定のティアに割り当てる必要が含まれることがよくあります。ティアは請求プランと関連付けられることも多く、コントロールプレーン内で管理するのが自然に思えます。その一方で、ティアはアプリケーションプレーン内でも頻繁に使用されます。ルーティング戦略を定義したり、スロットリングポリシーの設定の一部として参照したりすることができます。実際のところ、ティアリングはどちらのプレーンにも当てはまるということです。しかし、コントロールプレーンとのやり取り（認証など）によってティアを管理したり、変更したりできるので、コントロールプレーンに配置する方がいいでしょう。変更されたティアはテナントコンテキストに割り当てられ、アプリケーションプレーン内の仕組みを介して適用されます。

2.5.2 テナント、テナント管理、システム管理者

　SaaSアーキテクチャについて話すとき、「ユーザー」という用語は誤解を招きやすいものです。マルチテナント環境では、ユーザーであることの意味について複数の概念があり、それぞれが異なる役割を果たします。図2-10は、マルチテナントソリューションでサポートする必要があるさまざまな種類のユーザーを概念的に示しています。

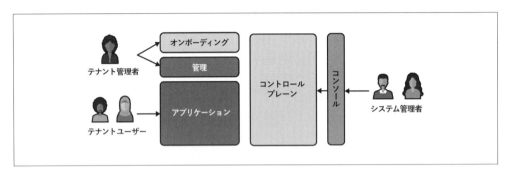

図2-10　マルチテナントにおけるユーザーの役割

　図の左側には、テナントに関連する代表的な役割が示されています。ここには、テナント管理者とテナントユーザーという2つの異なる役割があります。テナント管理者は、システムにオンボーディングされたテナントの初期ユーザーを意味します。このユーザーには通常、管理者権限が与えられます。これにより、アプリケーションレベルの構造を構成、管理、保守するために使用される独自のアプリケーション管理機能にアクセスできます。これには、新しいテナントユーザーを作成できることも含まれます。テナントユーザーとは、管理機能なしでアプリケーションを利用するユーザーを意味します。これらのユーザーには、アプリケーション体験に影響を与える、さまざまなアプリケーションベースの役割が割り当てられることもあります。

　図の右側には、システム管理者もいることがわかります。これらのユーザーはSaaSプロバイダーに紐付けられており、コントロールプレーンにアクセスして、SaaS環境の状態とアクティビティを管理、運用、分析できます。これらの管理者は、管理特権を明確にするために、さまざまな役割を担っている場合もあります。フルアクセス権を持つものもいれば、さまざまなビューや各種設定への閲覧や変更に制限があるものもいます。

　管理コンソールもコントロールプレーンの一部として示しました。これは、システム管理者の役割で見過ごされがちな部分です。ここでは、テナントの管理や設定、運用に使用される、目的に合ったSaaS管理コンソールの必要性を強調するために示しています。これは通常、SaaS環境固有のニーズに対応するためにチームが構築する必要があるものです（システムの状態を管理するために使用される可能性のある他のツールとは別です）。システム管理者がこのSaaS管理コンソールにアクセスするには、認証機能を利用する必要があります。

　SaaSアーキテクトは、マルチテナント環境を構築する際に、これらの役割をそれぞれ考慮する必

要があります。テナントの役割は通常よく理解されていますが、多くのチームはシステム管理者の役割にあまり力を入れていません。これらのユーザーの導入とライフサイクル管理は、全体的な設計と実装の段階から考慮すべきです。これらのユーザーの管理には、繰り返し使用でき、安全な仕組みが必要です。

ユーザー管理に関しては、特にコントロールプレーンとアプリケーションプレーンの議論が紛糾しがちです。システム管理者をコントロールプレーンで管理する必要があることに疑いの余地はありません。実際、この章の冒頭で示した2つのプレーンの概要図（**図2-4**）には、コントロールプレーンの一部として管理者ユーザーを管理するサービスが含まれています。テナントユーザーの管理について議論し始めると、状況はさらに複雑になります。アプリケーションがテナントユーザー管理機能を持つべきであり、したがってこれらのユーザーの管理はアプリケーションプレーン内で行うべきだという意見もあります。同時に、テナントのオンボーディングプロセスでは、オンボーディングプロセス中にこれらのユーザーのアイデンティティを作成する必要があります。つまり、コントロールプレーンに組み込むべきだという意見です。この議論がいかに堂々巡りに陥りやすいかわかるでしょう。

私個人としては、注意点を踏まえた上で、アイデンティティはコントロールプレーンに属すべきだと考えています。特に、テナントコンテキストがユーザーアイデンティティと紐付けられるのがコントロールプレーンだからです。アイデンティティのこの側面は、決してアプリケーションプレーンで管理されることはありません。

このシナリオでは、コントロールプレーンでアイデンティティと認証体験の管理を行い、アプリケーションでアイデンティティ以外のテナント属性を管理するという折衷案があります。もう1つの選択肢は、コントロールプレーンにテナントユーザー管理サービスを組み込み、アプリケーションで必要と想定されるユーザー管理機能をすべて実装するという方法です。また、管理機能とテナント機能でアイデンティティを分けるという方法もあります。その場合は、新たな問題が発生することに注意してください。

重要なのは、アイデンティティをどのように、どこに組み込むかを慎重に検討する必要があるということです。

2.5.3　テナントのプロビジョニング

ここまで、コントロールプレーン内でのオンボーディングの役割について見てきました。また、オンボーディング体験の一環として、オンボーディングプロセスがどのようにアプリケーションインフラストラクチャのプロビジョニングと設定を行う必要があるかも見てきました。ここで重要な疑問が生じます。テナントのプロビジョニングは、コントロールプレーンとアプリケーションプレーンのどちらで行われるべきでしょうか？

図2-11は、2つの選択肢の概念図を示しています。左側には、テナントのプロビジョニングがアプリケーションプレーン内で実行されるモデルです。このシナリオでも、オンボーディングのすべての要素（テナントの作成、請求設定、アイデンティティ設定）はコントロールプレーン内で行われます。

プロビジョニングの実行は、オンボーディングサービスによってトリガーされ、管理されますが、アプリケーションプレーン内で行われます。

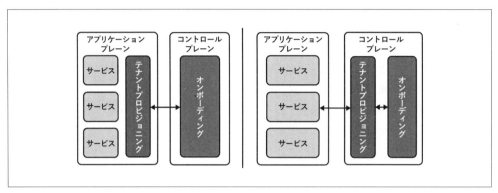

図2-11 テナントのプロビジョニングプロセスの実行

　もう1つの選択肢は、この図の右側に示されています。ここでは、テナントのプロビジョニングはコントロールプレーン内から実行されます。つまり、テナントのプロビジョニングは、アプリケーションプレーン内で使用されるインフラストラクチャ構成スクリプトを起動します。これにより、オンボーディングのすべての要素がコントロールプレーン内に集約されます。

　トレードオフの中心となるのは、アプリケーションプレーンのカプセル化と抽象化です。アプリケーションインフラストラクチャの全体像と構成をコントロールプレーンが把握する必要はないと考えるのであれば、左側のモデルをお勧めします。一方、オンボーディングはコントロールプレーンが管理すべきだと考えるのであれば、アプリケーションのプロビジョニングと設定のプロセスもコントロールプレーンが担当するのが当然だと言えるでしょう。

　私個人としては、リソースの記述と構成を管理するプロビジョニングをできるだけリソースに近い場所に配置すべきだと考えています。アプリケーションプレーンのアーキテクチャ変更に基づいてコントロールプレーンを更新することは避けたいです。トレードオフとして、コントロールプレーンはより分散されたオンボーディング体験をサポートする必要があり、コントロールプレーンとアプリケーションプレーン間のメッセージングを使用してプロビジョニングの状況を把握する必要があることです。どちらのモデルにも利点があります。重要なのは、プロビジョニングはオンボーディング体験の独立した一部であるべきだということです。それさえ守られていれば、ある時点でそれを変更することにしたとしても、ある程度はカプセル化されているため、大幅な見直しをせずに変更することができます。

2.6　コントロールプレーンとアプリケーションプレーンの統合

　組織によっては、コントロールプレーンとアプリケーションプレーンの間に非常に明確な境界線

を設けています。この場合、ネットワークの境界やその他のアーキテクチャ構造によって、2つのプレーンを分離します。これは、各プレーンの固有のニーズに基づいて、これらのプレーンを構成、管理、運用できるという点で、一部の組織にとっては利点となります。また、これらのプレーン間のより安全な連携を設計するきっかけにもなります。

　これを念頭に置いて、コントロールプレーンとアプリケーションプレーンを統合するためのさまざまな方法を検討することができます。ここで選択する統合戦略は、プレーン間の相互作用の性質、ソリューションの展開地域、環境のセキュリティ要件に大きく影響されます。

　イベント駆動型やメッセージ駆動型の疎結合モデルを選ぶチームもあれば、アプリケーションプレーンのリソースをより直接的に制御できるネイティブな統合を必要とするチームもあるでしょう。この議論には絶対的なものはほとんどなく、さまざまな可能性をもたらす幅広い技術があります。重要なのは、特定のドメインやアプリケーション、環境のニーズに合った制御を可能にする統合モデルを慎重に選択することです。

ここでの議論の多くは、アプリケーションプレーンとコントロールプレーンを別々のインフラストラクチャにデプロイし、管理するというモデルに偏っています。これらのプレーンを分離することの利点は明白ですが、これらのプレーンを何らかの明確な境界で分離しなければならないというルールはないことに注意することが重要です。SaaSプロバイダーがコントロールプレーンとアプリケーションプレーンを共有環境にデプロイするという有効なシナリオもあります。環境のニーズ、技術の性質、その他のさまざまな考慮事項によって、より具体的なアーキテクチャ上の境界線に沿ってこれらのプレーンをどのようにデプロイするかが決まります。重要なのは、どのように、どこにデプロイするかにかかわらず、システムをこれらの個別のプレーンに明確に分離することです。

　コントロールプレーンの詳細を掘り下げていくと、これら2つのプレーンにまたがる共通点を把握でき、具体的な統合のユースケースとそれらの潜在的なソリューションについて説明することができます。ただし、現時点では、統合がコントロールプレーンとアプリケーションプレーンのモデル全体にとって重要な要素であることを理解しておいてください。

2.7　自社のプレーンに最適な技術を選ぶ

　SaaSチームは、さまざまな変数に基づいてSaaSソリューションを実装するための技術を選択します。スキルセット、クラウドプロバイダー、ドメインニーズ、レガシーに関する考慮事項など、マルチテナントのSaaS製品に使用する技術を選択する際には、数多くのパラメーターがあります。

　さて、SaaSをコントロールプレーンとアプリケーションプレーンという観点から見てみると、これら2つのプレーンの要件が技術の選択にどのように影響するかを考えるのも当然です。アプリケーションプレーンに完全なコンテナベースのモデルを選択した場合、コントロールプレーンもコンテナで実装する必要があるのでしょうか？　実際には、プレーンはさまざまなニーズとさまざまな利用形態をサポートします。使用する技術が何らかの形で一致しなければならないというわけではありません。

　たとえば、コントロールプレーンにかかるコストと利用状況を考えてみましょう。これらのサービ

42 | 2章　マルチテナントアーキテクチャの基礎

スの多くは、アプリケーションプレーンで実行されているサービスよりも利用頻度は低い場合があります。コントロールプレーンには、より費用対効果の高いモデルを実現する別の技術を選択したいと思うかもしれません。チームによっては、コントロールプレーンを実装するためにサーバーレス技術を使用することを選択することもあるでしょう。

　また、決定はより詳細に行うこともできます。ある種のサービスには1つの技術を使用し、他のサービスには別の技術を使用するかもしれません。重要なのは、コントロールプレーンとアプリケーションプレーンの構成、利用状況、パフォーマンス特性が同じになると思い込んではいけないということです。SaaS環境のアーキテクチャ設計の一環として、これら2つのプレーンの技術要件を個別に検討する必要があります。

2.8　絶対的なものを避ける

　SaaSアーキテクチャの概念に関するこの議論では、コントロールプレーンとアプリケーションプレーンという観点からSaaSアーキテクチャを定義することに重点を置きました。これらのプレーンは、マルチテナントアーキテクチャのさまざまなコンポーネントについて考える際の手助けとなり、マルチテナントアーキテクチャのさまざまな機能をSaaS環境にどのように組み込むかを考えるための優れたメンタルモデルとなります。

　これらの概念は便利ですが、このモデルに絶対的なものを当てはめることには注意が必要です。確かに、SaaSについて考える良い方法であり、マルチテナントソリューションの構築にどのように取り組むかを議論するための指針となります。SaaSシステムの設計や構築に取り組んでいるチームにとって、強力な指針となることは間違いありません。また、アプリケーションのマルチテナントアーキテクチャの範囲外にある一連の共有サービスの必要性にも着目しています。

　ただし、ここで重要なのは、これらの概念を参考にしながら、SaaSアーキテクチャへのアプローチ方法を決定することです。環境によっては、アプローチ方法を変えなければならない場合もあります。各プレーンで何をすべきかについて絶対的な決まりがあるわけではなく、責任の分担を明確にし、SaaS製品のセキュリティ、管理、運用上の要件を満たすアーキテクチャを構築することが重要です。

2.9　まとめ

　この章では、SaaSアーキテクチャの概念の全体像を説明しました。特定の技術やドメインの詳細には触れずに、マルチテナントアーキテクチャのパターンや戦略を策定することを目的として、SaaSアーキテクチャの主要な要素を見てきました。ここで取り上げた概念は、どのSaaS環境にも当てはまるはずであり、あらゆる技術を扱うすべてのチームがSaaSアーキテクチャに取り組む際のメンタルモデルとなるはずです。

　ここでは、マルチテナントアーキテクチャの表面にしか触れていません。先に進むにつれて、これらの概念を具体的な例に当てはめていき、根底にある詳細をすべて明らかにし、作成したメンタルモデルに設計上の考慮事項の新たな要素を追加していきます。この詳細な要素の追加により、開発言語、

技術スタック、そしてマルチテナントの条件に対して独自の変数一式をもたらすツールなど、これら
の原則を実現する際に直面する課題とSaaSビジネスの要件をどのように結び付けるのが最善かを検
討するときに考慮すべき可能性の全体像が明らかになります。

　次の段階は、SaaSのデプロイモデルの検討です。これにより、概念について考えることから、こ
れらの概念を整理し、さまざまなデプロイパターンに当てはめてみることに取り組みます。目標は、
SaaSアーキテクチャを構築する上で検討する必要のある、さまざまなSaaSモデルをサポートするた
めの戦略について考え、より明確にしていくことです。

3章
マルチテナントのデプロイモデル

　マルチテナントのデプロイモデルの選択は、SaaSアーキテクトとして最初に行うことの1つです。マルチテナント実装の詳細から一歩離れて、SaaS環境の基盤となる要素について幅広い観点から自問自答する機会となります。アプリケーションのデプロイモデルに関する選択は、コスト、運用、ティアリング、その他多くの属性に深く関わり、SaaSビジネスの成功に直接的な影響を与えます。

　この章では、さまざまなマルチテナントのデプロイモデルを紹介し、これらのモデルをどのように活用すれば、さまざまな技術要件やビジネス要件に対応できるかを説明していきます。その過程で、さまざまなモデルの長所と短所を整理し、選択したモデルがSaaS製品の複雑性、拡張性、パフォーマンス、俊敏性にどのような影響を及ぼすのかを具体的に示します。これらのモデルとその基本原則やトレードオフを理解することは、ビジネス、顧客、時間的制約、長期的なSaaS目標のすべてを考慮したアーキテクチャ戦略を策定するために不可欠です。これらのモデルには、多くのSaaSチームに共通するテーマもありますが、全員が従うべき唯一のブループリントというものはありません。むしろ、これらのデプロイモデルを適切に理解して、選択肢を精査し、現在の要件や将来の要件に対応するモデルまたは複数モデルの組み合わせを選択することが、あなたの仕事となります。

　また、この章では、SaaSの用語集をさらに充実させ、本書の中で参照されるこれらのモデルとそれを補完する概念に用語を当てはめていきます。これらの新しい用語によって、SaaS環境の本質をより正確に表現できるようになり、マルチテナントアーキテクチャの可動部分をより明確かつ詳細に説明できるようになります。これらの用語や概念を使うと、現実の世界で見られるようなさまざまなマルチテナントの組み合わせに柔軟に対応しながら、SaaSアーキテクチャを説明し、分類することができます。

　モデルをデプロイし始めると、これらのパターンの探求に特定の技術が組み込まれる手がかりが見えてきます。デプロイモデルのパターンは特定の技術に直接対応しているわけではありませんが、より具体的な構造に結び付けることで、その全体像がはっきりしてきます。ここから、アマゾン ウェブ サービス（AWS）のネイティブなサービスや機能がより多く登場するようになります。ただし、一般的には、使用するツールや技術に関係なく、これらのAWSの構造と互換性のあるものが多くあるでしょう。

より広範な目標は、デプロイモデルの選択にまつわる用語とマインドセットに慣れ親しんでもらうことです。この章を読み終える頃には、アプリケーションに最適なデプロイモデルを決定する際に考慮すべき選択肢や要素について、より深い理解が得られているはずです。

3.1 デプロイモデルとは何か？

SaaSアーキテクチャを説明する上での課題の1つは、すべてのSaaSソリューションに何らかの形で当てはまる単一のアーキテクチャ戦略がないことです。むしろ、SaaSアーキテクチャにはさまざまな形態やサイズ、適用範囲があり、それぞれに独自の利点や原則があります。これらの戦略の組み合わせの中から、ソリューションの要件に最も適したものを判断するのがあなたの仕事です。テナントによっては、完全に専用のインフラストラクチャを必要とするでしょうか？　それともインフラストラクチャを共有する必要がありますか？　あるいは、これらの選択肢を組み合わせる必要がありますか？　SaaSアーキテクチャのデプロイモデルを定義し始めるときには、こういったより抽象的で根本的な質問を自問する必要があります。

私がこの分野で最初に直面した課題は、マルチテナントデプロイのさまざまなパターンを正確に分類する正確な用語がないことです。ドメインには、テナントのさまざまな要件に対応するために、リソースをどのように環境に配置するかをより適切に表現する方法が必要でした。これが、デプロイモデルの概念が生まれた背景です。デプロイモデルを定義する目的は、さまざまなテナント環境におけるデプロイの特徴を説明するために使用される、ハイレベルなアーキテクチャ戦略を記述する方法をビルダーに提供することでした。デプロイモデルは、マルチテナントソリューションのアプリケーションプレーン内でリソースとインフラストラクチャをどのようにデプロイするかを示します。

この概念を明確にするために、2つの概念的なデプロイモデルを見てみましょう。**図3-1**は、2つの代表的なデプロイモデルの例を示しています。

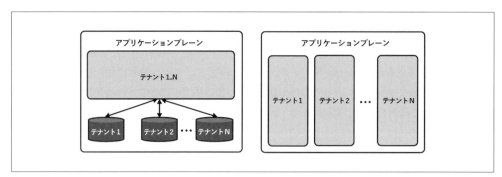

図3-1　概念的なデプロイモデル

図の左側には、テナントのリソースがすべてマルチテナント環境のコンピューティングレイヤーで共有されているデプロイモデルがあります。ただし、ストレージリソースは個々のテナントに割り当てられています。対照的に、図の右側は、テナントのすべてのインフラストラクチャ（コンピューティ

ング、ストレージなど）が専用のモデルでデプロイされている、デプロイモデルの別のパターンを示しています。これらは2つのデプロイモデルのほんの一例ですが、SaaSデプロイモデルの基本的な要素を説明するときに、より具体的な理解を深めるのに役立ちます。ここで重要なのは、デプロイモデルは、テナントのワークロードを対応するインフラストラクチャリソースにどのように割り当てるかを決定するために使用する戦略を表しているということです。どのリソースを共有し、どのリソースを専用にするかを示しています。

この時点では、デプロイモデルは比較的単純な概念です。これらのデプロイモデルが実際にどのように適応されるのかを見ていくにつれ、デプロイモデルを定義する際に考慮すべきさまざまな要素について、より深く理解できるようになります。特に、マルチテナントソリューションのワークロード、コンプライアンス、分離、ティアリングの要件について検討し始める際に、重要になってきます。これらの要素は、デプロイモデルの全体的な枠組みを形作る上で大きな役割を果たします。選択するデプロイモデルはアーキテクチャ全体にわたって適用でき、ルーティング、認証、コスト効率、環境の運用形態に影響します。デプロイモデルを選択する際に下す決断は、SaaS製品のほぼすべての側面に大きな影響を及ぼすことになります。

3.2　デプロイモデルの選択

各デプロイモデルの価値提案を理解することは有益です。ただし、デプロイモデルの選択は、1つのモデルの特徴を評価するだけではありません。どのデプロイモデルがアプリケーションやビジネスに最適かを考えるとき、多くの場合、さまざまなパラメーターを比較検討する必要があります。

場合によっては、現在のソリューションの仕様が、選択するデプロイモデルに大きな影響を与える可能性があります。たとえば、SaaSへの移行では、ソリューション全体を再構築せずにSaaS化できる最適なデプロイモデルを見つけることが重要になることがよくあります。また、市場投入までの時間、競争上の圧力、レガシー技術に関する考慮事項、チーム構成なども、SaaSへの移行において重要な要素となります。これらの要素のそれぞれが、デプロイモデルの選択に影響を与える可能性があります。

当然ながら、新しいSaaSソリューションを構築するチームは、より白紙の状態から作業を行うことができます。その場合、選択するデプロイモデルは、マルチテナント製品で実現したい対象となるペルソナと顧客体験によって決まるでしょう。難しいのは、ビジネスの短期目標と長期目標のバランスが取れたデプロイモデルを選択することです。短期的な体験に焦点を絞ったモデルを選択しすぎると、ビジネスが一定の規模に達したときに成長が阻害される可能性があります。一方で、現在の顧客要件をはるかに超えるデプロイモデルに過剰に焦点を当てすぎても、最適化された状態とは言い難いでしょう。柔軟性と焦点の適切な組み合わせを見つけることは、難しい課題です。

SaaSへの道のりをどこから始めるにしても、デプロイモデルの選択に影響を与えるような、幅広い全体的な要素がいくつかあります。たとえば、パッケージング、ティアリング、プライシングの目標は、どのデプロイモデルがビジネス目標に最も適しているかを決定する上で重要な役割を果たすこと

が多いです。コストと運用効率もデプロイモデルの重要な要素です。どのソリューションも、可能な限りコストと運用効率を高めたいと考えていますが、業界やビジネスの実態によっては妥協を余儀なくされ、デプロイモデルの選択方法に制約が生じる場合があります。利益率が非常に低いビジネスでは、コスト効率を最大限に引き出せるデプロイモデルに魅力を感じるかもしれません。一方、コンプライアンスやパフォーマンスに関する課題に直面している場合は、コストと顧客要求のバランスが取れるデプロイモデルが適しているかもしれません。

これらは、どのデプロイモデルがビジネスの重要な要件を満たすかを考える際に、基本的な思考プロセスの一部として検討すべき、いくつかの簡単な例にすぎません。マルチテナントのアーキテクチャパターンの詳細に踏み込んでいくと、マルチテナントアーキテクチャ戦略の微妙な違いによって、デプロイモデルの全体像に新たな次元を追加する場面が増えていくことがわかってきます。これにより、これらのモデルの違いが、基盤となるソリューションの複雑さにどのような影響を与えるかについても理解が深まるでしょう。それぞれのデプロイモデルの性質によって、システムの特定の領域から別の領域へと複雑さが広がることがあります。

ここで重要なのは、アプリケーションすべてに合う万能のデプロイモデルはないということです。したがって、まずはドメインや顧客、ビジネスの要件から着手し、現在の目標と将来の目標に合ったデプロイモデルを絞り込むために、必要な要件の組み合わせを逆算していく必要があります。

また、SaaS環境のデプロイモデルは、時間の経過とともに進化すると考えておくことも重要です。もちろん、アーキテクチャの主要な部分は大きく変わらないでしょう。ただし、顧客要求の変化や新たな需要、市場の変化、新たなビジネス戦略などに基づいて、デプロイモデルを絶えず改善していくことも必要です。初日から完璧にしようと気負うよりも、環境内のデータを使用してデプロイモデルをリファクタリングする機会を見つけることを想定する方が良いでしょう。最初は専用リソースだったリソースが、利用状況や拡張性、コストを考慮した結果、最終的に共有リソースに切り替わることもあります。新しいティアでは、システムの一部を専用モデルで提供することになるかもしれません。データ駆動型で柔軟に対応できることは、マルチテナントの技術的な体験の重要な要素です。

3.3　サイロモデルとプールモデルの紹介

デプロイモデルについて見ていくと、これらのモデルには、SaaSアーキテクチャ構造をより正確に表現するための新しい用語を定義する必要があることがわかってきます。これは、SaaSビジネスの実態に合わせて「マルチテナント」という用語がより広義の意味を持たなければならないという、以前の議論と関連しています。そして、デプロイモデルについて見ていく中で、マルチテナントアーキテクチャのリソースがテナントによってどのように利用されるかを正確に把握し、正確に表現できる用語がまだ必要であることをご理解いただけるでしょう。

専用リソースと共有リソースを分類する方法について、より詳細に説明するために、2つの用語を紹介します。本書全体を通して、リソースが特定のテナントに専用に割り当てられているモデルを「サイロ」と呼びます。また、1つまたは複数のテナントがリソースを共有するモデルを「プール」と呼

びます。

　これは単なる言葉のちょっとしたニュアンスの違いのように思えるかもしれません。しかし実際には、マルチテナントアーキテクチャを説明する上で重要な意味を持ちます。これにより、リソースをマルチテナントと分類する際に生じる曖昧さや従来の概念にとらわれることなく、SaaSアーキテクチャのリソースの動作と範囲を説明できるようになります。本書を通して、デプロイモデルとSaaSアーキテクチャの概念を詳しく見ていく中で、マルチテナントアーキテクチャにおけるリソースの用途、デプロイ、利用状況を区別する基本用語として、サイロとプールを使用していきます。

　この概念を具体化するために、専用モデルと共有モデルの組み合わせで利用されるリソースを含む概念的なアーキテクチャを見てみましょう。図3-2は、SaaSアーキテクチャにデプロイされた一連のマイクロサービスを示しています。この図では、専用と共有のテナントリソースとしてさまざまな戦略を採用している一連のマイクロサービスがある仮想的な環境を作成しました。

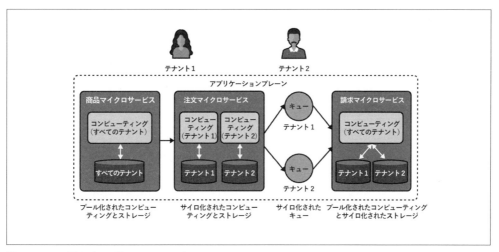

図3-2　サイロ型とプール型のリソースモデル

　図3-2の一番上に、環境内のテナントがどのようにリソースを利用しているかを説明するために、2つのテナントを配置しています。これらのテナントは、商品、注文、請求のマイクロサービスを介して実装された電子商取引アプリケーション（eコマースアプリケーション）を実行しています。さて、これらのマイクロサービスを左から右にたどっていくと、それぞれのマイクロサービスに異なるデプロイ戦略をどのように適用したかがわかります。

　商品マイクロサービスから始めましょう。このサービスでは、すべてのテナントのコンピューティングとストレージをプールモデルでデプロイする戦略を採用しています。このシナリオでは、このサービスの分離性とパフォーマンス特性が、プール型アプローチの利点と最も合致すると判断しました。注文マイクロサービスに移ると、まったく異なるモデルを採用していることがわかります。このサービスでは、テナントごとにサイロ化されたコンピューティングとストレージがあります。これも

50 | 3章　マルチテナントのデプロイモデル

また、環境の特定の要件に基づいて選択したものです。これは、何らかのSLA要件やコンプライアンス上の必要性によって決定されたのかもしれません。

　注文サービスから、システムがこれらの注文を請求用に準備するキューにメッセージを送信していることがわかります。このシナリオは、サイロ型とプール型の概念がマイクロサービスの枠を超えて拡張され、環境の一部となるかもしれないあらゆるリソースに適用されるという事実を強調するためのものです。このソリューションでは、テナントごとにサイロ化されたキューを使用することにしました。最後に、右側には請求マイクロサービスがあり、これらのキューからメッセージを取り出して請求書を作成しています。このマイクロサービスでは、ソリューションの要件を満たすために、サイロモデルとプールモデルを組み合わせて使用しています。ここでは、コンピューティングはプール化され、ストレージはサイロ化されています。

　重要な点は、「サイロ」と「プール」という用語は、一般的に1つまたは複数のリソースからなる全体的なアーキテクチャ構造を定義するために使用されるということです。これらの用語は、テナントがアーキテクチャの具体的な要素にどう割り当てられるかを明確にするために、極めて細かい単位で用いることができます。また、これらの用語は、テナントに対してリソースの集合がどのようにデプロイされるかをより広範に説明するためにも使用できます。サイロとプールを特定の構成に割り当てる必要はありません。それよりも、それらは単一のリソースまたはリソースのグループの割り当て状況を表すものと考えてください。

　この注意点は、この章全体を通してデプロイモデルを検討する上で特に重要となります。これにより、マルチテナントアーキテクチャ全体のさまざまな範囲でサイロとプールの概念を適用できるようになります。

3.4　フルスタックのサイロデプロイ

　デプロイモデルの範囲と役割について大まかな理解ができたところで、もう少し掘り下げて、具体的なデプロイモデルの定義を見てみましょう。まず、フルスタックのサイロデプロイモデルと呼ぶものから見ていきましょう。

　その名前が示すように、フルスタックのサイロモデルは、テナントごとにすべてのリソースが完全にサイロ化された環境を用意します。**図3-3**はフルスタックのサイロ環境の例です。ここでは、アプリケーションプレーンが2つのテナントのワークロードを実行する環境が確認できます。これら2つのテナントはサイロで実行されており、コンピューティング、ストレージ、およびテナントに必要なすべてのリソースが、テナント間の明確な境界線となる論理的な構造にデプロイされています。

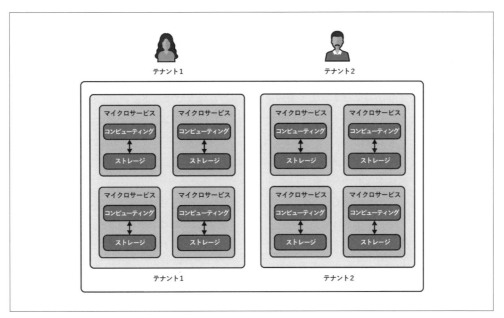

図3-3 フルスタックのサイロデプロイモデル

　この例では、各テナント環境で実行されているさまざまなマイクロサービスを記載することで、サイロの内容を単純化しています。実際には、サイロの中にあるものは、さまざまな技術や設計戦略によって表すことが考えられます。これは、Web、アプリケーション、ストレージの各階層に分かれた多層環境かもしれません。また、さまざまなコンピューティングモデルやその他のサービス（キュー、オブジェクトストレージ、メッセージングなど）をいくつでも含めることができたはずです。ここでは、これらの各テナント環境に何があるかよりも、それらのデプロイ方法の特性に重点を置いています。

3.4.1　フルスタックのサイロが適している場面

　フルスタックのサイロモデルは、SaaSのアンチパターンのように感じられるかもしれません。結局のところ、SaaSに関する議論の多くは、俊敏性と効率性に焦点が当たります。ここでは、テナントのリソースが完全にサイロ化されているため、SaaSの基本的な目的の一部を妥協したように見えるかもしれません。ただし、「1章　SaaSマインドセット」のSaaSの定義を思い出せば、SaaSは規模の経済性のためにインフラストラクチャを共有することだけを目的としたものではないことがおわかりいただけるでしょう。SaaSとは、すべてのテナントをまとめて運用、管理、デプロイするモデルで運営することです。これは、フルスタックのサイロモデルを検討するときに覚えておくべき重要なことです。確かに、効率性の課題はあります。この点は後ほど説明します。同時に、これらの環境がすべて同じであり、同じバージョンのアプリケーションを実行している限り、SaaSの価値提案の多くを実現することができます。

　フルスタックのサイロがSaaSの基準を満たしていることを踏まえると、本当の問題は、このモデ

ルを採用するのが望ましいのはどのような場面かということです。通常、どのような要件が組織をフルスタックのサイロ体験へと導くのでしょうか？ あなたの環境のビジネスや技術の条件に合っているのはどのような場合ですか？ 絶対的な基準はありませんが、フルスタックのサイロモデルを選択するチームには、共通のテーマや環境要因があります。コンプライアンスとレガシーを考慮することが、チームがフルスタックのサイロモデルを選択する典型的な理由です。規制の厳しい業界では、アーキテクチャを簡素化し、特定のコンプライアンス要件への対応を容易にするために、チームがフルスタックのサイロモデルを選択することがあります。このような業界の顧客が、SaaSソリューションの選定においてサイロ化されたリソースを必須条件とすることもあり、フルスタックのサイロの採用の決定に少なからず影響を与えています。

　フルスタックのサイロモデルは、レガシーソリューションをSaaSに移行する組織にも適しています。このモデルは完全にサイロ化されているため、これらの組織は大幅なリファクタリングなしで既存のコードをSaaSモデルに移行できます。これにより、SaaSへの移行が迅速化でき、アーキテクチャのすべての可動部分にテナントを追加する必要性が軽減されます。移行チームは、SaaSのコントロールプレーン、アイデンティティモデル、およびその他のマルチテナントに関する考慮事項に合わせて、従来の環境を後から改修する必要があります。ただし、テナントのリソースがプール化されるシナリオを考慮する必要のないフルスタックのサイロ環境にソリューションを移行する場合は、これらの影響の規模や範囲はそれほど大きくない可能性があります。

　フルスタックのサイロはティアリング戦略としても利用できます。たとえば、一部の組織では、適切な価格でテナントに完全に個別の体験を提供するプレミアムバージョンのソリューションを提供している場合があります。この個別の体験は、これらのテナントのための1回限りの環境として構築されているわけではないことに着目することが重要です。同じバージョンのアプリケーションを実行していて、システムの他のすべてのティアとともに集中管理されています。

　場合によっては、フルスタックモデルは、特にテナント数を多く想定していないチームにとって、参入障壁が低いことを意味します。このような組織では、フルスタックのサイロにより、プール環境の構築、分離、運用に伴う複雑さを回避しながら、SaaSに移行できます。もちろん、これらのチームも、フルスタックのサイロモデルを採用することが、ビジネスを迅速に拡大する能力にどのように影響するかを考慮する必要があります。この場合、フルスタックから始めることの利点は、フルスタックのサイロモデルであることの非効率性と利益率への影響によって相殺される可能性があります。

3.4.2　フルスタックのサイロに関する考慮事項

　フルスタックのサイロモデルを採用するチームは、このモデルに伴ういくつかの特徴を考慮する必要があります。このアプローチには間違いなく長所と短所があり、このタイプのデプロイを選択する際には、それらを念頭に置いておく必要があります。次の節では、フルスタックのサイロデプロイモデルに関連する設計、構築、デプロイの重要な考慮事項の一部を詳しく説明します。

3.4.2.1 コントロールプレーンの複雑性

覚えているかもしれませんが、すべてのSaaSアーキテクチャはコントロールプレーンとアプリケーションプレーンから構成されており、テナント環境はアプリケーションプレーンにあって、コントロールプレーンによって一元管理されると説明しました。さて、フルスタックのサイロモデルでは、フルスタックモデルが持つ分散型の特性がコントロールプレーンの複雑さにどのような影響を与えるかを考慮する必要があります。

図3-4は、このモデルの構築と管理に伴ういくつかの要素を強調したフルスタックのサイロデプロイの例です。ソリューションはテナントごとのサイロモデルで実行されるため、アプリケーションプレーンはテナントごとに完全に独立した環境を整備する必要があります。コントロールプレーンは、単一の共有リソースとやり取りするのではなく、各テナントのサイロをそれぞれ管理できなければなりません。そのため、コントロールプレーンはより複雑になり、これらの個々の環境をすべて操作できるようにする必要があります。

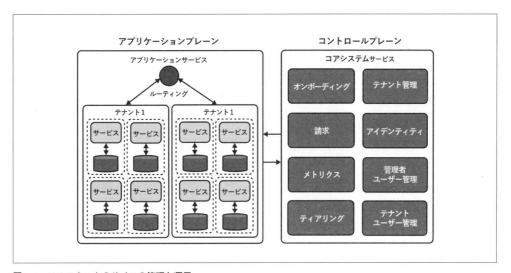

図3-4　フルスタックのサイロの管理と運用

この例でテナントのオンボーディングを実装することを想像してみてください。この環境に新しいテナントを追加するたびに、サイロ化された各テナント環境を完全にプロビジョニングして構成する作業が発生します。また、テナント環境の状態を監視および管理する必要がある場合、ツールも複雑になります。コントロールプレーンのコードは、各テナント環境がどこにあるかを把握し、各テナントのサイロへのアクセス権限を持っている必要があります。インフラストラクチャリソースの管理に使用する運用ツールも、これらのテナント環境のより大規模で分散された構成に対応する必要があり、インフラストラクチャリソースのトラブルシューティングや管理が難しくなる可能性があります。また、テナントのメトリクスやログ、分析を集中管理するために作成したツールも、これらの個別のテナント環境からのデータを集約できなければなりません。このモデルでは、アプリケーションの更新

54 | 3章　マルチテナントのデプロイモデル

のデプロイもより複雑になります。DevOpsコードは、各テナントのサイロに更新を配信する必要が
あります。

　ここで取り上げるべき複雑な要素は他にもあるでしょう。ただし、テーマは、フルスタックのサイ
ロモデルによる分散型という特性が、コントロールプレーンの体験の多くの可動部分に影響し、他の
デプロイモデルではそれほど問題とならないような複雑性を加えるということです。ここで挙げた課
題はすべて対処可能ですが、フルスタックのサイロ環境の管理と運用を完全に統一するには、間違い
なくより多くの労力が必要となります。

3.4.2.2　拡張性への影響

　拡張性は、フルスタックのサイロデプロイモデルにおけるもう1つの重要な考慮事項です。テナン
トごとに個別のインフラストラクチャをプロビジョニングする場合は常に、テナントを追加する際に
このモデルがどのように対応できるかを考える必要があります。フルスタックのサイロモデルは、テ
ナントが10程度であれば有効ですが、数百、数千のテナントをサポートすることを考えると、その
価値は低下し始める可能性があります。フルスタックのサイロモデルは、テナントの規模や数が膨大
になるB2C環境では実用的ではありません。当然、アーキテクチャの仕様もこれに少なからず影響
します。たとえば、Kubernetesを使用する場合、クラスター、Namespace（名前空間）といった
Kubernetesのサイロ構造をどれだけ効果的に拡張できるかが問われるでしょう。サイロ化されたテ
ナントごとに個別のクラウドのネットワークまたはアカウント構造を使用している場合は、クラウド
プロバイダーによって適用される可能性のある制限や制約を考慮する必要があります。

　より大きなテーマとしては、フルスタックのサイロデプロイがすべての人に適しているわけではな
いということです。フルスタックのサイロアーキテクチャについて詳しく見ていくと、このモデルが
深刻な拡張性の限界に直面する可能性があることがわかります。さらに重要なのは、フルスタックの
サイロモデルで環境を拡張できたとしても、フルスタックのサイロを管理するのが難しくなる時期が
くるということです。これにより、幅広い俊敏性とイノベーションの目標が損なわれる可能性があり
ます。

3.4.2.3　コスト面の考慮事項

　コストも、フルスタックのサイロモデルを使用する場合に検討すべき重要な要素です。サイロ環境
の過剰なプロビジョニングを抑えるための対策はありますが、このモデルでは、SaaS環境の規模の
経済性を最大限に活用する能力に制限が生じます。通常、これらの環境では、各テナントを稼働させ
るために多くの専用インフラストラクチャが必要となります。場合によっては、このインフラストラ
クチャは、アイドル状態にならない場合もあります。アイドル状態ならコストが発生しません。した
がって、各テナントに対して、たとえシステムに負荷がかからない場合でも、一定のコストが発生す
ることになります。また、これらの環境は共有されていないため、共有インフラストラクチャに多数
のテナントの負荷を分散し、すべてのテナントの負荷に基づいて拡張するといった効率性も享受でき
ません。たとえば、コンピューティングはサイロ内で動的に拡張できますが、それは1つのテナント

の負荷とアクティビティに基づいてのみ行われます。これにより、個々のテナントから生じる可能性がある急激な負荷増加に備えて、サイロ内で過剰なプロビジョニングが行われる可能性があります。

　一般的に、フルスタックのサイロモデルを提供する組織は、このモデルに伴う追加のインフラストラクチャコストを補うためのコストモデルを作成する必要があります。それは、従量制と追加の固定料金の組み合わせかもしれません。あるいは、単に高いサブスクリプション料金かもしれません。ここで重要なのは、フルスタックのサイロは一部のティアやビジネスシナリオには適しているかもしれませんが、このモデルのサイロ型という特性がSaaS環境のプライシングモデルにどのように影響するかを考慮する必要があるということです。

　コスト計算式の一部として、フルスタックのサイロモデルが組織の運用効率にどのように影響するかも考慮する必要があります。堅牢なコントロールプレーンを構築し、オンボーディングやデプロイなどをすべて自動化していれば、フルスタックのサイロモデルを豊富な運用体験で補うことができます。ただし、このモデルには本来複雑さが伴うため、運用体験に何らかの無駄が生じることが考えられます。つまり、このモデルをサポートするために必要なスタッフやツールにもっと投資しなければならなくなり、SaaSビジネスに追加のコストがかかる可能性があるということです。

3.4.2.4　ルーティングの考慮事項

　図3-4では、アプリケーションプレーン内でトラフィックをルーティングするための概念的なプレースホルダーも示しています。フルスタックのサイロでは、テナントコンテキストに基づいて、トラフィックを各サイロにどのようにルーティングするかを検討する必要があります。この負荷をルーティングするために使用できるネットワーク構造は数多くありますが、これをどのように構成するかを検討しなければなりません。各テナントにサブドメインを使用しますか？　各リクエストにテナントコンテキストが注入された共有ドメインを使用しますか？　どの戦略を選択するにしても、システムがコンテキストを抽出し、テナントを適切なサイロにルーティングする方法が必要になります。

　このルーティング構造の設定は完全に動的である必要があります。新しいテナントがシステムにオンボーディングされるたびに、この新しいテナントを対応するサイロにルーティングできるよう、ルーティング設定を更新する必要があります。これはどれもそれほど難しいことではありませんが、フルスタックのサイロ環境を設計する際には、慎重に検討する必要がある分野です。それぞれの技術スタックには、ルーティングの問題に対して独自の考慮事項があります。

3.4.2.5　可用性と影響範囲

　フルスタックのサイロモデルには、ソリューションの全体的な可用性と耐久性に関していくつかの利点があります。ここでは、各テナントがそれぞれ独自の環境にあるので、潜在的な運用上の問題の影響範囲を限定できる可能性があります。サイロモデルは専用という特性により、一部の問題を個々のテナント環境に限定することができます。これは確かに、サービスの可用性全体に良い影響を与えます。

　サイロ環境では、新しいリリースを配信する場合の動作も少し異なります。リリースをすべての

顧客に同時に配信するのではなく、フルスタックのサイロモデルでは顧客に段階的にリリースすることがあります。これにより、全ユーザーにリリースされる前に、デプロイに関連する問題を検出して、全ユーザーにリリースされる前に復旧することができます。もちろん、可用性についても複雑になります。各サイロに個別にデプロイしなければならないため、より複雑な配信プロセスが必要になり、場合によってはソリューションの可用性が損なわれる可能性があります。

3.4.2.6 よりシンプルなコストの配賦

フルスタックのサイロモデルの大きな利点の1つは、コストをテナントごとに割り当てることができる点です。「**14章 ティアリング戦略**」で説明しますが、マルチテナント環境のテナントあたりのコストを計算するのは、テナントのリソースの一部または全部が共有されているSaaS環境では難しい場合があります。特定のテナントが共有データベースまたはコンピューティングリソースをどれだけ利用したかを把握することは、プール環境ではそれほど簡単ではありません。しかし、フルスタックのサイロモデルでは、このような複雑さに直面することはありません。各テナントには独自の専用インフラストラクチャがあるため、コストを集計して個々のテナントに割り当てるのが比較的簡単にできます。クラウドプロバイダーやサードパーティのツールは、一般的にコストを個々のインフラストラクチャリソースに割り当て、各テナントのコストを計算するのに優れています。

3.4.3 フルスタックのサイロの実例

フルスタックのサイロモデルについて理解を深めたところで、このモデルが実際のアーキテクチャでどのように適用されるかを、いくつかの実例を見ていきましょう。ご想像の通り、このモデルをさまざまなクラウドプロバイダーや技術スタックなどで実装する方法はいくつもあります。各技術スタックの微妙な違いにより、設計や実装の際に考慮事項すべき点がそれぞれ異なります。

フルスタックのサイロモデルを実装するために使用する技術や戦略は、上記の要因のいくつかによって影響を受ける可能性が高いでしょう。また、技術スタックの特性やドメインの要件によって決定される場合もあります。

これらの例は、私がAWS上でSaaSソリューションを構築した経験から引用したものです。AWS特有のものですが、これらのパターンは他のクラウドプロバイダーにも適用できる概念です。また、場合によっては、これらのフルスタックのサイロモデルをオンプレミスモデルで構築することもできます。

3.4.3.1 テナントごとのアカウントモデル

多くのSaaSアプリケーションがよく利用するクラウド環境で運用している場合、これらのクラウドプロバイダーには、アカウントという概念があることにお気づきでしょう。これらのアカウントは、エンティティ（組織または個人）とそのエンティティが利用するインフラストラクチャとの関係を表しています。これらのアカウントには請求やセキュリティの観点もありますが、ここでは、これらのアカウントを使用してインフラストラクチャのリソースをグループ化する方法に焦点を当てます。

このモデルでは、アカウントはテナント間に設定できる最も厳格な境界線とみなされることがよくあります。そのため、フルスタックのサイロモデルでは、アカウントが各テナントの基盤となるのが自然です。このアカウントにより、クラウドプロバイダーが顧客アカウントを分離するために使用するすべての分離機構が適用されることになり、テナント環境のサイロがそれぞれ隔離され、保護されます。その結果、SaaS環境でテナント分離の実装に費やす労力と時間を最小限に抑えることができます。これは、フルスタックのサイロモデルでテナントごとにアカウントを使用することの極めて自然な副次効果です。

アカウント単位のテナントモデルでは、インフラストラクチャのコストを個々のテナントに割り当てることもはるかに簡単になります。通常、クラウドプロバイダーは、アカウントレベルでコストを追跡するために必要なあらゆる仕組みをすでに備えています。そのため、テナントごとのアカウントモデルでは、これらの既製ソリューションを利用して、インフラストラクチャのコストを各テナントに割り当てることができるのです。これらのコストを統一された体験に集約するには多少の手間が必要かもしれませんが、このコストデータをまとめる作業は比較的簡単なはずです。

図3-5では、テナントごとのアカウント構成の概要を示しています。ご覧の通り、2つのフルスタックのサイロ化されたテナント環境があります。これらの環境は左右対称で、まったく同じインフラストラクチャとアプリケーションサービスを実行しているクローンとして構成されています。更新が適用されると、すべてのテナントのアカウントに自動的に適用されます。

各アカウントには、SaaSアプリケーションの要件をサポートするためにデプロイされるであろうインフラストラクチャとサービスの例を見ることができます。ソリューションの機能をサポートするサービスを表すプレースホルダーがあります。これらのサービスの右側には、テナント環境で使用される追加のインフラストラクチャリソースもいくつか記載しました。具体的には、オブジェクトストア（Amazon Simple Storage Service）とマネージドキューサービス（Amazon Simple Queue Service）を配置しました。オブジェクトストアにはグローバルアセットが保存されている場合があり、キューはサービス間の非同期メッセージングをサポートするためのものです。これらを含めたのは、テナントごとのアカウントによるサイロモデルでは、通常、特定のテナントの要件をサポートするために必要なインフラストラクチャがすべてカプセル化されるという点を明確にしたいからです。

さて、ここで疑問が生じます。このモデルでは、インフラストラクチャリソースをテナントのアカウント間で共有できないのでしょうか？ たとえば、この2つのテナントが、すべてのマイクロサービスを別々のアカウントで実行し、一元化されたアイデンティティプロバイダーへのアクセスを共有することは可能でしょうか？ それは不自然なことではないでしょう。ここでの選択は、ビジネス/テナントの要件と、特定のアカウントの範囲外のリソースへのアクセスに伴う複雑さの組み合わせによって決まります。

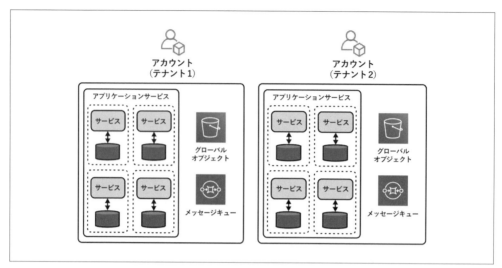

図3-5　テナントごとにアカウントを持つフルスタックのサイロモデル

　はっきりさせておきましょう。ソリューションのアプリケーション機能は、完全に独自のアカウントで実行されています。アカウントの外部に何かを配置することが認められる可能性があるとすれば、それはシステムにおいてグローバルな役割を果たす場合のみです。たとえば、オブジェクトストアが、すべてのテナントの情報を一元管理するグローバルに運用されている構造だとしましょう。場合によっては、インフラストラクチャの一部を何らかの共有モデルで実行するという一時的な理由が見つかるかもしれません。ただし、共有されているものは、フルスタックのサイロ体験のパフォーマンス、コンプライアンス、および分離要件に影響を与えることはありません。基本的に、フルスタックのサイロモデルを採用する根拠に影響を与えるような一元化された共有リソースを作成する場合は、おそらくこのモデルを使用する趣旨に反することになります。

　ここで行う選択は、まずフルスタックのサイロモデルの意図を評価することから始めるべきです。このモデルを選択したのは、顧客がすべてのインフラストラクチャを他のテナントから完全に分離したいという想定に基づいていたのか、それともノイジーネイバーやデータの分離要件を回避したいという要望に基づいていたのか？　これらの質問に対する答えは、このモデルでインフラストラクチャの一部をどのように共有するかという選択に大きな影響を与えます。

　コードがアカウント外のリソースにアクセスする必要がある場合、新たな課題が生じる可能性があります。外部から利用されるリソースは、他のアカウントの範囲内で実行する必要があります。また経験則として、アカウントには、各アカウントのリソースを保護するための明確かつ厳格な境界線が設けられています。そのため、テナントのアカウントの外部にあるあらゆるリソースとシステム間でやり取りできるようにするには、アカウント間のアクセスをどのように許可するかを検討する必要があります。

　一般的に、フルスタックのサイロモデルでは、テナントのリソースをすべて同じアカウントにまと

めることが目的だと考えています。フルスタックのサイロの趣旨に沿ったやむを得ない理由がある場合にのみ、一元化されたリソースをどのようにサポートするかを検討すべきです。

オンボーディングの自動化

テナントごとにアカウントを持つサイロモデルは、新規テナントのオンボーディングにいくつかの追加の工夫が必要です。新しいテナントがオンボーディングされるたびに（「**4章　オンボーディングとアイデンティティ**」で説明するように）、新しいテナントの追加に伴うプロビジョニングと構成のすべてをどのように自動化するかを検討する必要があります。テナントごとのアカウントモデルでは、プロビジョニングはテナントのインフラストラクチャの作成だけでなく、新しいアカウントの作成も含まれます。

アカウントの作成を自動化する方法も確かにありますが、完全に自動化できるとは限らない部分もあります。クラウド環境では、リソースの構成やプロビジョニングを自動化する際に、それらのリソースが規定の制限値を超えることがないように、意図的に制限している場合があります。たとえば、システムが新しいテナントのアカウントごとにロードバランサーを一定数使用する場合、各テナントに必要な数がクラウドプロバイダーの規定の制限値を超える可能性があります。そこで、新しいテナントのアカウント要件を満たすために、自動化されていないプロセスも実施して、制限値を引き上げる必要があります。これが、オンボーディングプロセスにおいて、テナントのオンボーディングに関するすべての手順を完全に自動化できない理由です。それどころか、クラウドプロバイダーがサポートするプロセスを使用する際に生じる問題をいくらか解消する必要があるかもしれません。一般的に、多くのリソースの既定の制限値は、環境を効果的に拡張するために必要な値をはるかに下回っていることがあります。

チームは新しいテナントのアカウント作成に最適な仕組みを作るために最善を尽くしますが、テナントごとのアカウントモデルを採用するにあたり、これらの潜在的な制限事項がオンボーディング体験にどのように影響するかを考慮する必要があることを理解しておいてください。これは、オンボーディングのSLAに関するさまざまな期待値を調整し、このプロセスに関するテナントの期待値をより適切に管理するといった対応を意味するかもしれません。

拡張性の考慮事項

フルスタックのサイロモデルに一般的に伴う拡張性の課題についてはすでにいくつか説明しました。しかし、テナントごとのアカウントモデルでは、フルスタックのサイロの拡張性に関する課題に別の側面が加わります。

一般的に言えば、アカウントをテナントに割り当てることは、ちょっとしたアンチパターンとみなされることがあります。多くのクラウドプロバイダーのアカウントは、必ずしもマルチテナントのSaaS環境におけるテナントの基盤として使用されることを意図したものではありませんでした。一方、SaaSプロバイダーは、自分たちの目標とうまく一致しているように見えたので、アカウントに魅力を感じたのです。そして、ある程度、これは理にかなっています。

60 | 3章　マルチテナントのデプロイモデル

さて、テナントが数十の環境であれば、テナントあたりのアカウントモデルは、それほど問題を感じないかもしれません。ただし、テナントを大幅に増やす計画がある場合には、このモデルでは限界に直面する可能性があります。ここで直面する最も基本的な問題は、クラウドプロバイダーがサポートするアカウント数の上限値を超える可能性があることです。より深刻なのは、時間が経つにつれて顕在化する問題です。アカウント数の急増は、SaaSビジネスの俊敏性と効率性を損なう結果になりかねません。このモデルで何百、何千ものテナントが稼働していると想像してみてください。これは、管理しなければならない膨大な規模のインフラストラクチャがあることを意味します。これらすべてのアカウントの管理と運用を合理化および自動化するための対策を講じることはできますが、それがもはや現実的でなくなる時期がくるかもしれません。

では、もう後戻りができなくなる分岐点はどこなのでしょうか？ 収益が減少に転じる絶対的な指標があるとは言い切れません。テナントのインフラストラクチャの特性によって大きく左右されるからです。私がこれについて言及しているのは、テナントごとのアカウントモデルを採用する際に、この点を考慮に入れるようにするためです。

3.4.3.2　テナントごとのVPCモデル

テナントごとのアカウントモデルは、かなり大まかな境界線に依存しています。ここで焦点を移し、1つのアカウントの範囲内でフルスタックのサイロを実現する構造を考えてみましょう。これにより、個々のテナントのアカウントを作成する際のいくつかの課題を解消することができます。これから検討するモデル、テナントごとに仮想プライベートクラウド（VPC）を持つモデルは、サイロ化された各テナントに割り当てられたインフラストラクチャを管理するために、ネットワーク構造をより重視するモデルです。

ほとんどのクラウド環境では、アプリケーション環境の基盤を構築、管理、保護するために使用できる仮想化されたネットワーク構造の豊富な機能にアクセスできます。これらのネットワーク構造は、フルスタックのサイロモデルを実装するための自然な仕組みを提供します。ネットワークの本質と、そのリソースへのアクセスを記述して制御する機能により、SaaSビルダーはテナントのリソースをサイロ化するために使用できる強力なツール群を手に入れることができます。

それでは、サンプルのネットワーク構造を使用してフルスタックのサイロモデルを実現する方法の例を見てみましょう。**図3-6**は、Amazon Virtual Private Cloud（VPC）を使用してテナント環境をサイロ化するサンプルネットワーク環境を示しています。

この図には、一見すると多くの可動部分があります。少し込み入っていますが、このモデルを構成する要素をより理解していただくために、十分なネットワークインフラストラクチャを紹介したいと思いました。

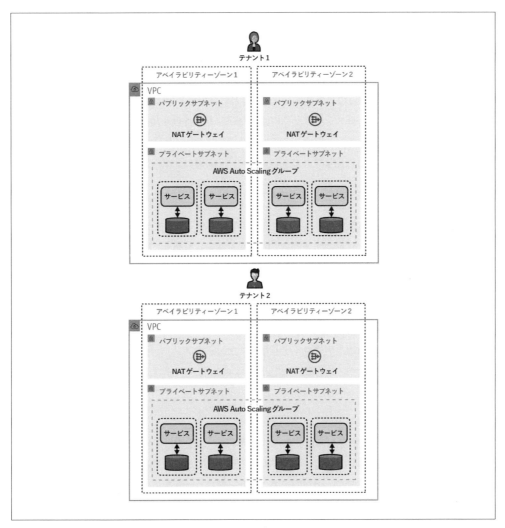

図3-6 テナントごとにVPCを持つフルスタックのサイロモデル

　図3-6では、2つのテナントが、別々のVPCで実行しているサイロ化されたアプリケーションサービスにアクセスしています。VPCは、テナント環境の最も外側に位置する箱です。また、VPC内に2つの異なるアベイラビリティーゾーン（AZ）を含めることで、高可用構成も示しています。AZについてはここでは説明しませんが、AZはAWSリージョン内の異なるデータセンター群を表しており、他のAZの障害から隔離されるように設計されていることを知っておいてください。また、ソリューションのパブリックサブネットとプライベートサブネットを分けるために別々のサブネットを使用しています。最後に、ソリューションのアプリケーションサービスが2つのAZ内のプライベートサブネットにデプロイされているのがわかります。これらは、AWSがAuto Scalingグループと呼んでいるものに囲まれています。これにより、テナントの負荷に応じてサービスを動的に拡張することができます。

これらのネットワークの詳細をすべて記載したのは、テナントごとに独立した回復力のあるネットワーク環境を提供し、テナントをネットワークのサイロで実行するという概念を明確にするためです。このネットワーク環境では、テナントごとにVPCを持つサイロモデルでソリューションを構築してデプロイすることで得られる仮想ネットワークの利点をすべて活用しています。

このモデルは、テナントごとのアカウントモデルほど厳格ではないように思えるかもしれませんが、実際には、テナント間のアクセスを防ぐための強固な仕組みを提供しています。これらのネットワークツールは、その特性上、テナント環境への入出力を非常に細かく制御することができます。具体的な説明は割愛しますが、利用可能なアクセスおよびフロー制御の仕組みは多岐にわたります。詳細はオンライン（https://docs.aws.amazon.com/ja_jp/vpc/latest/userguide/security.html）で確認できます。

テナントごとのサブネットモデルもたまに目にします。私はこのモデルをほとんど使用することはありませんが、各テナントを特定のサブネットに配置する場合もあります。もちろん、これは規模が拡大するにつれて扱いにくく、管理が難しくなります。

テナントごとのVPCモデルは、AWSのすべての技術スタックに対応しているわけではないことに注意してください。たとえば、サーバーレス環境では、コンピューティングサービスのグループ化にVPCを使用しません。実際、一般的に、サーバーレスにおけるフルスタックのサイロモデルは、完全にスタンドアロンな一連の機能をデプロイするだけです。このアプローチは、「**11章　サーバーレスSaaS：アーキテクチャパターンと戦略**」のサーバーレスSaaSアーキテクチャパターンを見ていく中で詳しく説明します。

オンボーディングの自動化

テナントごとのアカウントモデルでは、オンボーディング体験の自動化の一環として発生する可能性のある課題をいくつか掘り下げました。テナントごとのVPCモデルでは、オンボーディング体験が若干変わります。良いニュースは、個別のアカウントをプロビジョニングする必要がないため、アカウント制限の自動化の問題に直面しないことです。その代わりに、VPCを運用する単一のアカウントは、新しいテナントの追加に対応できる大きさに設定するという前提になります。それでもまだ、いくつかの特別なプロセスが必要になるかもしれませんが、それはオンボーディングの範囲外で行うことができるでしょう。

テナントごとのVPCモデルでは、VPC構造のプロビジョニングとアプリケーションサービスのデプロイに重点が置かれます。それでもまだ大変なプロセスですが、作成や設定に必要なことのほとんどは、完全に自動化されたプロセスで実現できます。

拡張性の考慮事項

アカウントと同様に、VPCにも拡張性に関するいくつかの考慮事項があります。アカウント数に制限があるのと同じように、VPCの数にも制限があるかもしれません。このモデルを拡張し始めると、VPCの管理と運用も複雑になる可能性があります。テナントのインフラストラクチャが数百のVPC

に分散していると、SaaS体験の俊敏性と効率性に影響する可能性があります。VPCにはいくつかの利点がありますが、サポートするテナントの数を考え、テナントごとのVPCモデルが実用的かどうかを検討する必要があります。

3.4.4　フルスタックのサイロにおけるマインドセットに一貫して取り組む

　次の新しいデプロイモデルの説明に移る前に、フルスタックのサイロにおけるいくつかの重要な原則について認識を一致させることが不可欠です。フルスタックのサイロモデルは、SaaSプロバイダーがテナントにカスタマイズを個別に提供できる（または再開できる）ように感じられるため、魅力的だと感じる人もいるかもしれません。フルスタックのサイロモデルが専用リソースを提供することは事実ですが、これをテナントごとのカスタマイズに回帰する機会とみなすべきではありません。フルスタックのサイロは、ドメイン、コンプライアンス、ティアリング、およびフルスタックのサイロモデルの使用が必要となるようなその他のビジネス上の要件に対応するためにのみ存在します。

　あらゆる点において、フルスタックのサイロ環境はプール環境と同じように扱われます。新機能がリリースされるたびに、すべての顧客にデプロイされます。インフラストラクチャの構成を変更する必要がある場合、その変更はすべてのサイロ環境に適用する必要があります。拡張性やその他の実行時の動作に関するポリシーがある場合、それらはテナントのティアに基づいて適用されます。個々のテナントに適用されるポリシーを持つべきではありません。SaaSの最大の目的は、テナントをまとめて管理および運用する機能を通じて、俊敏性、イノベーション、規模の経済性、効率性を実現することです。個別対応のモデルに流れてしまうことは、SaaSの本来の目的から遠ざかることになります。場合によっては、効率性を最大化するためにSaaSに移行したにもかかわらず、真のSaaSモデルから得られるはずの価値の多くを損なう個別カスタマイズによって、かえって後退してしまう組織もあります。

　この点を理解してもらうために私がいつも提供している指針は、フルスタックのサイロモデルにたどり着くまでの過程に焦点を当てています。たとえフルスタックのサイロを最初の出発点としていても、ソリューションはフルスタックのプールモデルになるかのように構築すべきだと伝えています。次に、各フルスタックのサイロを、テナントが1つしかないプール環境のインスタンスとして扱ってください。これは、フルスタックのサイロ環境に対して、次に説明するフルスタックのプールに適用されるのと同じ原則を継承させる強制機能としての役割を果たします。

3.5　フルスタックのプールモデル

　フルスタックのプールモデルは、その名の通り、これまで探求してきたフルスタックのサイロにおけるマインドセットや仕組みからの完全な転換を表しています。フルスタックのプールモデルでは、テナントのアプリケーションプレーンのリソースすべてが共有インフラストラクチャモデルで稼働するSaaS環境に目を向けます。

　多くの人にとって、完全にプール化された環境の特性は、マルチテナントの従来の概念と一致しま

す。ここで注目すべきは、共有インフラストラクチャモデルから得られる当然の副産物である規模の経済性、運用効率、コスト削減、よりシンプルな管理手法の実現に重点が置かれていることです。インフラストラクチャのリソースを共有すればするほど、それらのリソースの利用をテナントのアクティビティと一致させる機会がますます増えます。同時に、こうした効率性の向上は、さまざまな新たな課題も引き起こします。

図3-7は、フルスタックのプールモデルの概念図です。どのSaaSモデルでも共通であることを明確にするために、まだコントロールプレーンも含めています。図の左側には、アプリケーションプレーンがあり、すべてのテナントで共有されるアプリケーションサービスの集まりがあります。アプリケーションプレーンの上部に表示されているテナントは、すべてアプリケーションのマイクロサービスとインフラストラクチャに対してアクセスし、操作を呼び出しています。

このプールモデルでは、テナントコンテキストの役割がはるかに大きくなります。フルスタックのサイロモデルでは、テナントコンテキストは主にテナントを専用のスタックにルーティングするために使用されていました。テナントがサイロに割り当てられると、そのサイロは、そのサイロ内のすべての操作が1つのテナントに割り当てられていることを認識します。しかし、フルスタックのプールでは、このコンテキストは実行されるすべての操作に不可欠です。データへのアクセス、メッセージのログ保存、メトリクスの収集など、これらの操作はすべて、タスクを正常に完了するために、実行時に現在のテナントコンテキストをマッピングする必要があります。

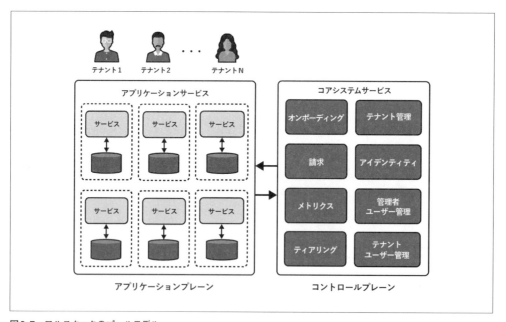

図3-7　フルスタックのプールモデル

図3-8を見ると、プールモデルにおけるインフラストラクチャ、運用、実装のあらゆる局面でテ

ナントコンテキストがどのように影響するかをよく理解できます。この概念図は、各マイクロサービスがどのようにテナントコンテキストを取得し、データ、コントロールプレーン、その他のマイクロサービスとのやり取りの一部として適用する必要があるかを示しています。請求イベントとメトリクスデータをコントロールプレーンに送信すると、テナントコンテキストが取得され、適用されていることがわかります。また、下流のマイクロサービスへの呼び出しに注入されているのがわかります。それはデータを操作するときにも反映されます。

基本的な考え方は、プール化されたリソースがある場合、そのリソースは複数のテナントに割り当てられるということです。そのため、実行時に各操作に適用する対象範囲とコンテキストを設定するには、テナントコンテキストが必要です。

ここで公平を期すために言っておくと、テナントコンテキストはすべてのSaaSデプロイモデルで有効です。サイロでもやはりテナントコンテキストが必要です。ここで違うのは、サイロモデルはプロビジョニングとデプロイの時点でテナントとの関連付けを認識しているということです。たとえば、サイロ化されたリソースのテナントコンテキストとして環境変数を関連付けることができます（実行時にテナントとの関係が変化しないため）。ただし、プール化されたリソースはすべてのテナントにプロビジョニングおよびデプロイされるため、処理する各リクエストの性質に基づいてテナントコンテキストを判断する必要があります。

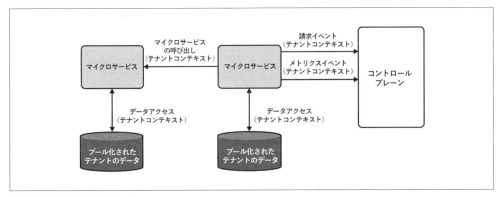

図3-8 フルスタックのプール環境におけるテナントコンテキスト

マルチテナント実装の詳細をさらに掘り下げていくと、サイロモデルとプールモデルのこれらの違いが、SaaS環境のアーキテクチャ、デプロイ、管理、構築の要素に大きな影響を及ぼす可能性があることがわかります。

3.5.1　フルスタックのプールに関する考慮事項

フルスタックのプールモデルには、このモデルを採用するかどうかを決定する際に影響を与える可能性がある考慮事項もあります。多くの点において、フルスタックのプールモデルに関する考慮事項は、フルスタックのサイロモデルの真逆のものです。フルスタックのプールモデルが、多くのSaaSプ

ロバイダーにとって魅力的な強みを持っていることは確かです。一方で、インフラストラクチャを共有することに伴う課題もあります。次の段落からは、これらの考慮事項ににについて詳しく説明していきます。

3.5.1.1 拡張性

　マルチテナント環境における最大の目標は、インフラストラクチャの稼働率をテナントのアクティビティに完全に一致させることです。理想的なシナリオでは、ある特定の時点で、テナントが要求する現在の負荷に対応できるだけのリソースがシステムに割り当てられます。過剰にプロビジョニングされたリソースはゼロになります。これにより、ビジネスは利益率を最適化でき、新しいテナントを追加しても、ビジネスの収益を損なうようなコストの急増を防ぐことができます。

　これがフルスタックのプールモデルにおける理想です。フルスタックのプールで基盤となるインフラストラクチャの伸縮を何らかの形で完全に最適化する設計ができれば、マルチテナントの理想を実現したことになります。これは現実的でも実用的でもありませんが、フルスタックのプールモデルにはよくあるマインドセットです。実際には、フルスタックのプール環境のための確実な拡張性戦略を立てることは非常に困難です。テナントの負荷は常に変化しており、新しいテナントが毎日加入してくる可能性もあるため、昨日まで機能していた拡張性戦略は今日には通用しなくなる可能性があります。こうした状況では、この絶え間なく変化する対象を考慮して、ある程度の過剰なプロビジョニングを受け入れるということになります。

　選択する技術スタックも、フルスタックのプール環境の拡張性に大きな影響を与える可能性があります。「**11章　サーバーレスSaaS：アーキテクチャパターンと戦略**」では、サーバーレスSaaSアーキテクチャを取り上げ、サーバーレス技術を活用することでどのように拡張性を簡素化し、インフラストラクチャの稼働率とテナントのアクティビティをより適切に調整できるかを詳しく見ていきます。

　フルスタックのプールモデルには拡張性に大きな利点がありますが、この拡張性を実現するにはかなりの労力が求められます。テナントの体験に影響を与えずにリソース利用を最適化できる拡張性戦略を立てるには、多大な努力が必要です。

3.5.1.2 分離

　フルスタックのサイロモデルでは、分離は非常に簡単な作業です。リソースが専用モデルで実行される場合、1つのテナントが別のテナントのリソースにアクセスできないようにするための基本的な仕組みが備わっています。しかし、プール化されたリソースを使い始めると、分離の話はより複雑になりがちです。複数のテナントで共有されるリソースをどのように分離しますか？ マルチテナントアーキテクチャに含まれるさまざまなリソースタイプやインフラストラクチャサービス全体で、どのように分離を実現し、適用するのでしょうか？「**9章　テナント分離**」では、これらの分離の細部にまで配慮した戦略について詳しく説明します。とはいえ、フルスタックのプールモデルを採用するにあたり、設計やアーキテクチャに影響を与える可能性のある、さまざまな新しい分離に関する考慮事項に直面することになる点には注意が重要です。プールモデルでは、規模の経済性と効率性が、プール化されたリソースの分離に伴う追加のオーバーヘッドや複雑さと相殺されるという前提があります。

3.5.1.3 可用性と影響範囲

　多くの点において、フルスタックのプールモデルは、顧客のビジネスに関わるすべてのテナントを共通の体験に導くモデルへの全面的な投資を意味しています。フルスタックのプール環境で発生する障害や問題は、すべての顧客に影響を及ぼし、SaaSビジネスの評判を損なう可能性があります。SaaS製品の障害により、ソーシャルメディアでの抗議や否定的な報道が相次ぎ、それがビジネスに長期的な影響を及ぼした例が業界全体に存在します。

　フルスタックのプールモデルの採用を検討するときは、より高度なDevOps、テスト、可用性を実現し、システムで障害を未然に防ぎ、検知し、迅速に復旧できるようあらゆる手段を講じる必要があることを理解する必要があります。あらゆるチームが可用性に高い目標を設けるべきです。それ以上に、フルスタックのプール環境における障害のリスクと影響を考えると、ダウンタイムゼロの体験を提供できるよう、もっと重点的に取り組む必要があります。これには、ソリューションの安定性に影響を与えずに、定期的に新機能をリリースおよびロールバックできる、最高水準の継続的インテグレーション／継続的デプロイ（CI/CD）戦略の導入が含まれます。

　一般的に、フルスタックのプールを採用するチームは、マイクロサービスやコンポーネントが局所的な問題の影響範囲を限定できるようなフォールトトレラント戦略に重点を置きます。ここでは、潜在的なマイクロサービスの停止を局所化して管理するために、サービス間の非同期連携、フォールバック戦略、バルクヘッドパターンが広く使われています。また、事前に検出してポリシーに適用できる運用ツールも、フルスタックのプール環境では不可欠です。

　これらの戦略が、あらゆるSaaSデプロイモデルに適用できることは覚えてく価値があります。ただし、フルスタックのプール環境でこの戦略を間違えた場合、SaaSビジネスにとってその影響はるかに深刻なものとなります。

3.5.1.4 ノイジーネイバー

　フルスタックのプール環境は、テナントの利用状況に基づいてシステムが効果的に容量を増減できるようにするために、綿密に調整された拡張性戦略に依存しています。テナントの要件の変化や新規テナントの加入の可能性があるため、現在の拡張性戦略が明日も有効とは限りません。これらのテナントのアクティビティの傾向を予測し、対策を講じることができますが、多くのチームは、拡張性戦略では効果的に対応しきれない急激な負荷増加に備え、リソースを過剰にプロビジョニングしていることに気づくでしょう。

　マルチテナントシステムでは、突発的なトラフィックの増加を予測し、いわゆるノイジーネイバーの問題に対処できる戦略を採用する必要があります。特に、フルスタックのプール環境では、ノイジーネイバー問題が深刻化します。すべてが共有されていると、ノイジーネイバー問題が発生する可能性がはるかに高くなります。テナントの負荷変動にシステムが適切に対応できるよう、リソースのサイジングと伸縮設定には特に注意を払う必要があります。つまり、あるテナントがシステムに負荷をかけ、他のテナントの体験に影響を与えたりしないように、防御的な戦術を考慮して適用する必要があります。

3.5.1.5 コストの配賦

フルスタックのプール環境では、テナントレベルでのコストの関連付けと追跡は、はるかに難しい課題です。多くの環境では、テナントを特定のインフラストラクチャリソースに割り当てるツールは提供されていますが、通常、共有リソースを利用している個々のテナントにコストを割り当てる仕組みは提供されていません。たとえば、3つのテナントがマルチテナント環境でコンピューティングリソースを同時に利用している場合、通常、特定の時点で各テナントがそのリソースの何パーセントを利用したかを判断できるツールや仕組みを保有していません。この課題については、**「14章 ティアリング戦略」** で詳しく説明します。フルスタックのプールモデルの効率性には、個々のテナントのコスト負担を理解するという新たな課題も伴います。

3.5.1.6 運用の簡素化

マルチテナント環境の運用と管理を一元的に把握できるシングルペインオブグラスの必要性について話しました。このような運用体験を構築するには、チームはこの一元化された体験で参照できるメトリクス、ログ、その他のデータを収集する必要があります。フルスタックのプール環境では、このような運用体験をより簡単に実現できます。すべてのテナントが共有インフラストラクチャ上で稼働しているので、マルチテナント環境の全体像をより簡単に把握できます。テナントごとにいちいちインフラストラクチャに接続したり、各テナント固有のリソースにデータを集約する仕組みへの送信経路を作成したりする必要はありません。

フルスタックのプール環境ではデプロイも簡単です。マイクロサービスの新しいバージョンをリリースするには、単にそのサービスの1つのインスタンスをプール環境にデプロイするだけです。デプロイが完了すると、すべてのテナントが新しいバージョンで動作するようになります。

3.5.2 サンプルアーキテクチャ

フルスタックのプール環境のアーキテクチャはかなり単純です。実際、表面的には、従来のアプリケーションアーキテクチャとそれほど変わらないように見えます。**図3-9**は、AWS環境にデプロイされている完全にプール化されたアーキテクチャの例です。

フルスタックのサイロ環境に採用されていた多くの構造を、フルスタックのプール環境にも含めています。この環境では、ネットワークにはVPCがあり、そこには高可用性のための2つのアベイラビリティーゾーンが含まれています。VPC内には、リソースの外部と内部を分離するプライベートサブネットとパブリックサブネットが別々に用意されています。そして最後に、プライベートサブネット内には、アプリケーションのサーバーサイド機能を実行するさまざまなマイクロサービスのプレースホルダーがあります。これらのサービスには、プールモデルでデプロイされたストレージがあり、そのコンピューティングはAuto Scalingグループを使用して水平方向に拡張されます。もちろん、一番上には、この環境が複数のテナントによって利用されていることも示されています。

ここまで詳細に説明しても、このアーキテクチャについて明らかなマルチテナントの要素を見つけるのは難しいでしょう。実際には、これはほとんどすべての種類のアプリケーションのアーキテク

チャである可能性があります。マルチテナントは、フルスタックのプールモデルでは具体的な構造としては実際には現れませんが、この環境内で実行されるランタイムのアクティビティの内部を調べれば確認できます。このアーキテクチャを介して送信されるすべてのリクエストには、テナントコンテキストが組み込まれています。インフラストラクチャとサービスは、この体験を通じて送信されるすべてのリクエストの一部として、このコンテキストを取得して適用する必要があります。

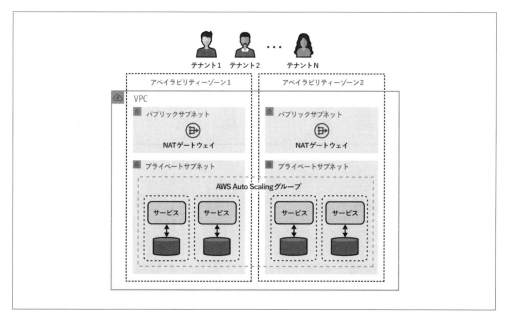

図3-9　フルスタックのプールアーキテクチャ

　たとえば、テナント1がストレージからアイテムを取り出すようにリクエストするシナリオを想像してみてください。そのリクエストを処理するには、マルチテナントサービスがテナントコンテキストを抽出し、それを使用して、プール化されたストレージ内のどのアイテムがテナント1に関連付けられているかを判断する必要があります。今後の章を読み進めるうちに、このコンテキストがこれらのサービスの実装とデプロイにどのように大きな影響を与えるかがわかります。現時点では、フルスタックのプールモデルは、リソースを共有し、必要に応じてテナントコンテキストを適用するランタイム機能に大きく依存していることをしっかりと理解しておきましょう。

　このアーキテクチャは、フルスタックのプールモデルの1つの形態にすぎません。各技術スタック（コンテナ、サーバーレス、リレーショナルストレージ、NoSQLストレージ、キュー）は、フルスタックのプール環境全体の構成に影響を与える可能性があります。フルスタックのプールの概念は、これらの体験のほとんどにおいて変わりません。KubernetesクラスタでもVPCでも、その環境のリソースはプール化され、すべてのテナントの総負荷に基づいて規模を拡張する必要があります。

3.6 ハイブリッドなフルスタックのデプロイモデル

これまで、フルスタックの問題に対する2つのアプローチとして、フルスタックのサイロとフルスタックのプールというデプロイモデルを主に紹介してきました。これら2つのモデルは、ある意味では相反する要件に対応するものであり、互いに排他的であると考えるのは当然です。しかし、一歩下がって、市場やビジネスの実情と問題を重ね合わせると、これらのモデルの両方をサポートすることに価値を見出す組織もいることがわかります。

図3-10は、ハイブリッドなフルスタックのデプロイモデルのサンプルを示しています。ここでは、フルスタックのサイロとプールにおけるデプロイモデルで説明したのと同じ概念を並べています。

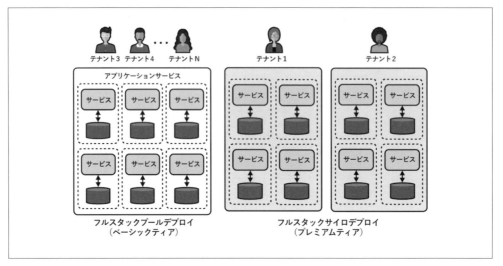

図3-10　ハイブリッドのデプロイモデル

では、なぜ両方のモデルを採用するのでしょうか？ このアプローチを採用する動機は何でしょうか？ SaaSビジネスを構築し、すべての顧客にフルスタックのプールモデル（左図）を提供し始めたと想像してみてください。それからしばらくして、プールモデルでの運用に不安を感じる顧客が現れました。その顧客はノイジーネイバー問題に懸念を抱いているかもしれませんし、コンプライアンス問題を心配しているかもしれません。しかし、必ずしもこのような心配を抱く顧客すべての要求に必ずしも応える必要はありません。それでは、SaaSビジネスとして達成しようとしている多くを損なうことになってしまいます。そうではなく、顧客要件に応えるために採用したセキュリティ、分離、戦略について、顧客に理解してもらう努力をしなければなりません。これは、SaaSソリューションを販売する上で常に求められる仕事の一部です。同時に、まれなケースとして、顧客にフルスタックのサイロ環境を提供することも考えられます。これは、戦略的な機会によって推進される場合もあれば、フルスタックのサイロの選択肢を提供することを正当化できるような高額な小切手を喜んで切る顧客がいる場合もあります。

図3-10では、ハイブリッドなフルスタックのデプロイモデルによって、この問題に対する混在型アプローチを策定する方法が示されています。この図の左側には、フルスタックのプール環境のインスタンスがあります。この環境は顧客の大部分をサポートしており、この例では、これらのテナントをベーシックティアの体験に属するものとして分類しています。

次に、より独立性の高い体験を求めているテナントのために、フルスタックのサイロ環境を利用できる新しいプレミアムティアを用意しました。ここでは、独自のスタックを実行しているフルスタックのサイロ化されたテナントが2つあります。この例では、これらのテナントは、異なるプライシングモデルを持つプレミアムティア戦略に割り当てられることを前提としています。

このモデルを成功させるには、フルスタックのサイロモデルで運用できるテナントの数に制限を設ける必要があります。サイロ化されたテナントの割合が高くなりすぎると、SaaS体験全体が損なわれる可能性があります。

3.7　混合モードのデプロイモデル

ここまではフルスタックモデルに重点を置いて説明してきました。マルチテナントのデプロイをこのような大まかなモデルで捉えたくなる気持ちはわかりますが、現実には多くのシステムは、マルチテナントに対してはるかに詳細な方法で対応しており、SaaS環境の全体的な観点からサイロとプールの選択を行っています。そこで、私が混合モードのデプロイモデルと呼んでいるものを詳しく見ていきます。

混合モードのデプロイでは、フルスタックモデルに伴うような厳格な制約に対処する必要はありません。一方、混合モードでは、SaaS環境内のワークロードを分析し、特定のユースケースの要件を満たすために、さまざまなサービスやリソースをそれぞれどのようにデプロイすべきかを判断できます。

簡単な例を考えてみましょう。eコマースソリューションに2つのサービスがあるとします。注文サービスは、スループット要件が厳しく、ノイジーネイバー問題が発生しやすいという特徴があります。このサービスでは、今後データが大量に増加することが予想され、プールモデルでは対応が難しい厳格なコンプライアンス要件もあります。そして、商品の評価を管理するための評価サービスがあります。このサービスでは、スループットに関する大きな課題はなく、テナントの要件に合わせて簡単に拡張できます。たとえ1つのテナントがサービスに過大な負荷をかけていたとしても同様です。ストレージ容量も比較的小さく、システムのコンプライアンス要件に該当しないデータも含まれています。

このようなシナリオでは、一歩下がってこれらの特定のパラメーターを検討し、これらのサービスの要件に最も適したデプロイ戦略を策定することができます。ここでは、注文サービスのコンピューティングとストレージの両方をサイロ化し、評価サービスのコンピューティングとストレージの両方をプール化するという選択肢があります。サービスの個々のレイヤーに別々のサイロ化/プール化戦略を適用できる場合もあります。これは、この章の冒頭でサイロとプールの概念を初めて紹介したと

きに述べた基本原則です。

サイロ化戦略とプール化戦略に対するより詳細なアプローチを駆使すれば、より多様なデプロイモデルを生み出すことができるでしょう。この戦略をティアリングモデルと組み合わせて、マルチテナントデプロイの全体像を定義するシナリオを考えてみてください。

図3-11は、SaaS環境で混合モードのデプロイモデルをどのように活用できるかを概念的に表しています。ベーシックティアとプレミアムティアのテナントにまたがる、さまざまなデプロイ体験を示しました。

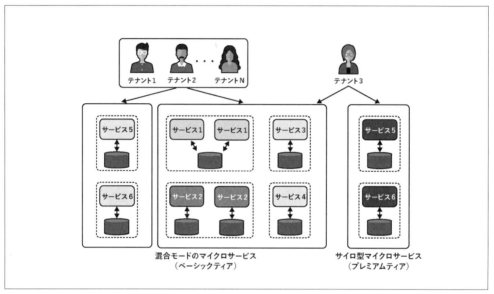

図3-11　混合モードのデプロイモデル

この図の左側には、ベーシックティアのサービスがあります。これらのサービスは、SaaS環境に必要なすべての機能を備えています。しかし、それらは異なるサイロ／プール構成でデプロイされていることに注目してください。たとえば、サービス1には、サイロ化されたコンピューティングとプール化されたストレージがあります。一方、サービス2にはサイロ化されたコンピューティングとサイロ化されたストレージがあります。サービス3から6は、すべてプール化されたコンピューティングとプール化されたストレージがあります。つまり、プール化されたテナントの要件をすべて把握し、サービスごとに、どのサイロ化／プール化戦略がそのサービスの要件に最も適しているかを決定するという考え方です。ここで紹介した最適化は、システムを利用するテナントの体験の中核となる基本戦略として策定されました。

さて、ティアが重要な意味を持つのは、プレミアムティアのテナントに対して何をしたかを見てみるとわかります。サービス5と6はベーシックティアにデプロイされていますが、プレミアムティアのテナントは別々にデプロイされていることに気づくでしょう。これらのサービスについては、ビジネ

ス上の判断により、これらのサービスを専用モデルで提供することが、システムのプレミアムティアによる体験を際立たせる価値をもたらすと考えたのです。そこで、プレミアムティアの各テナントに対して、テナントのティアリング要件に対応するために、サービス5と6の新しいデプロイを作成します。この特定の例では、テナント3はプレミアムティアのテナントであり、左側のサービスと右側のサービス5と6の専用インスタンスを組み合わせて利用しています。

　このように、より詳細なデプロイモデルに取り組むことで、アーキテクトにとってもビジネスにとっても、はるかに柔軟性を高めることができます。すべてのレイヤーでサイロモデルとプールモデルをサポートすることで、ソリューションの提供期間中に発生する可能性のあるテナント、運用、その他の要件を満たすために、適切な体験を組み合わせて構成するという選択肢が生まれます。たとえば、パフォーマンスの問題によりノイジーネイバー問題を引き起こしているプール化されたマイクロサービスがある場合、この問題を解決するためにサービスのコンピューティングやストレージをサイロ化することができます。新しいティアリング戦略を可能にするために、システムの一部を専用モデルで提供したい場合、この移行をするのに最適な状況と言えます。

　この混合モードのデプロイモデルは、多くのマルチテナントのビルダーにとって魅力的な選択肢となることがよくあります。これにより、必ずしもビジネスの要件と一致するとは限らないフルスタックのソリューションという観点だけで問題に取り組む必要がなくなります。もちろん、フルスタックモデルを駆使したソリューションは常に存在します。一部のSaaSプロバイダーにとっては、これが市場と顧客の要求を満たす唯一の方法かもしれません。ただし、すべてをフルスタックのサイロに移行せずに、混合モードのデプロイモデルの長所を活かしてしてこの要件に対応できる場合もあります。特定のサービスをサイロに移行し、あまり重要ではないサービスをプールに残すことができれば、ビジネスにとって確かな成功につながるでしょう。

3.8　ポッドのデプロイモデル

　ここまでは、主にサイロ型とプール型の概念をどのようにアプリケーションに適用するかという観点からデプロイモデルを見てきました。SaaS環境全体にサイロモデルとプールモデルを適用するための大まかな方法と詳細な方法を検討してきました。また、サイロ／プールに焦点を当てるだけでなく、デプロイの選択肢をどのようにサポートする必要があるかを考える必要があります。そのデプロイの選択肢は、アプリケーションをどこに配置するのか、環境上の制約にどう対処するのか、SaaSビジネスの規模や顧客層に合わせてどう変化させる必要があるのかによって決まります。そこで登場するのが、ポッドのデプロイモデルです。また、このモデルに伴う用語の混同についても注意が必要です。Kubernetesにも独自のPodの概念がありますが、ここでのポッドはこの概念とはまったく別のものです。

　ここでポッドについて話すときは、テナントの集団をデプロイの何らかの単位にグループ化する方法を指します。テナントを個別のポッドにまとめ、これらのポッドをSaaSビジネスのデプロイ、管理、運用の単位とするモデルに向かわせる技術、運用、コンプライアンス、拡張性、またはビジネス上の

動機があるかもしれません。図3-12は、ポッドのデプロイの概念図を示しています。

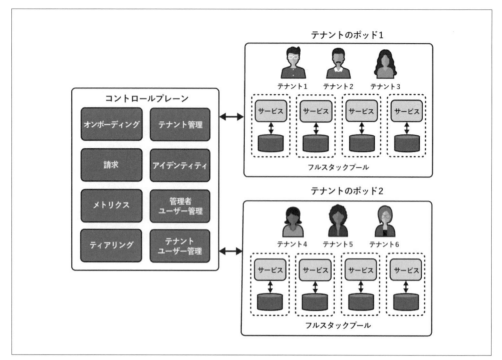

図3-12　ポッドのデプロイモデル

　このポッドのデプロイモデルでは、左側に同様の中央集中型のコントロールプレーンがあることに注目してください。右側には、1つ以上のテナントのワークロードを処理する自己完結型の環境を意味する個々のポッドを記載しています。この例では、ポッド1にテナント1から3が、ポッド2にテナント4から6がいます。

　これらの独立したポッドは、SaaS環境に一定の複雑さをもたらすため、この配信モデルをサポートする仕組みを構築するための対応が必要になります。たとえば、テナントがオンボーディングされる際には、テナントがどのポッドに割り当てられるかを考慮する必要があります。管理と運用においても、各ポッドの状態とアクティビティを把握できるよう、ポッドを認識した対応が求められます。

　ポッドベースの配信モデルの採用を推奨する要因はたくさんあります。たとえば、クラウド上でフルスタックのプールモデルを実行していると仮定します。テナント数が一定数を超えると、特定のサービスのインフラストラクチャの制限を超えることになります。このようなシナリオでは、これらの制約を回避する唯一の選択肢は、異なるテナントグループを収容する個別のクラウドアカウントを作成することかもしれません。また、SaaS製品を複数の地域にデプロイする必要性から、このような状況が生じる可能性もあります。地理的要件やパフォーマンス上の考慮事項により、地域ごとに異なるポッドを実行するポッドベースのデプロイモデルが採用されるかもしれません。

チームによっては、テナント間の影響を減らすための分離戦略としてポッドを使用する場合もあります。これは、ノイジーネイバー問題からの保護を強化する必要性が動機となっている場合もあれば、SaaSプロバイダーのセキュリティと可用性の問題として生じる場合もあります。

ポッドモデルを採用する場合は、これがビジネスの俊敏性にどのように影響するかを検討する必要があります。ポッドモデルを採用するということは、個々のポッドに対して個別の仕組みを用意することなく、ポッドをサポートおよび管理できるようにするための追加の複雑性と自動化を積極的に取り入れることを意味します。ポッドを適切に拡張するには、これらのポッドの構成とデプロイはすべてコントロールプレーンを通じて自動化する必要があります。何らかの変更が必要な場合、その変更はすべてのポッドに一律に適用されます。これは、フルスタックのサイロ環境について述べたマインドセットの対極にあるものです。ポッドは、個々のテナントを対象としたカスタマイズを可能にする機会として捉えることはできません。

ポッドの利点として、テナントの契約期間中にポッド内のメンバーシップを変更できるという考え方が挙げられます。組織によっては、テナントの属性に合わせて最適化された特別なポッドの構成を採用する場合があります。テナントの属性が何らかの理由で変化し、そのサイジングや利用用途が特定のポッドのものと一致しなくなった場合、そのテナントを別のポッドに移行することが検討できるのです。しかし、テナント全体の環境を別のポッドに移行するには、かなりの労力がかかります。これは日常的な作業ではありませんが、特定の体験に合わせて最適化されたポッドを持っている一部のSaaSチームでは対応しているものです。

ポッドはデプロイモデルの議論において明確な位置付けを持っていますが、ポッドをマルチテナントの課題に対処するための近道と捉えてはなりません。確かに、ポッドモデルは拡張性やデプロイ、分離のいくつかの側面を簡素化できますが、ポッドは複雑性と非効率性も生み出し、SaaSの幅広い価値提案を損なう可能性があります。たとえば、このモデルでは、テナントの稼働率とインフラストラクチャリソースの最適化を最大限に実現できない可能性があります。そのため、システムがサポートするポッドの全体にわたって、アイドル状態または過剰にプロビジョニングされたリソースのインスタンスが多く存在することになり、SaaSビジネスの全体的なインフラストラクチャコストと利益率に大きな影響を与える可能性があります。

3.9 まとめ

この章では、マルチテナントアーキテクチャを設計する際に、アーキテクトが考慮すべきSaaSデプロイモデルの範囲を明らかにすることに焦点を当てました。これらのモデルの中には利用形態が大きく異なるものもありますが、いずれもSaaSの定義に当てはまります。これは、SaaSを複数のアーキテクチャモデルを通じて実現できるビジネスモデルとして定義した「1章 SaaSマインドセット」で説明した基本的なマインドセットと一致しています。複数のデプロイモデルの概要を説明しましたが、どのモデルも、統一された体験を通じて各環境とそのテナントのデプロイ、管理、運用、オンボーディング、請求を可能にする単一のコントロールプレーンを持つという考えを共通して持ってい

ました。フルスタックのサイロ、フルスタックのプール、混合モードなど、いずれも、すべてのテナントが同じバージョンのソリューションを実行し、シングルペインオブグラスで運用するという概念に準拠しています。

これらのデプロイモデルを比べると、あるモデルに決定する要因がいくつかあることは明らかです。レガシー、ドメイン、コンプライアンス、拡張性、コスト効率、その他多くのビジネス上および技術上のパラメーターを使用して、チームやビジネスの要件に最適なデプロイモデル（または複数のデプロイモデルの組み合わせ）を判断します。ここで取り上げたモデルは、中心的な概念を表している一方で、組織の要件に応じてこれらのモデルのいずれかを多少変更して採用する場合もあるということを念頭に置いてください。ハイブリッドのフルスタックモデルで見たように、ティアリングやその他の考慮事項により、テナントの属性に基づいて複数のモデルをサポートする可能性もあります。

これらの基本的なモデルの理解が深まったところで、マルチテナントのSaaSソリューションの構築について、より詳細な側面を掘り下げていきましょう。まず、アプリケーションとコントロールプレーンの内部の動きを取り上げ、これらの概念を実現するために必要なサービスとコードに焦点を当てていきます。そのプロセスの第一歩は、マルチテナントにおけるアイデンティティとオンボーディングを検討することです。アイデンティティとオンボーディングは、SaaSアーキテクチャに関する議論の出発点となることがよくあります。これらは、テナントとユーザーをどのように関連付けるか、そしてテナントがマルチテナントアーキテクチャの可動部分を通じてどのように処理されるのかの基盤となります。アイデンティティについて検討する一環として、このアイデンティティの概念に直接関係するテナントのオンボーディングについても取り上げます。新しいテナントがシステムにオンボーディングされるたびに、そのテナントをどのように構成し、対応するアイデンティティに連携するかを検討する必要があります。ここから始めれば、外側から内側に至るSaaSアーキテクチャへの道筋を探ることができます。

4章
オンボーディングとアイデンティティ

　マルチテナントの幅広い用語や全体像を理解できたので、これらの概念を実際に機能するソリューションとして実現する意味を考えてみましょう。では、何から始めればよいのでしょうか？　多くのチームからこの質問を受けます。幸いなことに、これについては、かなり統一された答えがあると思います。移行する場合でも、新規に構築する場合でも、ほとんどのマルチテナントアーキテクチャを構築するための出発点として、オンボーディング、アイデンティティ、コントロールプレーンを推奨しています。これらの要素はそれぞれ、テナントの追加方法やユーザーの作成方法、ユーザーとテナントの関連付け方を定義し、環境内に重要かつ土台となる構造を強制的に作り出します。これらの最初の工程により、コントロールプレーンのビルディングブロックを確立することから始めます。

　ここから始めることで、テナントを常に最優先事項として考えるようになります。つまり、アーキテクチャのすべてのレイヤーがマルチテナント対応を余儀なくされるということです。システムの各コンポーネントは、テナントがその設計や実装にどのような影響を与えるかを考慮しなければなりません。これはちょっとした違いのように思えるかもしれませんが、その影響は極めて重大です。テナントの存在だけが、テナントの分離方法、データの管理方法、多様なユーザーへの対応方法、テナントへの請求方法など、ソリューションのさまざまな側面に影響します。また、コントロールプレーンとアプリケーションプレーンの間に明確な境界線を設けることも始めます。目標は、アプリケーションから着手し、後からテナントを追加するという罠に陥らないようにすることです。このやり方は決してうまくいきませんし、通常は大幅なリファクタリングや妥協につながり、SaaSアーキテクチャの設計を損なうことになります。

　この章では、コントロールプレーンを稼働させるための基本事項を見ていきます。具体的には、SaaSアーキテクチャの管理と運用に使用されるさまざまなサービスを稼働するために必要なインフラストラクチャとリソースのプロビジョニングを取り上げます。このコントロールプレーンは最終的に多くのサービスを稼働することになるのですが、ここでは主にオンボーディングとアイデンティティの機能に焦点を当てます。その後、コントロールプレーンをさらに発展させていく方法を見ていきます。

　オンボーディングを掘り下げていくと、このプロセスを構成する可動部分の全体像をより深く理解

できるようになります。環境によっては、このプロセスのオーケストレーションが非常に複雑になることがあります。オンボーディングの特性はSaaS環境ごとに異なりますが、多くの実装に共通するテーマもいくつかあります。サンプルとなるオンボーディングフローを順に紹介しながら、これらのテーマを掘り下げていきます。これにより、独自のオンボーディングサービスを構築する際に考慮すべき点が明らかになるはずです。また、SaaSアーキテクチャの中でオンボーディングが果たす重要な役割も明確になるはずです。

次に検討する分野は、アイデンティティです。「1章　SaaSマインドセット」で説明したテナントコンテキストの概念に照らし合わせて、個々のユーザーをテナントに割り当てる方法をさらに詳しく見ていきます。これには、テナントの認証方法を決定し、SaaSアプリケーションのすべてのバックエンドサービスに流れるリクエストにテナントコンテキストを注入する、特定のアイデンティティの仕組みをさらに深く掘り下げることも含まれます。このコンテキストが最終的に、SaaSアーキテクチャのマルチテナント機能を構築および管理する方法にどのような影響を与え、どのような結果をもたらすのかを見ていきましょう。

これらの基本的な概念をすべてまとめて見てみると、これらの概念を前もって検討することがいかに重要であるかがより明確になるはずです。目標は、特定の技術の詳細に深入りすることなく、主要な戦略やパターン、考慮事項を理解することです。こうした中心的な概念を理解することで、以降の章で取り上げるマルチテナントのトピックの多くに対してどのように取り組むべきかの洞察力が養われます。

4.1　ベースライン環境の構築

この旅を始めるにあたり、オンボーディングとアイデンティティについて、まるでゼロから始めるかのようにアプローチしたいと思います。これにより、これらの戦略をゼロから実装する際にどのように取り組むべきか、理解を深めることができるはずです。つまり、オンボーディングとアイデンティティの具体的な内容から一歩下がって、テナントのオンボーディングを始める前に整備すべき基本要素を考える必要があるということです。オンボーディングをサポートするサービスはコントロールプレーンの内部で実行されるため、オンボーディングとアイデンティティをサポートするコントロールプレーンにおけるすべてのマイクロサービスを実行するために必要なすべての要素を整備することから始めなければなりません。

インフラストラクチャとそれに付随するリソース、およびコントロールプレーンの整備は、私がベースライン環境の構築と呼んでいる作業です。基本的には、SaaS環境を稼働するために必要なすべての構造を即座に起動できるスクリプトと自動化を作成する必要があります。私たちの目標はオンボーディングとアイデンティティを稼働させることですが、ベースライン環境の構築範囲には、オンボーディングを開始する前にマルチテナント環境を設定するために一度だけプロビジョニングされるすべてのリソースが含まれます。つまり、テナントのオンボーディングとアイデンティティの範囲を超えるリソースを設定することになります。ここでは他の要素に焦点を当てませんが、ベースライン

環境にはこれらの概念がすべて含まれていることにご注意ください。

実際のベースライン環境の構築は、インフラストラクチャの自動化ツールを使用して、ベースライン環境に必要なすべての資産を作成、構成、デプロイする定番のDevOpsモデルによって実現されます。図4-1は、この体験について高度に概念化された図を示しています。

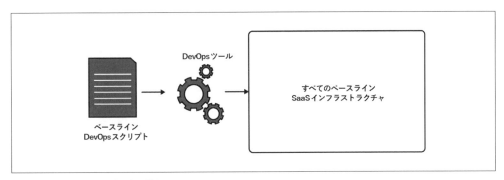

図4-1　ベースライン環境の自動構築

基本的な考え方は、環境に合ったDevOpsツールを選択し、テナントのオンボーディングを開始できる状態に環境を準備するために必要なすべての設定を行う、単一の繰り返し可能な自動化モデルを作成することです。

もちろん、実際にベースライン環境に含まれるものは、SaaSソリューションに使用する特定の技術スタックの特性によって大きく異なります。たとえば、Kubernetesスタックとサーバーレススタックでは大きく異なる可能性があります。さまざまなクラウドプロバイダーの微妙な違いもプロビジョニングのプロセスに影響します。より具体的な例を参考にしながら、どのように実装するかを見ていきますが、現時点では、テナントのオンボーディングを開始する準備として、この作業でプロビジョニングする必要があるものだけに焦点を当てたいと思います。

4.1.1　自社のベースライン環境の構築

このベースライン環境の内容をより理解するために、ベースライン環境を実現するためにプロビジョニング、構成、デプロイされる可能性のあるサンプルを見てみましょう。図4-2は、ベースライン環境で作成される可能性のあるコンポーネントとインフラストラクチャの概念図を示しています。特定の技術の詳細にあまりこだわらず、基本的なインフラストラクチャの重要な概念の一部を表現することが目的でした。

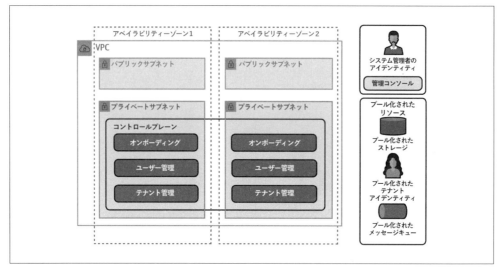

図4-2 ベースライン環境のプロビジョニング

図4-2の真ん中に、マルチテナントのSaaS環境を稼働するために必要な基本的なネットワークインフラストラクチャが作成されていることがわかります。この例では、SaaS環境を支える高可用性ネットワークを表すために、AWSの一般的なネットワーク構造（VPC、アベイラビリティーゾーン、いくつかのサブネット）を使用しています。これらと同じネットワーク構造を、さまざまな技術に当てはめることができます。この段階で重要なのは、このベースライン環境の構成と設定には、コントロールプレーンと、場合によってはテナントが使用するすべてのコアネットワーク構造をプロビジョニングして設定する必要があるという事実だけです。

このネットワークの中に、コントロールプレーンもデプロイしています。コントロールプレーンはすべてのテナントで共有されるため、ベースライン環境のプロビジョニングの一環として設定およびデプロイできます。テナントのオンボーディングを開始し、そのアイデンティティを登録するには、コントロールプレーンが正しく設定されている必要があります。ここでは、説明を簡単にするために、いくつかのサービスのサンプルを含めました。実際には、コントロールプレーンのサービスリストには、もっと多くのサービスが含まれます。これらのサービスについては、より具体的なソリューションを掘り下げていく際に、さらに詳しく見ていきます。

図4-2の右下には、プール化されたリソースの集まりも表示されています。ここにある項目は、テナント間で共有される可能性のあるリソースの概念的なプレースホルダーです。一般的に、すべてのテナントで共有されるプール化されたリソースがある場合は、ベースライン環境の構築時にプロビジョニングできます（オンボーディングプロセス中に作成する必要がないため）。この点については、ストレージが良い例となることが多いでしょう。ソリューションのいくつかのマイクロサービス用にプール化されたデータベースがあると想像してみてください。プール化されている場合、ベースライン環境のプロビジョニング時に作成することができます。また、共有のアイデンティティ構造とプー

ル化されたメッセージキューの設定も確認できます。繰り返しになりますが、これらはベースライン環境の構築時にプロビジョニングすべきかどうかを検討する必要があることを強調するために表示しているだけです。この章の後半で、テナントのオンボーディング体験を詳しく説明するときに、いくつかのトレードオフについても触れていきます。

最後に、右上にシステム管理者のアイデンティティと管理コンソールのプレースホルダーを示しました。これは、マルチテナントアーキテクチャの状態をサポート、更新、構成、および全般的に管理するために作成した特定のツールにログインするユーザーを表しています。私は、この対象を絞ったツールをシステム管理コンソールと呼んでいます。このコンソールは、SaaS環境のシングルペインオブグラスの役割を果たし、マルチテナント環境の運用に不可欠な専用の機能や能力を集約したツールを提供します。これは、より汎用的な機能を提供する他の既製のソリューションと組み合わせて使用されるかもしれません。これらの他のツールがあっても、ほとんどのSaaSチームは、自社の環境におけるマルチテナント特有の要件に対応できる独自のカスタム管理アプリケーションを必要とすることが多いでしょう。

図4-3は、この概念をより具体的に理解していただくための、シンプルなSaaS管理コンソールアプリケーションのスナップショットです。このアプリケーションを通じて、SaaSソリューションに関するすべての重要な情報にアクセスできます。テナントのオンボーディング状況の監視、テナントの有効化/無効化、テナントポリシーの管理、テナント/ティアのメトリクスの表示など、SaaSソリューションの管理や運用に必要なその他のあらゆる機能を利用できます。このアプリケーションは、ベースライン環境の構築の一環として構成およびデプロイする必要があります。

図4-3　システム管理コンソールの作成とデプロイ

管理コンソールへの投資を惜しみ、既製のソリューションを利用し、自社で構築するよりもそちらを優先する傾向があるチームがいることは、知っておくべきでしょう。一般的に、このトレードオフに価値があることはめったにありません。サードパーティのソリューションを利用してコンソール体験を実装することは可能かもしれませんが、目的に合った体験を作成することで初めて有効に対処できる特定の操作や分析、構成が存在します。

4.1.2 システム管理者のアイデンティティの作成と管理

　ベースライン環境の構築と管理アプリケーションの設定の一環として、プロビジョニングのプロセスでシステム管理者のアイデンティティも設定する必要があることがわかります。ベースライン環境の作成を開始するたびに、管理コンソールにログインできる最初の管理者ユーザーの情報を提供する必要があります。このアイデンティティの作成は、テナントのアイデンティティの作成とはまったく別のものです。つまり、これらのシステム管理者が、マルチテナント環境の運用管理に使用する管理コンソールやコマンドラインツールにアクセスできるようにするには、まったく別の認証環境が必要だということです。

　このシステム管理者のアイデンティティをサポートするには、これらのユーザーを管理して認証するアイデンティティプロバイダーが必要です。ここで使用するアイデンティティプロバイダーは、テナントのアイデンティティに使用されるアイデンティティプロバイダーと同じであっても構いません。あるいは、より全体的な企業管理戦略の一環として使用される別のアイデンティティプロバイダーでも構いません。どのアイデンティティプロバイダーを使用するかに関係なく、システム管理者のアイデンティティを実装する基本的な仕組みはほぼ同じです。

　重要なのは、システム管理者のアイデンティティを作成および設定するには、ベースラインの自動プロビジョニングにいくつかの手順が必要になるということです。この自動化には、最初のシステム管理者の作成に加えて、アイデンティティプロバイダーの作成と構成が含まれます。ユーザーが設定されると、このアイデンティティを使用してシステム管理コンソールにアクセスできるようになります。システム管理コンソールにログインすると、他のシステム管理者の作成や管理ができます。

　図4-3の例は、実際にシステム管理者のユーザー管理画面を示しています。ここでは、環境をプロビジョニングした後、コンソールにアクセスしてユーザー認証を行いました。この同じページを使って、他のシステム管理者を作成して管理できます。

4.1.3 管理コンソールからのオンボーディング

　システム管理者を設定し、管理コンソールを起動すれば、テナントの作成とオンボーディングを開始する準備がすべて整います。これで、製品の最新バージョンにおいて、オンボーディングを何らかのセルフサービスの体験の一部として呼び出すこともできますし、何らかの内部プロセスの一部として実行することもできます。もちろん、これが内部プロセスによって実行されるのであれば、システム管理コンソールを使ってオンボーディングを管理したいと思うでしょう。この場合、オンボーディングの操作を開始する前に、新しいテナントに必要なデータをすべて収集する何らかの操作をコンソール内で行うことになります。

　一部のチームでは、システム管理コンソールからテナントをオンボーディングできることに大きな価値を見出しています。たとえ最終的にオンボーディングがセルフサービスのモデルになったとしても、管理コンソールからオンボーディング体験の検証やテストを行うことができます。これは、アプリケーションのオンボーディング体験を検証およびテストするチームにとって特に有益です。

4.1.4　コントロールプレーンのプロビジョニングの選択肢

　図4-2では、テナントが配置されるのと同じベースラインのインフラストラクチャにコントロールプレーンをデプロイする方法を示しました。これも間違いなく有効な選択肢の1つです。ただし、このコントロールプレーンをどのように、どこに配置するかは、環境の要件やマルチテナントアーキテクチャで使用する技術スタックによって変わる可能性があることに注意してください。たとえば、Kubernetesでは、コントロールプレーン用に別のNamespaceを用意して、同じクラスターとネットワークインフラストラクチャ内にコントロールプレーンとテナント環境を並べて配置することもできます。また、コントロールプレーン専用の完全に独立したインフラストラクチャにコントロールプレーンを配置することもできます。

　図4-4は、これら2つの選択肢の概念図を示しています。左側には、コントロールプレーンがテナントのインフラストラクチャと同じ環境にデプロイされている、共有コントロールプレーンのモデルがあります。そして、右側には、コントロールプレーンが独自の専用環境を持つモデルがあります。この場合、テナントは完全に独立したネットワークまたはクラスターで稼働するため、コントロールプレーンとアプリケーションプレーンの間にはより明確な境界線が引かれています。

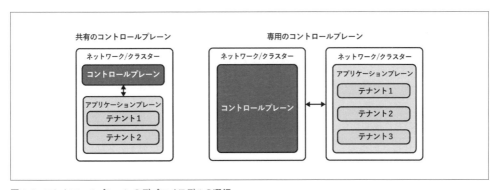

図4-4　コントロールプレーンのデプロイモデルの選択

　これら2つの選択肢のトレードオフは非常に簡単です。これらの環境を完全に独立して拡張、管理、運用したい場合は、専用のコントロールプレーン環境を用意することを選択するとよいでしょう。コンプライアンスの要素も考慮に入れることができます。要件やドメインによっては、コントロールプレーンとアプリケーションプレーンの間に強固な境界線を設ける方が適切な場合もあります。もちろん、コントロールプレーンをアプリケーションプレーンと同じ環境に配置すれば、作業が少し簡単になります。管理や構成、プロビジョニングが必要な可動部品の数も減ります。また、コストも削減できるかもしれません。専用モデルを選択する場合は、コントロールプレーンとアプリケーションプレーンが連携できるように、これらの個別の構造をどのように統合するかを決める必要があります。

　技術スタックの選択が、コントロールプレーンのデプロイ方法にも影響する可能性があります。チームによっては、コントロールプレーンとアプリケーションプレーンに異なる技術スタックを選択

することがあります。たとえば、コントロールプレーンにはサーバーレスを選択し、アプリケーションプレーンにはコンテナを選択するかもしれません。これにより、専用コントロールプレーンのモデルに重点を置くことになるかもしれません。

4.2　オンボーディング体験

　ベースライン環境のプロビジョニングと構成が完了したので、テナントのオンボーディングに目を向けましょう。オンボーディングを通じて、マルチテナントアーキテクチャの最も基本的な要素を確立し、実践していくことがわかります。実際、私が新規顧客や他社のSaaSから移行する顧客を担当するときは、常にまずオンボーディングプロセスに注力することをお勧めしています。

　ここから着手することで、SaaSアーキテクチャの今後の方向性を左右する難しい問題にチーム全体で取り組むことになります。オンボーディングは、単にテナントを作成することではありません。新しいテナントをサポートするために必要なインフラストラクチャの可動部分をすべて作成し、構成することです。場合によっては、簡単な作業で済むかもしれませんし、オンボーディングプロセスの手順すべてを管理するために膨大な量のコードが必要になるかもしれません。テナントのティアリング、認証方法、ポリシーの管理方法、分離の構成方法、ルーティング方法など、これらはすべて、マルチテナント環境のオンボーディング体験で考慮すべき事項です。

4.2.1　オンボーディングはサービスの一部

　多くのチームは、オンボーディングをシステムが出来上がってから追加しようと考えてしまいがちです。そして、後で「本物」を作ればいいという考えのもと、オンボーディング体験のシミュレートとして暫定的なものを作成したり、その場しのぎの解決策を考えたりします。これは、サービスと製品を比較する議論に再び戻ることになります。SaaS環境では、オンボーディングは、何らかのスクリプトや自動化であって、サービスの提供範囲外のものとはみなされません。それどころか、オンボーディングはSaaS体験の最も基本的な要素の1つであり、マルチテナントソリューションを構築するチームにとって、これを正しく理解することが重要な鍵となります。

　オンボーディングは、ビジネスと技術の両方の優先事項のちょうど真ん中に位置します。各顧客のオンボーディング体験は、ビジネスの幅広い成功に大きな影響を与える可能性があります。このプロセスがどれほどシームレスで、効率的で、信頼性があるかは、製品を利用する顧客の体験や認識に直接影響します。これは、顧客にポジティブな第一印象を与える絶好の機会です。オンボーディング体験は、タイムトゥバリューの概念にも直接関係しています。タイムトゥバリューとは、顧客がサインアップしてからSaaS製品の実際の生産性と価値を実感するまでに要する時間を指します。ここで摩擦が生じると、サービスとしての印象に影響を与え、顧客を採用者から推奨者へと引き込む能力に影響を与える可能性があります。

　オンボーディングは、デプロイ、アイデンティティ、ルーティング、ティアリング戦略を実行する役割も担っています。たとえば、テナントをどのようにサイロ化およびプール化するかは、オンボー

ディング体験を通じて具体的に表現し、実現する必要があります。テナントをどのように、どこで認証するかは、オンボーディングの一環として設定および適用されます。ティアとデプロイモデルに基づいて、テナントをコンテキストに応じてどのようにルーティングするかは、オンボーディングの範囲内で設定されます。SaaSアーキテクチャで決定する、これらの主要なマルチテナント設計の選択肢の多くは、最終的にシステムのオンボーディングプロセスを通じて表現され、実現されます。多くの点において、オンボーディングの構成、自動化、デプロイコードは、SaaS環境のために採用するマルチテナント戦略を実現するための中心的な要素となります。

オンボーディングの自動化に費やす労力とコードの量は、チームによっては驚くべきものとなるかもしれません。SaaSチームが、優れたオンボーディング体験を構築するために必要な労力と投資を過小評価することは珍しくありません。実際には、オンボーディングはマルチテナント環境の最も基本的な要素の1つです。SaaSビジネスに不可欠な運用上の目標と俊敏性の目標を達成できるのは、オンボーディングを通じてのみです。

4.2.2　セルフサービスと内部オンボーディングの比較

ここまでの説明では、このオンボーディングの議論は、主にセルフサービスのテナント登録体験に重点を置いた組織で使用する仕組みについて述べているように感じられるかもしれません。私たちの多くは、何かしらのフォームに入力し、個人情報を送信して、SaaS製品を使い始めるという、数多くのB2C SaaS製品にサインアップした経験があります。この典型的なオンボーディングのやり方は当然検討範囲に含まれますが、オンボーディングプロセスがセルフサービスモデルをサポートしていないシナリオも考慮する必要があります。たとえば、取引が成立し、システムの利用に同意してからしかオンボーディングを行わないB2B SaaSプロバイダーを想像してみてください。このようなSaaSベンダーは、社内管理によるオンボーディング体験しか持っていない可能性があります。

私が言いたいのは、オンボーディングは特定の体験に縛られないということです。セルフサービスのオンボーディングを実装する場合もあれば、内部でオンボーディングを管理する場合もあります。すべてのSaaSソリューションは、オンボーディング体験の提供方法にかかわらず、同じ価値観に則る必要があります。私にとって、セルフサービスと内部で管理されるオンボーディングプロセスの基準は同じです。どちらのアプローチも、顧客のタイムトゥバリューを最大化することに重点を置いた、完全に自動化された、繰り返し可能な、摩擦の少ないオンボーディングプロセスを構築すべきです。もちろん、内部のプロセスは運用担当者の誰かが管理することでしょう。しかし、だからといって、オンボーディングプロセスの自動化、拡張性、耐久性を軽視することを意味しません。

私が構築するSaaSシステムでは、このオンボーディング体験をシステムの重要な要素として扱うようにしています。新しいテナントが手動プロセスや1回限りの設定を必要とせずに確実に登録されるように、一貫性があり、繰り返し可能で、自動化されたオンボーディングの仕組みを整備することが、何よりも重要です。

4.2.3　オンボーディングの基本要素

オンボーディングの重要性を理解したところで、オンボーディング体験を構成する要素の詳細に焦点を移しましょう。オンボーディングプロセスの実行には多くの詳細事項がありますが、この段階での私の目標は、このプロセスの中核となる要素を大まかに説明し、通常この体験を形作る指針となる基本原則を示すことです。

図4-5は、マルチテナントのオンボーディング体験を構成する要素を概念的に示しています。

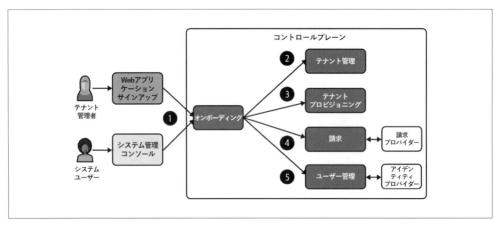

図4-5　テナントオンボーディングの基本

左側には、オンボーディングプロセスを開始する際に考えられる2つの一般的なパターンの例が示されています。まず、テナント管理者が、Webアプリケーションを通じ、セルフサービスのサインアッププロセスを経てオンボーディングを行う例です。このプロセスでは、テナントが情報を入力し、プランを選択し、システムに新しいテナントとして登録するために必要となる構成情報を提供する必要があります。また、この例では、システム管理者が開始する2つ目のオンボーディングフローも示しました。これは、管理コンソール（またはその他のツール）を使用して新しいテナントのオンボーディングデータを入力し、オンボーディングプロセスを開始するSaaSプロバイダーの内部的な役割を表しています。この例では、両方のオンボーディングパスを記載しました。しかし、ほとんどの場合、SaaS組織はこれら2つのアプローチのいずれかを扱います。ここで両方のフローを示したのは、オンボーディングの入り口に関係なく、いずれのユースケースにおいても、完全に自動化されたプロセスであるべきだという考えを強調するためです。

これらのオンボーディングパスでは、どちらもオンボーディングサービスにオンボーディングのリクエストを送信していることがわかります（ステップ1）。オンボーディングでは、私は通常、オンボーディングのオーケストレーションをすべて管理できる単一のオンボーディングサービスを推奨しています。このサービスは、オンボーディングプロセスのライフサイクル全体を管理し、プロセスのすべてのステップが正常に完了することを保証します。これは、オンボーディングの一部が非同期で

実行されたり、サードパーティの統合に依存して可用性に問題が生じる可能性があったりするため、特に重要です。

次に、オンボーディングプロセスでは、テナントの設定とそれを支えるインフラストラクチャの作成と構成に使用される一連の分散型サービスが呼び出されます。このオンボーディングフローの順序は、SaaSアプリケーションの特性によって異なる場合があります。一般的には、テナントを稼働状態にする前に、テナントに必要なリソースをすべて作成および構成し、テナント管理者にアカウントが有効になったことを通知することが目的です。

このオンボーディングフローを実装する方法は複数ありますが、まずはテナント識別子の作成から始める必要があります。この例では、このテナント識別子は、テナント作成のリクエストをテナント管理サービスに送信し（ステップ2）、テナントに関するすべての情報（会社名、アイデンティティ構成、ティアなど）を渡すことで作成されます。また、テナントに割り当てられる一意の識別子も生成されます。多くの場合、テナント識別子の値としてグローバル一意識別子（GUID）を使用し、テナントの名前やその他の特定の情報に関連している可能性がある属性は含めないようにします。これにより、ある識別子からテナントを推測できないようにします。さらに、このテナントには、テナントの現在の状態を管理する「アクティブ」ステータスの概念も付与されます。この例では、オンボーディングを行う際に、アクティブステータスは初期状態でfalseに設定されます。システムがテナントを作成すると、オンボーディング体験の残りのプロセスで使用するテナント識別子が作成されます。テナント管理サービスとコントロールプレーンにおけるその役割については、**「5章　テナント管理」**で詳しく説明します。

テナントのオンボーディングの例における次の工程では、テナントに必要なリソースのプロビジョニングを行います（ステップ3）。このプロビジョニングのステップは、一部のマルチテナントアーキテクチャでは、オンボーディングの実装における最も重要な要素の1つとなります。たとえば、フルスタックのサイロデプロイでは、まったく新しいインフラストラクチャとアプリケーションサービスの一式をプロビジョニングすることになります。一方、フルスタックのプール環境では、最小限のインフラストラクチャのプロビジョニングと構成で済む場合があります。

さらに多くの実例を掘り下げていくと、このオンボーディング体験にどれだけのコードと自動化が用いられているかに驚くかもしれません。実際、これはSaaSシステムにおいて、DevOpsの境界線が曖昧になる領域であることが多いです。従来の環境では、DevOpsのライフサイクルの多くはベースラインインフラストラクチャのプロビジョニングと更新に重点を置いていますが、SaaS環境では、個々のテナントのオンボーディング時にDevOpsコードを実行することに重点を置く場合があります。システムでは、サイロ化されたテナントのインフラストラクチャの作成を処理するために、実行時に新しいインフラストラクチャのプロビジョニングと構成が行われるかもしれません。ご想像の通り、これにより、マルチテナントソリューションの全体的なDevOps環境をどのように整備して構築するかについて、新しい考慮事項やマインドセットが求められることになります。一部の人にとっては、これはテナント環境のプロビジョニングに使用されるツールに対する新しいマインドセットと新

しいアプローチを意味するでしょう。

この工程では、テナントが作成され、テナントのリソースがプロビジョニングされました。これで、この新しいテナントを請求システムに追加できます（ステップ4）。これは基本的に、請求システムに新しいテナントを識別する情報と、この特定のテナントに適用すべき請求モデルを識別するために必要な情報を提供する工程です。ここでの前提は、新しいテナントをオンボーディングする前に、ソリューションの全体的なプライシングモデルを定義する複数のティアや料金プランを設計し、あらかじめ設定しておくということです。そして、オンボーディング中に、請求サービスはテナントの登録情報と適切な（事前に設定された）料金プランを関連付けます。

図4-5では、請求プロバイダーを別途呼び出していることがわかります。これは、請求システムとのあらゆる統合を請求サービスが管理し、連携するという考えに基づくものです。多くの場合、この請求プロバイダーはサードパーティのシステムによって提供されます。このような場合、オンボーディングプロセスと請求プロバイダーの間に個別の請求サービスを介在させることに大きな価値を見出すことができます。これによって、特定の請求プロバイダーをサポートするために必要となる独自の考慮事項を適切に管理できるようになります。また、オンボーディングサービスから請求プロバイダーに直接統合することもあります。さらに、一部のSaaS企業では、社内の請求システムを使用していることも覚えておく必要があります。このようなシナリオでも、オンボーディングプロセスは同様の統合パターンに従うことが望ましいでしょう。請求については、オンボーディングの範囲外でも考慮すべき点がまだたくさんあります。これらの詳細は「**14章　ティアリング戦略**」で説明します。

オンボーディング体験の最後の工程では、テナント管理者を作成する必要があります（ステップ5）。思い出していただきたいのですが、テナント管理者の役割は、特定のテナントに対して最初に作成されるユーザーを意味します。このテナントは、システムにアクセスできる追加ユーザーを作成できます。ただし、ここでは、テナントがプロビジョニングされた環境に対して認証およびアクセスできるように、アイデンティティプロバイダー内にこの初期ユーザーを作成することが主な目的です。その際、新しいテナントの登録通知と認証を管理するには、アイデンティティプロバイダーの機能を利用する必要があります。ほとんどのアイデンティティプロバイダーは、システムにアクセスするためのURLと一時パスワードを含む電子メールメッセージの生成をサポートします。このプロセスにより、認証中のユーザーはログインフローの一環として新しいパスワードを入力するよう促されます。このサインアッププロセスの自動化をできるだけアイデンティティプロバイダーに任せることが重要です。招待メールや仮パスワードの送信、パスワードリセットの処理は、これらのプロバイダーに任せてください。

このオンボーディングフローには、最後に考慮すべきことが1つあります。以前、テナントが作成されたとき（ステップ2）、テナントのアクティブステータスをfalseに設定しました。オンボーディングサービスの役割は、これらのさまざまなオンボーディングの状態をすべて追跡することです。各プロセスが正常に完了したことを確認して初めて、テナントのアクティブステータスをtrueに設定します。これには、テナント環境のプロビジョニングや構成中に発生した何らかの障害に対処するための

プロセスの再試行やその他のフォールバック戦略が含まれます。オンボーディングが成功すれば、オンボーディングサービスはテナント管理サービスを呼び出して、アクティブステータスをtrueに更新します。これは、テナントの状態を表示および管理するための機能を提供するSaaS環境の管理コンソールにとって特に重要です。このオンボーディングプロセス中、テナントの閲覧画面には、オンボーディング中のテナントの状態が表示され、テナントのアクティブステータスが強調表示されるはずです。

4.2.4 オンボーディングの状態の追跡と可視化

このプロセスを見ると、オンボーディングプロセスには多くの可動部分や依存関係が含まれていることが明らかです。このプロセスが複雑になればなるほど、オンボーディングフローのさまざまな状態について、有益で詳細な運用上の洞察を得ることが重要になります。これは、オンボーディングの自動化における進捗状況を分析し、問題を特定し、全体的な行動や傾向を解析するために不可欠です。また、ソリューションの登録情報を正確に把握し、表示するための適切な設計とツールを明確にするという意味もあります。

最低でも、オンボーディングフローの各ステップに応じた一連の状態を設定できることは想定できます。たとえば、TENANT_CREATED、TENANT_PROVISIONED、BILLING_INITIALIZED、USER_CREATED、そしてTENANT_ACTIVATEDといった別々の状態が考えられるでしょう。これらの状態はそれぞれ、管理コンソールのテナントの閲覧画面に表示され、任意の時点におけるテナントのオンボーディングを確認できます。

オンボーディングの状態を割り当てて、表示することの真の価値は、オンボーディングの進捗状況についてより詳細な運用上の洞察を提供することです。これは、予期しないオンボーディングの問題を解決するために不可欠です。オンボーディングプロセスがどこで失敗しているかを正確に把握することは、運用チームにとって最も重要です。特に、オンボーディングプロセスに大量のインフラストラクチャのプロビジョニングや構成が含まれる場合に重要となります。このような場合、プロビジョニングプロセスの進行中のさまざまな工程についての洞察が得られるように、もっと詳細な状態を追跡する必要が出てくるかもしれません。

4.2.5 ティアベースのオンボーディング

オンボーディングフローを検討する一環として、プロビジョニングサービスの役割と、テナント環境の作成と構成におけるその役割について概要を説明しました。このプロビジョニングプロセスは、テナントのティアの違いがプロビジョニングのライフサイクルの実装方法にどのように影響するかを考えると、さらに理解が深まります。覚えていると思いますが、さまざまなテナントの属性に対して異なる体験を提供するために、ティアを使用します。このような異なる体験は、多くの場合、システムのティアに基づいて個別のインフラストラクチャや構成が必要であることを意味します。

これをより理解するために、ティアベースのオンボーディングの概念的な例を見てみましょう。図

4-6は、2つの異なるティア（ベーシックとプレミアム）を扱う環境を示しています。

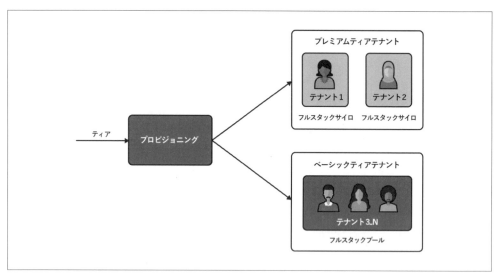

図4-6　ティアベースのオンボーディングの例

　ここでは、コントロールプレーン内のプロビジョニングサービスに焦点を絞って説明します。オンボーディングサービスがこのプロビジョニングサービスを起動するたびに、新しいテナントに割り当てられるティアを含むテナントのコンテキスト情報が生成されます。プロビジョニングサービスがこのリクエストを受け取ると、ティアを判定し、選択されたティアがテナント環境のサポートに必要な構成やインフラストラクチャにどのように影響するかを判断します。この例では、SaaSソリューションは、プレミアムティアのテナントに、各テナント専用のリソースを備えたフルスタックのサイロデプロイモードを提供しています。つまり、それぞれのオンボーディングのイベントでは、完全なテナント構成一式の自動プロビジョニングが必要になります。一方、ベーシックティアのテナントは、すべてのインフラストラクチャがテナント間で共有されるフルスタックのプールモデルに割り当てられます。ここでは、この新しいテナントの追加を可能にするための構成を拡張するだけで、オンボーディングはより軽快な体験になります。

　これらのフルスタックのデプロイモデルは、非常に明確なオンボーディング体験を提供し、比較的簡単に理解することができます。これよりもっと興味深いのは、混合モードのデプロイモデルを使用する場合です。混合モードのデプロイでは、リソースはより細かい粒度でサイロ化およびプール化されます。つまり、オンボーディングのプロセスでは、サイロ構成またはプール構成に基づいて、ティアベースのオンボーディングポリシーを各リソースに適用する必要があります。図4-7は、混合モードのデプロイがプロビジョニングのプロセスにどのように影響するかを例示しています。

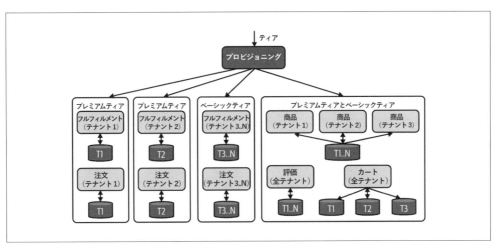

図4-7　混合モードのデプロイによるティアベースのオンボーディング

　意図的にこのアーキテクチャを少し複雑にしました。同じプロビジョニングサービスが記載されていますが、各テナントがオンボーディングする際に考慮すべき事項がたくさんあります。図4-7の左側から見ていきましょう。テナント1とテナント2用に別々にデプロイされている2つのサービスがあります。つまり、プレミアムティアのテナントごとに、プロビジョニングサービスは、フルフィルメントサービスと注文サービスを完全にサイロ化されたモデルで構成してデプロイする必要があります。これら2つのマイクロサービスのストレージとコンピューティングは完全にサイロ化されています。

　これら2つのマイクロサービスはプレミアムティアのテナント用に別々にデプロイされていますが、ベーシックティアのテナントも同じサービスを利用します。これは図のほぼ中央に記載されており、プレミアムティア以外のすべてのテナント（この例ではテナント3..N）が共有するプール化されたフルフィルメントと注文のマイクロサービスが示されています。つまり、プール化されたテナントをサポートするには、プロビジョニングサービスがこれらのサービスの構成とデプロイを1回だけ実行する必要があります。これらのサービスが稼働し始めると、新しいテナント向けのプロビジョニングサービスの作業に必要な要素が少なくなります。ルーティングを設定したり、ポリシーを設定したりする必要があるかもしれませんが、重労働のほとんどは、これらのサービスの初期プロビジョニングとデプロイが完了した後に行われます。

　最後に、図4-7の環境の右側には、プレミアムティアとベーシックティアの両方のテナントの要件をサポートするために、さまざまなモデルでデプロイされているさまざまなサービスが示されています。ここでサイロとプールを選択する際は、（ティアではなく）マルチテナントアーキテクチャの普遍的な要件に重点を置いて決定します。つまり、全体的な要件（ノイジーネイバー、コンプライアンスなど）に基づいてサイロとプールを選択するという考え方です。

　この例では、テナントのオンボーディングの一環としてサポートする必要のあるユースケースを強調するために、これらのサービスに意図的にいくつかの違いを設けました。たとえば、商品マイクロ

サービスは、すべてのテナントに対してサイロ化されたコンピューティングを使用します。そのため、テナント1から3に対してサービスごとにインスタンスが割り当てられていることがわかります。ただし、これと同じサービスがプール化されたストレージを使用していることもわかります。これにより、オンボーディングの要件に新たな問題が生じます。プロビジョニングサービスはこの違いに対応しなければなりません。すべてのテナントに対してストレージを1回だけプロビジョニングする一方で、各テナントのオンボーディング時に商品マイクロサービスの個別のインスタンスをプロビジョニングおよびデプロイする必要があります。

他のサービス（評価とカート）は、プロビジョニングサービスを実装するときに起こり得るその他のパターンを強調するためのものです。評価のマイクロサービスは完全にプール化されたコンピューティングとストレージを使用していますが、カートのマイクロサービスはプール化されたコンピューティングとサイロ化されたストレージを使用しています。これらのサービスのオンボーディングをサポートするには、何がサイロ化され、何がプール化されているのかを把握し、状況に応じてこれらのリソースの作成と構成を適切に行う必要があります。これは、混合モードのデプロイについて（「**3章 マルチテナントのデプロイモデル**」で）行った議論を反映しています。ただし、ここでは、その混合モードがマルチテナント環境のオンボーディング体験にどのように影響するかを見ていきます。

オンボーディングプロセスにおけるプール化されたリソースをプロビジョニングする一般的なタイミングについて、よく聞かれる質問があります。これらのリソースは1回だけ構成およびデプロイするため、マルチテナント環境全体の初期設定の一環として、これらのリソースを事前にプロビジョニングする方が望ましいと考える人も多いでしょう。つまり、まったく新しいベースライン環境を構築する場合は、この時点でプール化されているリソースをすべてプロビジョニングすることを選択できます。私としては、この方法がより自然なアプローチのように思えます。これは、プロビジョニングサービスが、DevOpsツールによって呼び出され、これらのリソースの1回限りの作成を実行する別の手段をサポートすることを意味します。そして、新しいテナントがオンボーディングするたびに、この共有インフラストラクチャはすでに整備されていることになります。

もう1つの選択肢は、これらのプール化されたリソースの作成を遅らせ、最初のテナントのオンボーディング中に作成を開始する方法です（いわゆるレイジーローディングに類似）。これによりオンボーディングプロセスが遅くなる可能性がありますが、そのオーバーヘッドは最初のテナントのみが負担します。私の個人的な見解としては、これらのリソースを事前にプロビジョニングすることをお勧めしていますが、どちらかの戦略を選ぶ際には、その他の要因も考慮する必要があるかもしれません。

これらの異なるティアベースのデプロイモデルをサポートすることは興味深く、強力ですが、オンボーディングの複雑さがSaaS環境全体の複雑さにどのように影響するかを考慮することも不可欠です。もちろん、さまざまなテナントの属性をサポートできるように、ビジネスにたくさんのツールを提供したいと思うでしょう。同時に、ここでやりすぎないようにしてください。また、これはまだティアレベルのカスタマイズであることを理解しておくことも重要です。この仕組みを、個々のテナ

ントのための1回限りのカスタマイズを行う方法だと決して考えてはなりません。

4.2.6　オンボーディングされたリソースの追跡

　オンボーディングプロセスでテナント専用のリソースを用意する必要がある場合は、マルチテナント環境でこれらのリソースを追跡して識別する方法も検討する必要があります。ここでわかるのは、システムの他の側面でも、最終的にこれらのテナント固有のリソースを特定し、対象とする必要があるということです。

　私が言っていることを正しく理解していただくために、もっと具体的な例を考えてみましょう。**図4-7**の混合モードのデプロイモデルでテナントをオンボーディングしたと想像してみてください。このモデルには、サイロ化されたリソースやプール化されたリソースの例がたくさんあります。次に、この環境にプレミアムティアのテナントをオンボーディングし、そのテナントをサポートするために必要な個別のリソースを作成したと想像してみてください。

　オンボーディングが完了し、テナントが稼働した後も、この環境に更新プログラムをデプロイすることになります。パッチ、新機能、その他の変更は、必ずアプリケーションのライフサイクルを通じてデプロイする必要があります。ここで少し興味深いことが起こります。混合モードのデプロイでは、システムを更新するために、単に1つの静的な配置場所にデプロイするだけでは不十分です。たとえば、注文サービスの新しいバージョンを配信することを想像してみてください。新しいコードをデプロイするには、DevOpsの経験を活かして、オンボーディング体験でプロビジョニングされたさまざまなリソースにまたがる注文サービスの個別のデプロイを識別する必要があります。つまり、テナント1とテナント2のプレミアムティアのサイロと、他のテナントと共有されているベーシックティアのプール化されたインスタンスに、注文サービスをデプロイする必要があるということです。

　そこで疑問が生じます。デプロイプロセスでは、これをどうやって処理すればよいのでしょうか？各テナントのどのリソースがサイロ化されているかをどうやって知るのでしょうか？これを実現する唯一の方法は、オンボーディング体験で、各テナントのリソースの配置場所とアイデンティティを収集し、記録することです。この追跡情報の必要性は明らかですが、これに対処するために一般的に適用される明確または標準的な戦略はありません。新しいテナントのオンボーディング時にデータをテーブルに保存し、デプロイプロセス中にこのテーブルを参照するといった方法もあります。また、この課題に取り組むためにDevOpsツールチェーンの一部を使用する方法もあるでしょう。重要なのは、オンボーディングプロセスでテナント専用のリソースを用意する場合、これらのリソースに関する情報を収集して記録し、デプロイや運用の体験のさまざまな場面で参照できるようにする必要があるということです。EKS（**「10章　EKS SaaS：アーキテクチャパターンと戦略」**）とサーバーレス（**「11章　サーバーレスSaaS：アーキテクチャパターンと戦略」**）でのオンボーディングのオーケストレーションについて見ていく中で、より具体的な例をいくつか紹介します。

4.2.7 オンボーディングの障害対応

オンボーディングプロセスで何らかの障害が発生した場合、SaaSプロバイダーにとって重大な問題となります。さらに、セルフサービスのオンボーディング体験を提供するマルチテナント環境では、こういった問題が特に重要になります。オンボーディングは、テナントに対する第一印象を決定付けるものであり、このプロセスに失敗するとビジネスの損失につながる可能性があります。

信頼性の確保には、堅実なエンジニアリング手法の適用が不可欠ですが、外部システムへの依存がオンボーディングプロセスの耐久性に影響を及ぼす可能性もあります。選択肢をより深く理解するために、オンボーディング体験の過程で起こり得る外部依存の具体例を見てみましょう。図4-8は、オンボーディングフローの一部とみなされる請求統合の概念的な図を示しています。

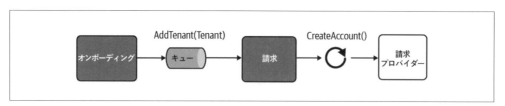

図4-8　請求プロバイダーとのフォールトトレラントな統合

この例では、サードパーティの請求プロバイダーとの統合に依存していると仮定します。オンボーディングにサードパーティの請求ソリューションを含めることは一般的ですが、オンボーディング体験の信頼性は、請求プロバイダーの可用性に直接依存することになります。請求システムが停止すると、テナントのオンボーディングも停止します。

これは、サードパーティのソリューションの使用に伴う単なるリスクだと思われるかもしれません。しかし、このシナリオでは、請求システムが停止している間でも、システムは稼働し続けている可能性が非常に高いです。請求アカウントを作成する必要があるのは事実ですが、請求システムが復旧すれば、システムのオンボーディングプロセスを終了して請求設定を完了することができます。

図4-8では、この問題に対する考えられるアプローチとして、請求の統合を完全に非同期化することを提案しています。このモデルでは、オンボーディングプロセスがキューを介して新しいテナントの追加をリクエストします。その後、請求サービスがリクエストを受け取り、非同期リクエストを使用して請求システムにアカウントを作成しようとします。このリクエストが失敗した場合、請求サービスは失敗を検知し、再試行を試みます。フォールトトレラントな統合を実装するには、さまざまな戦略があります。細部にこだわる必要はありません。重要なのは、請求アカウントの作成を待たずにオンボーディングフローを継続できる請求プロバイダーとの統合モデルを作成することです。オンボーディング体験を迅速化するという利点のためだけに、常に非同期統合が望ましいと考える人もいるかもしれません。

私が請求に焦点を当てたのは、それがフォールトトレラントなオンボーディング体験を持つことの重要性を示すのに最適だからです。実際には、自動化されたオンボーディングの可動部分すべてに目

を向け、失敗やボトルネックの原因となり得る箇所を探して、オンボーディングプロセスを迅速化したり、耐久性を高めたりできる新しい戦略が必要かどうかを判断すべきです。オンボーディングに失敗した場合の代償は一般的に大きいので、この仕組みを最大限に堅牢なものにするためにできる限りのことをしたいものです。

4.2.8　オンボーディング体験のテスト

ここまでくれば、オンボーディングの役割と重要性は明らかでしょう。このプロセスには潜在的な複雑さや、多くの要素が含まれるため、特にエラーが発生しやすい傾向があります。このことを念頭に置いて、オンボーディングプロセスの効率性と再現性を検証するために、特別な対策を講じる必要があることも明らかでしょう。オンボーディングプロセスを構築し、オンボーディング体験に影響を与える可能性のあるボトルネックや設計上の欠陥を発見するために、顧客のアクティビティだけに頼るチームが多すぎます。これを解決するために、私はいつも、オンボーディング体験のあらゆる側面を検証したり改善したりするために使用できる豊富な一連のオンボーディングテストの構築に投資することを勧めています。

ここで検討できるテストの種類は多岐にわたります。たとえば、さまざまなオンボーディングのワークロードをシミュレートするオンボーディング用の負荷テストを作成したり、障害からの復旧能力を検証するテストを作成したりすることもできます。また、テナントのオンボーディングにかかる時間を測定するパフォーマンステストを導入することもあります。これらのテストはそれぞれ、さまざまなテナントのティアを組み合わせて実行できますが、テナントのティアによってオンボーディング体験の道筋が異なる場合があります。

目標は、オンボーディング体験における設計、アーキテクチャ、自動化の前提条件が、実際に稼働するソリューションで完全に実現できていることを確認することです。そのためには、オンボーディングの設計と実装を検証するために、あらゆるユースケースをシミュレートし、拡張性を高める必要があります。また、定義したSLAを満たす能力を測定するために使用される重要なメトリクスが、環境上で正しく可視化されていることを確認します。ここで重要なのは、理想的なシナリオが機能することを確認するだけではありません。オンボーディングが拡張性と可用性の要件を満たし、顧客の期待に応えるサービス体験を確実に提供することです。

4.3　SaaSアイデンティティの作成

ここまで、オンボーディングプロセスの一環としてのアイデンティティの役割について簡単に触れてきました。しかし、アイデンティティのパズルには、まだまだ解明すべきピースがたくさん残っています。確かに、オンボーディングはアイデンティティを設定しますが、それは何を意味するのでしょうか？　アイデンティティはどのように設定され、そしてマルチテナントはSaaS環境の全体的なユーザー体験にどのように影響するのでしょうか？　ここでは、テナントがSaaS環境の認証、認可、およびマルチテナントの全体像にどのような影響を与えるのかについて、さらに深く掘り下げていき

ます。

　マルチテナントのアイデンティティでは、アイデンティティを純粋にユーザー認証のツールとして考えるだけでは不十分です。認証された各ユーザーは、テナントのコンテキストにおいて常に認証されているという考え方を踏まえて、アイデンティティに対する視野を広げなければなりません。ユーザーがこのような体験に結び付いているのは事実ですが、マルチテナントアーキテクチャの基盤となる実装の多くは、主にそのユーザーに関連するテナントに焦点を当てています。つまり、ユーザーとテナントの両方を網羅するようにアイデンティティのモデルを拡張する必要があるということです。基本的な目標は、ユーザーとテナントの関係をより緊密に結び付け、単一のユニットとしてアクセス、共有、管理できるようにすることです。

　図4-9は、SaaSアイデンティティがどのように構成されているかの概念図です。左側には、ユーザーアイデンティティと名付けた典型的な図があります。このアイデンティティは、個人の属性を正確に記述し、把握することに重点を置いています。名前、電話番号、メールアドレスなど、これらはすべて、システムのユーザーを識別するために使用される典型的な記述子です。右側には、テナントアイデンティティの概念も記載しています。テナントは個人というよりはむしろ組織を指します。たとえば、ある企業がテナントとしてSaaS製品を契約していて、そのテナントには多くのユーザーがいるということはよくあります。

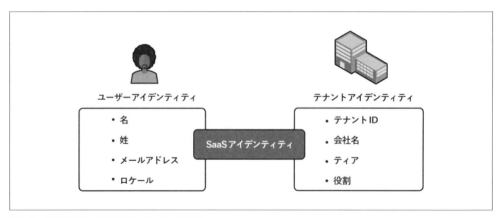

図4-9　論理的なSaaSアイデンティティの作成

　マルチテナント環境では、これら2つの異なるアイデンティティの概念が組み合わさって、私がSaaSアイデンティティと呼ぶものが形成されます。このSaaSアイデンティティは、システムのすべてのレイヤーに渡される最上位のアイデンティティ構造になるような方法で実装されなければなりません。これは、ユーザーおよびテナントの属性にアクセスする必要があるシステムのすべての要素に、テナントのコンテキストを伝える手段になります。このSaaSアイデンティティは、「1章　SaaSマインドセット」で説明したテナントコンテキストの概念に直接対応しています。

　重要なのは、このSaaSアイデンティティは、従来の認証体験に何らかの影響を与えたり、複雑に

したりすることなく導入する必要があるということです。SaaSの認証体験は、ユーザーとテナントのアイデンティティを統合しながら、従来の認証フローに従う自由度を維持する必要があります。図4-10は、この概念を実際に適用した例です。

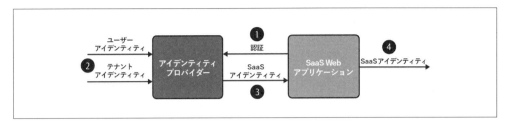

図4-10 SaaSアイデンティティの認証フロー

　ここに表示されるフローでは、テナントユーザーがSaaSのWebアプリケーションにアクセスしようとしています（ステップ1）。アプリケーションは、ユーザーが認証されていないことを検出し、ユーザーとテナントの両方のアイデンティティを識別できるアイデンティティプロバイダーにリダイレクトします（ステップ2）。ユーザーが認証されると、アイデンティティプロバイダーはSaaSアイデンティティを返す役割を担います（ステップ3）。次に、このSaaSアイデンティティは、システムの残りのすべての可動部分に渡されます（ステップ4）。このアイデンティティには、SaaSアプリケーションの残りの要素の要件をサポートするために必要なテナントとユーザーの属性すべてが含まれます。

　このフローは、アイデンティティ技術の特性によって異なる場合がありますが、この体験の原則はアイデンティティモデルが異なっても同じでなければなりません。また、テナントがどのようにシステムに組み込まれ、アイデンティティプロバイダーにルーティングされるかによっても影響を受ける可能性があります。たとえば、サブドメイン、メールアドレス、ルックアップテーブルなどによって、対応するアイデンティティプロバイダーへのテナントの接続方法が決まります。結局のところ、このプロセスの最初にこのSaaSアイデンティティを解決して作成し、設計や実装の詳細にこの責任を委ねないようにする必要があります。

4.3.1　テナントアイデンティティの追加

　この節では、ユーザーとテナントのアイデンティティを統合することについて述べてきました。これは概念的には理にかなっているかもしれませんが、これら2つの概念を組み合わせて実際に最上位のSaaSアイデンティティ構造を構築する方法についてはまだ説明していません。当然ながら、その方法はアイデンティティプロバイダーによって異なります。

　今回は、Open Authorization（OAuth）とOpenID Connect（OIDC）の仕様が、SaaSアイデンティティの作成と構成にどのように活用できるかに焦点を当てます。これらの仕様は、多くの主要なアイデンティティプロバイダーで広く使用されており、分散型認証および認可のオープンスタンダードとなっています。そのため、ここで取り上げる手法は、アプリケーションのアイデンティティモデルに自然に適用できるはずです。

テナントをユーザーに割り当てるには、まずOIDC仕様がユーザーの認証情報をどのようにパッケージ化し、伝達するのかを理解する必要があります。一般的に、OIDC準拠のアイデンティティプロバイダーに対して認証を行うと、認証のたびにアイデンティティトークンとアクセストークンが返されます。これらは、後続の認可に使用されるすべての認証コンテキストを保持するJSON Web Token (JWT) として定義されます。アイデンティティトークンはユーザーに関する情報を伝達するためのものであり、アクセストークンはそのユーザーのさまざまなリソースへのアクセスを認可するために使用されます。

これらのJWTには、ユーザーに関するより詳細な情報を提供する一連のプロパティと値が含まれています。このデータはクレームと呼ばれます。一般的に、共通の属性を標準化して扱うために、各トークンにはデフォルトのクレームセットが含まれています。マルチテナントのアイデンティティモデルの基盤となるのが、まさにこのJWTです。

JWTの良い点は、カスタムクレームを導入できることです。これらのカスタムクレームは、実質的にはユーザー定義フィールドに相当し、JWTに独自のプロパティ/値のペアを追加するために使用できます。これにより、テナントのコンテキストデータをこれらのトークンに追加するといったことが可能になります。図4-11は、これらのテナントのカスタムクレームがJWTにどのように追加されるかを示しています。

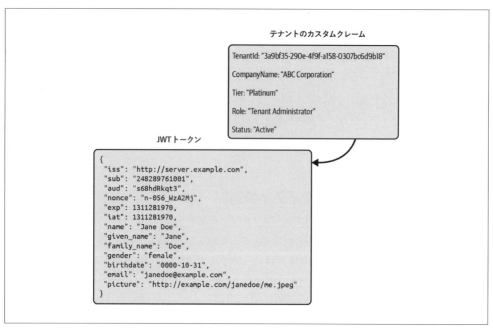

図4-11　JWTにテナントのカスタムクレームを追加

左側は、OIDC仕様の一部であるクレームが埋め込まれたJWTの例です。すべてのクレームを網羅することはしませんが、ここで表示される特定のユーザー属性については言及するだけの価値があります。name、given_name、family_name、gender、birthdate、そしてemailがすべてこのリストに含まれていることがわかります。一方、右側は、JWTに追加する必要があるテナントの属性です。これらは、プロパティ/値のペアとして標準化された形式で追加されるだけです。

　このモデルには魔法のようなものや洗練されたなものはありませんが、これらのカスタムクレームを標準的なものとして導入できることは、大きな利点となります。これらの属性をクレームとして組み込むことで、マルチテナントの認証と認可の体験がどのように変わるかを想像してみてください。図4-12は、この一見単純な構造が、いかにマルチテナントアーキテクチャ全体に連鎖的な影響を与えるかを示しています。

　この例では、フローはWebアプリケーションから始まります。ユーザーがこのページにアクセスするとまだ認証されていないため、アイデンティティプロバイダーに認証リクエストが送られます（ステップ1）。これは、おそらく何度も構築したことのある、非常に馴染み深い標準的なフローです。違うのは、この認証体験からデータが返ってくる点です。ここで認証すると、アイデンティティプロバイダーは標準トークンを返します（ステップ2）。ただし、テナント固有のカスタムクレームを使用してアイデンティティプロバイダーを構成しているため、返されるトークンは、先に説明したSaaSアイデンティティと一致します。トークンは他のトークンと同様に機能し、動作しますが、SaaSアイデンティティを作成するために必要なテナントコンテキストが追加されています。

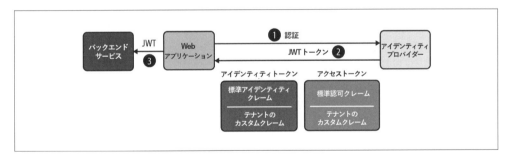

図4-12　注入されたテナントコンテキストによる認証

　これらのトークンは、ベアラートークンとして発行され、OIDCおよびOAuth仕様に組み込まれているセキュリティ、ライフサイクル、その他の仕組みをすべて継承した状態で、バックエンドサービスに送信されます（ステップ3）。この戦略は、バックエンドサービスの幅広い体験にどのように影響するかを考えると特に効果的です。図4-13は、これらのトークンがアプリケーションのさまざまなマルチテナントのマイクロサービスにどのように伝達されるかの例を示しています。

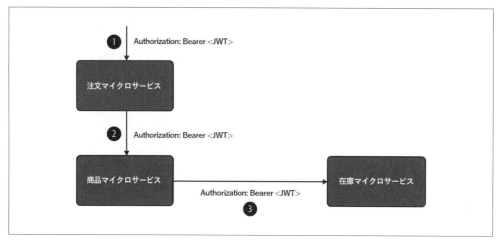

図4-13　後続のマイクロサービスにトークンを伝達

　3つの異なるマイクロサービスがあり、それぞれがテナントコンテキストにアクセスできる必要があります。認証を行い、テナントを識別するためのトークンを受け取ると、このトークンは最初に呼び出されるマイクロサービスに渡されます。この場合、注文マイクロサービスに送信されます（ステップ1）。次に、このサービスがタスクを完了するために別のバックエンドサービス（商品）を呼び出す必要があると想像してください。この同じトークンを商品サービスに渡すことになります（ステップ2）。このパターンは、さらに後続のサービス呼び出すことで連鎖的に継続することができます（ステップ3）。この例では、JWTをベアラートークンとしてHTTPリクエストに挿入できると仮定しています。ただし、ここで別のプロトコルを使用している場合でも、このJWTをコンテキストの一部として注入する方法はおそらくあります。

　この非常に単純な仕組みが、マルチテナントアーキテクチャ全体にどれほど大きな影響を与えるかご理解いただけるでしょう。この1つのJWTが、マルチテナント環境の実装における可動部分の多くに深く関わってくるのです。マイクロサービスは、ログ、メトリクス、請求、テナント分離、データパーティショニング、その他多くの領域でJWTを使用します。より広範なSaaSアーキテクチャでは、ティアリング、スロットリング、ルーティング、およびテナントコンテキストを必要とするその他の主要な仕組みにJWTを使用します。つまり、これは単純な概念ですが、SaaSアーキテクチャにおけるその役割の重要性は非常に大きいのです。

4.3.2　オンボーディングにおけるカスタムクレームの追加

　カスタムクレームがどのようにユーザーとテナントを関連付けるかを見てきました。あまり明確でないのは、これらのクレームが実際にいつどのように使用されるのかという点かもしれません。これらのカスタムクレームを追加し、使用するには、2つの簡単な手順があります。まず、テナントをオンボーディングする前に、通常はアイデンティティプロバイダーを設定して、認証体験に追加したい

カスタム属性をそれぞれ決定する必要があります。ここでは、カスタムクレームに含めたい各プロパティとタイプを定義します。これにより、アイデンティティプロバイダーは、追加の属性を使用してテナントを保存および構成できる新しいテナントを受け入れる準備が整います。

　このプロセスの後半は、オンボーディング中に実行されます。先ほど、全体的なオンボーディングフローの一環として、テナント管理者の作成について説明しました。しかし、触れていなかったのが、新しく作成したテナントのカスタムクレームの追加です。ユーザーに関する情報（名前、メールアドレスなど）を追加するときは、そのユーザーに関するテナントコンテキストの情報（テナントID、役割、ティア）もすべて追加します。このデータは、アイデンティティプロバイダー内のユーザーごとに追加する必要があります。そのため、オンボーディングが完了した後でも、ユーザーを追加する際には、これらのカスタム属性の追加が必要です。

4.3.3　カスタムクレームの適切な利用

　カスタムクレームは、テナントコンテキストをトークンに追加するための便利な仕組みです。場合によっては、チームがこの仕組に固執し、その役割を拡大して、アプリケーションのセキュリティコンテキストを識別して伝達するために使用することもあります。ここには厳格なルールはありませんが、私は一般的に、何かをカスタムクレームとする場合は、それはテナントコンテキストの形成に不可欠な役割を果たし、全体的な認可の仕組みに影響を与えると想定しています。

　多くのアプリケーションは、特定のアプリケーション機能へのアクセスを有効または無効にするために、アクセス制御構造に任せています。これらの制御は、アイデンティティプロバイダーの範囲外において管理されるべきものです。一般的に、従来のアプリケーションアクセス制御戦略の一部であるカスタムクレームでトークンを肥大化させるのは間違いだと考えます。それよりも、このような制御は、この目的のために専用に構築された言語または技術スタックの仕組みのいずれかで実装すべきです。

　属性がカスタムクレームに追加されるべきか、それともアプリケーションのアクセス制御モデルに追加されるべきか、判断に迷う場合もあるでしょう。私としては、これは属性のライフサイクルと役割に基づいて判断することが多いと思います。アプリケーションの特長や機能、能力の進化に伴って属性が変化する傾向がある場合は、アプリケーションのアクセス制御を通じて管理する必要があります。一般的に、カスタムクレームに追加される属性は、アプリケーションの変更に伴って変更されることはほとんどありません。たとえば、トークンの内容は、新しいアプリケーション機能や設定項目が追加されたからといって、毎週のように変更されるようなものではありません。

4.3.4　テナントコンテキストを解決するための
　　　　　一元化されたサービスは存在しない

　一部のチームは、テナントアイデンティティとユーザーアイデンティティの境界線をより明確にしようとします。このような環境では、アイデンティティプロバイダーはユーザー認証のみに使用され

ます。ここで、ユーザーが認証されると、このプロセスから返されるトークンにはテナントのコンテキスト情報は含まれません。このモデルでは、これらのシステムはテナントを解決するために何らかの後続の仕組みに頼らなければなりません。図4-14は、その実装例を示しています。

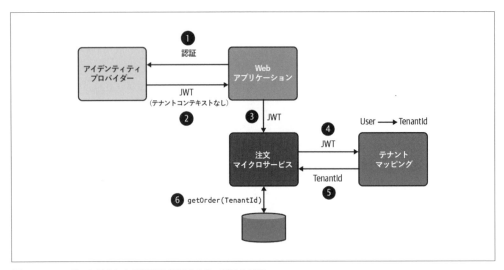

図4-14　ユーザーとテナントの関連付けに別のサービスを利用

　この例では、Webアプリケーションはテナントのコンテキストを識別しないアイデンティティプロバイダーに対して認証を行います（ステップ1）。ここで認証が成功すれば、JWTが返されます。ただし、これらのトークンには、先に説明したテナント固有のカスタムクレームは含まれていません（ステップ2）。ここでは、ユーザーデータのみが返されます。次に、このトークンは注文マイクロサービスに渡されます（ステップ3）。さて、この注文サービスが特定のテナントのデータにアクセスする必要がある場合、どのテナントが現在のリクエストに関連付けられているかを識別する必要があります。JWTにはこの情報が含まれていないため、コードは別のサービスからコンテキストを取得する必要があります（ステップ4）。この例では、JWTを受け取り、ユーザー情報を抽出し、ユーザーをテナントに割り当て、テナントアイデンティティを返すテナントマッピングサービスを実装しました（ステップ5）。次に、この識別子を使用して、この特定のテナントの注文情報を取得します（ステップ6）。

　一見すると、これは完璧な戦略のように思えるかもしれません。しかし、実際には多くのSaaS環境にとって深刻な課題があります。ここで問題となるのは、ユーザーとテナントの間に強い隔たりが生じてしまい、ユーザーとテナントの関連状態を個別に管理しなければならないことです。しかし、もっと大きな問題は、システム内のすべてのサービスが、テナントのコンテキストを解決するためにこの一元化されたマッピングの仕組みを必ず経由しなければならないということです。このステップが数百のサービスと数千のリクエストにわたって実行されるのを想像してみてください。このアプローチを採用した多くの人は、このテナントマッピングサービスが最終的にシステムに重大なボトル

ネックを引き起こすことにすぐに気づきます。その結果、実際にはビジネス価値をもたらさないサービスを最適化する方法を模索することになります。

これが、ユーザーとテナントのコンテキストを関連付け、マルチテナントアーキテクチャ全体で一貫して共有することが極めて重要なもう1つの理由です。経験則から言えることですが、何らかの外部の仕組みを呼び出してテナントコンテキストを解決して取得する必要がないサービスを開発することが目標です。SaaSアイデンティティの情報を含むJWTを通じて、テナントに関する必要な情報をすべて共有できるようにしたいものです。もちろん例外もあるかもしれませんが、ユーザーとテナントを関連付ける方法を考えるときには、これが一般的なマインドセットであるべきです。

4.3.5　フェデレーションSaaSアイデンティティ

これまでに説明したことのほとんどは、SaaSシステムが管理下にある単一のアイデンティティプロバイダーで実行できることを前提としています。これは理想的なシナリオであり、選択肢を最大限に広げますが、すべてのSaaSソリューションがこのモデルで構築されていると仮定するのも現実的ではありません。一部のSaaSプロバイダーは、顧客またはサードパーティが運営するアイデンティティプロバイダーをサポートする必要があるという、ビジネス、ドメイン、または顧客の要件に直面しています。

私がこれまでに見てきたよくある例の1つに、SaaSの顧客が既存の社内アイデンティティプロバイダーに業務上依存しているシナリオです。このような顧客の中には、購入する条件として、これらの社内アイデンティティプロバイダーからの認証をサポートするようにSaaSプロバイダーに求めてくる場合もあります。多くの場合、このような顧客を獲得することの価値と、SaaS体験全体の俊敏性と運用効率に影響を与える可能性のある環境への複雑性の追加を比較検討することになります。それでも、絶好の機会が訪れた際は、ビジネス上の状況によって、このモデルをサポートする戦略を推奨すべき場合もあります。

通常、これはテナント構成に何らかの機能を追加することで実現できます。テナントのオンボーディングでは、この外部で運営されているアイデンティティプロバイダーの構成をサポートする機能を追加します。目標は、これを可能な限りシームレスにし、テナント中心のカスタマイズを含む煩雑なコードや1回限りのコードの導入を最小限に抑えることです。もう1つの課題は、場合によっては、外部と内部のアイデンティティプロバイダーを並行してサポートする必要があるということです。現実には、ほとんどの顧客は、ソリューションに統合されたアイデンティティのサポートを期待するでしょう。**図4-15**は、このアイデンティティパターンの可動部分を示しています。

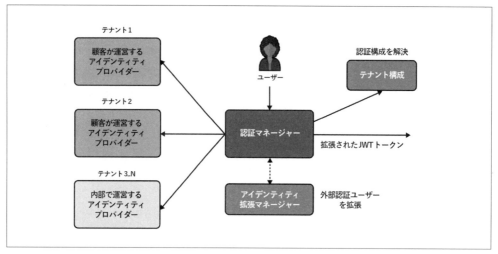

図4-15 外部で運営されるアイデンティティプロバイダーのサポート

　この例の中央に、認証マネージャーがあることがわかります。これは、複数の分散したアイデンティティプロバイダーをサポートできるサービスを認証フローに導入するための概念的なプレースホルダーです。この機能を実現するには、アイデンティティプロバイダーがどのように運営されているかをシステムが常に判断する必要があります。ユーザーが認証を必要とするたびに、そのユーザーを検証し、アイデンティティ構成を取得する必要があります。これには、特定のテナントの配置場所や構成を定義するデータが含まれます。

　図4-15の左側には、単一のSaaS体験でサポートする必要がある、内部と外部で運営されているアイデンティティプロバイダーを組み合わせて記載しています。2つのテナントが顧客独自のアイデンティティプロバイダーを使用しています。残りのテナントは、内部で運営されているアイデンティティプロバイダーを使用しています。

　このモデルはかなり単純明快です。ただし、システムがこれらの外部のアイデンティティプロバイダーを制御できないという問題が残ります。そのため、これらのプロバイダーのクレームを設定したり、オンボーディングプロセスでこれらのプロバイダーが管理するアイデンティティのデータにテナントコンテキストを追加したりすることはできません。つまり、認証リクエストから返されるJWTには、マルチテナント環境に不可欠なテナントコンテキストは何も含まれていないということです。これを解決するには、これらの外部のアイデンティティプロバイダーから返されるトークンを拡張できる新しい機能をソリューションに実装し、SaaS環境内で管理されるテナントコンテキストでこれらのトークンを拡張する役割を持たせる必要があります。これにより、どのアイデンティティプロバイダーを使用してユーザーの認証を行ったかに関係なく、すべての後続のサービスがテナントを識別するためのJWTトークンに依存し続けることができます。これらのトークンをどのように拡張するかは、ソリューションの特性によって異なります。追加されたテナントコンテキストを動的に注入する仕組

みを提供する戦略もあります。それ以外の場合は、さらにカスタマイズされたソリューションが必要になるかもしれません。しかし、一般的に、アイデンティティ領域におけるフェデレーションモデルは、このユースケースに対処するためのさまざまな手法を提供しています。

このモデルを取り上げたのは、現実の世界で必ずと言っていいほど見られるパターンだからです。このアプローチには明らかな欠点があることに注意が必要です。認証フローに自ら介入しなければならない場合、マルチテナントアーキテクチャのセキュリティ対策において、新たな役割を担うことになります。また、認証フローに付随する拡張性や単一障害点の要件に対処しなければならないかもしれません。ですから、これは必要なことではあるものの、慎重に検討すべき現実的な問題も伴います。

4.3.6 テナントのグループ化/マッピング構造

アイデンティティプロバイダーは確立された仕様（OIDC、OAuth2）に準拠していることが多いですが、アイデンティティの分類や管理に使用される構造は、アイデンティティプロバイダーによって異なる場合があります。これらのプロバイダーは、ユーザーをグループ化し、分類するためのさまざまな構造を提供しています。これは、テナントに属するすべてのユーザーをまとめてグループ化したいマルチテナント環境では特に重要です。これらのグループ構造は、アイデンティティプロバイダー内でのテナントの配置方法に影響を与える可能性があります。場合によっては、これらのグループを使ってテナントにティアリングポリシーを適用し、認証と認可の体験を最適化できるかもしれません。

たとえば、Amazon Cognitoを例に挙げると、テナントを分類する方法が複数あることがわかります。Cognitoはユーザープールの概念を導入しています。これらのユーザープールは、ユーザーをグループ化するために使用され、個別に設定できるため、プールごとに個別の認証体験を提供できます。これにより、各テナントに独自のプールを割り当てる、テナントごとのユーザープールモデルが考えられるかもしれません。あるいは、すべてのテナントを1つのユーザープールに入れ、他の仕組み（グループなど）を使用してユーザーとテナントを関連付ける方法もあります。また、アイデンティティプロバイダーによる制限が戦略の選択にどのように影響するかについても検討が必要です。

これらの異なるアイデンティティ構造から選択する際には、考慮すべきトレードオフがあります。たとえば、テナントの数が多ければ、テナントごとに個別のユーザープールを用意するのは現実的ではないかもしれません。あるいは、テナント間の違いがあまり必要なく、すべてのテナントを一括設定および管理したい場合もあります。また、ここでの選択がSaaSソリューションの認証フローにどのように影響するかを考える必要があるかもしれません。テナントごとに個別のユーザープールを用意する場合は、認証プロセス中にテナントを指定のプールに割り当てる方法を検討する必要があります。これにより、ソリューションの一部として取り入れたくない間接的な要素が増える可能性があります。

拡張性、アイデンティティ要件、その他多くの考慮事項によって、アイデンティティプロバイダーがサポートする構造にテナントを割り当てる方法が決まります。重要なのは、SaaSアイデンティティ戦略の策定を始めるときに、テナントをグループ化するために使用できるさまざまな組織単位を洗い

出し、それがマルチテナントの認証体験の拡張性、認証、構成にどのような影響を与えるかを判断する必要があるということです。

　組織構造が異なれば、アイデンティティ構造の選択肢も異なります。アイデンティティプロバイダーは通常、認証体験を構成するために使用できるさまざまな選択肢を提供しています。たとえば、多要素認証（MFA）は、有効または無効にできるアイデンティティ機能として提供されています。パスワードのフォーマット要件や有効期限ポリシーを設定することもできます。

　これらのさまざまな構成に関する設定は、すべてのテナントに一律に適用する必要はありません。テナントのティアごとに異なるアイデンティティ機能を利用できるようにしたい場合もあるでしょう。プレミアムティアのテナントだけがMFAを利用できるようにしたり、SaaSアプリケーションのテナント管理画面にこれらの構成の選択肢を表示して、各テナントがこれらの異なるアイデンティティ設定を構成できるようにしたりすることもできます。これにより、テナントにとって付加価値をもたらす差別化要素となり、ビジネスの要件に最適なアイデンティティ体験を提供できるようになります。

　このようなアイデンティティのカスタマイズをどのように提供するか、あるいは提供できるかどうかは、特定のアイデンティティプロバイダーがこれらの選択肢をどのように構成し、提供しているかによって異なります。プロバイダーによっては、テナントごとに個別に設定できるものもあれば、一律でしか設定できないものもあります。特定のアイデンティティプロバイダーの構造を詳細に調査し、これらのアイデンティティポリシーを個々のテナントに割り当てられることができるかどうかを判断する必要があります。

4.3.7　テナント間でのユーザー ID の共有

　SaaSシステムの各ユーザーは、テナント内でそのユーザーを識別するユーザー IDを持っています。このユーザー識別子は、メールアドレスで管理されることが多いです。多くの場合、1人のユーザーは1つのSaaSテナントに割り当てられます。ただし、SaaSプロバイダーは、1つのメールアドレスを複数のテナントに割り当てたいと考える場合があります。もちろん、そうなると認証にいくつかの間接的な要素が加わります。ログインフローのどこかで、SaaSシステムは、ユーザーがどのテナントにアクセスしているかを判断する必要があります。

　このモードをサポートしてほしいという要望は見たことがありますが、このユースケースを処理するための既製の戦略はまだ見つけられていません。そうは言っても、ここで適用されるいくつかのパターンを目にしたことはあります。私が見た中で最も強引な方法は、テナントの解決をエンドユーザーに委ねるという方法です。サインイン時に、ユーザーが複数のテナントに割り当てられていることをシステムが検知し、ユーザーに対象のテナントを選択するように促します。これは決して洗練された方法ではなく、メールアドレスさえあれば、ユーザーがどのテナントに割り当てられているかを誰でも知ることができてしまい、情報漏洩の原因となります（ユーザーが複数のテナントに割り当てられている場合）。このモデルでは、ユーザーとテナントを関連付けるマッピングテーブルを用意し、認証フローを開始する前段階でこのテーブルを参照するようにします。

この問題に対する適切なアプローチは、コンテキストをより明確に提供する認証体験を利用することです。最も良い例は、おそらくドメインとサブドメインでしょう。テナントにそれぞれサブドメイン（tenant1.saasprovider.com）が割り当てられている場合、認証プロセスはこのサブドメインを使用してテナントのコンテキストを取得できます。そして、システムは、指定されたテナントに対してユーザーを認証します。これにより、ユーザーは対象のテナントを識別するための中間プロセスを必要とせずに認証を行うことができます。

このシナリオには、他にも複雑な問題があります。たとえば、すべてのユーザーが共有のアイデンティティプロバイダー構造で実行されていると想像してみてください。その場合、アイデンティティプロバイダーは各ユーザーが一意であることを要求します。これにより、1つのユーザーIDを複数のテナントに割り当てることが不可能になります。そのため、各テナントのデータを保持する詳細な構造を検討してください（前述のユーザープールなど）。

4.3.8　テナント認証はテナント分離ではない

認証とJWTに関する議論の中で、私がときどき見かけるのは、認証とテナント分離を同一視していることです。ここでの前提は、認証はテナントにとって参入障壁であり、それを乗り越えれば、マルチテナント環境におけるテナント分離の基準を満たしているということです。

これは間違いなく食い違いが生じている領域です。確かに、認証はテナントコンテキストを含むJWTを発行することで、テナントの分離を実現します。ただし、マイクロサービスのコードには、認証済みユーザーの代理として処理を行う場合でも、別のテナントのリソースにアクセスできる実装を含めることができてしまいます。テナント分離は、認証済みユーザーから取得したテナントコンテキストに基づいて構築され、コードがテナントの境界線を越えないように、完全に独立した制御と対策を実装します。「9章　テナント分離」でこれらの戦略を詳しく見ていきます。

4.4　まとめ

この章では、マルチテナントアーキテクチャを構築するための出発点となる基本要素について説明しました。アーキテクチャにテナントの概念を取り入れるために使用される中核となる構造を紹介することに重点を置きました。お気づきでしょうが、これらの最初の工程には、アプリケーション体験を定義する取り組みは一切含まれていません。それよりも、アーキテクチャの中心にテナントを捉えることに重点を置いています。これらの基本的な要素を早期に導入するには、開発プロセスのすべての段階にわたって、マルチテナント環境で設計、構築、テスト、運用を行う必要があります。開発初日から、アーキテクチャは複数のテナントをサポートすることに伴うすべての動的要素を考慮する必要があります。全体的な目標は、アプリケーションを構築した後に追加できる機能としてマルチテナントを捉えるという罠に陥らないことです。そのようなやり方はほとんど機能せず、通常は苦痛を伴う妥協やリファクタリングにつながります。

ここでは最も基本的な内容から始め、ベースライン環境を構築し、コントロールプレーンの最初

の部分をデプロイするプロセスを探りました。コントロールプレーンの基本構造を完成させることで、最終的にその一部となるすべてのサービスを収容する基盤を整備することができます。また、コントロールプレーンの全体的なデプロイ、バージョン管理、ライフサイクル全般について考え始める必要もあります。

そこから、オンボーディング体験に焦点を移し、テナントを環境に導入する際に生じる複雑性、課題、考慮事項を取り上げました。オンボーディングフローを概念的に説明し、この体験を構成する要素について理解を深めました。この議論の大部分は、オンボーディングフローの自動化に伴うマインドセットに関するものでした。このオンボーディングの自動化によって、環境に新しくDevOpsの要素がもたらされ、テナント環境がいつ、どこでプロビジョニングおよび構成されるかについて、考え方が変わる可能性があることもわかりました。また、オンボーディングは、ビジネスの拡張性や俊敏性、イノベーションの目標をサポートし、実現する上で、重要な役割を果たすことも明確になりました。

オンボーディングでは、テナントがどのように環境に導入されるかについて述べました。自然な流れとして、これらのテナントの設定が環境の認証体験にどのように影響するかを検討しました。認証を通じて、オンボーディング中に実施された一連の作業から得られる利点がいくつか見えてきます。認証に関する検討により、SaaS環境におけるアイデンティティが果たす役割に焦点を当てました。アイデンティティプロバイダーがユーザーとテナントを関連付け、私がSaaSアイデンティティと呼ぶものを確立する手順を検証しました。その結果、SaaSアイデンティティはアーキテクチャにおける最上位の概念となっています。テナントの認証によって、SaaSアーキテクチャのさまざまな要素で必要となるコンテキストをすべて含むトークンがどのように生成されるかを模索しました。これにより、マルチテナント環境を構築する初期段階から、このSaaSアイデンティティをユーザー体験に織り込むことがいかに重要であるかが明確になったはずです。

オンボーディングとアイデンティティの概念的な要素についてのみ触れましたが、これらの基本構造を構築する際に必要となる要素や考慮事項をご理解いただけたかと思います。先に進むにつれて、これらの仕組みのより具体的な実装例が登場し、さまざまなデプロイモデルや技術スタックがオンボーディングとアイデンティティの設計や実装にどのように影響するかを見ていきます。また、テナントコンテキストの概念は、データパーティショニング、テナント分離、マルチテナントのマイクロサービスなど、アーキテクチャの他の側面についての検討にも登場してきます。

ただし、その前に、コントロールプレーンの内部をもう少し詳しく掘り下げ、テナント管理コンポーネントについて見ていきます。この章では、テナント管理がオンボーディング体験の一部としてどのように機能するかについてすでに触れました。ここからは、コントロールプレーンにおけるこのサービスの役割について、もっと詳しく見ていきたいと思います。このサービスは目新しいものでも、複雑すぎるものでもありませんが、マルチテナントの概念において重要な役割を担います。このサービスを作成することの意味と、その実装に影響を与える可能性のある重要な考慮事項のいくつかを考えてみましょう。

5章
テナント管理

　前の章では、オンボーディングとアイデンティティがマルチテナントアーキテクチャを機能させるために果たす広範な役割について、コントロールプレーンへの理解を深めるところから始めました。その一環として、テナント管理サービスを使用してシステムに新しいテナントを登録する方法についても触れました。ここからは、このサービスをさらに掘り下げて、その内部の仕組みをより深く理解するとともに、その責任範囲をすべて見ていくことにしましょう。これにより、テナントアーキテクチャの構成要素の中心にテナント管理を置き、重要なテナントイベントのライフサイクル管理におけるデータ、運用、構造について、さらに理解を深めることができます。

　まずは、テナント管理サービスを構築するという意味の基本的なことから始め、その中核となる設計と実装の要素を探っていきます。その一環として、このサービスで管理される一般的なテナント属性についても触れていきます。これらの属性を保存し管理することは、ほとんどの場合、それほど難しいことではありません。ただし、何を保存するかによって、SaaSアーキテクチャ全体にわたってその役割や用途が拡大するなど、後続の工程にさまざまな影響が及ぶ可能性があります。

　テナント管理が果たす幅広い役割とユーザー体験をより深く理解するには、テナントの管理をどのように実現するかについても検討する必要があります。ここでは、APIやシステム管理コンソールを通じて実現する方法を見ていきます。テナント管理サービスがコントロールプレーン体験にどのように組み込まれるのか、ここでさらに理解を深めることができます。テナント管理サービスを使用して環境に対する運用管理画面を作成し、システム内のテナントの状態を管理する方法も見ていきます。

　テナント管理のもう1つの側面として、テナントのライフサイクル管理があります。テナントの初期設定にとどまらず、テナントの状態に影響を与える可能性のあるさまざまなイベントを管理することが目的です。たとえば、テナントがアクティブな状態から非アクティブな状態に変わるとはどういうことでしょうか？ テナントがあるティアから別のティアに切り替わる場合、システムはそれをどのように管理し、適用するのでしょうか？ 請求などの他のシステムの状態はテナント管理サービスにどのように伝えられるのでしょうか？ これらはすべて、テナント管理と何らかの相互作用があり、SaaSアーキテクチャのさまざまなレイヤーに連鎖的な影響を与える可能性がある要素です。

　この章では、テナント管理のこれらのあらゆる側面に焦点を当て、ソリューションに適用されるマ

ルチテナントの戦略やパターンに影響を及ぼす可能性のある考慮事項について、より深く理解できるようにすることを目的としています。

5.1 テナント管理の基礎

テナント管理の範囲と特性をより深く理解するために、まずは、テナント管理の仕組みの中核となる要素を見ていきましょう。図5-1は、テナント管理全体に含まれることが多いさまざまな要素の概念図を示しています。

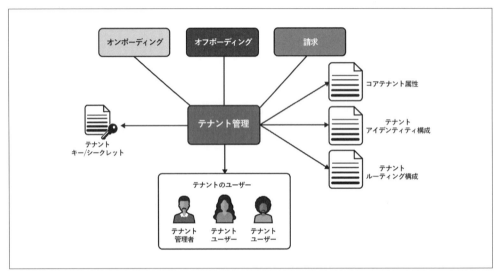

図5-1　テナント管理の影響範囲

図の中央にテナント管理を配置し、テナントとの接続を通じて一般的に構成または管理される要素を明確に示しています。上部には、テナント管理サービスと頻繁に関わる要素をいくつか記載しました。ここで重要な役割を果たすのは、テナント管理に大きな影響を与えるオンボーディング（「**4章 オンボーディングとアイデンティティ**」で説明）です。テナントが作成されるたびに、新しいテナントに関連するさまざまなリソースの構成と設定が実行されます。ここでは具体例をいくつか示しました。また、テナントがライフサイクルのさまざまな状態（ティアの変更、解約など）を経る際に、テナント管理と接点を持つオフボーディングと請求も記載しています。

図5-1の右側には、テナント管理サービスを通じて2種類のデータが管理および構成されていることがわかります。このグループには、私がコアテナント属性としてラベル付けしたものがあります。これは、テナント識別子、状態（有効/無効）、ティア、会社名、アカウント開設状況、最終ログイン日など、ほとんどのテナントに必要な中核となる基本データです。また、アイデンティティ構成用のプレースホルダーを分けて記載しました。これらの設定には、テナント管理サービスを通じて構成されるさまざまなテナント認証情報が含まれます。ここでは、MFA、パスワードポリシー、アイデ

ンティティプロバイダーの割り当て、およびその他のアイデンティティ関連の設定を行います。ルーティングポリシーの構成も同様です。ここに格納された構成データは、テナントをインフラストラクチャのさまざまな要素にどのようにルーティングするかを決定するために必要な、テナント固有のあらゆる設定を管理します。たとえば、URLなどはここで管理されます。

図5-1の左側に、キーとシークレットの設定を示しました。これらの設定は、環境のさまざまなセキュリティ面を構成するために使用されます。たとえば、この体験で管理されるテナントごとのシークレットや暗号化キーがあるかもしれません。環境によっては、これらの設定の管理が、SaaSソリューションの全体的な分離とセキュリティ構成において大きな役割を果たすことがあります。

最後に、図5-1の下部には、テナントに割り当てることができるさまざまなユーザーが記載されています。テナントと、そのテナントに関連するさまざまなユーザーとの関係を説明するために、テナント管理者と数人のテナントユーザーがいます。テナント管理者は、テナントが最初に登録されたときに作成されます。ただし、オンボーディングの後、システムに他のテナント管理者を含む追加ユーザーを作成することもできます。これらのユーザーはすべて論理的にテナントに接続されています。テナント構成に変更があった場合は、これらすべてのユーザーに適用されます。

人によっては、テナントとユーザーを同一視しようとする傾向があります。B2C環境では、テナントとユーザーが1対1で関連付けられていることが多いのは事実です。ただし、このような場合でも、やはりテナントは存在し、そのテナントに設定する必要がある属性やポリシーが当然あります。私としては、ユーザー管理とテナント管理の間に境界線を引きたいと考えています。一般的に、ユーザーの役割やその他のアプリケーション関連の設定は、テナントの設定とは分けて管理します。これは厳格なルールではありませんが、多くの場合、別々に管理すべきであるにもかかわらず、これら2つを1つの構造にまとめているチームを目にします。

本書の後半で、特定のマルチテナントアーキテクチャの詳細に触れますが、テナント管理がこれらのさまざまなサービスとどのように連携するかを見ていくことになります。また、マルチテナントインフラストラクチャとアイデンティティ体験におけるテナントごとの構成に関する選択肢を決定するために、テナント管理がどのように使用されるかについても、さらに多くの例を見ていきます。

5.1.1　テナント管理サービスの構築

テナント管理とその役割の概念的な観点から、テナント管理サービスを実装することが実際に何を意味するのかを詳しく見ていきましょう。このサービスのインターフェースは、通常、2つの論理的なカテゴリーに分類されます。まず、構成データの基本的な管理に焦点を当てたさまざまな操作があります。これらの操作は通常、作成、読み取り、更新、削除（CRUD）のインターフェースを介して実行されます。もう1つのカテゴリーに属する操作は、より広範なテナント管理業務（テナントの無効化、テナントの解約など）が中心となります。これらの操作は、テナント管理サービスの全体的な複雑性を高める要因となりがちです。

図5-2は、テナント管理サービスの構成要素を簡潔に表した例です。私がここで試みようとしたの

は、このサービスに含まれる可能性のある一般的なインターフェースとユーザー体験を概念的に説明することです。左側には、先ほど示した概要を元にしたさまざまな入力項目が表示されています。上段の項目が構成管理を行い、下段の項目は管理業務関連のさまざまな操作を扱います。

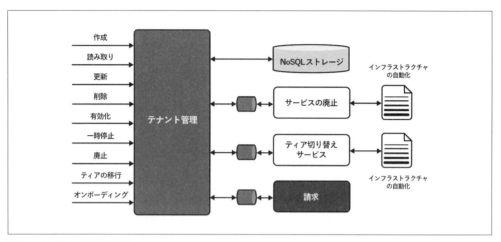

図5-2 テナント管理の実装例

　この図の右側には、テナント管理体験の一部となるさまざまなバックエンドリソースとの統合が記載されています。右上には、ストレージがいくつかあります。この例では、テナント構成情報を保存するためにNoSQLストレージ（Amazon DynamoDB）を使用することにしました。一般的に、このデータのサイズと利用率のパターンは、スキーマレスのストレージモデルによく合う傾向があります。これにより、スキーマを更新したり、データを移行したりすることなく、テナント構成の構造に変更を簡単に適用できます。

　また、テナント管理サービスの一部とみなされるテナントライフサイクルのいくつかのコンポーネントを表すプレースホルダーもここに配置しました。これらのライフサイクルの概念については後で詳しく説明しますが、このサービスはテナントの解約、ティアの切り替え、その他のテナントライフサイクルのイベントを管理する必要があるかもしれないことを明確にするために、ここで説明しておきたいと思います。これらの各イベントには、操作の内容に応じて、ある程度のインフラストラクチャの構成、プロビジョニング、または削除が必要になる場合があります。これは多くの場合、これらの操作イベントに関連するインフラストラクチャの自動化スクリプトやコードを呼び出すことを意味します。これらの概念がキューを介して統合するものとして示した理由は、これらのイベントを処理する実際の作業はイベントによってトリガーされ、何らかの非同期ジョブの一部として実行される可能性があるという考えを強調するためです。

　最後に挙げたのは請求です。サービスは、コントロールプレーンの請求サービスと複数の（または請求プロバイダーと直接の）統合がされているかもしれません。請求システムによっては、テナントの状態を更新するイベントをトリガーする場合があります。または、テナント管理サービスが請求

サービスにリクエストを送信するようなイベントをトリガーする場合もあります。

テナント管理サービスは、それ自体では、コントロールプレーンに大幅な複雑性をもたらすことはありません。一方で、マルチテナントアーキテクチャの実装と動作に直接影響を与える、テナント状態の重要な要素を管理する中心的な役割を果たします。また、テナントのライフサイクルイベントを一元的に処理する役割も果たします。

5.1.2 テナント識別子の生成

テナント管理サービスの実装において、システム内のあらゆるテナントの普遍的な一意の値を表すテナント識別子を生成する必要があります。テナント識別子として最も一般的に使用されている仕組みはGUIDです。これは、テナントの他の属性に依存せずに、グローバルに一意の値を自然に生成する方法を提供します。ここで目指すべき目標は2つあります。まず、マルチテナント環境全体でテナントを普遍的に表すことができる、変更不可能な何らかの値を用意する必要があります。次に、この値を他のユーザーがシステム内の特定のテナントや事業体に割り当てることができないようにする必要があります。この識別子を使用することで、テナントに関する具体的な情報を一切公開することなくテナントを区別することができます。

マルチテナント環境によっては、テナントを識別するのに、よりわかりやすい代替方法を採用している場合があることに注意してください。たとえば、システムが個々のテナントに対してサブドメインやバニティドメインを使用している場合、そのドメイン名からテナント識別子に変換する何らかの方法が必要になります。たとえば、「mycompany.saasprovider.com」の「mycompany」というサブドメインは外部に公開されている名前を表し、それが内部のテナント識別子に割り当てられることがあります。システムのログイン時に使用する他の名前があったとしても、これらの企業名や呼称をテナント識別子として扱うべきではありません。これらを分けて管理するのには、それなりの理由があります。最も明白な理由は、システム全体に影響を与えることなく、これらのわかりやすい名前を変更できるようにしておく必要があるということです。これは、データベース内のさまざまなアイテムを識別するためにGUIDが使用されるようになったデータ管理の基本原則にまでさかのぼります。

5.1.3 インフラストラクチャ構成の保存

テナント管理は、基本的なテナント属性を保存するだけでなく、テナント固有のインフラストラクチャ構成情報を保存するためにも使用できます。マルチテナントアプリケーションのデプロイモデルによっては、アイデンティティ設定、ルーティングパターン、その他のインフラストラクチャの選択肢がテナント管理サービスによって保存および管理されている場合があります。このデータは通常、管理画面から直接操作されることはありません。そうではなく、マルチテナントのインフラストラクチャの構成中に保存され、環境の一部であるテナントの関連付けを設定または確認するためにこの情報を必要とする体験のさまざまな要素によって参照されます。

最終的にここに保存されるデータは、SaaSアーキテクチャの仕様によって決まります。たとえば、

テナントごとに個別のアイデンティティ構造がある場合は、テナント管理を使用してテナントのアイデンティティ構造への関連付けを保存する必要があるかもしれません。サイロ化されたテナント環境があり、テナント固有の接続先やURLへの関連付けがある場合、それらはテナント管理サービスによって保存される可能性があります。これらはほんの一例です。重要なのは、テナント管理が基本的なテナント属性の範囲を超えるデータを管理する場合があるということです。

テナント管理サービスは、テナントの状態や構成を一元的に管理するのに適していますが、このサービスがシステムのボトルネックにならないように常に注意する必要があります。ここに保存されるデータが、システムのあらゆる可動部分から頻繁にアクセスされる場合は、このデータを管理およびアクセスするための代替戦略を検討する必要があります。理想的には、アプリケーションのサービスがこのデータを頻繁に使用しないようにすることが望ましいです。これが、重要なテナント属性をJWTに組み込んだ理由の1つです。これにより、このコンテキストを継続的に取得するために、単一の集中型サービスに継続的にアクセスする必要を最小限に抑えることができます。

5.2　テナント構成の管理

テナント管理の当初の焦点の多くは、オンボーディング体験の一環としてテナントを作成および構成するという役割にあります。テナント管理はオンボーディングの後の段階でも重要であることを認識しておく必要があります。このサービスは、テナントの契約期間中、さまざまな操作やユースケースをサポートするためにも使用されます。これをより深く理解するために、「**4章　オンボーディングとアイデンティティ**」で説明したシステム管理コンソールに戻ってみましょう。このコンソールは、マルチテナント環境の管理画面を提供し、テナントの確認、構成、管理を可能にします（**図5-3**を参照）。

図5-3　管理コンソールからテナントを管理

これは非常にわかりやすい体験で、基本的にテナントの一覧を取得して画面に表示します。この一覧は、もちろんテナント管理サービスから取得されたもので、サービスに存在するすべてのテナント

を取得し、このページに表示します。各テナントについて、識別子、名前、状態、およびこの画面に含める価値があると思われるその他の属性が表示されます。

この画面は、少なくともテナントの状態を調べて解決するために使用されます。また、ログの検索や、テナント情報に依存する可能性のあるその他のトラブルシューティングを行うときに、固有の識別子を確認するためにもよく使用されます。

コンソールでは、テナントに関する情報を表示できるだけでなく、特定のテナントのポリシーを編集および管理することもできます。おそらく、ここで設定する最も一般的な項目は、テナントのティアまたは状態でしょう。この特定の例では、テナント識別子へのリンクを選択すると、追加の詳細設定を確認できます。図5-4は、特定のテナントの詳細画面の例です。

図5-4　コンソールからテナントの詳細を管理

繰り返しになりますが、これはあくまで一例です。テナント管理画面に追加できる項目のいくつかを示しています。ここでは、サブドメインや契約状況など、テナントに関連するさまざまな詳細情報が表示されています。マルチテナント環境の一部であるテナント構成に関する追加項目があれば、この画面にさらに多くの詳細情報が表示されることが想像できるでしょう。

概念的なプレースホルダーとして、ここで注目すべき重要な点が2つあります。まず、図5-4の上部には、単一のテナントの状態に関する追加の詳細情報が表示されています。次に、画像の下部には、現在のテナントに関連する主要なインフラストラクチャリソースへのハイパーリンクを含む一覧が表示されています。これらのリンクをクリックすると、各リソースの管理ページまたはクラウドプロバイダーのインフラストラクチャページに直接移動し、特定のテナントに関連したリソースにすばやくアクセスできるようになります。これによって、（テナントコンテキストを使用して）特定のテナント

のインフラストラクチャリソースにすばやくたどり着くことができ、運用の効率化が図れます。

これらのリンクを含めるかどうかは、環境次第であることにご注意ください。フルスタックのサイロ環境を運用している場合は、これらのリンクは特に役立ちます。ただし、環境がプール化されているほど、インフラストラクチャリソースへのテナントコンテキストに応じたアクセスを提供しても、あまり価値を得られない可能性が高くなります。

最後に、図5-4の右上に操作用のプルダウンボタンがあることもわかります。ここからテナントに対して特定の操作を行います。少なくとも、システムにはテナントのアクティブステータスを更新する機能が含まれているはずです。この操作を実行する場合、オペレーターは管理コンソールにアクセスし、テナントを一時的に無効化することができます。テナントを解約したり、ティアを切り替えたりするための選択項目がある場合もあります（これらの項目については、以降の節で詳しく説明します）。

この特定の例では、コンソールを通じたテナント管理に重点を置いています。ただし、ここで有効になっているすべての機能は、通常、テナント管理サービスのAPIで実行される操作によって有効になります。実際には、これらの操作と洞察をAPI経由で直接実行するような体験を作成することもできます。これにどう取り組むかは、どのようなテナント管理体験を提供する必要があるかによって異なります。すべてをコンソールから実行することも、すべてをAPIを使用して実行することも、この2つを組み合わせて実行することもできます。

「**4章　オンボーディングとアイデンティティ**」でオンボーディングについて説明した際、テナントのオンボーディングをトリガーするさまざまなモデルについて触れました。新しいテナントのオンボーディングは、セルフサービス体験の一環としてテナントが実行することもあれば、チームが開発した内部オンボーディングツールを通じて実行することもあるという点を強調しました。さらに言えば、社内ツールは管理コンソールの一部として表示することもできます。

セルフサービスのオンボーディングは、非常にわかりやすいものです。登録ページにアクセスし、必要な情報を入力して、リクエストを送信します。しかし、社内で管理するオンボーディング体験をどこに表示させるべきかという疑問が残ります。これに対する答えは1つではありません。テナントのオンボーディングを可能にする独自のコマンドラインインターフェース（CLI）やその他のツールがあるかもしれません。ただし、一般的なアプローチの1つとしては、テナント管理のコンソール体験を通じてこのオンボーディングを管理することが考えられます。

これは、コンソールに「テナントのオンボーディング」操作を追加することで実現できます。その操作を実行すると、新しいテナントのオンボーディングに必要な情報をすべて入力する画面が開きます。図5-5は、この入力画面の例です。

図5-5　テナントの内部的なオンボーディング

　これは、入力情報を収集して送信するだけの基本的な画面です。マルチテナントのオンボーディングプロセスには、テナントの企業名、テナント管理者のメールアドレス、および契約するプランまたはティアが含まれることがほとんどです。その他の内容は、マルチテナント環境の構成や特性によって異なります。たとえば、サブドメインを収集する必要があるかもしれません。あるいは、テナント用に完全なバニティドメインを取得できる、もっと複雑なプロセスが必要になるかもしれません。ここで重要なのは、テナント管理の体験が、管理コンソールを通じて内部プロセスを可視化するのに適した方法を提供できる可能性があるという事実を認識することです。

5.3　テナントライフサイクルの管理

　ここまで、テナント管理の焦点は、テナントのオンボーディングと構成を行うテナント管理プロセスの初期段階の仕組みに置かれていました。少し視点を変えて、この初期段階以降にテナント管理が果たす役割を見ていきたいと思います。ここからは、テナントがシステム内にいる間に経験する可能性のあるさまざまな状態について考えることに焦点を移します。

　多くの場合、テナントのライフサイクル管理という概念全体を見落としてしまいがちです。テナントを登録または構成することだけに焦点を当て、それがテナント管理サービスの唯一の役割とみなしてしまいます。確かに、テナントによっては、一度作成したらそれで終わりになることもあります。ただし、システムには、テナントデータベースの一部の属性の値を変更する以上の複雑な状態の変更が必要なテナントも存在します。

　マルチテナント環境の構築に着手するときは、テナントがシステム内で経験する可能性のあるすべての段階を考慮する必要があります。これらの状態の変化はどのように通知されるのでしょうか？　外部イベントへの応答として通知されるのでしょうか、それともテナント管理サービスから直接通知されるのでしょうか？　これらの状態の変化に関連する基準はどのようなものなのでしょうか？　これらは、

SaaSソリューションのテナント管理要素を組み立てる際に自問すべき質問の一部です。

テナントのライフサイクルにはさまざまな段階がありますが、マルチテナントのSaaS環境を構築する際には、考慮すべき一般的な状態がいくつかあります。次の節では、これらのライフサイクルの変化を列挙します。

5.3.1 テナントの有効化と無効化

まず、最も注目すべき状態は、テナントの有効化/無効化です。一般的に、SaaS環境にはテナントを有効化または無効化する機能が含まれている必要があります。通常、この設定はテナントがシステムにアクセスできるかどうかを制御するために使用されます。このマインドセットでは、システムからテナントを削除するのではなく、アクセスをオンまたはオフにするスイッチを切り替えるだけです。テナントを無効化した場合、テナント管理サービスが、そのテナントがシステムにアクセスできないようにするためにどのようなアクションが必要かを判断し、実行する責任があります。これは、ユーザー管理サービスに問い合わせて、そのテナントのすべてのユーザーに対する認証を無効にするといった簡単な方法の場合もあれば、もっと複雑な場合もあります。

テナントのアクティブ状態を管理することは、アプリケーションの請求体験にもつながります。場合によっては、請求システムがテナントのアクティブ状態を管理する中心的な役割を果たすこともあります。テナントが未払いになった状況を想像してみてください。この場合、その情報は、滞納しているテナントを特定する請求システム内で最初に表示される可能性があります。請求システムでこのイベントがトリガーされたときに、システムがこれらのイベントにどのように応答するかを決定しなければなりません。請求の問題が解決されるまでの間、テナントがシステムを使い続けられるように、猶予期間を設けてメッセージを送るという方針があるかもしれません。しかし、ある時点で、テナントを無効化する必要があるという判断を下すことになるかもしれません。このイベントが請求システムによって発生した場合、これをテナント管理サービスに通知するための何らかの方法が必要になります。

図5-6は、請求がSaaS環境のコントロールプレーン内の他のサービスとどのように連携しているかを示しています。

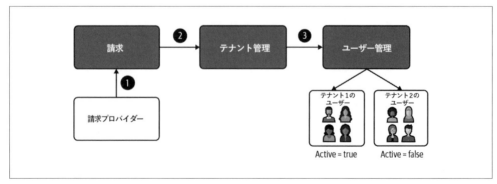

図5-6　請求サービスによる無効化

5.3 テナントライフサイクルの管理 | **119**

　この例では、請求プロバイダーによって発生されるイベントに基づいて、テナントを無効化するために使用できるさまざまなサービスを呼び出しています。また、テナントの請求状況を管理するために使用されるサードパーティの請求システムもあります。ここでは、カスタマーサクセスマネージャーまたは請求プロバイダー内の自動化ポリシーがテナントを無効化したと想定します。次に、コントロールプレーン内の請求サービスがこのイベントを取得し、それに対応する方法が必要です。これをどのように実現するかは、請求プロバイダーのAPIと統合モデルの特性に大きく依存します。理想的なのは、テナントが無効化されたときに、請求プロバイダーがイベントを生成することです。そうでない場合は、請求サービスには、これらの状態の変化を定期的に監視する何らかのプロセスが必要になるかもしれません。ここでは、請求プロバイダーが請求サービスにメッセージを送信すると想定しています（ステップ1）。

　請求システムがこのイベントを検出すると、テナント管理サービスを呼び出して、テナントの無効化をリクエストします（ステップ2）。サービスは、テナントの状態を非アクティブに更新し、この状態の変化の影響を受ける可能性があるシステム内のあらゆる部分にこの変更を伝えます。この図では、テナントの認証を拒否することで無効化が実現されると想定しています。これは、コントロールプレーンのユーザー管理サービスを呼び出すことで行われ、テナントに関連するすべてのユーザーのアクティブステータスを更新します（ステップ3）。理想的なのは、アイデンティティプロバイダーがテナントのグループ構造をサポートしている場合、この変更をグループ単位で適用できることです。これは間違いなく、個々のユーザーの状態を切り替えるよりもはるかに簡単です。

　無効化の一環として、現在システムにログインしているユーザーの状態にどのような影響を及ぼすかも判断する必要があります。ユーザーにログインを継続させますか、それともアクティブなセッションをすぐに終了させますか？ 多くのSaaSプロバイダーは、テナントユーザーがアクティブなセッションをすべて終了できるようにする、より受動的なモデルを好む傾向にあるようです。

　もちろん、無効化したものを再度有効化したい場合も考えられるので、その方法も検討する必要があります。これはおそらく、テナントを無効化するために実行した操作をすべて元に戻すだけです。この例では、テナントの状態をアクティブに更新し、テナントの認証を再開すればよいでしょう。

　場合によっては、請求システムを介さずに、独自のサービスによって無効化を開始することがあります。これは、管理コンソールにテナントの無効化をトリガーする特定の操作が用意されていることを意味します。ここでは、テナント管理サービスが無効化イベントを生成し、この無効化イベントの影響を受ける後続のサービスをすべて更新します。

　重要なのは、テナントの状態はテナント管理サービスによって一元管理されなければならないということです。テナントの状態を管理するための唯一の信頼できる情報源としてみなし、状態の変化による影響をシステム内の関連する要素と確実に同期させる必要があります。

5.3.2 テナントの廃止

それでは、テナントを廃止することの意味を見てみましょう。無効化と廃止の境界線はどこにあるのか疑問に思われるかもしれません。無効化は、あくまでテナントのアカウントを一時停止するものです。テナント環境の現状には影響を与えません。基本的には、テナントがいつか再開される可能性があることを考慮して、アクセスを無効にしているだけです。

廃止は通常、無効化した後に行われます。テナントがサブスクリプションを更新しないことを決めた状況を想像してみてください。サブスクリプション期間の最終日になると、システムはテナントを無効化し、一定期間非アクティブな状態を保つという選択をするかもしれません。この戦略により、テナントはシステムに影響を及ぼすことなく戻ることができ、再び有効化することで、利用を再開することができます。まるでテナントがシステムから離れたことがなかったかのようにです。顧客体験が向上することは間違いありません。ただし、一定期間が経過すると、このテナントが使用していないリソースが、ビジネスに何の価値も生み出さないコストや複雑性の要因となる可能性があります。そこで、非アクティブな状態からテナントのリソースを完全に廃止する状態に移行する方法を検討する必要があります。

システムの廃止方針を決定するにあたり、万能なアプローチはありません。選択する戦略は、さまざまな要因に左右されます。無効化されたテナントはシステムにどれくらいの負担をかけていますか？ テナントの無効化はどのくらいの頻度で発生していますか？ これらの無効化されたテナントは、管理や運用体験の複雑性にどのような影響を及ぼしていますか？ テナントを廃止するかどうか、いつ、どのように廃止するかを決定するには、さまざまな要素を考慮する必要があります。

では、テナントを廃止する必要があると判断したと想定しましょう。廃止戦略を策定する際には、いくつかの選択肢があります。テナントに割り当てられているリソースを単純に削除して、システムから完全に削除することも、リソースを削除する前にテナントの状態をアーカイブすることもできます。この一環として、廃止したテナントを再開させる意味について再考したくなるでしょう。たとえば、システムへの影響が少ないテナントの要素（テナント、そのユーザーなど）はそのまま残しておくことができるかもしれません。これにより、環境にコストや複雑性を大きく増やすことなく、テナントを再開させるプロセスをある程度簡単にできる可能性があります。結局のところ、これらはすべて、廃止戦略の策定に伴うバランス感覚の必要な作業の一部です。

図5-7は、廃止モデルに含まれる可能性のあるいくつかの要素の概念図です。

この例では、システム管理者が廃止プロセスを開始し、テナント管理サービスに廃止リクエストを送信する流れを示しました（ステップ1）。この時点で、テナント管理サービスの範囲内で廃止処理を実行することができます。ここでは、テナントをシステムから削除するために必要なすべてのステップを管理する、完全に独立したサービスとして廃止処理を記載しています。その後、テナント管理サービスがこのサービスを呼び出して、廃止処理を開始します（ステップ3）。

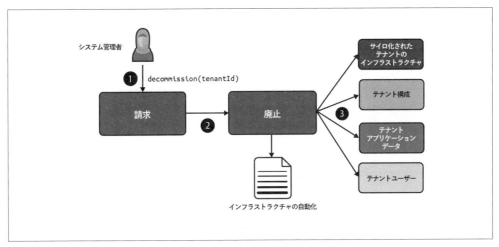

図5-7　テナントリソースの廃止

　私としては、テナント管理サービスとは切り離して、独自のプロセスとしてデプロイ、管理、実行する廃止処理を定義する方が自然だと感じています。廃止サービスは、さまざまなテナントの構造をすべて繰り返し処理し、それぞれを削除する役割を担います。これは、インフラストラクチャの自動化ツールやスクリプト、API呼び出しを組み合わせることで実現します。各テナントリソースの特性により、異なる廃止戦略が必要になる場合があります。

　各SaaSソリューションは、テナントリソースの独自の組み合わせを持つことになりますが、廃止サービスで処理される可能性のあるリソースの種類を強調するために、図にいくつかの例を挙げました。当然ながら、サイロ化されたテナントのインフラストラクチャがある場合、それらのサイロ化されたリソースはシステムから削除されます。これは、フルスタックのサイロデプロイのすべての構成要素を削除するか、サイロモデルでデプロイ可能な個々のリソースだけを削除するかのいずれかになります。このプロセスの一環として処理されるリソースの例として、テナント構成とテナントユーザーをここに挙げています。

　テナントデータは、テナントを廃止するときに対処するのが難しい領域の1つであることは間違いありません。システム内でプール化されたストレージが配置されている可能性がある場所をすべて想像してみてください。プール化されたデータがある場合、廃止プロセスでは、他のテナントのデータと一緒に保存されているデータを特定し、選択的に削除できる必要があります。図5-8は、この廃止処理が抱える課題の本質を概念的に示しています。

　商品サービスに関連する可能性のあるデータの例を挙げました。このテーブルには、各商品とテナントを関連付けるGUIDを含むTenantId列があります。それでは、efaf7680-21cf-4f39-a1e8-3481ff0495efというIDのテナントを廃止したいとしましょう。廃止プロセスでは、このテナントに関連するこのテーブルのすべてのアイテムを特定し、削除する必要があります。

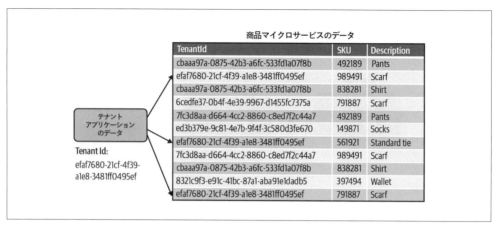

図5-8　テナントデータの廃止

　一見すると、これはそれほど難しいようには思えないかもしれません。ただし、このテーブルは、データがプールモデルで保存されている可能性のある、システム内の多くのテーブルの1つであることを考慮してください。システム内の各マイクロサービスはプール化されたテナントデータを管理し、これらのサービスはそれぞれ異なるストレージ技術に依存している可能性があります。つまり、廃止プロセスでは、これらの各ソースからデータを削除するために個別のコードが必要になる場合があります。

　場合によっては、廃止はオンボーディングプロセスよりも複雑になる可能性があります。これらのテナントリソースを特定して適切に削除する方法はかなり複雑になるかもしれません。このプロセスを自動化することは困難であり、廃止戦略が既存のテナントに影響を与えないように細心の注意を払う必要があります。これには、廃止プロセスの負荷が既存のテナントにボトルネックやパフォーマンスの問題を引き起こさないようにすることも含まれます。一般的に、非常に負荷の低い非同期プロセスとして実行できれば、テナントへの影響を抑えることができます。これは、影響を最小限に抑えるために業務時間外にこのようなプロセスを実行しようとする、昔ながらのバッチ処理に非常に近い考え方です。一部のSaaSプロバイダーにとっては有効ですが、必ずしもそうとは限りません。

　廃止に関する最後の内容は、テナントの状態とデータのアーカイブに焦点を当てていきます。一部のSaaSプロバイダーでは、これにより、テナント環境の他の可動部分をすべて保持しなくても、既存のテナント状態を維持し続けることができます。これは、影響度の大きいテナントや、データに多額の投資をしているテナントがいる場合に特に有益です。

　廃止されたテナントの状態とデータをアーカイブするという概念はそれほど複雑ではありませんが、マルチテナントアーキテクチャのモデルの違いにより、この問題に対して1つのアプローチを規定することは困難です。特にプール化されたリソースに依存している場合、テナント環境の「スナップショットを取得する」という標準的な方法はありません。そのため、これは通常、テナント環境の微妙な違いに対応できる独自のツールや戦略を構築するという重労働を担うことを意味します。

最終的に、データをどのように廃止するか、あるいは廃止しないかは、SaaS製品の特性によって異なります。これは多くの場合、ビジネス、コスト、複雑性のトレードオフを慎重に比較検討することになります。一部の企業にとっては、最小限の摩擦で再開できることの価値は、主要な顧客を再獲得するために不可欠かもしれません。一方、データの特性や顧客の傾向によっては、この機能の開発に投資する利点が十分ではないという場合もあります。

5.3.3 テナントのティアの切り替え

テナントのライフサイクル管理に関する最後の内容として、あるテナントをあるティアから別のティアに切り替えることの意味を見ていきます。多くの人にとって、この切り替えはテナントの状態を管理する際に最も困難な課題の1つとなります。

単純な用途の場合は、あるティアから別のティアへの切り替えはそれほど難しいことではありません。ベーシックティアとプレミアムティアのテナントがいて、これらのティアの主な違いがスループットと機能である状況を考えてみましょう。基本的に、プレミアムティアのテナントは全体的なスループットが高く、ベーシックティアからの切り替えに応じて追加機能へのアクセスが許可されます。**図5-9**は、これらの概念がマルチテナントアーキテクチャにどのように適用されるかを示しています。

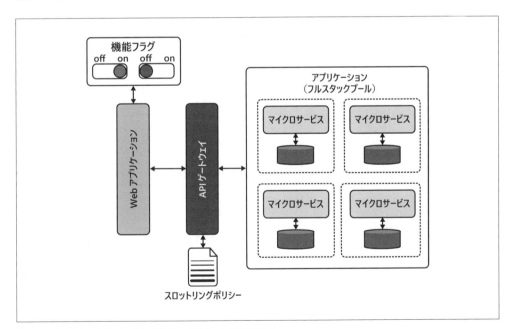

図5-9　フルスタックのプールモデルにおけるティアの切り替え

この例では、ベーシックティアとプレミアムティア間の切り替えは、このマルチテナント環境のごく一部の分離された領域に限定されています。ここでは、プレミアムティアのテナントが利用できるサービスや機能、ワークフローを有効にするために、アプリケーション内で機能フラグを使用して

います。また、APIゲートウェイの一部として設定されたティアベースのスロットリングポリシーは、リクエストに対して（ベーシックティアのポリシーの代わりに）プレミアムティアのポリシーを適用するだけです。これによって、テナントがベーシックティアのより制限の厳しい設定に基づいてスロットリングされるのを回避し、一般的に、このテナントのSLAが向上することが保証されます。

このように、ティアの切り替えは極めて簡単なものであることがわかります。すべてのテナントリソースがプールモデルで稼働している場合、システムは新しいティアに合わせてテナント構成を更新するだけです。それから、システムは既存の機能フラグとスロットリングポリシーを使用して、テナントに新しいティアの体験を適用します。これは、複数の体験を持つことの利点です。このような変更は、複雑性とオーバーヘッドを最小限に抑えて適用できます。

それでは、環境がさらに複雑になる場合、ティア間の切り替えが何を意味するのか考えてみましょう。図5-10は、「3章　マルチテナントのデプロイモデル」で説明したフルスタックのプールデプロイモデルとフルスタックのサイロデプロイモデルを使用しているティア間の切り替えがどのような意味を持つのかを示しています。

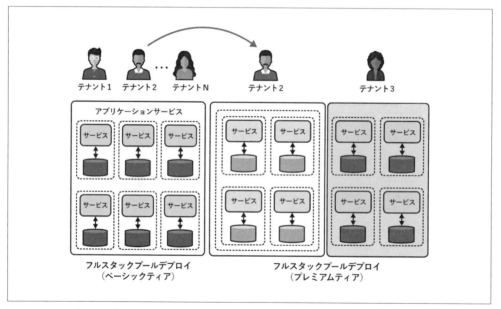

図5-10　フルスタックのプールからフルスタックのサイロへの移行

この例では、テナント2が、すべてのリソースを他のテナントと共有するフルスタックのプールモデルで稼働しているベーシックティアから切り替えています。このテナントがプレミアムティアに移行すると、右側のフルスタックのサイロデプロイモデルに移行することになります。この移行は、テナント2にフルスタックのリソースをプロビジョニングし、トラフィックをこのサイロに送信するために必要なルーティングを設定することから始まります。考えてみれば、この移行の一部は、プレミア

ムティアのテナントのオンボーディング体験と非常によく似ています。実際、この移行を円滑に進めるために、オンボーディングのコードの一部を活用することは決して珍しいことではありません。

これが少し難しいのは、テナントの既存の状態をフルスタックのサイロ環境に移行しなければならない場合です。ゼロダウンタイムの移行なのか、それともテナントに非アクティブ化を依頼して新しいティアに移行する必要があるのかを考えなければなりません。また、すべてのデータと状態をプール環境から新しいフルスタックのサイロに移行する新しいコードも書く必要があります。ここがまさに、重労働となる作業です。多くの点で、環境移行に伴う典型的な課題の多くに直面することになります。あらゆるソフトウェア環境の移行に一般的に使用されている原則や戦略の多くは、ここではテナント単位に対象範囲を絞っているだけで、そのまま適用できます。

フルスタックのサイロモデルへの移行には多くの要素が関係しますが、そのロジックと方法は比較的単純です。データの移行がこの取り組みの最大の課題です。さて、ここにもう1つ別の問題を追加しましょう。環境内の各マイクロサービスが、特定のテナントのティアに基づいてサイロとプールをきめ細かく実装する混合モードのデプロイモデルを使用している場合に、ティアを切り替えるとどうなるでしょうか。

図5-11に示されている環境において、ベーシックティアからプレミアムティアに切り替えることが何を意味するのか考えてみましょう。

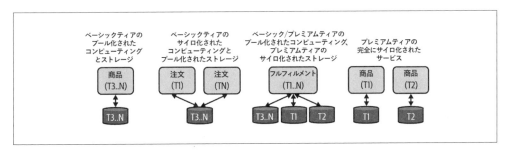

図5-11　混合モードのティアの切り替え

この図を少し難解なものにしましたが、混合モードのデプロイ環境に移行するときに生じる複雑性を強調するためです。これらのマイクロサービス全体を見渡すと、各サービスが各ティアに非常に細かく割り当てられていることがわかります。左側には、ベーシックティアのテナント向けのサービスがあります。ここで興味深いのは、注文マイクロサービスがすべてのティアでサイロ化されていることです。真ん中のフルフィルメントはベーシックティアとプレミアムティアの両方のプール化されたコンピューティングをサポートしています。ただし、ベーシックティアにはプール化されたストレージが、プレミアムティアにはサイロ化されたストレージがあります。そして、プレミアムティアのテナントは、商品マイクロサービス用に完全にサイロ化されたコンピューティングとストレージを利用しています。

これは、混合モードのデプロイモデルの基本を検討したときに見たパターンとよく似ています。し

かし、ここでは、テナントがベーシックティアからプレミアムティアに切り替わることの影響を考慮する必要があります。たとえば、テナント3（T3）がプレミアムティアに切り替わるとします。この場合の手順はそれほど単純ではありません。各サービスがティアリングモデルをどのように適用しているかを考え、この切り替えに必要な新しいリソースを明確にする必要があります。

　この切り替えを実現するために注文マイクロサービスに変更を加える必要はありません。フルフィルメントについては、ストレージを共有モデルからサイロ化されたストレージモデルに移行する必要があります。そして最後に、商品マイクロサービスについては、テナント3に新しいコンピューティングとストレージをプロビジョニングし、プール化されたデータベースからこの新しいサイロ化された商品マイクロサービス用の環境にデータを移行する必要があります。

　フルスタックのサイロデプロイへの移行で直面した多くの課題が、この混合モードのデプロイ環境にも引き続き発生します。データの移行は依然として課題です。ただし、環境内のさまざまな要素にティアリングをどのように割り当てたかに応じて、より興味深い変化の連鎖が引き起こされます。幸いなことに、フルスタックのサイロデプロイの移行のように、この移行もオンボーディング体験に関連するツールや仕組みのいくつかに頼ることができます。移行に伴う複雑性は、オンボーディング体験の細部と重なることがよくあります。

　検討しているティアの切り替えの種類にかかわらず、現在システムを使用しているテナントにこの移行がどのような影響を与えるかを考慮する必要があります。テナントのデータと状態の移行が既存のワークロードに悪影響を及ぼさないことを確認してください。この移行が環境に何らかの問題を引き起こす場合、環境全体の安定性と可用性が損なわれる可能性があるからです。

　ここでは、すべて上位のティアへの切り替えに焦点を当ててきましたが、テナントが下位のティアにダウングレードできるモデルもサポートする必要があります。このモードでは、基本的にはティアのアップグレードとは逆のモデルを検討することになります。新しいティアを適用するために構成を更新するだけの場合もあれば、インフラストラクチャとデータを新しいティアに移行する場合もあります。

　プレミアムからベーシックのティアに切り替える場合、それに伴い、システムの一部がサイロ化されたインフラストラクチャからプール化されたインフラストラクチャに移行するのであれば、コンピューティングとデータをプール化された構造に移行する方法を検討することになります。

5.4　まとめ

　この章では、テナントのすべての可動部分を管理するための重要な要素を見てきました。これには、SaaSアーキテクチャのコントロールプレーンにおけるマイクロサービスとしてテナント管理が果たす全体的な役割と、このサービスによって通常管理されるデータと状態についての検討が含まれていました。その目的は、SaaSアーキテクチャのあらゆる可動部分で使用される重要なテナント情報の単一の格納場所と信頼できる情報源を提供するという、より広範なマルチテナント環境におけるこのサービスが果たす役割を明確にすることでした。

この内容の一部として、管理コンソールでテナントがどのように表示され、管理されるかについても見ました。ここでは、このコンソールがテナント管理サービスとどのように連携し、管理者がテナント情報を管理、構成、更新するためにどのように使用するかを重点的に説明しました。テナントを管理するための一元化されたコンソールを作成することは、管理体験全体にとって不可欠な要素となる場合が多くあります。

この章の最後では、テナントのライフサイクル管理について見てきました。テナントのライフサイクル全体にわたって起こり得るさまざまなイベントを検討し、テナント管理サービスがテナントの状態を変更する重要なイベントをどのようにサポートするのかを確認しました。これらのイベントの中には、テナントの有効化と無効化のように単純なものもあります。一方、ティアの切り替えのようなイベントでは、これらの移行を管理するために、はるかに多くの労力が必要となることがよくあります。

テナントの登録と管理方法を理解したところで、テナントの表示と管理に必要な要素はすべて揃いました。次に検討すべき論理的な分野は、テナントの認証とルーティングです。「6章　テナントの認証とルーティング」では、テナントがアプリケーションのメインページにアクセスし、ユーザー認証を行うために、コントロールプレーンに実装した機能を活用する方法を見ていきます。認証とルーティングの観点では、テナントがアプリケーションにアクセスし、適切なリソースにルーティングし、その体験にテナントのコンテキストを組み込むために必要なすべてのステップを検討します。これにより、SaaSアプリケーションサービスの基盤となる実装をさらに深く掘り下げていくことができるようになります。

6章
テナントの認証とルーティング

これまでの段階では、コントロールプレーンに重点を置いて、アーキテクチャにマルチテナントを実装できる基盤の構築に取り組んできました。オンボーディング、ユーザー管理、テナント管理により、テナントをSaaS環境に登録するための構成、情報の取得、事前準備を行うことができます。それでは、テナントがこれらの構造（およびその他）を使用して、マルチテナント環境の正面玄関に入る方法を考え始めましょう。

ここでユーザー認証を行うことにより、オンボーディングとテナント管理がすべて統合されます。テナント管理に保存された構成情報が、認証体験のフローと実装においてどのような役割を果たすかを見ていきましょう。また、ユーザーとテナントを関連付ける作業によって、マルチテナントアーキテクチャの一部である後続のサービスに不可欠なテナントコンテキストがどのように生成されるかも見ていきます。

この章では、まず、マルチテナントソリューションへのログインページをどのように公開するかという基本事項から見ていきます。SaaS環境へのアクセスには複数の戦略があり、その中には、システムにアクセスするテナントを明示的に識別するものもあれば、内部の仕組みで決定するものもあります。これらの戦略は、テナントの認証方法や適切なアイデンティティプロバイダーとの接続方法に影響します。

また、正面玄関を通る経路がマルチテナント環境の認証モデルにどのように影響するかについても見ていきます。その一環として、さまざまなテナント認証体験をサポートするために、さまざまなアイデンティティプロバイダー構造を使用する方法についても確認します。**「4章　オンボーディングとアイデンティティ」** で説明したアイデンティティ戦略が、個々のテナントの認証を開始する際にどのように機能するかがわかるでしょう。

この章の最後では、この認証体験がマルチテナントアーキテクチャのその他の要素にどのように影響するかを見ていきます。これには、アプリケーションサービスにJWTがどのように埋め込まれるか、また認証のコンテキストがマルチテナント環境の特定の要素にテナントリクエストをどのようにルーティングするかの検証が含まれます。このルーティングコンテキストは、SaaSアプリケーションへのアクセス方法と密接に関連していることがよくあります。

130 | 6章　テナントの認証とルーティング

　基本的な目標は、「1章　SaaSマインドセット」から「5章　テナント管理」で確立した基盤に基づいて、SaaS環境を実現させる次のレベルに進むことです。ここでは、実際のテナントがSaaS環境にログインする方法と、実装した構造によってテナントを認証し、SaaSアーキテクチャのマルチテナント環境の全体像を決定するために必要なコンテキストを取得する方法を見ていきます。

6.1　正面玄関から入る

　この認証に関する内容の範囲が理解できたところで、まずは最も自然な出発点、つまり正面玄関から見ていきましょう。認証の中核となる要素は、常にテナントがアプリケーションにアクセスする方法を決定することから始まります。これらのアクセスパターンは些細なことのように思えるかもしれませんが、ここで選択する戦略が、テナントにアプリケーションを公開するために使用されるURLを超越するものであることが次第に明らかになるでしょう。

　テナントがシステムにアクセスする方法を考えるときには、複数の選択肢があります。たとえば、システムのドメインにテナント名を含めて、テナントの割り当てとルーティング戦略の一環としてこのドメインを利用する方法があります。または、ブランディングやその他の考慮事項に基づいて、テナントに独自のドメインを持たせるという方法もあります。どちらの場合でも、通常、ドメインはシステムにアクセスするテナントを識別する役割を果たします。ただし、一部のSaaSソリューションではドメインに依存せず、すべてのテナントに1つのドメインを使用することもあります。このアプローチでは、テナントのコンテキストをシステムに注入するために、環境の認証フローが必要です。

　重要なのは、アプリケーションへのアクセス方法を選択する際に、SaaSアーキテクチャの他の側面にも連鎖的な影響を与えるような選択をしているということです。このアクセス戦略は、ソリューションの特定の要素を実装するために使用される技術やサービスにも影響を与える可能性があります。

　次の節では、SaaS環境へのアクセスモデルを選択する際に使用される一般的なパターンをいくつか見ていきます。これらのパターンごとについて、それぞれのアプローチに関連する考慮事項も確認していきます。

6.1.1　テナントドメイン経由でのアクセス

　テナントがアプリケーションの正面玄関に入る一般的な方法の1つは、ドメインを経由することです。もっと具体的に言えば、テナントを識別するための情報が含まれるドメイン経由でアクセスできます。図6-1は、このドメインのコンテキストがマルチテナントアーキテクチャの全体的な構成にどのように影響するかを示した概念図です。

　図6-1では、ドメインを使用してSaaS環境にアクセスするさまざまなテナントが記載されています。このモデルでは、各テナントのドメインはオンボーディングプロセス中に設定されます。ドメインを設定すると、そのURLはSaaS製品へのログインページとして、テナントに共有されます。

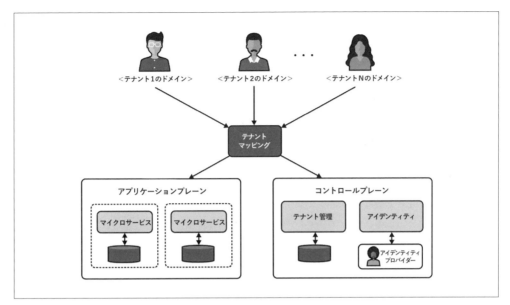

図6-1　ドメイン駆動型のアクセスモデル

　このアプローチでは、これらの異なるドメインからの内向きのテナントリクエストはすべて、私がテナントマッピングと呼んでいるものを経由します。このボックスは、テナントのドメインを適切なバックエンドサービスに割り当てるために使用されるさまざまな技術、インフラストラクチャ、サービスの概念的なプレースホルダーを表しています。このマッピングサービスは、通常、ドメインから受信するテナントコンテキストを抽出し、そのコンテキストを使用して専用のテナントリソースへの割り当てを処理するために必要となります。

　このマッピングが適用される一般的な用途は少なくとも2つあります。まず1つ目は認証です。システムがテナントユーザーを認証するとき、受信した認証リクエストを対応するアイデンティティ構造に割り当てる必要があるかもしれません。これは主に、単一の共有アイデンティティプロバイダーがないテナント環境に適用されます。このような場合、別のアイデンティティプロバイダーが認証をサポートしている場合もあれば、単一のアイデンティティプロバイダー（グループ、ユーザープールなど）内に個別のアイデンティティ構造があり、特定の機能や体験を提供するために個々のテナントに割り当てる場合もあります。

　図6-1では、この認証の関連付けがどのように実行されるかがわかります。この例では、テナントがテナント固有のドメインを使用してシステムにアクセスすると、そのドメインはテナントマッピングサービスを経由して、リクエストの送信元からテナント情報を抽出します。この情報は、テナント管理でテナントのアイデンティティ設定を検索するために使用されます。その後、対象のアイデンティティプロバイダーまたは構造に対してテナントユーザーを認証するために使用されます。

　テナントマッピングが適用されるもう1つの用途は、アプリケーションのリクエストのルーティング

に関するものです。アーキテクチャが1つまたは複数のサイロ化されたテナントリソースを使用している環境では、受信したテナントリクエストをこれらの特定のリソースにそれぞれルーティングする必要があります。この場合、マッピングサービスは、テナントコンテキストを使用して、特定のリクエストに対して選択される経路を識別する必要があります。このユースケースについては、この章の後半で説明します。

　一意のテナントドメインをサポートするために使用される技術はさまざまですが、基本的にはそれほど違いはありません。それがどのように、どこで、いつ適用されるかは、このドメインのコンテキストで何をする必要があるかによって異なります。テナント識別子の検索、テナントユーザーとアイデンティティプロバイダーの関連付け、ルーティングの設定、またはリクエストを処理するためにテナントコンテキストが必要なその他の操作の実行に使用されます。

　また、ドメイン名（あるいはサブドメイン）は、テナントのURLとして設定された、わかりやすく一般に公開されている名前であることにも注意してください。この名前はテナントの契約期間中に変更される可能性があり、テナントの契約期間中に変更されることがないテナント識別子という内部的な概念とは完全に切り離して管理します。

6.1.1.1　テナントごとのサブドメインモデル

　ここまでで、テナントごとのドメインモデルの基本は明確になっているはずです。もちろん、ドメインについては一般的に説明しましたが、実際には、ドメインとテナントを関連付ける方法は複数あります。多くのSaaS環境では、各テナントに完全に固有のドメインを持たせることなく、ドメインを使用してテナントを識別したいという要望があります。たとえば、abc-software.comドメインを所有するABC SoftwareというSaaS企業があるとします。この企業は、自社のSaaS体験の認知度向上やブランディングの一環として、このドメインを使用したいと考えています。この場合、顧客も独自のドメインを持つことに価値を見出していません。

　この場合、テナントごとにまったく新しいドメインを作成せずに、テナントを識別する方法としてサブドメインを使用するのはごく自然なことです。つまり、今回のabc-software.comの例でいえば、既存のドメインの先頭にわかりやすいテナント名を付けることになります。その結果、tenant1.abc-software.comやtenant2.abc-software.comのようなドメインになります。このパターンが、現在利用している既存のSaaSソリューションに実装されているのを目にしたことがあるでしょう。

　このアプローチは、多くの場合、SaaSプロバイダーにとって非常に魅力的です。テナントごとに固有のドメインを作成する複雑性やオーバーヘッドを伴わず、テナントごとに独自のアクセス先を提供できるからです。

6.1.1.2　テナントごとのバニティドメインモデル

　もう1つの選択肢は、テナントごとにバニティドメインを使用することです。このアプローチは、テナントが顧客にブランド体験を提供する場合によく使用されます。実際のところ、このような場合では、テナントのユーザーは、自分が利用している基盤となるSaaSシステムを認識していない可能

性があります。

このモデルをより深く理解するために、SaaSプロバイダーがeコマースソリューションを提供している例を考えてみましょう。このソリューションでは、テナントはSaaS環境を使用して、独自のプライベートブランドの店舗を構成し、運営します。この場合、テナントはマルチテナント環境へのアクセスに使用する独自のドメインを持つことになります。

ほとんどの点において、このバニティドメインモデルは、先に説明したサブドメインモデルと非常によく似ています。このモデルも、オリジンを使用してテナント名を抽出し、後続の工程で使用するためにテナントコンテキストに割り当てます。このモデルは、テナントが独自のブランドを反映できるホワイトレーベル戦略の一部として使用できるという点にも注目すべきです。たとえば、プラットフォーム上の各店舗がバニティドメインを使用し、全体的な体験に独自のブランドを適用するeコマースのSaaSプラットフォームを想像してみてください。

6.1.1.3　テナントドメインを使用したオンボーディング

ドメインを使用してテナントを識別する場合、それがテナントのオンボーディングモデルの設計にどのように影響するかを考慮する必要があります。つまり、新しいテナントが作成されるたびに、これらのドメイン構成を設定し、テナントが環境にアクセスする際に必要な関連付けを作成しなければなりません。

テナントごとのサブドメインモデルは、オンボーディングフローへの影響が小さいです。ここでは、環境の一部であるさまざまなDNS構成の設定に重点的に取り組むことになります。**図6-2**は、テナントごとのサブドメインモデルで新しいテナントをオンボーディングする際に設定できるいくつかの要素の例を示しています。

テナントごとのサブドメインモデルをサポートするために、ネットワークルーティングの可動部分をどのように構成する必要があるかを、具体的なAWSの例を用いて説明します。図の上部には、テナントのリクエストを処理するコンテンツ配信ネットワーク（CDN）の構成があります。Amazon CloudFrontというサービスを使用しています。このテーブルは、テナントのサブドメインをサポートするためにCDNをどのように構成するかを示しています。このCDNのテーブルの最初の行には、ベースラインとなるSaaS環境を最初にプロビジョニングするときに構成する設定が含まれています。この例では、一般的なドメインにapp.saasco.comという代替名が割り当てられています。ここでの「saasco」は、架空のSaaS企業のブランドドメイン名を表しています。新しいテナントがシステムに登録されたら、このCDNテーブルに新しい行を追加する必要があります。今回は、tenant1.saasco.comとして設定される新しいテナントを1つ追加しました。

Amazon CloudFront

オリジン	ドメイン名	代替名
App-Bucket	https://abc123.cloudfront.net	app.saasco.com
		tenant1.saasco.com

Amazon Route 53

レコード名	タイプ	転送先
app.saasco.com	A	https://abc123.cloudfront.net
tenant1.saasco.com	A	https://abc123.cloudfront.net

図6-2 オンボーディング中にテナントのサブドメインを設定

CDNの構成に加えて、この新しいテナントのサブドメイン用のDNSルーティングも設定する必要があります。**図6-2**の下部にあるテーブルは、DNSサービスの設定例を示しています。この例では、Amazon Route 53というサービスを使用して、これがどのように実現されるかを見ています。テーブルには2つのアイテムがあります。最初の行には、環境を最初に作成するときに設定されたベースラインの値の組み合わせが含まれています。2行目は、テナント1をオンボーディングする際に設定されます。これにより、tenant1.saasco.comのサブドメインをSaaS環境の一般的なドメインに割り当てるAレコードが作成されます。

この仕組みを実現するための手順の多くは、バニティドメインモデルにも共通していますが、ドメインの登録プロセスで考慮すべき重要な違いが1つあります。テナントがバニティドメインを要望する場合、オンボーディングプロセスでは、そのドメインをマルチテナント環境内で利用可能にする方法をサポートしなければなりません。ドメインが存在し、そのドメインを環境に移行する場合、オンボーディングフローに移行を実現するための手順を含める必要があります。ただし、テナントがオンボーディングプロセスの一環としてドメインを作成する場合もあります。ご想像の通り、これははるかに複雑なプロセスになります。その複雑さは、多くの場合、新しいドメインの検証と登録に必要なさまざまな手順に集約されます。この体験全体の自動化を実装するには、チームによっては多額の投資が必要になる可能性があります。

AWSサービスを使ったオンボーディング体験を説明しましたが、この体験を構成する基本的な手順は、他のツールやサービスでもほぼ同じでしょう。重要なのは、新しいテナントのオンボーディングの一環として、これらのドメイン構成の設定をどのように自動化するかを検討する必要があるということです。

6.1.2 単一ドメイン経由でのアクセス

ここまでは、主に、アプリケーションの正面玄関に入るテナントを識別するために、ドメインに依存する戦略に焦点を当ててきました。ただし、一部のSaaSプロバイダー、特にB2Cモデルを採用しているプロバイダーは、すべてのテナントに対して1つのドメインを使用します。このような場合、すべてのテナントは同じドメインを使用してSaaS環境にアクセスします。図6-3は、単一ドメインを持つ環境の概念図です。

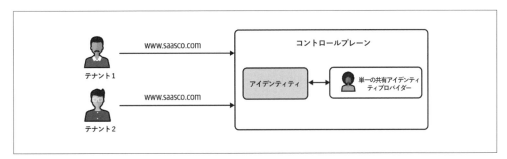

図6-3　共有アイデンティティプロバイダーを持つ単一ドメイン

この例では、2つのテナントが1つの共有ドメイン（www.saasco.com）を介してシステムにアクセスしています。これらのテナントが既存のテナントユーザーを認証しようとすると、コントロールプレーン内に配置されているアイデンティティプロバイダーに転送されます。このモデルでは、すべてのテナントユーザーを管理する共通のアイデンティティ構造を使用しているため、特に問題が発生することもなく、この単一の接続先に対してすべてのテナントを認証できます。もちろん、すべてのユーザーを1つのアイデンティティプロバイダー構造にまとめるということは、システムの各ユーザーは1つのテナントのみに割り当てられることになります。

さらに興味深いのは、アーキテクチャがより多くの種類の認証体験をサポートする場合です。覚えていらっしゃると思いますが、「**4章　オンボーディングとアイデンティティ**」で、アイデンティティプロバイダーがユーザーにさまざまなグループ化構造を提供し、テナントごとに個別の認証ポリシーを適用できるようにする方法について述べました。アイデンティティプロバイダーがこれらのグループ化構造をサポートしている場合、ソリューションのさまざまなティアに対して異なる認証機能を提供できます。

図6-4は、テナントごとに個別のアイデンティティ構造を採用する単一ドメイン戦略を反映した図です。

これは、図6-3とほぼ同じです。違うのは、2つのテナントそれぞれに個別のアイデンティティ構造がある点です。単一ドメインモデルでは、ここが少し複雑になります。環境にアクセスするテナントを識別するドメインがないため、ユーザーの認証にどのアイデンティティ構造を使用すべきかを判断できるコンテキストがありません。どのテナントがリクエストを送信したかに関係なく、環境には各テナントのリクエストが同じように見えます。

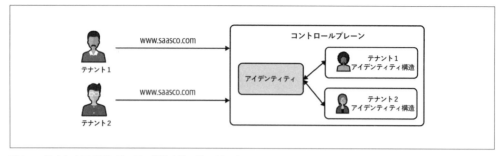

図6-4　独立したアイデンティティ構造を持つ単一ドメイン

　認証フローにおけるテナントコンテキストを解決する方法はいくつかあります。1つの戦略は、ユーザーのメールアドレスのドメインを使用して、ユーザーを特定のテナントに割り当てる方法です。このモデルでは、特定のドメイン/顧客のテナントは、その顧客用のテナントに割り当てられると想定しています。あるドメインのテナントすべてが特定のテナントに所属していると想定できる場合は、この方法が有効です。ただし、さまざまなメールアドレスのドメインを持つ幅広いユーザーをサポートする上で制限が生じます。もう1つの案は、個々のユーザー識別子を特定のテナントに割り当てることを検討する方法です。図6-5は、このアプローチの概念図です。

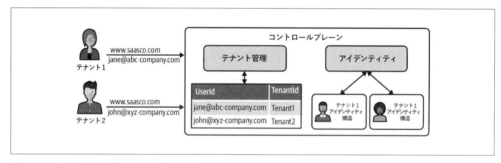

図6-5　テナント識別子に基づく認証の関連付け

　この例では、この節全体で使用してきた単一ドメインモデルを継承し、すべてのテナントに対する単一の接続先としてwww.saasco.comを使用しています。また、認証体験を通じて使用されるさまざまな値を表す2つのユーザー識別子の例を追加しました。このモデルで認証できるようにするには、まずユーザー識別子を対応するテナントに割り当てる必要があります。これは、テナント管理サービスと連動するテーブルで定義されており、個々のユーザーをテナントに割り当てます。実際には、この割り当ては、おそらくユーザーからテナントのアイデンティティ構造への関連付けである可能性が高いです。このアイデンティティ構造が決定すれば、対象となるアイデンティティ構造に対してユーザーを認証できます。このモデルでも、ユーザー識別子とテナントの1対1の関係に依存しています。ただし、テナントのティアに対して個別に構成されたアイデンティティポリシーを適用することはできます。

6.1.3　間接層の課題

図6-5のソリューションを見ると、この戦略は、テナントをアイデンティティプロバイダーに正しく割り当てるために、一種の間接的な方法に依存していることがわかります。標準的な認証モデルに正確に準拠しようとすると、いくつかの課題が生じます。これをより深く理解するために、一歩下がって、もっと典型的なWebアプリケーションの認証の実装を考えてみましょう。

図6-6は、これまで何度も実装したことがあるかもしれない、典型的な認証体験の概念図です。このフローは、テナントユーザーがWebアプリケーションにアクセスしようとすると（ステップ1）、認証してもらうためにアイデンティティプロバイダーに転送されます（ステップ2）。ユーザーが認証に成功すると、アイデンティティプロバイダーは認証と認可の情報を提供するトークンを返します（ステップ3）。アイデンティティプロバイダーは、認証済みのユーザーとしてWebアプリケーションに再びアクセスさせます（ステップ4）。その後、この認証コンテキストを使用して、1つまたは複数の後続のマイクロサービスを呼び出します（ステップ5）。

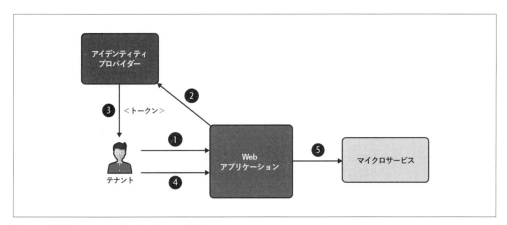

図6-6　典型的なWebアプリケーションの認証フロー

このフローの素晴らしいところは、環境のアイデンティティ構造によって完全に管理されていることです。アイデンティティプロバイダーへの接続とWebアプリケーションへの再接続は、アプリケーションコードの外部で管理されており、アイデンティティプロバイダーがサポートする標準的な認証フローに準拠しています。

理想的なのは、このフローから大きく外れることなく、SaaSソリューションを実装できることでしょう。同時に、さまざまなアイデンティティ構造やアクセスパターンが、テナントを対応するアイデンティティ構造に割り当てるためのコードに依存する可能性があることについても述べました。これらの戦略では、多くの場合、認証体験のフロー内に含まれる追加のマッピング構造を埋め込むことが必要になります。

たとえば、図6-5では、テナント管理サービスを使用してユーザーを検索し、アイデンティティ構造に割り当てる例がありました。この方法では、認証フローが直接アイデンティティプロバイダーに

アクセスして認証処理を行うことはできません。そのため、まず対象となるアイデンティティ構造を決定し、次に適切なアイデンティティモデルに転送する必要があります。

認証フローにこの間接層を追加すると、環境内の認証モデルに障害や負荷のかかる要素が増えることになります。この方法が最適な場合もあるかもしれませんが、認証フローに介入することに伴うトレードオフを考慮する必要があります。

6.2 マルチテナントの認証フロー

この時点で、アプリケーションの正面玄関に入る方法と、それがマルチテナントアーキテクチャの全体的な認証体験に与える影響と強い関連性があることは理解できるはずです。ここで、認証リクエストを適切なアイデンティティプロバイダー構造に送信できる環境の経路があると仮定します。これらの要素がすべて揃っていることを前提に、認証プロセスの残りのステップを詳しく見ていきましょう。

このプロセスは、テナントユーザーを認証し、「4章 オンボーディングとアイデンティティ」で説明したSaaSアイデンティティを返すことを念頭に置いています。あの章で取り上げたオンボーディング体験の多くは、この認証の過程に向けた土台作りであり、ユーザー認証に必要な要素をすべて備えたアイデンティティモデルを構成し、マルチテナント実装のその他の要素すべてに必要なテナントコンテキストを識別するトークンを返すことでした。

一般的に、この体験の可動部分は、ほとんどのアイデンティティプロバイダーが実装しているOAuthおよびOIDCの仕様に沿っています。それでも、この体験の最初から最後までの一連のフローを確認しておくことで、何が起こっているのかをより深く理解しやすくなります。また、マルチテナントアーキテクチャの議論で何度か言及してきたテナントコンテキストの注入を説明する際の重要な点を理解する上でも役立ちます。

6.2.1 認証フローの例

認証の概念のさまざまな要素を見てきましたが、ここでは、一連のフロー（図6-7を参照）におけるそれぞれの可動部分を見てみましょう。

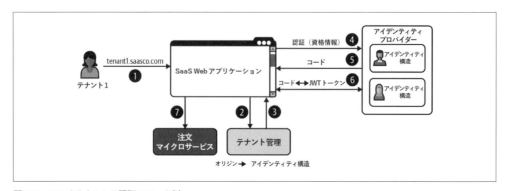

図6-7　マルチテナントの認証フローの例

この例では、この認証フローの一部としてテナントごとのサブドメインモデルを使用しました。この環境で認証されるテナントは、割り当てられたサブドメイン（この場合はtenant1.saasco.com）からアクセスします。テナントユーザーがWebアプリケーションにアクセスすると（ステップ1）、アプリケーションはユーザーが認証されているかどうかを判断します。ユーザーが認証されていないため、Webアプリケーションはユーザーをアプリケーションのログイン画面に誘導し、ユーザーはそこで認証情報を入力します。これは、Webアプリケーションがユーザーを検出してログインフォームを案内するという点で、従来の認証フローとは少し異なります。

次に、ユーザーを認証する前に、このテナントに割り当てられている特定のアイデンティティプロバイダー構造を決定する必要があります。これは、テナント管理サービスを呼び出して（ステップ2）、ユーザーの認証に使用される対象となるアイデンティティ構造の情報をリクエストすることで実現します。テナント管理サービスは、テナントのオリジン（サブドメイン）を検証し、アイデンティティプロバイダーとの関連付けを検索して、この情報をWebアプリケーションに返します（ステップ3）。これで、テナントユーザーを認証するために必要なものがすべて揃いました。このプロセスの次のステップは、OAuthフローの典型的な手順に従います。まず、アイデンティティプロバイダーを呼び出して、テナントユーザーの認証情報を渡します（ステップ4）。次に、アイデンティティプロバイダーがコードを返してから（ステップ5）、このコードをJWTと交換します（ステップ6）。最後に、テナントコンテキストを含むJWTを取得したので、このトークンをマイクロサービスの呼び出しに埋め込むことできます（ステップ7）。

「4章　オンボーディングとアイデンティティ」で説明したように、このプロセスで生成されたトークンは、ベアラートークンとして後続のサービスに埋め込まれます。HTTPリクエストの認可ヘッダーは「Bearer」トークンに設定され、認証フローから返されるアクセストークンの値が割り当てられます。その後、後続のサービスは、このトークンを使用してマイクロサービスの認可を処理し、リクエストのテナントコンテキストへのアクセスを提供します。

6.2.2　フェデレーション認証

フェデレーション認証の内容が複雑化するのは、アイデンティティの情報が広範囲に分散されるような状況を検討し始めたときです。たとえば、ソリューションが、自社で管理できない外部で運営されているアイデンティティプロバイダーに対して認証する必要がある場合、マルチテナントの認証モデル全体が複雑になる可能性があります。

アイデンティティ体験のあらゆる側面を管理する場合、アイデンティティプロバイダーを通じてカスタムクレームやポリシーを管理できます。ただし、サードパーティがフェデレーションモデルでユーザーを認証する場合、マルチテナントのアイデンティティ体験のこれらの重要な可動部分をどのようにサポートできるかが明確ではなくなります。そのサードパーティにテナントコンテキストを提供するカスタムクレームを含めるように要求することはできません。同時に、マルチテナントの設計は、このテナントコンテキストを含むJWTを発行する機能に大きく依存しています。

良いニュースは、マルチテナント体験の一部を補うことができるフェデレーションアイデンティティのソリューションがあるということです。たとえば、Amazon Cognitoを使用すれば、サードパーティのプロバイダーから認証されるユーザー向けに、Cognito内でカスタムクレームを設定できます。このモデルでは、フェデレーションプロバイダーに対して認証を行うと、Cognitoはこの認証から返されるJWTにカスタムクレームをシームレスに埋め込むことができます。これにより、各ユーザーのカスタムクレームを管理しながら、サードパーティプロバイダーをサポートすることができます。

SaaS環境では、サポートする必要のあるフェデレーションアイデンティティのモデルが数多くあります。また、各アイデンティティプロバイダーは、これらのユーザーをフェデレーションするために独自の方式を採用する傾向があります。カスタムクレームを埋め込めるプロバイダーもいれば、許可しないプロバイダーもいます。ここで重要なのは、サードパーティのプロバイダーにフェデレーションする場合、テナントコンテキストを取得するためにどの戦略を採用するかを決定する必要があるということです。場合によっては、期待通りの体験を実現するためにJWTを操作したり、埋め込んだりする必要があるかもしれません。

6.2.3　万能な認証方法は存在しない

ご覧のように、マルチテナント環境でユーザーを認証する方法はたくさんあります。これはSaaSソリューションが一般的に抱える課題の一部です。アプリケーションへのアクセス方法、使用しているアイデンティティ構造、およびその他の要因により、アイデンティティフローの点と点を結ぶためのさまざまなアプローチを検討する必要があるかもしれません。

重要なのは、アイデンティティプロバイダーにアクセスして、さまざまなアイデンティティプロバイダーが提示している典型的な認証フローのいずれか1つに従うだけで済むことはめったにないということです。それどころか、マルチテナントの要件をこれらのアイデンティティフローに当てはめて、環境内で実装されているマルチテナントのパターンに合わせる必要があります。最終的には、アイデンティティプロバイダーがサポートするOAuthとOIDCの仕様に間違いなく準拠することになりますが、マルチテナント環境における全体的なアイデンティティのスキーマにテナントがどのように割り当てられるかによって、これらのフローへの取り組み方が決まります。

6.3　認証済みテナントのルーティング

アプリケーションの正面玄関を通り抜け、バックエンドサービスを呼び出す準備ができたら、テナントのコンテキストがこれらのリクエストのルーティングにどのような影響を与えるかを考慮する必要があります。これは認証の一部ではないと主張する人もいますし、技術的にはそれも正しいでしょう。ただし、認証プロセスから取得されるコンテキストは、アプリケーションの以降のルーティングに直接影響します。そのため、ルーティングをこの議論の一部とするのは当然のように思います。また、場合によっては、ルーティング戦略が選択する認証モデルにも影響を及ぼす可能性があることが

わかります。

　ここでルーティングについて話すとき、一般的には、リクエストごとにテナントが対応するリソースにどのように割り当てられるかを指します。図6-8はルーティングのメンタルモデルの概念図です。

　ご覧の通り、テナントがSaaS環境の正面玄関に入り、先に述べたモデルのいずれかで認証を行っています。認証が完了すると、アプリケーションはSaaSアプリケーションのマイクロサービスと機能を利用し始めます。ここで、アプリケーションサービスがすべてプールモデルで実行されている場合は、これらの呼び出しを直接行うことができます。しかし、アプリケーションサービスには、サイロモデルで実行されているものもあれば、プールモデルで実行されているものもあるなど、より多様な構成のアーキテクチャが採用されていることも珍しくありません。

　テナントのデプロイモデルが混在する場合は、リクエストを適切なテナントリソースにどのようにルーティングするかを検討する必要があります。図6-8では、テナント1と2がサイロ化されたリソースで実行され、残りのテナントがプール化されたリソースで実行されるという単純な概念モデルを示しました。このようにサイロ化されたリソースとプール化されたリソースが分かれている場合、マルチテナントアーキテクチャにルーティングの概念を実装して、このルーティングをどのように実現するかを決定しなければなりません。

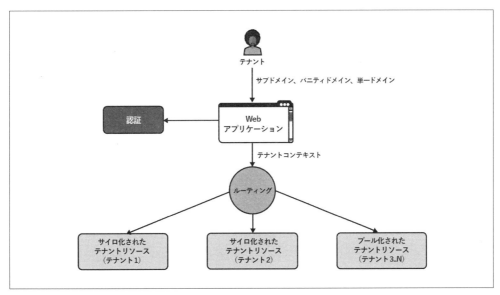

図6-8　テナントルーティングの基本

　ご想像の通り、採用するアプローチは、使用する技術スタック、アプリケーションの正面玄関となる接続先、アプリケーションのデプロイモデルによって異なります。当然ながら、ユーザーがアクセスして認証を行うために採用するアプローチは、ルーティング戦略を検討する際に利用可能な選択肢に大きな影響を与えます。たとえば、テナント固有のドメインは、ルーティング戦略を実装するた

めに、他のネットワークツール/サービスと組み合わせることができるかもしれません。アプリケーションへのログインについて考えるときは、それがSaaS環境のルーティング要件とどのように一致するかも併せて考える必要があります。

アプリケーションのルーティングモデルは、SaaSソリューションのオンボーディング体験にも影響します。新しいテナントがシステムに登録されるたびに、ルーティングインフラストラクチャの構成を更新して、この新しいテナントのワークロードをルーティングするために必要な構造をプロビジョニングおよび構成する必要があるかもしれません。

6.4　さまざまな技術スタックによるルーティング

使用する技術スタックが、環境のルーティングモデルに影響を与える可能性があることはすでに述べました。組み合わせがあまりに多いため、すべての可能性を網羅することはできませんが、さまざまなマルチテナントの技術スタックの例をいくつか確認して、これらの異なるモデルでルーティングをどのように実装できるかを見ていきたいと思います。

この議論では、より一般的なSaaSの技術的なモデルであるサーバーレスとコンテナの2つを取り上げます。以降の節では、これらのスタックそれぞれにおけるルーティングに関連する微妙な違いを検証し、テナントを意識したルーティングモデルを開発する際に考慮すべきいくつかの要素について理解を深めていきます。

ルーティング戦略の詳細に踏み込むには、特定の技術について議論する必要があります。たとえば、AWSのサーバーレスで利用可能なツールや仕組みは、AzureやGCPで実現する場合、多少異なるものになるかもしれません。ただし、Kubernetesのルーティングモデルは、（注意点はありますが）もっと類似したものになる可能性が高いです。

6.4.1　サーバーレスのテナントルーティング

まずは、サーバーレス技術を使用してマルチテナントアプリケーションを実装するルーティング戦略をどのように実現できるかを見てみましょう。サーバーレス環境では、アプリケーションの機能を実行するさまざまなマイクロサービスを作成するために構成された一連の関数があります。

AWS Lambdaでは、通常、これらの機能にはAmazon API Gatewayを介してアクセスします。このゲートウェイは、サービスへのHTTPエントリーポイントを記述して公開し、リクエストを対応する関数に割り当てる役割を果たします。この点において、API Gatewayは、すべてのアクティビティがアプリケーションサービスに流れる重要な経路とみなすことができます。実際、**「11章　サーバーレスSaaS：アーキテクチャパターンと戦略」**でサーバーレスSaaSの実装を詳しく見ていくと、このゲートウェイがマルチテナントアーキテクチャ全体において複数の役割を果たしていることがわかります。とりあえず、今は、SaaS環境のルーティングの基本的な要件をサポートするために、ゲートウェイがどのようにプロビジョニングされ、構成されるかに焦点を当てましょう。

図6-9は、AWS Lambdaで構築された基本的なサーバーレスSaaS環境の概念図です。ここでは、

Amazon S3バケットで公開されているWebアプリケーションがあります。このアプリケーションは、Amazon API Gatewayを介してリクエストを行い、アプリケーションの一部であるさまざまなマイクロサービスの機能として構成されたLambda関数にルーティングされます。

　サーバーレスアプリケーションの機能がすべてプール化されている場合、ゲートウェイの役割は極めて単純です。すべてのリクエストは、テナントのコンテキストに関係なく、対象となる関数に単純に送信されます。しかし、マイクロサービス（と関数）の一部またはすべてがサイロモデルで実行されている状況を想像してみてください。この場合は、テナントコンテキストを検証し、リクエストを正しいテナント関数にルーティングする必要があります。図6-10は、サイロ化されたコンピューティングリソースとプール化されたコンピューティングリソースが混在していて、対象を絞ったルーティングが必要な例を示しています。

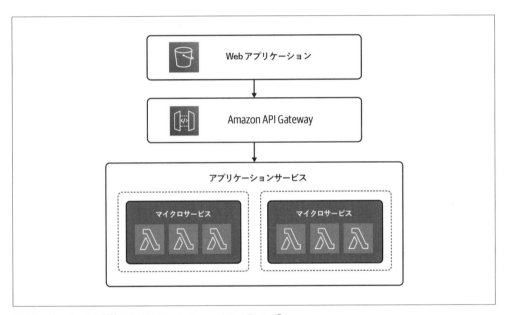

図6-9　サーバーレス環境におけるAPI Gatewayのルーティング

　図6-10では、アプリケーションのさまざまなティアに個別のゲートウェイをプロビジョニングして構成する、テナントごとのAPI Gatewayモデルを選択しました。マイクロサービスを実装するサイロ化されたLambda関数を持つプレミアムティアのテナントが2つ（テナント1と2）います。また、すべてのテナントで関数を共有するプールモデルで稼働しているベーシックティアのテナントもいます。混合モードのデプロイ（サイロとプール）を採用している場合は、ルーティングはもう少し状況に応じて行われることになります。リクエストの特性によっては、トラフィックの一部を専用のAPI Gateway URLに送信し、一部を共有のAPI Gateway URLに送信することができます。

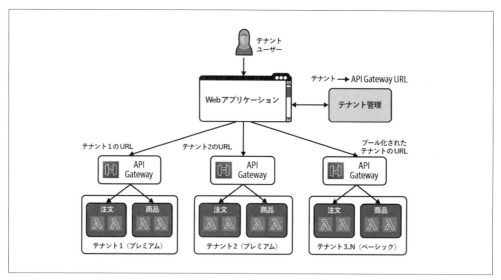

図6-10 テナント固有のゲートウェイへのルーティング

　このモデルでは、各リクエストが処理される際に、テナントコンテキストを使用してテナントを識別し、これらのリクエストを適切なゲートウェイのURLにルーティングする必要があります。この関連付けを実現する方法は複数あります。たとえば、テナントがサブドメインを使用してシステムにアクセスする場合、HTTPリクエストヘッダーのオリジンを使用してテナントを特定のゲートウェイのURLに割り当てることができます。**図6-10**では、すべてのテナントに対して1つのドメインを使用しており、各テナントのAPI Gawatey URLを照会するためにテナント管理サービス（図の右上）を使用する必要があります。

　このモデルの欠点は、クライアントがこの関連付けの操作を行う必要があることです。クライアントはテナント管理サービスからURLを取得し、リクエストを行う際にそのURLを適用しなければなりません。

　当然ながら、このモデルには考慮すべき課題があります。リクエストのたびにこれらの関連付けを処理するとなると、オーバーヘッドやレイテンシーが発生し、ソリューションのパフォーマンスに影響を及ぼす可能性があります。この問題をクライアント側で解決する方法もありますが、クライアントに押し付けるのは違和感があります。より一般的なアプローチとしては、直近に割り当てられたテナントを保持するために、マッピングまたはゲートウェイレベルのキャッシュ戦略を導入する方法です。重要なのは、この処理がパフォーマンスに与える影響を全体的な戦略に組み込むことです。

　拡張性もここで考慮すべき要素です。テナントごとにゲートウェイを用意すると、テナントの数が多い環境では拡張性が損なわれる可能性があります。そこで、サイロ化されたテナントリソースの数を制限することが重要になります。プレミアムティアのテナントが少数で、それ以外がベーシックティアのテナントなら、おそらく大丈夫でしょう。ただし、プレミアムティアのテナント数が大幅に

増加すると予想される場合は、選択肢を再検討する必要があります。

6.4.2　コンテナのテナントルーティング

サーバーレスのルーティングの例は、テナントを特定のAPI Gatewayエントリーポイントに割り当てることに重点を置いていましたが、次の戦略は、AWS Lambdaを使用してサーバーレスアプリケーションを構築およびデプロイする方法の基本的な考え方にもっと強い影響を受けています。対照的な例として、アプリケーションプレーンが主にKubernetesで構築されている環境で、テナントを意識したルーティングを実装する方法を見てみましょう。

Kubernetesのマルチテナントアーキテクチャでは、SaaSアプリケーションのアクセス経路を定義するために使用できる独自の構造がたくさんあります。利用可能な選択肢はかなり豊富ですが、ここでは、サービスメッシュを使用してこのルーティング体験を構築する方法を説明したいと思います。サービスメッシュという概念が初めての方は、サービスメッシュをシステム（アプリケーションの外部）のさまざまなセキュリティやオブザーバビリティに関する側面を構成/実装できるKubernetesプラットフォームの仕組みだと考えてください。サービスメッシュには複数の実装方法があります。このソリューションでは、ルーティングモデルの実装にIstioを使用することにしました。

図6-11は、サービスメッシュを使用してテナント環境への認証とルーティングの両方のフローを制御する、マルチテナントKubernetes環境の概念図です。

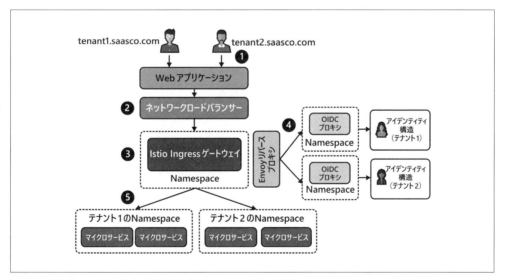

図6-11　サービスメッシュによるテナントリクエストのルーティング

この章で前述したように、テナントは、テナントごとのサブドメインモデルを使用して正面玄関から入ります（ステップ1）。この例では、Webアプリケーションからのリクエストは、Webアプリケーションから簡単に参照できる耐久性のある接続先を提供するネットワークロードバランサーを

介して送信されます (ステップ2)。その後、リクエストはネットワークロードバランサーを通過し、Kubernetesクラスター内の独自のNamespaceで稼働するIstio Ingressゲートウェイに到達します (ステップ3)。このゲートウェイは、アイデンティティプロバイダーやアプリケーションのマイクロサービスへのルーティングに必要なすべてのポリシーを管理し、適用します。

この例では、テナントが認証されていないと仮定しましょう。ゲートウェイは、リクエストをEnvoyリバースプロキシを介して送信します (ステップ4)。リバースプロキシは、送信元のサブドメインを使用して、別のKubernetes Namespaceでそれぞれ稼働しているテナント固有のOIDCプロキシに認証リクエストをルーティングします。これらのOIDCプロキシは、それぞれに対応するテナントのアイデンティティ構造に認証リクエストを転送します。これは、個別のアイデンティティプロバイダーである可能性があります。プロバイダー内の個別のグループ化構造である可能性もあります。

テナントユーザーが認証されると、ゲートウェイはリクエストをアプリケーションのサービスに送信します (ステップ5)。この例では、2つのテナントが別々のKubernetes Namespaceで稼働していることがわかります。つまり、ゲートウェイはリクエストの送信元を検証し、各リクエストを適切なテナントのNamespaceにルーティングする必要があります。

このソリューションには多くの要素が絡んでいますが、私としては、それでもサービスの照会とテナントの関連付けに依存する戦略よりも、まだ少し洗練された印象を受けます。この方法では、ゲートウェイの自然なルーティングとプロキシの仕組みを利用してリクエストを振り分けることができ、マイクロサービスのコードから多くの重労働を取り除くことができます。一般的に、すでにルーティングの管理を担っている他のインフラストラクチャにこれらのルーティングの責任を移管できれば、より効率的で管理しやすいルーティング体験を実現できる場合が多いでしょう。

拡張性の考慮

ここで取り上げた認証とルーティングの仕組みの細かな点は、マルチテナントアーキテクチャでリソースがどのようにサイロ化されているかによって明らかに影響を受けます。テナントごとに個別のアイデンティティ構造を持つ場合について説明しました。また、アプリケーションプレーンのサイロ化されたリソースがルーティングモデルにどのように影響するかについても述べました。これらはすべて有効な戦略ですが、環境の拡張性が認証とルーティングのアプローチにどのような影響を及ぼすかも考慮しなければなりません。テナント固有のアイデンティティモデルやサイロデプロイパターンをサポートするために、個別のテナント構造を追加すればするほど、システム内のテナント数に基づいて、これらのアプローチをいかに効果的に拡張できるかを考える必要があります。もし多数のテナントを扱うのであれば、一部の概念がコスト、拡張性、または運用上の目標とうまく一致しない可能性があります。

6.5 まとめ

この章では、SaaSアーキテクチャの基礎となる要素について、登録されたテナントがマルチテナントアプリケーションの正面玄関に入る方法を見てきました。テナントを認証して、テナントコンテキストを取得し、そして環境の後続のサービスにテナントコンテキストを注入することに関連するさまざまな考慮事項を検討することが目的でした。

認証体験の設計と構築に関わる重要な要素をいくつか取り上げました。これには、SaaS環境へのアクセス方法が、マルチテナントアーキテクチャの全体的な設計にどのような影響を与えるかといった単純な例も含まれていました。サブドメイン、バニティドメイン、単一の共有ドメインの使用は、いずれも認証フローにおけるテナントの識別方法に関係します。認証の要素をさらに掘り下げていくにつれ、テナントごとのさまざまなアイデンティティ構造をサポートすることが、環境の認証フロー全体にもたらす影響についても理解することができました。

正面玄関を通り抜けると、テナントリクエストのルーティングの一部として認証コンテキストをどのように利用できるかをさらに詳しく調べました。具体的には、このルーティングがさまざまな技術スタックでどのように適用されているかを調べました。ここで、認証と、システムで採用されているさまざまなデプロイモデルや技術スタックとの関係をより深く理解できました。

基本的な要素が整い、テナントの認証も済んだので、マルチテナントのマイクロサービスの全体像を明らかにし、このテナントのコンテキストがアプリケーションのサービスをどのように分割し、構築するかについて見ていくことができます。次の章では、マルチテナントがマイクロサービスの設計と構築のアプローチにどのような影響を与えるかを考察し、開発者の複雑性を抑えながらマルチテナントの利点を実現する方法について詳しく見ていきます。

7章
マルチテナントサービスの構築

　ここまで、マルチテナントアーキテクチャのすべての基礎となる要素を構築することに焦点を当ててきました。つまり、コントロールプレーンを掘り下げて、SaaS環境にテナントの概念を導入するための中核となるサービス群をどのように実装するかを検討してきました。テナントのオンボーディング方法、アイデンティティの確立方法、認証方法、そして最も重要なこととして、アプリケーションのサービスにテナントコンテキストを注入する方法を見てきました。これにより、SaaS環境におけるコントロールプレーンが果たす役割の重要性を理解でき、マルチテナントアーキテクチャに基本的なテナント構造をシームレスに組み込む戦略を策定するために投資することがいかに重要であるかを理解できたと思います。

　それでは、アプリケーションプレーンに目を向けていきましょう。ここでは、アプリケーションを具現化するサービスの設計と実装にマルチテナントをどのように適用するかを考えていきます。この章では、マルチテナントのワークロードの特性が、サービスの設計と分割のアプローチ方法にどのように影響するかを見ていきます。分離、ノイジーネイバー、データパーティショニングなど、これらはすべて、サービスの設計で考慮する必要のある新しい要件です。マルチテナントは、従来のサービス設計の考え方に新たな要素を加え、サービスの規模、デプロイ、影響範囲に対して新しいアプローチを取らざるを得なくなります。

　テナントの概念は、サービスの実装方法にも直接影響します。マルチテナントがどのように、そしてどこにサービスのコードに組み込まれるかを詳しく見ながら、テナントがサービスの全体的な動作環境を複雑化したり、肥大化したりするのを防ぐために使用できるさまざまな戦略を明らかにしていきます。ここでは、サービスの実装例をいくつか紹介し、マルチテナントの構造をヘルパーやライブラリに組み込むことで、全体的な開発者体験を向上するために使用できるツールや戦略の概要を説明します。

　より広範な目標は、マルチテナントサービスの構築に着手するときに必要な考慮事項の全体像をより深く理解してもらうことです。最初からこれを優先事項とすることで、SaaSソリューションの効率性、複雑性、保守性に大きな違いが生まれます。

この章全体を通じて、SaaSアプリケーションの構成要素を説明するときに、より一般的な用語である「サービス」を使用しています。これらの例を特定のサービスの実装戦略に当てはめることは意図的に避けました。確かに、この概念はマイクロサービスと関連していると考えられます。しかし、あなたのソリューションが必ずしもマイクロサービスを使用していると決めつけたくなかったのです。

7.1　マルチテナントサービスの設計

マルチテナントサービスの構築方法について説明する前に、まずはシステムの一部であるさまざまなサービスを定義する際に考慮すべき、サービスの規模、構成、一般的な分割戦略を考えてみましょう。サービスの境界線と、それらのサービスに負荷や役割をどのように分散させるかが、マルチテナントモデルに複雑性と綿密な計画性の要素を加えます。

7.1.1　従来のソフトウェア環境におけるサービス

この概念をより深く理解するために、まずはアプリケーションの動作環境がすべて個別にインストール、デプロイ、管理される従来のアプリケーションを見てみましょう。図7-1は、これらの典型的なインストール済みソフトウェア環境にサービスがどのように実装されるかを簡略化した例です。

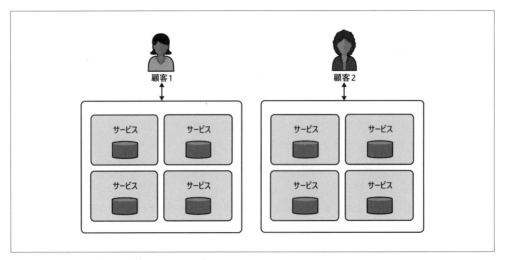

図7-1　従来のソフトウェア環境におけるサービス

サービス全体が完全に個々の顧客専用になっていることがわかります。このような環境向けのサービスを設計する場合、重点を置くのは、単一の顧客が要求する拡張性、パフォーマンス、および耐障害性の要件を満たすことができる優れたサービス群を揃えることです。もちろん、顧客によってシステムの利用方法には多少のばらつきがあるかもしれませんが、一般的に重視されるのは、単一の顧客の行動や属性に焦点を絞った体験を生み出すことです。

このように焦点を絞ることで、サービスの境界線を特定するのがいくらか簡単になります。多くの

場合、単一責任設計の原則に重点が置かれ、各サービスが明確で適切に定義された作業範囲と機能的役割を持つことを保証する方法でサービスを分割します。これらのサービスは、明確に定義された1つの仕事を担うという考え方です。

7.1.2　プール型マルチテナント環境におけるサービス

それでは、フルスタックのプール型マルチテナント環境を見てみましょう。図7-2は、プールモデルでインフラストラクチャリソースを共有している複数のテナントの要件をサポートするSaaSアーキテクチャの例です。

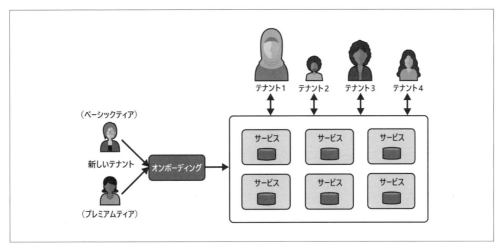

図7-2　プール型マルチテナント環境におけるサービス

一見すると、これらのサービスを利用するテナントの数だけが変わったように思えるかもしれません。ただし、これらのテナントが共有リソースとして同時にこれらのサービスをすべて利用しているという事実は、これらの各サービスの規模、分割、影響範囲へのアプローチ方法に大きな影響を与えます。

最初に見てわかるのは、図7-2の上部に、意図的にさまざまな大きさのテナントが記載されていることです。これは、テナントがシステムにかける負荷には大きなばらつきがあることを説明するためです。1つのテナントがシステムの一部を飽和させるかもしれません。別のテナントがソリューションの全体を使い切っても、環境への負荷は最小限に抑えられるかもしれません。このようにさまざまな組み合わせが考えられます。

左側には、新しいテナントのオンボーディングも記載しました。これは、環境に新しいテナントがいつでも登録される可能性があるということを伝えるためです。これらの新しいテナントのワークロードや属性を予測することはほとんどできません。また、これらの新しいテナントは異なるティアに属し、異なる体験やパフォーマンスを期待している可能性があることも強調しておきます。

ここで一歩下がって、実際に何があるのかを考えてみてください。すべてのテナントが共有するこ

の環境のサービスは、各テナントのペルソナの拡張性、パフォーマンス、影響範囲の要件をすべて何らかの形で予測する必要があります。あるテナントが別のテナントの体験に影響を与えるようなノイジーネイバー問題を起こさないように、細心の注意を払わなければなりません。また、これらのサービスは、かなり把握しにくい一連のパラメーターに基づいて動的に拡張できる必要があります。今日使用している拡張性戦略は、明日（または今から1時間以内に）サービスをどのように拡張すべきかと一致しないかもしれません。SLA、ティアリングの属性、コンプライアンス、その他の考慮事項もこの方程式に含まれる可能性があります。

これは本質的に、共有インフラストラクチャの利点が、絶えず変化する顧客の利用状況をサポートしなければならない現実と相反する点です。このため、変化する要件や負荷特性を考慮してリソースを過剰にプロビジョニングすることにつながり、これはSaaSビジネスモデルに関連する効率性と規模の経済性の目標とは正反対になります。

ある意味では、これはすべてマルチテナントのプールアーキテクチャが持つ特徴の一部です。たとえサービスが過剰にプロビジョニングされていたとしても、これらのリソースを共有することの総合的な価値は、テナントごとに専用のインフラストラクチャを用意するよりもはるかに高いと考えられます。一方、テナントのワークロードや属性といった変化する要件に対応するためのツールや戦略を充実させるには、サービスの設計が大きな役割を果たします。一般的に、サービス設計のアプローチは、テナントが環境に課すさまざまな動的要因に対処するための選択肢を増やすことに重点を置いています。

7.1.3　既存のベストプラクティスの拡張

マルチテナントサービスにたどり着くまでのプロセスは、候補となるサービスを特定するために一般的に使用される方法論や戦略の多くをそのまま反映できます。これらの概念を適用する一環として、サービス設計を策定する要因の一覧にマルチテナント設計の考慮事項を追加し、基本的なベストプラクティスとマルチテナントに関する考慮事項を融合することが重要になります（**図7-3**を参照）。

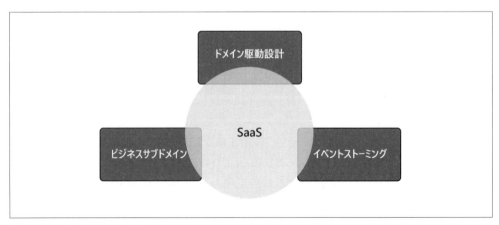

図7-3　サービス設計方法論の融合

図7-3は、私が提唱するアプローチの明確なメンタルモデルを示しています。ここでは、チームがさまざまな候補となるサービスを特定するためによく使用する一般的なサービス設計方法論の例を記載しています。これらの方法論には明確な価値がありますが、マルチテナントサービスの設計で考慮しなければならないマルチテナントの現実についての議論は必ずしも含まれていません。もちろん、ドメインの一部である論理的な事業体や業務の多くに対応するサービスに行き着くことはわかっています。ただし、問題は、環境のマルチテナント特性が、ドメインの対象、業務、および相互関係の範囲だけを見ていたのでは通常は気づかないサービスやデプロイパターンの導入につながるかもしれないということです。

これを認識するために、SaaSを**図7-3**の中心に配置しました。マルチテナントに関するすべての設計上の考慮事項を他の方法論と重ね合わせることで、アプリケーションのサービスをモデル化し始める際に、これらの概念が重要な位置を占めるようにするという考え方です。

この点を理解するために、マルチテナントがサービス設計に影響を及ぼす可能性がある一般的な領域をいくつか掘り下げてみましょう。

7.1.4　ノイジーネイバーへの対応

ノイジーネイバーは、マルチテナント特有の概念ではありません。ビルダーは、通常、ユーザーがどのように、どこでシステムに負荷をかける可能性があり、それがシステムを飽和させたり、パフォーマンスを低下させたりする可能性があるかを考慮しなければなりません。これは一般的な懸念事項ですが、マルチテナントと共有インフラストラクチャの特性上、ノイジーネイバー問題がより注目され、重視され、複雑さが増していることは想像に難くありません。SaaS環境のノイジーネイバーは、システム全体をダウンさせたり、マルチテナント環境における他のテナントの体験を低下させたりする可能性があります。そのため、マルチテナント環境のサービスを設計するときは、そのサービスが潜在的なノイジーネイバーの発生にどのように対処するか、または対応できるかについて、前提条件を確認する必要があります。

マルチテナント環境では、ノイジーネイバーがさまざまな形で現れることがあります。環境内には、待ち時間が長かったり、ボトルネックになる可能性が高いパターンでリソースを消費したりする特定の操作があるかもしれません。特定のテナントのペルソナが、システムの一部である特定のサービス群を飽和させやすい傾向があるかもしれません。

多くの場合、基本的な課題は拡張性に関するものです。サービスが、過剰なプロビジョニングや他のテナントに影響を与えることなく、多数のペルソナやワークロードに対応できるほど効率的に拡張できるのであれば、おそらくサービスは適切な拡張性を備えています。ここで注目するのは、水平方向の拡張だけではマルチテナント環境の現実に対処するには効果や効率が十分ではない場合です。**図7-4**で示したサービスの例を考えてみましょう。

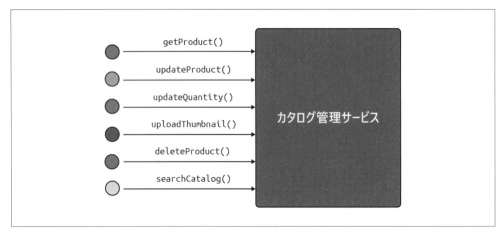

図7-4 ノイジーネイバーのボトルネック

　ご覧の通り、eコマースSaaSソリューションの商品すべてを管理するカタログ管理サービスを作成しました。このサービスは、カタログデータの管理に使用できる、基本的な操作一式を含むAPIを公開しています。左端を見ると、サービスの各APIエントリーポイントの稼働状況を色を使って現在の状態を伝えるように表示されています。ほとんどの操作が健全、あるいは十分に健全であることがわかるでしょう。しかし、uploadThumbnail()操作は何らかのパフォーマンスの問題に悩まされているようで、この場合はノイジーネイバーが発生しています。

　この特定の関数が、たまたまこのサービスのボトルネックとなるような重い処理をしていることがわかりました。呼び出し元は画像をアップロードし、画像の拡大縮小機能を起動して、アプリケーション全体の複数の場面で使用されるさまざまな大きさのサムネイルを生成します。この問題を解決するための主なアプローチは、単純にサービスを拡張し、おそらく過剰にプロビジョニングして、テナントへの連鎖的な影響を抑えることです。基本的には、サービスの1つの操作がもっと高いスループットを必要としているだけなのに、このサービス全体を拡張することになります。より良い選択肢は、パフォーマンスの問題に対処するためにカタログ管理サービス全体を拡張する非効率性を受け入れずに、この操作を分割して別のサービスに移行し、テナントのアクティビティに比例して拡張できるかどうかを考えることです。

　一般的なマインドセットとしては、サービスの責任範囲については別の考え方をして、マルチテナント環境のさまざまな負荷に対応するためにこれらのサービスをどのように拡張するかを検討することが望ましいです。サービスを特定する際に、ノイジーネイバーの候補として目立つ領域を探してください。図7-5は、このテーマ全体の概念図です。

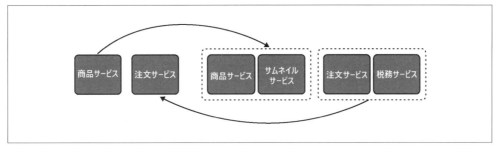

図7-5　ノイジーネイバー分割のマインドセット

　あるサービスをさらに小さなサービスに分割することで、より対象を絞った拡張性の選択肢を提供し、理想的には、ノイジーネイバーな状態を抑制し、過剰なプロビジョニングを防ぐことができる方法を説明しました。負荷を分散するために商品サービスはサムネイルサービスを分割し、注文サービスはスタンドアロンの税務サービスに分割します。中核となる考え方は、これらのノイジーネイバーと拡張効率の考慮事項をサービス設計に組み込み、この情報を使用して、よりきめ細かな分割戦略によってより良い結果が得られる可能性がある領域を特定しなければならないということです。

　このアプローチが本当にSaaS固有のものかどうか疑問に思うのは当然です。答えは「いいえ」です。経験則として、どのような環境でも、よりきめ細かなサービスを通じてパフォーマンスと拡張性に効果的に対処できる方法を検討すべきです。しかし、違うのはテナントのペルソナやワークロードの多様性であり、SaaSアーキテクトは、この種の課題に対処するために、より真剣に取り組む必要があります。マルチテナント環境では、拡張効率が悪く、ボトルネックになり、過剰にプロビジョニングされたサービスがより顕著になる傾向があり、テナントやSaaS環境の稼働状況に深刻な影響を与える可能性があります。したがって、これは一般的なアプローチとしても有効ですが、マルチテナント環境向けのサービスを設計するときは、もっと大きく焦点を当てて注意を払う必要があります。

　ノイジーネイバー戦略は時間の経過とともに変化していくことが十分に予想されます。初日に選択したサービスは、システムが進化し、ノイジーネイバーの状況をどのように、どこで監視しているかをより深く理解するにつれて、変化していくことが予想されます。意味のあるサービスから開始し、環境の稼働状況に基づいて、ここで説明した戦略を活用してください。

7.1.5　サイロ化するサービスの特定

　「**3章　マルチテナントのデプロイモデル**」では、さまざまなデプロイモデルと、これらのモデルによってテナントのリソースの一部またはすべてをサイロ化された（専用の）モデルでデプロイする必要がある場合について説明しました。表面的には、リソースをサイロ化することとサービスの設計には何の関係もないように思えるかもしれません。ただし、実際には、選択したサービスと、それらのサービスがサイロ型の体験でどのように、いつ、必要に応じてデプロイされるかということには、実は強い相関関係があります。

サービスをサイロ化するのは、特定のシステムやテナントの要件をサポートするためであることが多いです。たとえば、ドメインの一部であるコンプライアンス要件をサポートするために、一部のサービスをサイロ化する必要があるかもしれません。ティアリング、パフォーマンス、分離も、サイロモデルでどのサービスをデプロイするかに何らかの影響を与える可能性があります。

もちろん、リソースをサイロ化するときはいつでも、環境の運用、コスト、デプロイ、管理の複雑さに影響を及ぼすような妥協をすることになります。したがって、リソースをサイロ化する場合は、サイロにデプロイする必要のあるサービスの数を制限するのが理想的です。図7-6は、環境の分離要件がサービスの実装範囲にどのように影響するかの例を示しています。

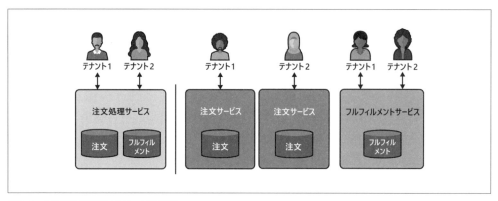

図7-6　分離要件に基づいたサービス設計

この図には、ソリューションのすべての注文処理とフルフィルメントの要件に対応する注文管理サービスを設計するための2つの異なるアプローチが含まれています。左側には、このサービスが、すべてのテナントでコンピューティングとストレージを共有するプールモデルでデプロイされているのがわかります。ここで、テナントがこのサービスをプールモデルで実行することに懸念を抱いていると仮定しましょう。最初に思いつくのは、このサービスを完全にサイロ化されたデプロイモデルに移行して、各テナントがこのサービスの専用のコピーを実行するようにすることかもしれません。しかし、さらに詳しく調べてみると、テナントは実際には、サービスの注文処理部分に専用のコンピューティングとストレージを用意することにしか関心がないことがわかりました。

このサービスをそのまま完全にサイロ化する代わりに、サービスを1つまたは複数のサービスに分割して、顧客の分離要件に対応できるかもしれません。これはまさにこの例で行ったことで、元のサービスを2つの別々のサービスに分割しました。ここでは、新しい注文処理サービスは、各テナントが専用のサービスにアクセスできるサイロモデルでデプロイされており、テナントの分離要件に直接対応しています。この変更の一環として、プール型の構成で引き続き稼働する新しい注文処理サービスも導入しました。

顧客がサイロ化されたリソースを必要とするさまざまな状況にこれと同じアプローチを適用できることは想像に難くありません。たとえば、コンプライアンス、ノイジーネイバー、または一般的なパ

フォーマンス上の理由から、これと同じマインドセットのいくつかを適用し、大規模なサービスを分割して、何がサイロ化され、何がサイロ化されないかをより細かく制御することができます。

　プール化されるものとサイロ化されるものを選択するこのアプローチは、サービスをより多くのサービスに分割する必要はありません。サイロ化する必要性に基づいて、サービスをグループ化するだけで済むかもしれません。**図7-7**は、サイロ要件とプール要件に基づいて、サービスの境界線をどのように調整できるかを概念的に示しています。

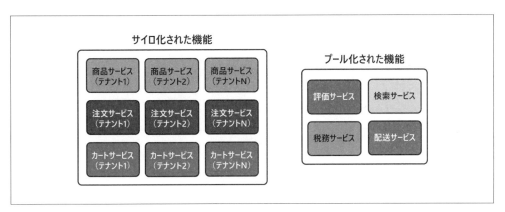

図7-7　サイロ/プール要件とサービスの整合性

　この場合、テナントは特定の機能をサイロモデルでデプロイする必要があることを表しています。**図7-7**では、商品、注文、カートサービスがすべてサイロモデルでデプロイされ、各テナントがこれらのサービスの専用インスタンスを持っていることがわかります。一方、右側には、プールモデルで実行されている一連のサービスがあります。

　これを純粋にデプロイの観点から見て、あるサービスはサイロ化され、あるサービスはプール化されていると言うこともできますし、それは正しいでしょう。しかし、重要なのは、どのサービスがこの体験のサイロ化された側面に当てはまるか、できるだけ慎重に検討したいということです。つまり、このようなサイロとプールの混在をサポートする必要があるとわかっているサービスを設計しているのであれば、プールモデルにできる限り多くのサービスを配置できるように、これらのサービスをどのように分割できるか考えるべきです。

　このサイロ化戦略は、サイロモデルでサービスをデプロイすることを正当化するユースケースと要件を特定して、サービス設計のマインドセットの中核にすべきものです。この一覧には通常、コンプライアンス、分離、セキュリティ、ティアリング、パフォーマンスなどが含まれます。また、社内の運用要件に基づいてサービスを完全にサイロ化できることも知っておく必要があります。たとえば、プールモデルではテナントの要望に単純に応えられないサービスがあるかもしれません。この場合、環境の実際の運用状況に基づいて機能の一部を切り出し、サイロモデルでデプロイすることを選択できます。

場合によっては、サービスのサイロ化された境界線が、設計プロセスの初期段階で明らかになるかもしれません。ただし、他の場合には、このサイロ化/プール化された境界線のバランスが取れる一連のサービスに到達するために、データを収集し、何度か繰り返す必要があるかもしれません。私としては、サービスを分割するもっと創造的な方法があるかどうかを試すことなく、ただサイロにサービスを移行することは避けたいと思っています。繰り返しになりますが、前述したように、稼働中のシステムから運用上の洞察をさらに収集するまで、これらの境界線を見つけられないかもしれません。

注意すべき点は、このサイロ化戦略は慎重に採用する必要があるということです。運用上もコスト上も決して効率的とは言えません。そのため、このアプローチをいつ、どのように検討するかについては、慎重に判断する必要があります。テナントの数が少ないシステムでは、これは良い戦略かもしれません。しかし、テナントの数が多いシステムでは、拡張性やサポートが難しくなります。

7.1.6　コンピューティング技術の影響

あまり目立たないかもしれませんが、使用するコンピューティング技術がサービスの影響範囲に何らかの影響を与える場合もあります。コンテナ、サーバーレス、その他のコンピューティング構造では、マルチテナント設計に独自の考慮事項をもたらす可能性があります。たとえば、サーバーレスコンピューティングモデルで実行されるサービスと、コンテナコンピューティングモデルで実行されるサービスを検討しているとします。これらの異なるコンピューティングモデルの特性は、サービスの規模や作業範囲、境界線を定義する上で直接的な役割を果たします。これをより深く理解するために、図7-8を見てみましょう。

この例では、注文サービスのほぼ同等のインスタンスを2つ用意しました。左側は、サービスがコンテナコンピューティングモデルで実行されています。一方、右側では、同じサービスがサーバーレスモデル（この場合はAWS Lambdaを使用）で実行されています。このサービスの一部であるさまざまな操作を目立たせ、これらの操作に伴う負荷に基づいて各操作のボックスの大きさを決めました。この場合、createOrder()操作がリクエストの大半を受け取っていることは明らかでしょう。このサービスが効率的に拡張できるのか、それとも他の操作が実際には実行されていないにもかかわらず、実質的にこの1つの操作に基づいて拡張しようとしているのか、疑問に思うかもしれません。

ここで、コンテナベースのデプロイに目を向けると、環境全体の拡張効率を向上させるために、このサービスをどのようにリファクタリングすべきか検討することになるかもしれません。コンテナでは、これらの機能がすべてパッケージ化され、まとめて拡張、デプロイされるため、コンテナが拡張の単位になります。

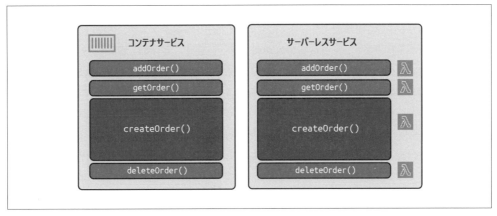

図7-8 コンピューティングとサービス設計

　しかし、右側のサーバーレスモデルでは、サービスの一部としてデプロイされる各操作は、独立してデプロイ、管理、拡張できる個別の関数を表しています。そのため、createOrder()やその他の操作に過度な負荷がかかっている場合、その関数は自然に拡張します。これは、拡張がよりきめ細かく行われ、管理すべき問題を他の誰かに任せられるようになる、サーバーレスモデルの大きな利点の1つです。さらに素晴らしいのは、もし明日負荷の特性が変化し、別の操作がすべての負荷を引き受けるようになったとしても、サービスの拡張方針や構成を変更する必要はないということです。これにより、マルチテナント環境で絶えず変化するワークロードへの対応と最適化がはるかに簡単になります。

　重要なのは、使用するコンピューティングモデルがサービスの分割モデルに何らかの影響を与える可能性があるということです。それが主な要因というわけではありませんが、設計のマインドセットに新たな要素を加えることになります。

7.1.7　ストレージに関する考慮事項の影響

　サービスを設計するときは、これらのサービスによってアクセスおよび管理されるデータの範囲や特性についても考慮しなければなりません。各サービスは、それが管理するデータをカプセル化することが期待されており、このデータがどのように利用されるかを検討する必要があります。間違ったデータの境界線に沿ってサービスを分割すると、他のサービスの範囲内にあるデータを常に必要とする、非常に使い勝手の悪いサービスになってしまう可能性があります。

　これらはすべて、あらゆるサービスの設計に関連する一般的な考慮事項です。ここで、マルチテナントサービスに目を向けると、設計上の考慮事項に追加すべき新しい要素がいくつか出てきます。マルチテナントのデータは、各テナントが独自の専用ストレージ構造を持つサイロモデルに保存することも、共有ストレージ構造内でテナントのデータが混在するプールモデルに保存することもできます。また、顧客が共有ストレージのリソースを取り合う場合、データに対するさまざまな操作をどのよう

160 | 7章　マルチテナントサービスの構築

に効果的に拡張できるかを考える必要があるかもしれません。すべてのテナントのデータを共有テーブルに格納するリレーショナルデータベースに、何千ものテナントがクエリを発行しているとします。このようなテナントは、ストレージ技術の処理能力を使い果たしてしまうでしょうか？ 新たなノイジーネイバー状態が発生することになりませんか？ これらはすべて、ストレージの動作環境がサービスの範囲と粒度にどのように影響するかを示す一例にすぎません。場合によっては、より粗い粒度のサービスが望ましいかもしれません。また、さまざまなデータ特性をサポートするために、サービスをもっと小さな単位に分割しなければならない、やむを得ない理由があるかもしれません。

　多くの点で、サービスのストレージ要件は、前述のノイジーネイバーやサイロ化の議論を形成した多くの要因も考慮する必要があります。ストレージについては、サービスの内部に踏み込んで、マルチテナントの要件、テナントのペルソナやワークロードがサービスの影響範囲をどのように決定するかを考えましょう。これは基本的に、先に説明したコンピューティングに関する考慮事項の裏返しと言えます。ストレージには、独自のコンピューティングとデータの動作環境があり、ノイジーネイバー、コンプライアンス、ティアリング、分離の考慮事項にも対応しなければなりません。

　重要なのは、ストレージはサービスの分割において大きな役割を果たす可能性があり、多くの場合そうであるということです。そのため、サービスやその範囲と粒度を見極める際には、ストレージにも相応の注意を払うようにしましょう。これは簡単な場合もあれば、サービスのストレージ特性が、サービスの設計を左右する大きな要因になる場合もあります。

7.1.8　メトリクスを用いた設計の分析

　サービスの設計は絶えず進化します。新しい機能、新しいテナント、新しいティア、そして新しいワークロードによって、チームはマルチテナントアーキテクチャのパフォーマンス、拡張性、効率性を継続的に評価することになります。もちろん、マルチテナント環境では、サービスの設計が意図した体験を提供しているかどうかを判断するのが難しい場合があります。基本的な監視データを使用することで、システムがどのように動作しているかについて大まかな結論を導き出せるかもしれませんが、このデータでは通常、個々のテナントやティアの利用状況とアクティビティのパターンを評価することはできません。そのため、SaaS環境の運用状況を左右する要因を詳細に分析することは困難です。特定のテナントやティアの利用状況が、特定のサービスの拡張要件に影響を及ぼしているのでしょうか？ ベーシックティアのテナントが、プレミアムティアのテナントに影響を及ぼすような方法でサービスを提供していませんか？ これらは、サービス設計の有効性を評価するために実際に必要な洞察の一例にすぎません。

　このような豊富な洞察を得られて初めて、サービスの設計がこれまで検討してきたさまざまな要因（ノイジーネイバー、ティアリング、パフォーマンスなど）にうまく対処できているかどうかを実際に評価し始めることができます。これらのメトリクスを取得するということは、サービスの運用状況を分析するために必要なデータを表示する測定機能をサービスに追加することを意味します。**図7-9**は、この測定機能のモデルの概念図です。

図7-9 テナントを意識したサービスメトリクスの可視化

　左側は、サービスのパフォーマンス、拡張性、運用状況を評価するために使用されるデータを公開する測定機能を含むサービスの例です。真ん中には、サービスで取得するデータの一部が示されています。ここで何を測定するかは、サービスの特性と、そのアクティビティを最もよく表すデータの特性によって決まります。記録されるすべてのデータには、テナントコンテキストとティア（ティアを使用している場合）が最低限含まれています。

　最後に、右側には、このデータを集計および分析するためのプレースホルダーがあります。ここで、任意のツールを使用して、このメトリクスデータを分析し、サービスのランタイムプロファイルを評価します。マルチテナントの運用とメトリクスについては、「12章　テナントを意識した運用」で詳しく説明します。重要なのは、マルチテナント環境では、設計がどのようにパフォーマンスを発揮しているのかを知ることができるメトリクスと分析の構築に本気で投資する必要があるということです。このデータがなければ、テナントのワークロードとアクティビティの変化がアーキテクチャにどのような影響を及ぼしているかを調べる能力が限られてしまいます。

7.1.9　1つのテーマ、多くの視点

　サービス設計に関するこの議論全体を通して、環境のコンプライアンス、分離、ストレージモデル、ノイジーネイバー、ティアリング、パフォーマンス要件に最も適した粒度とデプロイモデルを見極めることに焦点を当ててきました。これらの要素はそれぞれサービス設計の議論に独自の影響をもたらしますが、これらの要件に対処するための戦略が明らかに重複していることもわかるでしょう。

　設計に関する議論では、2つの基本的なテーマがありました。場合によっては、設計戦略は、マルチテナントの拡張性とパフォーマンスの要件により適切に対応できる、よりきめ細かいサービスの作成に重点が置かれるでしょう。一方で、システム要件に対応できるプロファイルを作成するために、サイロデプロイを使用することも考えられます。重要なのは、設計のマインドセットにこれらの選択肢を加え、マルチテナントのワークロードの現実的な問題を解決する機会を模索することです。

7.2　マルチテナントサービスの内部

　このようなマルチテナントサービスの設計の基本的な背景を踏まえた上で、マルチテナントサービスを構築することが実際に何を意味するのかを見ていきましょう。経験則として、SaaSアプリケー

ションのビジネス機能をコーディングする際には、開発者がマルチテナントを意識することがないように最大限の努力をすべきだと私はチームに伝えています。そこで、マルチテナントサービスを実装する際に、ビルダーが被るであろう余計な負担を抑えるために導入できる戦略と手法に焦点を当てます。

サービスにおけるマルチテナントの位置付けをより深く理解するために、テナントの概念をまったくサポートしていない基本的なサービスから始めましょう。次のコードは、特定のステータスに一致するすべての注文を取得する注文サービスのスニペットです。

```python
def query_orders(self, status):
    # データベースクライアント (DynamoDB) を取得する
    ddb = boto3.client('dynamodb')

    # 特定のステータスに一致する注文を取得する
    logger.info("Querying orders with the status of %s", status)
    try:
        response = ddb.query(
                    TableName = "order_table",
                    KeyConditionExpression = Key('status').eq(status))
    except ClientError as err:
        logger.error(
            "Find order error, status: %s. Info: %s: %s",
            status,
            err.response['Error']['Code'],
            err.response['Error']['Message'])
        raise
    else:
        return response['Items']
```

このサービスでは、注文を保存するためにAWSのNoSQLストレージサービス（Amazon DynamoDB）を選択しています。この例は、Pythonと、AWSサービスとの統合に使用されるライブラリであるBoto3でコーディングしました。注文データは、システム内の注文にアクセスするために使用される「status」キーとともにDynamoDBに格納されます。

このコードは、基本的に入力されたステータスをパラメーターとして受け取り、そのステータスに一致する注文をデータベースに照会する、比較的ありふれたサービスを表しています。この関数の何らかの実装例をどこかで見たり、書いたりしたことがあるでしょう。

私たちの目的としては、ここにない内容にもっと興味があります。このコードはマルチテナント環境で実行されているわけではないので、マルチテナントに関係するものは何もありません。このコードが出力するログデータ、アクセスしているデータなど、どのテナントが実際にこれらの操作を呼び出しているかを考慮する必要はありません。

マルチテナントのアーキテクトとしては、このコードをこれと同じようにわかりやすく、親しみやすいものにすることが目標になるはずです。ビルダーの体験に余計な手間や負担をかけることなく、

7.2 マルチテナントサービスの内部 | **163**

テナントコンテキストを導入し、マルチテナント構造をサポートする方法を見つけなければなりません。テナントコンテキストをビルダーの視界の外に出すことができるほど、すべてのサービスのこれらの戦略とポリシーを一元化する機会が増えることになります。

7.2.1 テナントコンテキストの抽出

それでは、テナントの情報がコードに埋め込まれるにつれて、サービスのコードがどのように変化していくかを見ていきましょう。テナントコンテキストの適用を考える前に、テナントコンテキストがサービスにどのように作用するかを考えなければなりません。まず、**「4章 オンボーディングとアイデンティティ」**と**「6章 テナントの認証とルーティング」**でそれぞれ説明したアイデンティティと認証のトピックを振り返ることから始めます。これらの章では、テナントコンテキストが個々のテナントユーザーにどのように割り当てられ、ソリューションのサービスにJWTとして埋め込まれるかを見てきました。ここから、サービスのコンテキストに取り込まれたトークンを活用する方法を説明します。

覚えていると思いますが、JWTはサービスに送信される各HTTPリクエストのヘッダーとして埋め込まれます。このトークンはいわゆる「ベアラートークン」として渡されます。この「ベアラー」という用語は、このトークンの所有者にアクセスを許可するという考え方に基づきます。つまり、サービスの場合は、そのベアラートークンに関連付けられたテナントに代わって、システムが操作を実行することを許可しているということです。

これらのHTTPリクエストの1つを解読すると、リクエストの認可ヘッダーの一部としてベアラートークンが表示されます。リクエストは次のような形式になります。

```
GET /api/orders HTTP/1.1
Authorization: Bearer <JWT>
```

ご覧の通り、これは/api/orders URLへの基本的なGETリクエストで、「Bearer」の値の後にJWTの内容が続く認可ヘッダーであることがわかります。このトークンに埋め込まれているテナントコンテキストにアクセスするために、サービスに追加する必要があるコードを見てみましょう。このトークンはエンコードされ、署名されているので、目的のクレームにアクセスするにはトークンを解読する必要があることに注意してください。次の例では、前の例にコードを追加して、入力されたJWTからテナントコンテキストを抽出するのに必要な手順を紹介しています。

```
def query_orders(self, status):
  # テナントコンテキストを取得する
  auth_header = request.headers.get('Authorization')
  token = auth_header.split(" ")
  if (token[0] != "Bearer")
    raise Exception('No bearer token in request')
  bearer_token = token[1]
  decoded_jwt = jwt.decode(bearer_token, "secret",
```

164 | 7章　マルチテナントサービスの構築

```
                    algorithms=["HS256"])
tenant_id = decoded_jwt['tenantId']
tenant_tier = decoded_jwt['tenantTier']

# 特定のステータスに一致する注文を取得する
logger.info("Finding orders with the status of %s", status)
...
```

実際のクエリ実行コードは、現時点では変更されていないので削除しました。注目したいコードは、受信したリクエストからテナントコンテキストにアクセスして抽出するスニペットです。このコードのブロックは、まずHTTPリクエスト全体から認可ヘッダーを取り出し、auth_headerに「Bearer <JWT>」を設定します。JWTは、エンコードされたトークンを表します。次のコードは、JWTの内容を別の文字列にコピーするために必要な基本的な文字列操作を実行します。その後、この文字列はJWTライブラリを使用してデコードされます。最終的に、デコードされたJWTはdecoded_jwt変数に格納されます。最後のステップは、JWTのカスタムクレームからテナントIDを取得することです。ソリューションの特性に応じて、ここで他のクレーム（役割、ティアなど）にもアクセスするかもしれません。

この例では、サービスが各トークンをデコードする責任を負うと仮定しています。しかし、他にも選択肢があります。たとえば、すべてのサービスの前にAPIゲートウェイを置き、それぞれの受信リクエストを処理することができます。このゲートウェイは、これらのJWTを解読し、テナントコンテキストにアクセスし、それを各サービスに注入することができます。これにより、各リクエストでテナントコンテキストにアクセスする際に生じる待ち時間に対処するための、より興味深い戦略を実装することができます。これは、検討可能な代替戦略の1つにすぎません。重要なのは、これらのリクエストの前のどこかで、（キャッシュされるか、毎回JWTから抽出されるかにかかわらず）すべてのリクエストごとにテナントコンテキストを取得できるコードが必要だということです。

このコードが実行されると、そのコードがどこにあるにせよ、サービスは他の後続処理に必要なテナントコンテキストにアクセスできるようになります。このテナントコンテキストの処理は、前の章で説明したオンボーディングと認証フローの利点であり、テナントコンテキストを取得するために他のサービスや仕組みを呼び出すことなく、サービスがマルチテナントに対応できるということを示しています。

7.2.2　テナントコンテキストを用いたログとメトリクス

この時点で、コードはテナントコンテキストにアクセスできるようになりました。しかし、そのコンテキストを用いて何かを行っているわけではありません。それでは、マルチテナントサービスでコンテキストを適用できる領域の1つ、ログから見ていきましょう。ログは、すべてのサービスが使用する基本的な仕組みの1つで、システム内のアクティビティのトラブルシューティングと分析に不可欠な情報とデバッグ用の監査証跡を作成するメッセージを出力します。

ここで、複数のテナントが同時にサービスを利用するSaaS環境でこれらのログを使用することを想像してみてください。通常、ログに何も手を加えない場合、特定のテナントと相関関係のないさまざまな洞察が混在することになります。これでは、特定のテナントのアクティビティをまとめて表示することはほぼ不可能です。運用チームに所属していて、他の誰も報告していない問題がテナント1にだけ発生していると言われた場合、ログを用いてそのテナント特有の問題の原因となっているログメッセージやイベントを突き止めるのは非常に難しいでしょう。エラーメッセージが見つかったとしても、そのエラーを特定のテナントに明示的に関連付けることができる可能性は低いでしょう。

　幸いなことに、テナントコンテキストを取得できるようになったので、このコンテキストをログメッセージに注入することができます。これにより、テナントコンテキストが導入され、運用チームが個々のテナントやティアなどの観点からログを分析できるようになります。テナントを意識したログを追加すると、コードがどのようになるか見てみましょう。

```python
def query_orders(self, status):
    # テナントコンテキストを取得する
    auth_header = request.headers.get('Authorization')
    token = auth_header.split(" ")
    if (token[0] != "Bearer")
        raise Exception('No bearer token in request')
    bearer_token = token[1]
    decoded_jwt = jwt.decode(bearer_token, "secret",
                    algorithms=["HS256"])
    tenant_id = decoded_jwt['tenantId']
    tenant_tier = decoded_jwt['tenantTier']

    # 特定のステータスに一致する注文を取得する
    logger.info("Tenant: %s, Tier: %s, Find orders with status %s",
                tenant_id, tenant_tier, status);
    ...
```

　注文サービスの一部であるログメッセージの1つを変更しました。このメッセージは、単にログメッセージの先頭にテナントコンテキストを追加するだけです。このコンテキストは、サービス内のすべてのログメッセージに追加され、テナントの特定の動作に関するより深い洞察を得るためのデータをチームに提供します。ログをクエリする場合は、特定のテナントのコンテキストでフィルタリングして、個々のテナントがシステムとどのようにやり取りしているかをより包括的に把握できるようになりました。これは魔法のようなものではありませんが、環境の運用特性に大きな影響を与える可能性のある小さな変更の1つです。

　同じログのマインドセットを、マルチテナントアーキテクチャのメトリクス測定機能にも適用する必要があります。もちろん、テナントのアクティビティに関するフォレンジックビューを構築するためにログは必要ですが、ログメッセージの運用特性にはまったく当てはまらないけれども、テナント

166 | 7章　マルチテナントサービスの構築

の利用状況やアクティビティを分類するためにビジネスで使用されるデータも必要になります。

このメンタルモデルは、サービスから出力されるメトリクスが、ビジネスや運用、アーキテクチャの戦略を策定するための分析および質問への回答に使用できるデータを提供することに重点を置いた洞察を示すというものです。ここでは、サービスがテナント体験にどのような影響を与えているかを把握し、ビジネスチームや技術チームがシステムの有効性、俊敏性、効率性などを評価するために使用できる、さまざまな主要なメトリクスを測定する能力を追跡します。これらのメトリクスの使い方については、「**12章　テナントを意識した運用**」で詳しく説明します。今のところは、これらのメトリクスの公開が、マルチテナントサービスの実装にどのように関わってくるかを検討する必要があります。

注文サービスに戻って、メトリクスイベントを送信する具体的な例として、メトリクスの呼び出しを追加してみましょう。

```python
def query_orders(self, status):
  # テナントコンテキストを取得する
  ...
  tenant_id = decoded_jwt['tenantId']
  tenant_tier = decoded_jwt['tenantTier']

  # 特定のステータスに一致する注文を取得する
  logger.info("Tenant: %s, Role: %s, Finding orders with status: %s",
              tenant_id, tenant_role, status);
  try:
    start_time = time.time()
    response = ddb.query(
                TableName = "order_table",
                KeyConditionExpression = Key(status).eq(status))
    duration = (time.time() - start_time)
    message = {
                "tenantId": tenant_id,
                "tier": tenant_tier,
                "service": "order",
                "operation": "query_orders",
                "duration": duration
              }
    firehose = boto3.client('firehose')
    firehose.put_record(
      DeliveryStreamName = "saas_metrics",
      Record = message
    )
  except ClientError as err:
    logger.error(
      "Tenant: %s, Find order error, status: %s. Info: %s: %s",
      tenant_id, status,
      err.response['Error']['Code'],
```

```
              err.response['Error']['Message'])
        raise
    else:
        return response['Items']
```

　この例では、注文サービスのクエリにメトリクスの記録を追加しました。簡単にしておくために、クエリの所要時間を追跡するものを追加しただけです。次に、テナントコンテキストと実行中の操作に関するすべてのデータを含むJSONオブジェクトを作成しました。ここで、これらのメトリクスイベントを取り込んで集計できるサービスに、このメトリクスを送信する必要があります。この例では、AWSのストリーミングデータパイプライン（Amazon Data Firehose）を使用してメトリクスデータを取り込み、Firehoseクライアントを構成してput_record()メソッドを呼び出してメトリクスイベントをサービスに送信しました。

　繰り返しになりますが、メトリクスの測定そのものは、それほど複雑なプロセスではないことがわかります。労力の大半は、何を取得したいか、そしてメトリクスデータを送信するコードをどのように実装するかを決めることに費やされます。もしチームが広く採用するのであれば、投資額は少なく済みますが、その見返りは相当なものになるでしょう。

　メトリクスを語る上での課題は、誰もが自分のサービスに適用すべき単一で普遍的なメトリクスのアプローチがないことです。メトリクスの価値は明確ですが、その具体的な内容を示すのは困難です。これは多くの場合、ビジネスにとって最も価値をもたらすメトリクスを特定したいという、あなた自身の欲求によって推進される必要があります。同時に、最も優れたSaaS企業は、メトリクスに優先順位を付け、システムの内部および外部の体験を評価する能力に最も役立つ洞察を特定することに取り組んでいる企業であるとも言えます。

7.2.3　テナントコンテキストを用いたデータへのアクセス

　ログとメトリクスは比較的簡単で、サービスのアクティビティに関する洞察を得ることに重点を置いています。テナントコンテキストが個々のテナントのデータへのアクセス方法にどのように影響するかを見てみましょう。

　現時点では、注文サービスから返されたデータは、テナントコンテキストを考慮したものではありません。実際、これ以上手を加えなければ、このサービスは注文をリクエストしたすべてのテナントに対して同じデータを返すことになります。もちろん、これはシステムの意図した動作ではありません。これに対処するには、受信したテナントコンテキストをクエリに反映して、注文の表示を、呼び出し元のテナントに関連するものに限定する必要があります。

　テナントコンテキストを反映する自然で簡単な方法は、検索に含まれるパラメーターにテナントを追加することです。テナント識別子はすでに用意されているので、このテナント識別子を使ってデータにアクセスする方法を決定するだけです。ここには複数の選択肢があります。とりあえず、テナントのデータが同じテーブルに混在するプール化されたデータベースのモデルがあると仮定しましょう。

データがプール化されている場合、注文テーブルにTenantIdキーを追加するだけで、各注文と特定のテナントを関連付けることができます。このテナント識別子がテーブルのキーになります。つまり、これまで使用していたステータスが、指定されたステータスと一致するテナントのすべての注文を返す二次検索パラメーターになることを意味します。

このテナントコンテキストをクエリに反映するコードは非常に簡単です。次の例では、テナント識別子をキーとし、ステータスをフィルターとして使用して、サービスのクエリ部分を拡張しました。

```
response = ddb.query(
        TableName = "order_table",
        KeyConditionExpression = Key('TenantId').eq(tenant_id),
        FilterExpression=Attr('status').eq(status))
```

このようにデータベース検索に少し手を加えるだけで、ここで返される注文が現在のテナントに関連するものだけに限定されるようになります。

この例では、最も単純なユースケースから始めました。データアクセスの議論がさらに面白くなるのは、サービスがサポートする必要のあるストレージ戦略のさまざまな組み合わせについて考え始めるときです。たとえば、**図7-10**に示すように、システムがティアごとに異なるストレージを提供していたとします。

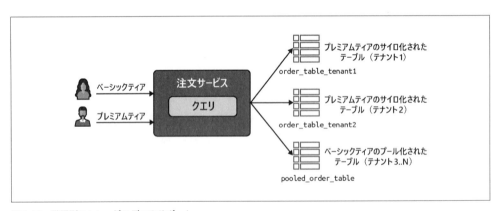

図7-10　階層型ストレージモデルのサポート

この例では、注文サービスがベーシックティアとプレミアムティアのテナントからのリクエストを処理しています。コンピューティングはこれらのテナントで完全に共有されています。しかし、**図7-10**の右側を見ると、サービスがこれらのティアごとに異なるストレージ戦略を採用していることがわかります。ベーシックティアのテナントはすべて、テナントIDでインデックス付けされた1つのテーブルに格納されます（先ほどの例と同様）。ただし、プレミアムティアのテナントは、各テナントが独自の専用ストレージを持つサイロモデルでデータを保存します。この例では、これらの専用テーブルにはそれぞれ、特定のテナントへの対応を示す名前が割り当てられています。

さて、このような新たな要素が加わったことで、サービスの実装にどのような意味があるのか考え
てみましょう。サービスのコードのどこかに、各テナントのティアを調べて、どのテーブルを使って
リクエストを処理するかを決定するロジックが必要です。また、テナントのデータがどのように保存
されているかによって、テナントの注文データの識別と操作をサポートするために、サービス内で複
数の実行経路が必要になる場合があります。

これをより簡単にするために改良する必要があることを理解した上で、総当たり的なアプローチか
ら始めましょう。これを実現するには、基本的に、（テナントのティアに基づいて）使用されるテーブ
ル名を解決するために、クエリにマッピング処理を追加する必要があります。前述のサービスにおけ
るクエリを見直し、テナントのティアを調べて、特定のテナントのリクエストに使用される名前を返
す新しいgetTenantOrderTable()関数を追加しました。この機能を追加するコードのスニペットを
記載します。

```
response = ddb.query(
            TableName = getTenantOrderTable(tenant_id, tenant_tier),
            KeyConditionExpression = Key('TenantId').eq(tenant_id),
            FilterExpression=Attr('status').eq(status))

# ティアベースのテーブル名を生成するヘルパー関数
def getTenantOrderTableName(tenant_id, tenant_tier):
  if tenant_tier == BASIC_TIER:
    table_name = "pooled_order_table"
  elif tenant_tier == PREMIUM_TIER:
    table_name = "order_table_" + tenantId
  return table_name
```

ただし、このアプローチでは、ベーシックティアのテナントとプレミアムティアのテナントのテー
ブルが同じであることを前提としています。ほとんどの場合、これらは同じです。一方、プール化さ
れたテナントは、個々のテナントの注文にアクセスするために使用されるTenantIdキーに依存して
います。このキーは、サイロ化されたテーブルでは何の値も意味も持ちません。多くのチームは、単
発的な追加操作をサポートしなくて済むように、このキーをサイロ化されたテーブルに保存したまま
にするでしょう。サイロ化されたリソースからこのキーを削除する場合は、このキーの有無を考慮し
てデータとのやり取りを実行するための、より特殊なコードが必要になります。

当然ながら、サービスが保存するデータの種類や使用する技術は大きく異なります。ここで取り上
げた例は、マルチテナントのデータがサービスをどのように実装すべきかを左右する多くの方法の1
つにすぎません。

7.2.4 テナント分離のサポート

先ほど説明したデータアクセスの例では、テナントコンテキストをクエリに反映して、データを特
定のテナントに絞り込む方法を用いました。テナントごとにクエリをフィルタリングするなら、ある

テナントが別のテナントのデータにアクセスできないように、あらゆる対策を講じているだろうと考えるのは自然です。そして、理論的には、それ不可能な要求ではありません。ただし、マルチテナント環境では、テナントの分離がテナントの信頼に不可欠であるため、テナントごとにデータアクセスを制限するだけでは十分ではありません。

データの分割とアクセスに使用する戦略と、テナント分離を実現するために使用する戦略の間には、明確な線を引くことが重要です。データがどのように保存され、アクセスされるかは「データパーティショニング」戦略であり、これについては「**8章　データパーティショニング**」で詳しく説明します。テナント間のアクセスからリソース（データを含む）を保護する方法を「テナント分離」と呼び、これについては「**9章　テナント分離**」で詳しく説明します。テナントリソースの分離とは、開発者が意図的または非意図的にテナントの境界線を越えないようにするために、サービス内のコードを保護するための対策のことです。たとえば、クエリに含まれるテナントのパラメーターに関係なく、そのクエリを対象とするテナント分離のポリシーは、そのコードが別のテナントのリソースにアクセスすることを防ぎます。

これはもちろん、テナント分離の戦略を適用するために、サービスの実装に新しい構造や仕組みを導入する必要があることを意味します。目標は、コードがリソースにアクセスする前に何らかの方法で分離のコンテキストを取得し、そのコンテキストを使用して現在のテナントへのリソースアクセスを制限することです。このコンテキストが適用されると、リソースを操作しようとする試みは、現在のテナントに属するリソースのみに制限されることになります。

それでは、この理論をより具体的なものにして、マルチテナントサービスにどのように適用できるかを考えてみましょう。この例ではDynamoDBにアクセスしていますが、テナントコンテキストに基づいてデータアクセスを制限する一連の資格情報でセッションを構成することで、分離の目標を達成することができます。注文サービスの出発点を振り返ると、注文データにアクセスするためのクライアントライブラリとしてBoto3クライアントが初期化されていることがわかります。初期化コードは次の通りです。

```
def query_orders(self, status):
    # データベースクライアント (DynamoDB) を取得する
    ddb = boto3.client('dynamodb')
    ...
```

Boto3ライブラリのこの初期化では、幅広いデフォルトの資格情報一式を使用してクライアントを初期化しました。この状態では、クライアントはより広いスコープで初期化され、注文テーブルのあらゆるアイテムにアクセスできるようになります。つまり、ここでのクエリは、サービスに渡されたテナントコンテキストに関係なく、どのテナントのデータにもアクセスできるということです。

したがって、ここでの目標は、注文を取得しようとする各リクエストに対して、このクライアントのアクセスを絞り込み、呼び出し元のテナントのコンテキストを含むようにクライアントを初期化することです。これを実現するには、クライアントの初期化方法を変更する必要があります。このス

コープを適用するコードは次のようになります。

```python
def query_orders(self, status):
    # テナントにスコープが絞られた資格情報を用いてデータベースクライアント (DynamoDB) を取得する
    sts = boto3.client('sts')

    # テナントスコープポリシーに基づいて資格情報を取得する
    tenant_credentials = sts.assume_role(
        RoleArn = os.environ.get('IDENTITY_ROLE'),
        RoleSessionName = tenant_id,
        Policy = scoped_policy,
        DurationSeconds = 1000
    )

    # 指定したロールの資格情報を用いてスコープが絞られたセッションを取得する
    tenant_scoped_session = boto3.Session(
        aws_access_key_id =
            tenant_credentials['Credentials']['AccessKeyId'],
        aws_secret_access_key =
            tenant_credentials['Credentials']['SecretAccessKey'],
        aws_session_token =
            tenant_credentials['Credentials']['SessionToken']
    )
    # テナントにスコープが絞られた資格情報を用いてデータベースクライアントを取得する
    ddb = tenant_scoped_session.client('dynamodb')
    ...
```

このソリューションにはいくつかの可動部分があります。まず、コードの最初のブロックは、現在のテナント識別子に基づいてスコープを限定した、より狭い一連の資格情報を取得することに焦点を当てていることに注意してください。この例では、このスコープの適用を容易にするために、AWS Security Token Service（STS）を使用し、AWSサービス群の範囲内にとどめています。STSでは、注文テーブルへのアクセスを制限するポリシーを定義できます。ここでは、このポリシーの詳細については説明しませんが、基本的に、指定されたテナントIDと一致するデータベース内のアイテムのみにアクセスを制限する、ということだけ知っておいてください。そのため、assume_role()関数を呼び出して、ポリシーとテナント識別子（JWTから抽出）を渡すと、このサービスは、現在のテナントが所有するアイテムだけにアクセスを制限する一連の資格情報を返します。これらの資格情報は、tenant_credentials変数に格納されます。

これらの資格情報を取得したら、assume_role()の呼び出しから返された特定の資格情報の値でセッションを宣言し、初期化することができます。ここでは、AWSサービスがリソースにアクセスするときに使用される一般的な資格情報の値が表示されます。

後は、以前と同じようにDynamoDBクライアントを宣言するだけです。ただし、クライアントはtenant_scoped_session変数を使用して作成されるようになりました。これは基本的に、前のス

テップで設定した資格情報の値でBoto3にクライアントを初期化するように指示します。これで、このクライアントを使用してクエリコマンドを呼び出すと、スコープポリシーが継承され、このクライアントを使用するすべての呼び出しに適用されます。

この仕組みにより、データベースへの呼び出し時にテナントにスコープが絞られたコンテキストが提供され、真のテナント分離体験を実現します。これで、開発者がクエリにどのような値や設定を入力しても、システムは、現在のテナントにとって有効ではないデータにサービスがアクセスするのを防ぎます。

この例を見れば、テナント分離がマルチテナントサービスの実装にどのような影響を与えるか、より深く理解できたはずです。これを正しく行うことは、ソリューションに対して堅牢な分離戦略を策定するために不可欠です。しかし、課題としては、分離のアプローチを万能なものにするのが難しい多くの要因があるということです。使用する技術、クラウド、サービス、およびリソースのサイロやプールの状況といった、これらの要素のそれぞれが、サービス内のテナント分離を定義して実現するために異なる戦略を必要とするかもしれません。ここで行ったことの精神やマインドセットは、どのようなサービスにも有効です。実際には、これらの概念を実装して実現する過程で、大きな違いが出てきます。

また、サービスはさまざまな種類のリソースとやり取りをする可能性があることに注意してください。ここで説明した分離ポリシーとアプローチは、テナント固有の構造を管理したり、操作したりするあらゆるリソースに適用できるものです。たとえば、キューがある場合、それらのキューは何らかの形で分離する必要があるかもしれません。

このようなテナント分離の仕組みを検討するときは、これらの構造がソリューションの拡張性やパフォーマンスを損なうかどうかを考慮する必要があります。経験上、追加されたオーバーヘッドがボトルネックになることはありませんか？ これらのポリシーの適用をより効率的に行うために、他にできること（キャッシュなど）はありませんか？ これらの構造を導入する際には、このような質問を自問してみてください。

7.3　マルチテナントの詳細の隠ぺいと一元化

マルチテナントサービスの構築について話し始めたとき、開発者体験を肥大化させたり、複雑化させたりすることなく、これらの構造を導入できることに重点を置きました。マルチテナントの構成要素の多くを隠ぺいして一元化し、サービスコードをアプリケーションのビジネスロジックの実装に専念させることが目標でした。

しかし、この目標はまだ達成できていません。実際、説明してきたすべての概念を注文サービスの1つの完成版に含めようとしたら、規模と複雑さは3倍になるでしょう。また、このコードを各サービスに組み込むと、共通の概念や構造をシステム内のすべてのサービスに配信することになり、非効率になることも想像できます。少なくとも、これはプログラミングとしては間違っています。また、マルチテナントの戦略やポリシーを一元管理する能力も制限されてしまいます。

そこで、基本的なビルダーとしてのスキルを活かし、これらの概念をサービスから、これまで取り上げてきた詳細の多くを隠ぺいできるライブラリに移行するための自然な方法を探します。このアプローチには、マルチテナント特有のものはありません。どちらかというと、マルチテナントのアーキテクトとして、サービス開発者の体験を合理化するためにできる限りのことをしておきたいということです。

この例を振り返ってみると、ヘルパーライブラリに簡単に移行できるコードがあることがわかります。たとえば、JWTからテナントコンテキストを取得するために追加したコードを別の関数に移し替える方法を考えてみましょう。このコードは単純にサービスから削除され、次のような関数に変わるだけです。

```python
def get_tenant_context(request):
    auth_header = request.headers.get('Authorization')
    token = auth_header.split(" ")
    if (token[0] != "Bearer")
        raise Exception('No bearer token in request')
    bearer_token = token[1]
    decoded_jwt = jwt.decode(bearer_token, "secret",
                             algorithms=["HS256"])
    tenant_context = {
                        "TenantId": decoded_jwt['tenantId'],
                        "Tier": decoded_jwt['tenantTier']
                     }
    return tenant_context
```

この新しいget_tenant_context()関数はHTTPリクエストを受け取り、前述したすべての操作を実行して、JWTを抽出し、デコードし、テナントコンテキストを含むカスタムクレームを取得します。この関数に少し手を加えて、すべてのカスタムクレームをJSONオブジェクトに格納しました。ここで何を、どのように返すかは、カスタムクレームの内容によって異なります。特定のカスタムクレームを取得するために別の関数があるかもしれません (get_tenant_id()など)。これはどちらかというと好みの問題で、個々の環境に何が一番合っているかということです。

ただし、重要なのは、このライブラリによって、テナントコンテキストを抽出するために必要なサービスは、このライブラリを1回呼び出すだけでよくなり、サービスに含まれるコードの量を減らすことができるということです。また、JWTポリシーの変更も、ソリューション全体に拡散させることなく行うことができるようになります。JWTのエンコードや署名に別の方式を選択することを想像してみてください。一元化された関数により、サービス開発者の見えないところでこのような変更を行うことができます。

これと同じことを、先に取り上げたログ、メトリクス、データアクセス、テナント分離のコードにも適用できます。これらの領域は、マルチテナントの概念に関わる処理を標準化するライブラリを導入することで対処できます。

ログとメトリクスで重要なのは、メッセージをログに記録したり、メトリクスを記録したりするたびに、テナントコンテキストを注入するという余分なオーバーヘッドを取り除くことです。これらの呼び出しのそれぞれでリクエストのコンテキストを共有するだけで、テナントコンテキストを取得してメッセージやイベントに注入する方法を外部関数に委ねることができます。

データアクセスは、少し汎用性が低く、特定のサービスに対して固有のヘルパーを必要とするかもしれない領域の1つです。覚えていると思いますが、注文サービスがティアベースのストレージモデルをサポートする必要があり、各ティアが異なる注文テーブルにリクエストをルーティングする必要があるというユースケースについて説明しました。このような状況では、従来のデータアクセスライブラリ（DAL）やリポジトリパターンを使用して、サービスのストレージとのやり取りの詳細を抽象化した、対象を絞った構造を作成することになるでしょう。このDALは、マルチテナントの要件をすべて包含でき、そのレイヤーの中で分離を適用することもできます（サービス開発者の目にはまったく見えません）。

さて、このマルチテナントのコードをすべてライブラリに移行したとしましょう。サービスのコードは大幅に合理化され、マルチテナントが導入される前に持っていたコピーに似た内容に戻るでしょう。次のコードでは、テナントコンテキストを取得する新しい関数を導入し、テナントコンテキストを注入するログラッパーを導入し、テナントにスコープが絞られたデータベースクライアントを取得する関数を追加し、ティアを特定のテーブルに割り当てる細部を隠ぺいするために注文のDALを利用しています。

```python
def query_orders(request, status):
  # リクエストからテナントコンテキストを取得する
  tenant_context = get_tenant_context(request)

  # スコープが絞られたデータベースクライアントを取得する
  ddb = get_scoped_client(tenant_context, policy)

  # 特定のステータスに一致する注文を取得する
  log_helper.info(request, "Find order with the status of %s", status)
  Try:
    response = get_orders(ddb, tenant_context, status)
  except ClientError as err:
    log_helper.error(
        request,
        "Find order error, status: %s. Info: %s: %s",
        status,
        err.response['Error']['Code'],
        err.response['Error']['Message'])
      raise
  else:
    return response['Items']
```

この概念が最終的にサービスにどのように適用されるかは、多くの解釈がありますが、この例は、このアプローチがサービスの実装にどのように影響するかを教えてくれます。多くの点で、これは基本的なプログラミングのベストプラクティスに従うことに他なりません。ここでの優れた点は、これらのライブラリに何が含まれているかという詳細ではなく、それらがサービスのビルダーにもたらす価値にあります。

7.4　傍受ツールと戦略

この時点で、これらの共通のマルチテナントの概念を単純にライブラリに移行することがいかに重要であるかがわかります。ただし、このコードをサービスの外部に移すだけでなく、開発者体験を合理化し、マルチテナント戦略を一元化するために使用できるさまざまな技術と言語構造も検討する必要があります。

基本的な考え方は、特定の技術構造に組み込まれている機能を活用して、マルチテナントの水平方向の要件をサポートし、サービスのビルダーの協力を最小限に抑えながらマルチテナントの運用とポリシーを導入および構成できるかを検討することです。

たとえば、テナント分離のアプローチを考えてみましょう。もし、言語とツールが、サービスとアクセスしているリソースとの間に処理を挿入できる仕組みを提供してくれるのであれば、分離モデルのさまざまな側面をサービスの見えないところで完全に実施することが可能になるかもしれません。

ここで指針を提供するのが難しいのは、このアプローチを可能にする戦略の候補が非常に多いということです。たとえば、各言語とそれをサポートするフレームワークは、この議論に独自の選択肢をもたらすでしょう。また、アーキテクチャの一部であるさまざまな技術スタックやクラウドサービスには、この状況で適用できる独自の構成要素が含まれている場合があります。これらの構造をどこに、どのように適用するかは、それぞれの選択肢の特性によって大きく異なります。あらゆる可能性を検討するのは非生産的ですが、このマインドセットに合う可能性があるさまざまな種類の仕組みをより深く理解できるように、いくつかの戦略の例を取り上げたいと思います。

7.4.1　アスペクト

アスペクトは通常、言語またはフレームワークの構成要素として導入されます。これにより、コードの中に横断的な仕組みを取り入れることができ、サービスの実装部分に前処理と後処理のロジックを埋め込むことができます。また、環境の一部であるマルチテナントの仕組みのいくつかとうまく連携させるために、グローバルポリシーや戦略をサービスに取り入れることができます。**図7-11**はアスペクトモデルの概念図です。

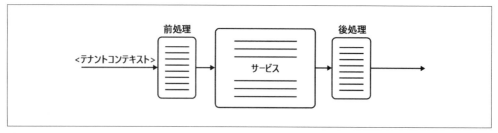

図7-11　アスペクトを用いたテナントコンテキストの適用

　この図の中央にあるのは、サービスのコードです。サービスの開発の多くは、それを取り巻くポリシーを意識していません。アスペクト指向プログラミングでは、テナントからのリクエストの入力と終了時に実行される追加の処理ロジックをサービスに組み込むことができます。このコードは、選択するツールや技術に関係なく、サービスに組み込まれます。

　これがテナントコンテキストの処理を管理、実行、反映するのに最適であることは想像できます。たとえば、アスペクトを使用してサービスに送られる各リクエストを傍受し、HTTPヘッダーからJWTを抽出してデコードし、リクエストの続きに対してテナントコンテキストを初期化する前処理を追加できます。また、テナント分離モデルの要素を実装して、分離ポリシーを適用するために必要な、テナントにスコープが絞られた資格情報を取得して埋め込むことも検討できます。

　重要なのは、これがすべてのサービスの標準的な仕組みとなり、全体的な戦略の一環として組み込まれることです（開発者がコード内で適切なヘルパー関数を呼び出すことに依存するのではありません）。

7.4.2　サイドカー

　マルチテナントアーキテクチャがKubernetesで構築されている場合は、サイドカーを使用してマルチテナント戦略をサービスに適用できないか検討してください。サイドカーはKubernetes環境内の別のコンテナで動作し、サービスと他のリソースや他のサービスの間に配置することができます。これらのサイドカーの良いところは、サービスの完全に外側にあることです。これにより、サービスの連携を必要としない方法で、全体的なマルチテナントポリシーを適用できます。図7-12はサイドカーモデルの概念図です。

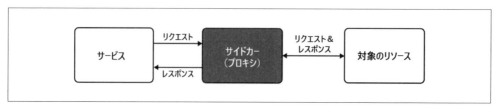

図7-12　サイドカーを用いた水平方向の概念

　図7-12の左側に、ビジネスロジックを含むアプリケーションサービスがあります。そして右側には、

サービスがやり取りするリソースがあります。これは、別のサービスであったり、データベースであったり、さまざまな構成要素の可能性があります。ここで重要なのは、サイドカーがサービスとそのリソースの間にあるということです。これにより、サイドカーはサービスの外側でテナントコンテキストを傍受して参照し、コンテキストを抽出して、サービスとそれが利用しているリソースに関連するポリシーを適用することができます。このサイドカーを個別にデプロイして構成することで、より堅牢なマルチテナントの実装方法を確立できるため、サービスと他のリソースとのやり取りをより詳細に制御できるようになります。

7.4.3　ミドルウェア

　開発フレームワークの中には、ミドルウェアの概念をサポートしているものがあります。この考え方は、受信リクエストと対象となる操作の間に位置するコードを組み込むことができるということです。これにより、サービス全体に共通するグローバルポリシーを傍受して適用することができます。

　このミドルウェアの仕組みは、Node.jsのExpressフレームワークでよく使用されています。このフレームワークでは、ここで取り上げたマルチテナントサービス戦略 (テナントコンテキスト、分離など) の多くを実装するために必要な組み込み構造をすべて提供しています。

7.4.4　AWS Lambdaレイヤー /Extensions

　さまざまなクラウドプロバイダーとそのサービスには、これらの横断的なマルチテナント戦略を実現するのに適した構造を含んでいる可能性があることを述べました。ここでは、その一例を紹介したいと思います。AWSでサーバーレスSaaS環境を構築する場合は、AWS LambdaレイヤーまたはLambda Extensionsを使用して、共有ライブラリをスタンドアロンの仕組みに移行することができます。

　Lambdaレイヤーでは、基本的にすべてのヘルパーを共有ライブラリに移し、それを独立してデプロイすることができます。サービスの一部である各Lambda関数は、この共有ライブラリのコードを参照できるため、そのコードを各サービスの一部にすることなく、さまざまなヘルパー関数にアクセスできます。これにより、これらの全体的に共有される構造を完全に個別に管理、更新、デプロイできます。たとえば、分離の仕組みを変更したい場合、Lambdaレイヤーのコードを修正してデプロイし、各サービスをこの新しい機能で更新することができます。

　一方、Lambda Extensionsは、前述したアスペクトパターンに近いもので、カスタムコードをLambda関数のライフサイクルに関連付けることができます。たとえば、Lambda Extensionsを使用して、サービスの関数への入力時にリクエストを前処理することができます。Lambda Extensionsのコードは、Lambdaレイヤー内に配置することもできます。

7.5　まとめ

　ここまでで、マルチテナントサービスを設計および構築することの意味について、だいぶ理解が深まったことでしょう。この章では、まずマルチテナント環境の要件が、SaaS製品の中核となる機能を

サポートするサービスの構成や規模、動作環境にどのように直接影響するかを見てきました。そのためには、サービスの境界線を特定する際に、メンタルモデルに追加しなければならないさまざまな要因を検討する必要がありました。

設計に関する議論の多くは、テナントのワークロードと利用状況が絶えず変化していること、そしてそれが特にリソースがプール化されている環境において、これらの実態に適切に対処できるサービスの組み合わせを選択するアプローチにどのように影響するかに焦点を当てました。これにより、ノイジーネイバーの可能性がサービスの設計にどのように影響するかをさらに深く掘り下げ、特定のサービスやワークロードの傾向に適切に対処できる新たなサービスの分割戦略を策定できました。また、目標とするパフォーマンス、体験、ティアリングの要件に対応するために、システムのサービス全体にサイロ化戦略を適用する方法についても考えました。

設計を検討する一環として、サービスの設計に継続的に情報を提供できるメトリクスに投資することの重要性と価値についても述べました。重要なのは、実際のワークロードが稼働した後に得られる運用上の洞察に基づいて、設計を改善していくべきだと認識することでした。サービス設計がテナントの現在および新たな要件にどのように対応しているかを把握できるのは、しっかりとしたマルチテナントのメトリクスと洞察があってこそです。

設計上の考慮事項を把握した後は、マルチテナントがこれらのサービスの実際の実装をどのように形成するのかをより深く理解するために、サービスの内部を見ることに目を向けました。ここで最初に焦点を当てたのは、マルチテナントがサービスの実装のどこに、どのように組み込まれる必要があるかを判断することでした。サービスがテナントコンテキストをどのように取得し、それをログ、メトリクス、データアクセス、テナント分離に適用するかを取り上げました。ここで強調した重要な点は、これらのマルチテナント戦略/ポリシーの導入が、サービスの複雑化や肥大化を招くことがないように、あらゆる努力を惜しまないことでした。この目標に取り組むための具体的な方法を検討し、これらのマルチテナント構造を開発者の視界から外し、より一元的に開発および管理されたモデルに移行するさまざまな方法を紹介しました。

全体的に見ると、マルチテナントはサービスの設計と実装の両方に大きな影響を与える可能性があるということです。設計段階では、テナントの利用傾向やマルチテナント要件の動的に変化するとらえどころのない特性を予測することが重要です。サービスにおいては、ビルダーの体験や生産性を損なうことなく、中核となるベストプラクティスを確実に実践する方法を考えることに集中しましょう。

マルチテナントがサービスにどのように実装されているかを理解できたところで、これらのサービスで使用されるデータを扱うために採用できるさまざまな戦略を掘り下げていきましょう。これまでに、マルチテナント環境におけるデータの保存方法を簡単に説明してきましたが、主に他の概念の観点から見てきました。次の章では、マルチテナントデータの作成、運用、管理に関連するさまざまなアプローチと考慮事項に焦点を当てます。これにより、マルチテナントデータを扱う際に考慮すべきさまざまな要因をより包括的に把握し、マルチテナント環境の一部であるデータの保存方法/保存場所に影響を与える重要な分岐点を浮き彫りにすることができます。

8章
データパーティショニング

　SaaS環境のマルチテナントサービスに深く踏み込んでいくと、これらのサービスがマルチテナントのモデルでどのようにデータを扱い、アクセスし、管理するのかにも目を向ける必要があります。マルチテナントデータの基本を理解するのは比較的簡単ですが、環境の要件に合ったマルチテナントのストレージ戦略を選択するには、多くの要素が絡んできます。

　SaaS環境における特定のワークロードのデータを保存する方法に直接影響する要因は複数あります。コンプライアンス、ノイジーネイバー、分離、パフォーマンス、コストなど、これらのどれもがマルチテナント環境におけるデータの保存方法に大きな影響を与える可能性があります。この中には、技術も大きな役割を果たします。各ストレージ技術には、データパーティショニング戦略の一環として考慮する必要がある、独自の制約や構造、仕組みがあります。

　この章では、データパーティショニングに関するあらゆる考慮事項を取り上げ、一般的にデータパーティショニングのモデルを形成するさまざまな要因に焦点を当てます。まず、データパーティショニングの基礎を押さえて、使用するストレージ技術に関係なく適用される共通のテーマと考慮事項を確認します。また、最終的に選択するデータパーティショニングのモデルを決定する上で、分離がどのように大きな役割を果たすかを理解できるように、データパーティショニングとテナント分離の自然な関係についても見ていきます。

　中心的な概念を理解したら、さまざまなストレージ技術やサービスにおけるデータパーティショニングの具体的な実現方法に重点を移していきます。ここでの目標は、それぞれの技術を掘り下げて、各ストレージサービスの特性がデータパーティショニングの設計にどのような影響を与えるかを理解することです。これにより、さまざまなストレージ技術がマルチテナントストレージの主要な課題（ノイジーネイバー、テナント分離、コンプライアンスなど）にどのように対処できるかを明確に把握することができます。また、マルチテナントのデータモデルに関連するトレードオフについても検討し、さまざまなタイプのデータ（オブジェクト、リレーショナル、NoSQLなど）を保存するときに重視したい主要な領域を特定します。

8.1 データパーティショニングの基礎

マルチテナントストレージの具体的な構造を検討する前に、データパーティショニングの基本的な概念を確認する必要があります。まず、私がデータパーティショニングと呼ぶときの意味を明確にすることから始めましょう。私がマルチテナント環境でデータを保存することを考えるとき、保存するデータの種類、保存と管理に使用する技術、テナントによるデータの利用方法などに基づいて、個々のテナントのデータがどのように分割されるかを常に考えています。

データの分割は、各テナントのデータが何らかの方法で完全に独立したストレージ構造に格納されることを前提としているわけではありません。実際、ここでサイロとプールの概念が再び重要な役割を果たすことになります。この用語は、テナントデータの保存方法を検討する際に一緒に出てきます。この点を明確にするために、サイロモデルとプールモデルがストレージにどのように適用されるかを見ていきましょう。図8-1は、サイロ化戦略とプール化戦略が、マルチテナントのデータパーティショニングの分野にどのように適用されるかを示す基本的な概念図です。

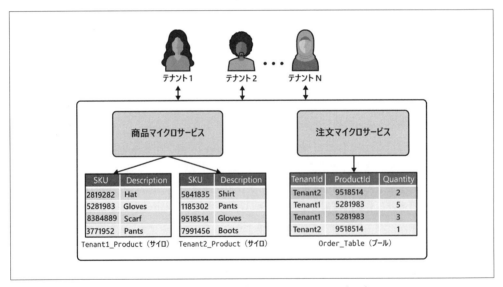

図8-1　サイロデータパーティショニングモデルとプールデータパーティショニングモデル

この例では、すべてのテナントで共有されるプール化されたコンピューティングで実行されている商品サービスと注文サービスを示しました。ただし、これらのサービスはそれぞれ異なるデータパーティショニングのモデルを採用していることに注目してください。左側では、商品サービスはテナントごとに個別の専用ストレージ構造を使用しています。この場合、このストレージはサイロ化されていると言えます。

右側では、異なるデータパーティショニングのモデルを使用する注文サービスがあります。ここには、すべてのテナントの注文を保存および管理するために使用される共有ストレージ構造が1つだけ

あります。これは、プールストレージモデルと呼ばれるものです。

また、テナントとデータの関連付け方法は、これらのデータパーティショニングの方式ごとに異なることもわかります。サイロの場合、テナントは通常、何らかの命名モデルに基づいてサイロ化されたストレージ構造に関連付けられます。この例では、各ストレージ構造の名前の前にテナント識別子を追加しました。また、実際の商品データには、各アイテムをテナントに関連付ける参照情報や結合情報が何もないことにも注目してください。それらは必要ないからです。一方、注文テーブルにはすべてのテナントのデータが含まれているため、個々のアイテムを各テナントに関連付ける何らかの方法が必要です。この例では、各テナントに属するアイテムを識別するためにTenantId列を設けています。

重要なのは、データを保存するためにどの技術を使用するかにかかわらず、データの保存方法を定義する際には、サイロとプールの用語を使用することです。これらの概念は普遍的なものですが、さまざまな技術で実際にどのように実現されるかは、大きく異なるかもしれません。これらの違いは、最終的にデータがサイロモデルまたはプールモデルのどちらで保存されるかを判断する上で重要な役割を果たします。

また、これらの戦略にはそれぞれ異なる拡張性に関する考慮事項があることにも注意してください。たとえば、サイロ化戦略では、テナントごとに個別のストレージ構造を追加しようとすると、拡張性や管理面の課題が生じることがあります。一方、データの大きさによっては、すべてのテナントデータを1つの構造に混在させると、過剰なデータや分散が不十分なデータが保存されている場合に、拡張性の限界が生じることもあります。

この章全体を通して、サイロデータパーティショニング戦略とプールデータパーティショニング戦略について説明します。さまざまなストレージ技術にわたって、各モデルを採用することのトレードオフ、設計上の考慮事項、運用上の影響を理解することが重要です。また、これら2つのモデルは相互に排他的ではないことを理解することも重要です。たとえば、ベーシックティアのテナントにはプールモデルを、プレミアムティアのテナントにはサイロモデルを選択できます。このアプローチにより、テナントに2つの異なる体験を提供できるため、サービスのプライシングとパッケージングの選択肢が広がります。

これらのストレージモデルが特定のストレージ技術にどのように影響するかを説明する前に、マルチテナントのストレージ戦略を設計する際に考慮すべき、いくつかの横断的な懸念事項について考えてみましょう。

8.1.1　ワークロード、SLA、そして顧客体験

マルチテナントのストレージ戦略では、拡張性とパフォーマンスに徹底的にこだわる必要があります。マルチテナントデータの利用状況は、ソリューションのサービスによって大きく異なる可能性があり、テナントの変化するワークロードと利用パターンをサポートするための独創的なアプローチが必要になります。このような要件に効果的に対応するストレージ戦略を見つけることは困難です。今

日のワークロードとパターンが、明日も同じとは限りません。また、新しいテナントがオンボーディングし、システムのストレージ特性にまったく新しい問題が加わるかもしれません。

　データパーティショニング戦略を設計するときは、マルチテナントのモデルで各ストレージ体験がどのように機能するかを必ず考えてください。特定のテナントティアに要求されるSLAをどのように満たしますか？ テナントがストレージを飽和させる事態をどのように検出して対処しますか？ ストレージサービスを実行するコンピューティングのサイジングを効率的に行うにはどうすればいいですか？ これらは、データパーティショニングのモデルを選択する際に考慮すべきパフォーマンスと拡張性に関する質問のほんの一例です。

　この作業の一部は、データの使用量を見積もることでもあります。テナントがシステムのさまざまなサービスにわたって保存するデータ量をある程度把握することで、テナントのSLAを満たすためにシステムをどのように拡張できるかを予測できます。これはまた、使用するストレージ技術の限界に、データがどのように迫っているかを理解するためにも不可欠です。サービスによっては、不相応に大きなデータを持つテナントがデータパーティショニング戦略を台無しにし、システムの重要な領域のパフォーマンスを低下させる可能性があります。これを知っていれば、マルチテナントデータを効果的に拡張できる、別のパーティショニングのアプローチを採用するきっかけになるかもしれません。

　ノイジーネイバーは、マルチテナントのストレージ戦略を構築する際に注目したいもう1つの分野です。すでに全体的な懸念事項として説明しましたが、ノイジーネイバーは、マルチテナントストレージのパズルに独自の要素をもたらします。ここで、ワークロードの特性を把握して、テナントがシステムのマルチテナントデータをどのように利用するかを理解し、他のテナントの体験に影響を与えるような負荷をテナントがかけるのを防ぐために、パーティショニング、サイロ化、またはスロットリングの仕組みを導入すべき領域を特定する必要があります。これらの同じポリシーは、環境の可用性を管理するためにも不可欠です。特に、プール化されたストレージでノイジーネイバーの状況に遭遇する場合はなおさらです。

　ストレージのコンピューティングのサイジングもこの話の一部です。ソリューションのワークロードとSLAをサポートするために、どの程度のコンピューティングリソースが必要かを判断するのは困難です。スループット要件を満たすためにストレージリソースを過剰にプロビジョニングする必要がないバランスを見つけるのは難しいことがよくあります。

8.1.2　Blast Radius

　どのようなアーキテクチャでも、障害発生を防ぐためにできる限りのことを行っておくのが目標ですが、あるテナントが他のテナントの体験に影響を及ぼさないようにするために、追加の対策を講じる場合もあります。これはもちろん、障害がシステム内のすべての顧客に影響を与える可能性があるマルチテナント環境では特に重要です。

　そこで、ストレージモデルを選択する際に、チームによってはBlast Radius（障害やセキュリティインシデントから生じる可能性のある損害や影響の範囲）を全体的な戦略に取り入れ、潜在的な障害

の範囲を狭めるためにデータをサイロ化する方向に傾くかもしれません。これは、特に重要なデータ群をサイロ化することにつながるでしょう。このアプローチでは、たとえばサイロ化されたデータベースが何らかの致命的な状態に陥ったとしても、その障害の影響を単一のテナントに限定することができます。また、運用チームはこの問題に単独で取り組むことができます。

これは、SaaS環境のデプロイの影響範囲を考慮した場合に、特に効果的です。新しいバージョンや機能が配信されると、各テナントのサイロ化されたデータは個別に更新されるため、すべてのテナントに影響を与えることなく、データ構造を適切にデプロイして更新することができます。

Blast Radiusの問題を抑制するためにデータをサイロ化することには利点がありますが、それでも慎重に検討する必要があります。これは環境によっては適しているかもしれませんが、環境全体の俊敏性、コスト効率、運用特性に影響を与える要因になる可能性もあります。

8.1.3　分離の影響

分離はマルチテナントアーキテクチャのあらゆる側面に影響を及ぼし、選択したデータパーティショニングのモデルを構築する上で重要な役割を果たします。実際、ここでデータの分割と分離の境界線が曖昧になることがよくあります。たとえば、少なくとも部分的には、その分離要件に基づいたパーティショニング戦略を選択することになるでしょう。

これが少し混乱するのは、データパーティショニング戦略とテナント分離を同一視してしまうことがあるからです。たとえば、特定のデータ群に対してサイロモデルを使用することを選択した場合、そのデータは「分離されている」と表現します。分離を可能にするためにサイロモデルを選択したかもしれませんが、データをサイロ化するだけではデータが分離されるわけではありません。**「9章　テナント分離」**で説明しますが、分離とはデータの保存方法を超えた強制力のあるレイヤーを意味します。データがサイロ化されているかプール化されているかにかかわらず、データへのアクセスを制限し、その範囲を設定します。

私は、分離が選択するデータパーティショニングのモデルに影響を及ぼすと考える一方で、その分離を実装することはやはり個別に実現されるべきだと考えています。データパーティショニングに対する分離の影響は、さまざまなストレージ技術を検討する上で特に重要なものとなります。あるレベルの分離をサポートできる可能性を考慮して、データパーティショニング戦略を少なくとも部分的に選択するのであれば、選択するストレージ技術がどのように必要なレベルでの分離の実装をサポートするかも考慮する必要があります。たとえば、分離を可能にするためにテナントデータを別の独立したデータベースに格納したところ、そのデータベースではテナントごとの分離ポリシーをデータベースレベルで定義できないことがわかったとします。そうなると、別の選択肢を検討するように迫られるかもしれません。

これは、プールデータパーティショニング戦略と分離について考えるとさらに顕著になります。ご想像の通り、分離を強制するような戦略はあまり支持されることはないでしょう。

8.1.4　管理と運用

アーキテクトやビルダーにとって、データパーティショニング戦略を選択するときに、パフォーマンスと分離に重点を置くのは当然です。ただし、データパーティショニング戦略がSaaS環境の管理と運用にどのように影響するかを考慮することも同様に重要です。たとえば、サイロパーティショニングとプールパーティショニングのどちらを選択するかを検討するときは、データの使用量が運用チームの体験や俊敏性（バックアップ、デプロイ、移行、テレメトリなど）にどのように影響するかを考える必要があります。

プールデータパーティショニングモデルは、明白な理由から、通常、最高レベルの運用効率をもたらします。データがプールモデルで扱われる場合、管理と運用の話はずっとわかりやすくなります。たとえば、データの更新は、プールモデルでは1回の操作ですべてのテナントに適用されます。また、すべてのテナントが共有構造を使用していれば、ストレージサービスのパフォーマンスと健全性に関する運用上のビューを構築するために必要な作業も簡単になります。

サイロデータパーティショニングでは、より分散されたモデルになり、管理と運用の体験に一定の複雑さが加わります。この場合、DevOpsツールが、データの変更や移行を各テナントに個別に適用するという課題を請け負わなければなりません。サイロ化されたデータ構造の大規模な構成全体でこれらの変更を同期させることは、当然このプロセスにある程度の複雑さと時間の要素を追加することになります。サイロデータパーティショニングの方式では、運用ツールの負担も増えます。環境の一部であるさまざまなサイロ化されたテナントのデータベースから、健全性とアクティビティに関する統合的なビューを構築するためのツールが必要になります。

バックアップとリストアについても検討する必要があります。パーティショニングのモデルは、テナントデータのバックアップとリストアの能力にどのように影響するでしょうか？ サイロ化されたデータでは、これは比較的簡単です。ただし、プール化されたデータでは、共有ストレージサービスからテナントデータのスナップショットをどのように取得するかを検討する必要があります（そして、他のテナントに影響を与えずにテナントデータをどのようにリストアするかも検討する必要があります）。ここでのアプローチを決定するための変数はたくさんあります。重要なのは、データパーティショニング戦略を選択する際に、このことを念頭に置いておくことです。

最終的には、これは多くの場合、効率性と管理性のバランスを取ることになります。ただ、どこに落ち着くかによって、ビジネスの拡張性と俊敏性の目標を達成するための能力に大きく影響する可能性があることを覚えておいてください。

8.1.5　適材適所で使い分けるツール

チームによっては、データパーティショニングを、ソリューションの要件を満たす技術を選択するときの、失敗すればすべてを失う瞬間として捉えています。たとえば、チームは分析を行い、そのソリューションの要件に最も適していると思われる1つのデータベース技術を全面的に採用します。これは、開発者の経験によって決定されることもあり、チームは技術に関する一般的な知識に基づいて

ストレージ戦略を選択することになるでしょう。

　マルチテナントにおけるストレージのアプローチを選択するのに、なぜこれが理想的とは言えないアプローチなのかは、すでに明らかだと思います。実際に、ストレージ技術の選択に影響を及ぼす変数は非常に多く、さらに重要なのは、これらの変数がシステムの各部分で異なる可能性があるということです。

　システムを、基盤となるストレージをカプセル化するサービスの集合体として捉えるなら、サービスごとにストレージ技術の選択肢を評価する必要があります。あるサービスの要件にうまく適合するストレージ技術が、別のサービスの要件にうまく適合しない場合があります。目標は、各サービスを個別に検討し、サポートするワークロード、分離の要件、コンプライアンスに関する考慮事項、管理上の特性、および動作環境を決定するその他のあらゆる要因に基づいて、サービスが可能な限り最高の体験を提供できるようにすることです。これには、サービスごとにサイロデータパーティショニング戦略とプールデータパーティショニング戦略を選択することが含まれます。おそらく、多くのサービスに共通するストレージパターンが見つかるでしょう。ただし、構築するサービスごとにこれらの質問をしなければなりません。

8.1.6　プールモデルのデフォルト化

　場合によっては、サイロとプールのどちらのデータパーティショニングのモデルが特定のワークロードに最も適しているか、まったくわからないことがあります。望ましいアプローチについてより良い判断を下すためには、テナントのワークロードの拡張性、パフォーマンス、運用上の挙動を観察し、プロファイリングできるようになるまで待つ必要があるかもしれません。

　一般的に、このような場合は、システムのすべてのストレージに対してプールモデルをデフォルト設定にすることをお勧めします。プール化されたストレージのコスト、運用、俊敏性の利点は非常に説得力があるため、チームはできる限りこのモデルにこだわるでしょう。このモードでは、基本的に、サイロモデルでデータを管理、運用、デプロイすることで生じるトレードオフを受け入れることを正当化できる一連の明確な要件に基づいて、サイロ化すべきデータを強制的に整理することになります。

　確かに、ワークロードやデータの種類によっては、システム導入の初日からサイロ化しなくてはならないものがあるのは事実です。しかし、避けたい落とし穴は、サイロ型の体験を必要としないシステムの構成要素まで、サイロモデルに移行しすぎることです。SaaS環境でリソースをサイロ化する場合、その都度、前提条件を確認し、適切な境界線でサイロの適用を決定する必要があります。

8.1.7　複数環境のサポート

　さまざまな技術やサービスによるデータパーティショニングの詳細を掘り下げていくと、サイロモデルの中で、テナントごとの構造（テーブル、データベース、クラスターなど）を作成する場面があります。このようなテナント固有の構造の1つを作成するたびに、その構造とテナントを関連付ける名前を割り当てる必要があります。

186 | 8章　データパーティショニング

これを解決するには、リソースを一意に識別するための命名規則を作成するのが一般的です。これがさらに重要になってくるのは、複数の環境（品質保証、ステージング、本稼働）のサポートを考え始めたときです。このとき、命名規則にサイロ化されたストレージリソースを使用している環境への参照を含める必要があるかどうかを判断しなければなりません。

サービスや戦略によっては、名前が重複しないサイロ化構造になっているかもしれません。たとえば、一部のクラウドストレージサービスでは、環境ごとに別々のアカウントを使用することができます。このモードでは、リソース名をアカウントレベルで設定して、そのアカウント内からのみアクセスできるようにします。また、名前をすべてのアカウントに対して共通にできることもあります。この場合でも、さまざまな環境に対応した命名規則が必要になります。

これは一般的には重大な問題ではありません。ただし、データパーティショニングのモデルを定義する際には、考慮する価値があります。

8.2　ライトサイジングの課題

本書で取り上げるテーマの1つは、インフラストラクチャの利用状況をテナントのアクティビティに一致させるという考え方です。これはすべて、あらゆるSaaSビジネスの基本である効率性の追求の一環です。この拡張性の課題で見過ごされがちな1つの側面は、ストレージのコンピューティング利用の効率性です。コンピューティングの利用状況を最適化できるデータパーティショニングとストレージ戦略を見出すのが難しいのはこの点です。

マルチテナント環境では、ストレージのコンピューティングのサイジングがより難しくなります。私たちのサービスでは、負荷に応じてコンピューティングを水平方向に拡張できます。これにより、テナントのワークロードに基づいてコンピューティングの処理能力を拡大したり、縮小したりすることが容易になります。しかし、ストレージの場合、通常このような選択肢はありません。むしろ、ストレージサービスでは、最初に環境を構成するときに、特定のコンピューティング特性を選択する必要があることが多いです。つまり、ストレージのコンピューティングはすべてのテナントのワークロードに対して固定されたままになることを意味します。

これは、マルチテナント環境では特に難しい問題です。**図8-2**では、マルチテナント環境で発生するストレージのサイジングの問題をより明確に示しています。

この例では、2つのテナントがプールモデルでサービスを利用しています。このサービスは、テナントのワークロードに基づいて水平方向に拡張します。このサービスのインスタンスはすべて、そのデータを管理するプール化されたストレージサービスに向けられます。この例では、ストレージサービスがクラウド上で稼働するリレーショナルデータベースサービスであり、このサービスの設定の一部として、コンピューティングのサイズを選択する必要があるとします。

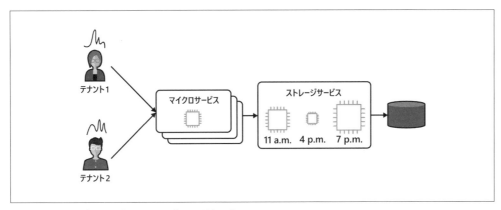

図8-2　ストレージのコンピューティングのサイジング

　問題は、このストレージサービスのコンピューティングにはどのサイズを選ぶべきかということです。この図では、この問題を強調して、コンピューティングのサイズが1日を通してどのように変化するかを示しています。たとえば、午後4時にはコンピューティングの要求は最小限ですが、午後7時には負荷が大幅に増加します。さらに、新しいテナントや新しいワークロードがマルチテナント環境に追加され、これらの利用パターンが絶えず変化しています。

　この問題への取り組みは、サイロデータパーティショニングモデルとプールデータパーティショニングモデルでは少し異なります。プールモデルでは、ストレージサービスのコンピューティングのサイズを適切に設定するのは非常に困難です。一般的に、プール化されたストレージを利用するワークロードの変化や複数のテナントの突発的な負荷に対応するためには、コンピューティングを過剰にプロビジョニングする必要があります。その結果、環境全体のコスト効率戦略に悪影響を及ぼすことを受け入れなければなりません。

　データにサイロモデルを使用する場合は、考慮すべき変数が少なくなるため、サイジングが多少簡単になるはずです。個々のテナントの負荷の特性はある程度予測しやすいため、サイロ化されたテナントの要求により適したコンピューティングのサイズを選択できる可能性があります。ただし、このモデルでも、ある程度の過剰なプロビジョニングは許容する必要があります。サイロ化されたテナントのストレージがアイドル状態になったり、使用率が非常に少なくなったりする時間帯が日中に発生することもあるでしょう。

　もちろん、ストレージの利用状況を分析することで、より多くのデータが得られ、サイロモデルおよびプールモデルのコンピューティングのサイズを適切に設定できます。場合によっては、このデータを使用してストレージのコンピューティングのサイズを継続的に調整し、過剰なプロビジョニングを防止しようとします。しかし、このような絶え間ない調整作業は、運用の複雑性と非効率性を増大させる可能性があります。

　一般的に、この課題に対する魔法のような解決策はありません。ストレージサービスで固定のコンピューティング特性に割り当てる必要がある場合、それに伴う課題を受け入れる必要があります。理

188 | 8章　データパーティショニング

想的には、リソースの過剰なプロビジョニングに関連するコストが、SaaSビジネス全体の利益率に大きな影響を与えないことです。

8.2.1　スループットとスロットリング

ライトサイジングの課題に対処する1つの方法は、ストレージのスループットとスロットリング戦略を使用することです。これらの仕組みにより、テナントのティアやペルソナに基づいて個別の体験をサポートするなど、ストレージリソースの利用状況をより適切に管理できるポリシーを導入できます。ストレージ技術に組み込まれているパフォーマンス用の各種構成オプションを使用して、ストレージワークロードの一般的なパフォーマンスとサイジングの課題を最適にサポートできる設定の組み合わせを見つけるという考え方です。

重要なのは、データパーティショニングのモデルの一部として、これらのポリシーをどのように適用するかを検討することです。これには、プールストレージモデルとサイロストレージモデルでこれらのポリシーがどのように異なるかを考えることも含まれます。これら2つの分割方式では、各ストレージ体験のスループットとスロットリングの構成に異なるアプローチが必要になる場合があります。

8.2.2　サーバーレスストレージ

このサイジングの問題については、コンピューティングの処理能力を事前にサイジングすることを前提としているストレージ技術にすべてが集約されています。しかし、幸いなことに、特定のコンピューティング特性に縛られないサーバーレスモデルを採用するストレージ技術が増えつつあります。サーバーレスストレージでは、これらのサービスはストレージのコンピューティング特性の詳細を隠ぺいし、テナントの現在のアクティビティの状況に基づいて基盤となるコンピューティングのサイズを決定します。コンピューティングは基本的に、システムの負荷に応じて自動的にサイズが調整されるため、マルチテナント環境の要件に最適です。

サーバーレスストレージのモデルは、さまざまなストレージ技術にわたって登場しています。たとえばAWSでは、このサーバーレスモデルを採用したサーバーレスのリレーショナルデータベースストレージサービスであるAmazon Aurora Serverlessがあります。Amazon DynamoDBもサーバーレスで、コンピューティングのサイジングを必要としないマネージド型のNoSQLストレージサービスを提供しています。クラウドベースのストレージ技術の大半は、いずれサーバーレスモデルをある程度サポートするようになるのではないでしょうか。

この章の残りでさまざまなストレージ技術を見ていきますが、このサーバーレスモデルを常に念頭に置いておくことをお勧めします。たとえば、プールデータパーティショニングモデルを採用するのであれば、サーバーレスモデルが魅力的な選択肢であることがわかるでしょう。重要なのは、マルチテナントにおけるストレージの利用状況が予測しにくい特性を考慮すると、テナントのアクティビティに合わせてストレージの処理能力とコストを調整できる推奨のアプローチとして、サーバーレスに気持ちが傾く可能性が高いということです。このサーバーレスモデルでは、ストレージサービスの

運用と管理も簡素化され、変化するコンピューティングのサイジング要件を絶えず追う必要がなくなります。

データパーティショニングの基本的な概念を理解したところで、今度はこれらの原則がさまざまなストレージ技術によってどのように実現されるかを見ていきましょう。以降の節では、ここで検討した一般的な概念をより具体的な実装戦略に結び付けて、ストレージ技術ごとに異なる違いを明らかにしていきます。利用できるストレージの選択肢が多すぎてすべてを網羅することはできませんが、これらの個々の技術の違いがデータパーティショニング戦略にどのように影響するかをよく理解できるように、一般的なストレージ技術の中から選択しました。

8.3　リレーショナルデータベースのパーティショニング

データパーティショニングの基礎を理解したところで、これらの概念がリレーショナルデータベースでどのように活用されるかを見ていきましょう。リレーショナルデータベースでデータパーティショニングを実装する方法を検討するとき、議論の多くはサイジング、拡張性、運用効率に焦点が当てられます。

リレーショナルデータベースは通常、データの分割に使用できるさまざまな構造をサポートしています。一貫しているのは、スキーマへの依存です。つまり、どのデータパーティショニングのモデルを選択したとしても、データはスキーマに対応した環境で取り扱われるということです。これは、あるスキーマ表現から次のスキーマ表現にテナントを柔軟に移行する必要があるマルチテナント環境では課題となるでしょう。これにより、ストレージモデルの全体的な俊敏性に関する議論が複雑になる可能性があります。

これは、リレーショナルデータベースとSaaSは相性が悪いということではありません。実際、リレーショナルモデルの方が環境内の特定のワークロードに適している、納得のできるユースケースもあります。同時に、ストレージ戦略を選択するときは、リレーショナルモデルが移行や俊敏性に与える影響を十分に考慮する必要があります。

8.3.1　リレーショナルデータベースのプールデータパーティショニング

まず、リレーショナルデータベースでプールモデルを実装するには何が必要かを見てみましょう。リレーショナルデータベースを使用してプールモデルにデータを保存する仕組みは、非常に単純です。たとえば、既存のデータベース設計にテナント識別子を導入して、テーブル内のアイテムを特定のテナントに関連付けるだけです。**図8-3**にあるような出力結果は、まさに期待通りのものです。

プールモデルでマルチテナントデータを保存する顧客テーブルを示しました。このテーブルの外部キーとして、データにアクセスするための一次インデックスとして機能する、新しいTenantId列を追加しています。この列のテナント識別子であるGUIDは、指定された行に関連付けられている各テナントのIDを表します。

	TenantId	CustomerId	FirstName	LastName
テナント1	5d4402a6-e759-432c-9e27-c9e1c8d1f970	84829349	Jane	Smith
テナント2	24150732-cba3-49ad-a39e-a955e01d3ba7	64829451	Mike	Jones
テナント1	5d4402a6-e759-432c-9e27-c9e1c8d1f970	28192826	Sue	Henderson
テナント3	702257a5-fbdf-4890-932f-f1a4faabae3b	95185144	Joe	Michaels
テナント4	de1115e1-cf6b-4bf2-b22b-616b247ead0e	84965872	Lisa	Lewis
テナント2	24150732-cba3-49ad-a39e-a955e01d3ba7	20594091	Rob	Hanson

図8-3　プール化されたリレーショナルデータベース

　プールストレージモデルの基本的な考え方は、すべてのテナントのデータを何らかの共有構造にまとめるということです。すると、以前はこのテーブルの外部キーだったデータが、二次インデックスまたはフィルターになります。この場合、CustomerId列がこのテーブルの二次キーになっています。つまり、このテーブルとのやり取りでは、このテーブルのデータにアクセスするクエリにこのテナント識別子を追加する必要があることを意味します。

　この例では、別々のテナントに関連付けられた行を含むテーブルを作成したいと考えました。行1と3はテナント1に関連付けられています（図の左側）。行2と6はテナント2に関連付けられています。このパターンは、テナントデータを保持しているシステム内のすべてのプール化されたテーブルで繰り返されます。

　TenantId列を追加することで、テナント分離の対象となるポリシーを適用することも可能になります。これらのポリシー（「9章　テナント分離」で説明）は、テーブルのビューをフィルタリングし、テナント間のデータアクセスを防止する方法を提供します。各データベース技術には、これらのポリシーを定義するための独自の方法があるかもしれません。重要なのは、場合によっては、プール化されたデータのパーティショニングモデルが、データに適用できる分離戦略に影響を及ぼす可能性があるということです。

8.3.2　リレーショナルデータベースのサイロデータパーティショニング

　プールリレーショナルモデルは単純ですが、リレーショナルデータベースでデータをサイロ化する場合は、検討すべき選択肢がさらに増えます。リレーショナルデータベース技術は、データのサイロ化された境界線を定義するための複数の構造を提供する場合があります。図8-4は、リレーショナルデータベースでデータをサイロ化するときに使用できる、いくつかの異なる構造の概念図です。

　この図の左側には、テナントごとのデータベースインスタンスのモデルを示しました。たとえば、Amazon Relational Database Service（RDS）の場合、これは基本的に、テナントごとにまったく別のインフラストラクチャを構築することと同じです。インスタンスのコンピューティングとすべてのインフラストラクチャリソースは、1つのテナント専用になります。

図8-4　サイロ型リレーショナルストレージ構造の選択

　真ん中には、データベースの概念を示しました。ここでは、各テナント専用のデータベースがデータベースインスタンス内で稼働しています。各データベースは完全に独立していますが、親のデータベースインスタンスの基盤となるコンピューティングをすべて共有しています。最後に、右側には、各テナントのデータをサイロ化するために個別のテーブルを使用するモデルがあります。これらのテーブルはすべて共有データベース内に作成されます。

　これらのモデルのいずれにおいても、サイロ型リレーショナルストレージ構造に名前やタグを割り当てるのは、環境の責任になります。そして、実行時には、コード内で、受け取ったテナントのリクエストを該当のデータベースインスタンス、データベース、またはテーブルに対応させなければなりません。

　これらの異なるサイロ構造のそれぞれについて、その構造が要件に合わせて拡張できるかどうかを検討する必要があります。たとえば、RDSでは、選択できる構成に制限があります。1つのデータベースインスタンス内に作成できるデータベースの数は限られています。同じことがテーブルにも当てはまります。使用する技術によっては、拡張性の計算に含めるべき他の種類の制約が課される場合があります。一般的な指針は、リレーショナル技術に伴う制限の範囲を十分に考慮することです。将来的な成長について基本的なモデリングを行うことで、リレーショナルデータベース環境の拡張性における制約に問題なく収まっているかどうかをより正確に把握できます。

　また、サイロ化を選択する理由には、ドメインのセキュリティとコンプライアンス上の考慮事項に基づく分離の必要性があるかもしれません。確かに、サイロ型リレーショナル構造のより大きな単位で構成できるという特性は、このような要件に対応するための有力な手段です。ただし、さまざまなリレーショナル技術を検討してみると、ストレージをサイロ化するだけでは分離の要件に完全に対応できないことがわかります。場合によっては、これらのサイロ型リレーショナル構造が、テナント間のアクセスを防止するポリシーの定義をサポートしていないことがあります。つまり、データがサイロ化されていても、強固な分離ポリシーを実装するための仕組みがないのです。重要なのは、どのサイロ化構造を選択するかは、その構造が分離ポリシーによってテナント間のアクセスを防止できるかどうかによっても影響を受けるということです（これについては「9章　テナント分離」で詳しく説明します）。

Amazon RDSでは、MySQL、PostgreSQL、MariaDB、SQL Server、Oracleなど、さまざまなデータベースエンジンから選択することができます。これらのエンジンにはそれぞれ微妙な違いがあり、サイロパーティショニングモデルに新たな側面を加える可能性があります。各クラウドベンダーやリレーショナルデータベースベンダーは、この問題に独自の工夫を凝らしているかもしれませんが、マインドセットやアプローチはここで説明したパターンや考慮事項に概ねうまく対応するでしょう。

8.4　NoSQLのデータパーティショニング

次に取り上げるのはNoSQLストレージです。NoSQLにはさまざまな選択肢があり、それぞれが新しい構造を持つため、プールデータパーティショニング戦略とサイロデータパーティショニング戦略を実装する際のアプローチが変わる可能性があります。もう少し具体的に説明するために、マネージド型のNoSQLストレージサービスを提供するAmazon DynamoDBに焦点を当てます。

NoSQLストレージのスキーマレスな特性は、マルチテナントのビルダーにいくつかの大きな利点をもたらします。大規模なプール環境を運営し、新しいデータ構造を含む変更をデプロイすることを想像してみてください。リレーショナルのアーキテクチャでは、新機能の配信の一環として、スキーマを更新するための一連の複雑な移行手順を構築する必要があるかもしれません。同じ変更をNoSQL環境で適用するのは、一般的にはるかに簡単です。スキーマがないため、多くの場合、一連の複雑な移行スクリプトを実行する必要がなくなり、チームはより少ないデプロイでより速いペースで機能を提供できます。これは、運用上の俊敏性、イノベーション、効率性を向上させる、より広範なSaaSの価値提案とよく合います。

DynamoDBでは、データの分割に使用できるストレージ構造がかなり限られていることもわかります。DynamoDBには、データベースやインスタンスといった概念はありません。また、DynamoDBには、さまざまな既存のリレーショナルデータベースエンジンを使用する際に発生するあらゆる問題を引き継がなくて済むという利点もあります。さらに、DynamoDBは他のAWSサービスとの統合が容易であり、分離ポリシーの定義に使用できるアイデンティティとアクセス管理（IAM）の仕組み（「**9章　テナント分離**」で扱います）との密な連携が可能です。

SaaSソリューションでNoSQLとリレーショナルデータベースのどちらを選択すべきか、という質問をよく受けます。これは主に、分離の要件や俊敏性への影響、パフォーマンスに関する考慮事項など、アプリケーションと利用用途の組み合わせによって決まります。一般的に、私はまずNoSQLから始めて、実際のビジネスの状況を踏まえて、理にかなっていればリレーショナルに移行するように勧める傾向があります。

8.4.1　NoSQLのプールデータパーティショニング

NoSQLにおけるデータのプール化は、リレーショナルデータベースの場合と非常によく似ています。DynamoDBでは、すべてのデータはテーブルに格納されます。これらのテーブル内のデータに

は、システム内のすべてのテナントの情報が含まれます。これらのデータは、テーブル内の各項目と該当のテナントを関連付けるテナント識別子に基づいて結合します。図8-5は、テナント識別子でインデックス付けされたNoSQLテーブルの概要を示しています。

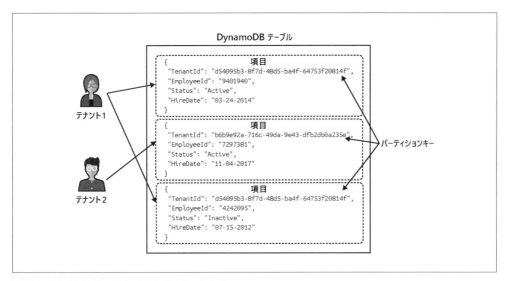

図8-5 NoSQLのプールデータパーティショニング

　これは、先ほど見てきたプール型リレーショナルストレージの例とそっくりです。DynamoDBテーブルには項目が存在し、それぞれの項目には該当の項目のデータを含むJSONドキュメントがあります。

　この例に記載されている項目は、従業員を表しています。テナントに関連付けるために、これらの各項目に`TenantId`属性を追加しました。このテーブルには、データを持つテナントが2つあります。テナント1は1番目と3番目の項目に関連付けられ、テナント2は2番目の項目に関連付けられています。

　テーブル内の各テナント識別子は、DynamoDBがパーティションキーと呼ぶものです。これにより、基本的に属性がテーブルの主キーとして識別され、個々のテナントのデータにアクセスする際のパフォーマンスが向上します。これらのテーブルにテナントの要素を追加する前は、`EmployeeId`が主キーでした。今は、DynamoDB内でソートキーとして扱われています。

8.4.2　NoSQLのサイロデータパーティショニング

　多くのサイロモデルでは、サイロ化されたデータを保持するデータベースインスタンスへの論理的な割り当てを検討しがちです。しかし、DynamoDB（およびその他のマネージド型のストレージサービス）では、このような構造は実際には存在しません。そのため、ここで考えられる唯一の手段は、テナントごとのテーブルのモデルを使用してデータをサイロ化することです。図8-6は、このサ

イロ型DynamoDBモデルの概念図を示しています。

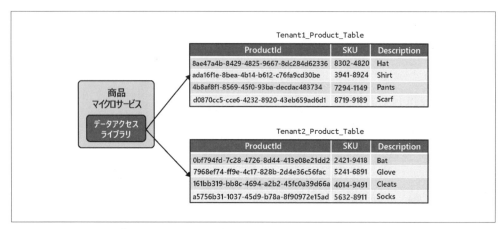

図8-6　NoSQLのサイロデータパーティショニング

　DynamoDBを使ったサイロ化のアプローチに、特別なものは何もありません。基本的には、テナントごとに個別のテーブルを作成します。それから、サービスの実行時に、受信した各リクエストを該当のテーブルに割り当てます。

　この例では、テーブルと特定のテナントを関連付けるために、テーブル名の前にテナント識別子を追加しました。採用する命名戦略は慎重に決める必要があります。DynamoDBのテーブル名はグローバルに管理されるため、テーブルに一意の名前が割り当てられるような命名規則を策定しなければなりません。チームによっては、生成された識別子と「わかりやすい」名前の組み合わせを選択します。

　サイロストレージモデルを検討するときはいつでも、サイロ化戦略がソリューションの拡張性の要件を満たせるかどうかも考慮する必要があります。リレーショナルデータベースの場合と同様に、DynamoDB（または使用するNoSQLソリューション）の制限も考慮することになります。また、テナントごとのテーブルのモデルが、環境のデプロイと運用形態にどのように影響するかについても考えてみてください．

8.4.3　NoSQLのチューニング方法

　通常、DynamoDBのデータパーティショニングの方法はかなり簡単です。ただし、DynamoDBにマルチテナントデータを保存するときには、他にも考慮すべき要素がいくつかあります。たとえば、DynamoDBにはテーブルのキャパシティモードを設定する機能があります。テーブルごとに、オンデマンドモードまたはプロビジョニングモードを選択できます。オンデマンドモードでは、テナントの実際の負荷に応じてDynamoDBを拡張することができます。これは、ご想像の通り、マルチテナントのワークロードに伴う予測しにくいテナントの利用状況と非常によく合います。特に、プールパーティショニングモデルで稼働するインスタンスで、大きな価値を持つでしょう。

プロビジョニングモードは、サポートする必要のあるアクティビティの規模がより明確な環境に最適です。ここでは、ワークロードの特性に基づいて、最小容量、最大容量、および目標となる使用率を設定します。これで、テナントの能力が最大値を超えることを制限しながらも、システムは安定した目標の状態を維持できるようになります。この戦略をシステムの主要なボトルネックとなっているテーブルに適用することで、（多少は過剰にプロビジョニングされる可能性はありますが）スループットを最大化できます。また、場合によっては、利用状況がより予測しやすいサイロ化されたテーブルにこの戦略を適用することもできます。

もちろん、他のNoSQLソリューションに目を向ければ、他のパーティショニングや構成の選択肢があるかもしれません。しかし基本的には、サイロ型の体験を実現するためにどのような構成を使用できるかを見極めることにかかっています。プールモデルは、おそらく異なるNoSQL製品においても似たような実装が採用されるでしょう。

8.5　オブジェクトのデータパーティショニング

リレーショナルおよびNoSQLストレージサービスによるデータパーティショニングは、ビルダーが容易に理解しやすい分野です。これらのストレージ技術では、プールモデルとサイロモデルへの対応は比較的自然なものでした。しかし、他のストレージ技術に目を向けると、その対応はそれほど単純ではなくなります。これを明確にするために、マルチテナントにおけるデータパーティショニングのモデルをオブジェクトストレージサービスにどのように適用するかを見ていきましょう。

オブジェクトストレージでは、データベースやテーブルという概念でデータを捉えません。そうではなく、管理する資産を、本質的にはさまざまなコンテキストにわたって保存および取得されるファイルに相当する、一連のオブジェクトとして捉えています。

ここでは、Amazon Simple Storage Service（S3）に焦点を当て、S3がマルチテナントデータを分割するために提供するさまざまな仕組みについて説明していきます。ここで取り上げる手法はS3固有のものであり、他のクラウド環境における他のオブジェクトストレージサービスとの対応付けがうまくいく場合とそうでない場合があります。それでも、このS3戦略の検討を通じて、さまざまなストレージ技術に移行する際に、データパーティショニングのアプローチがどのように変化するかをより深く理解できるようになることを目指します。原則は同じですが、これらの原則を実装する仕組みは、多くの場合、より多様な可能性の組み合わせを検討する必要があります。

8.5.1　オブジェクトのプールデータパーティショニング

オブジェクトストレージでは、オブジェクトを管理してアクセスするために、典型的な階層型フォルダー構造を使用することがほとんどです。たとえば、S3では、すべてのオブジェクトは最上位の構造としてバケットに格納されます。これらのバケットは、プレフィックスキーを使用してオブジェクトをグループ化し、アクセスすることもできます。その結果、従来のファイル／フォルダー構造のようになります。

プールモデルでは、テナントオブジェクトをS3内のどこに保存するかを決めることから始めなければなりません。テナントオブジェクトはすべて混在するので、テナントごとに個別のバケットやプレフィックスキーを作成する必要はありません。一方で、アプリケーションサービスはテナントオブジェクトをグループ化して操作したい場合があります。そのため、プレフィックスキーを使用して各テナントのオブジェクトを保存する場所を決めることになります。

S3内でプールデータパーティショニングモデルをどのように扱うかの例を見てみましょう。図8-7は、プールモデルでテナントオブジェクトを保存するために、プレフィックスキーを使用している一連のバケットの概念図です。

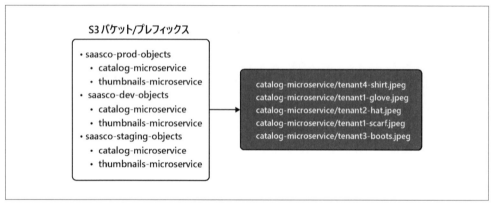

図8-7　S3のプールデータパーティショニング

左側には、作成した単純なバケットの階層があります。ツリーの最上位には、各環境（本番環境、開発環境、ステージング）用のバケットが並んでいます。それから、それぞれのバケット内に、プレフィックスキーを含めました。この例では、プレフィックスキーは、個々のS3オブジェクトを管理しているそれぞれのサービスに対応していると仮定しています。

図の右側には、`saasco-dev-objects`バケット内の、`catalog-microservice`プレフィックスキーに関連付けられた一連のオブジェクトがプール化されたストレージ構造があります。これはプールモデルなので、各オブジェクトを対応するテナントに関連付けるテナント識別子を先頭に追加してオブジェクトに名前を付けました。これらのオブジェクトのいずれかにアクセスするには、呼び出し元が各オブジェクトの名前の前にテナント識別子を追加して、特定のテナントオブジェクトを正常に取得できる必要があります。

このアプローチは、プールモデルとS3のより純粋な見方を表していますが、不必要な複雑さを追加しているように見えます。テナント識別子を先頭に追加するのは管理が難しく、クライアントの呼び出しに手間がかかります。サイロに移行すると、このプールモデルで生じる命名の余計な手間や関連付けをいくらか解消できる、プールモデルのわずかな変更によってサイロの利点がビルダーにどのように提供されるかがわかります。

8.5.2　オブジェクトのサイロデータパーティショニング

S3でオブジェクトをサイロ化するには、2つのアプローチがあります。最も簡単な方法は、テナントごとのバケットのモデルです。このモデルでは、基本的に、新しいテナントごとに新しいバケットを作成し、そのバケット内にすべてのオブジェクトを保存する必要があります。

テナントの総数がS3のバケット上限（現在は1,000バケット）よりも少ない場合は、この方法を検討してください。もちろん、オンボーディングでは、S3の命名規則と一意性の要件に準拠した新しいバケットを動的に作成する必要があります。また、システムの一部に、テナントを指定したバケットに割り当てる仕組みを含める必要もあります。

これらの制限が問題になる場合や、名前の衝突をあまり心配したくない場合は、前述のプール型戦略に少し工夫を加えて、サイロモデルを実装する方法としてプレフィックスキーに頼ることができます。図8-8は、プレフィックスキーの構造を変更してテナントオブジェクトをサイロ化する方法の例です。

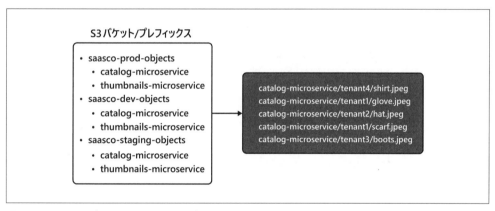

図8-8　S3のサイロデータパーティショニング

これとプールモデルには微妙な違いがあることに気づくでしょう。私は通常、プレフィックスキーをサイロの境界線として使用し、すべてのテナントデータを1つのキーの配下に置きます。

サイロ化されたストレージとプール化されたストレージの比較に関するこれまでの議論のほとんどで、データをサイロ化することで複雑さと余計な手間が増えるという話をしてきました。S3モデルでは、それほど大きな負担はありません。プールの設定では、オブジェクトを本当に混在させる場合、テナントの割り当てを完了するために何らかの方法でオブジェクト名を拡張する必要があります。ここでは、キーを絞り込むだけで、大きなマイナス面を抱えることなく、操作、実行、管理がより簡単なモデルを実現できます。

サイロ化された構造の方が、IAMによる分離を実装するのに適している場合があります。しかし、それはこのS3のサイロ化された構造にはほとんど影響しません。IAMポリシーは、バケット単位またはプレフィックスレベルで設定できるため、これらの戦略のいずれにおいてもテナント間のアクセ

スを防止することができます。

8.5.3　データベースのマネージドアクセス

　S3はオブジェクトにアクセスするためのAPIを提供していますが、ユースケースによっては、テナントオブジェクトを見つけるためにより強力なアプローチが必要です。テナントのS3オブジェクトを見つけるために、より高度でメタデータ駆動型の方法を提供しなければならない場合があります。たとえば、ユーザーが指定した条件に一致するすべてのオブジェクトを検索したいとします。ここで、検索したいメタデータは、オブジェクトストレージの外部のどこかにあるかもしれません。

　このような場合、オブジェクトとデータベースの間に、クエリ対象となるすべてのメタデータと属性を保持するレイヤーを導入することが考えられます。図8-9は、このユースケースの概念図です。

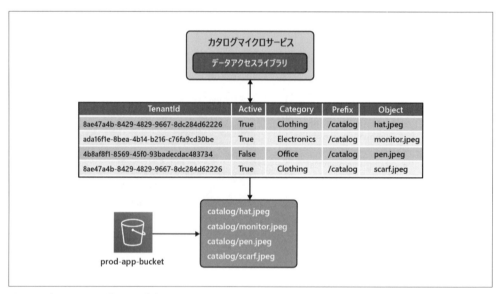

図8-9　データベースを使ったオブジェクトへのアクセス管理

　図8-9の一番上には、カタログサービスがあります。このサービスは、カタログに掲載されている商品のさまざまな属性（アクティブ、カテゴリーなど）を管理します。カタログが管理する属性の1つは、カタログの各アイテムに関連付けられた画像です。これらの画像の実際のオブジェクトはS3に格納されています。

　さて、サービスが、特定の商品属性を持つオブジェクトの組み合わせを取得する必要があるとします。この体験をサポートするために、テナント識別子によってインデックス付けされ、カタログ内のアイテムに関するその他のメタデータを含むテーブルを作成したことがわかります。このテーブルの完全版では、さらに多くの属性を持つことになります。しかし、この例では、適切な検索条件になりそうないくつかの属性（アクティブとカテゴリー）に限定しました。また、プレフィックスキーと、S3に格納されているオブジェクトに対応するオブジェクトファイル名を参照する列も追加しました。

図8-9の一番下にあるのが、カタログの画像オブジェクト（および場合によっては他のサービスデータ）を保存するバケットです。すべての準備が整ったので、カタログサービスは、指定された条件の組み合わせに一致するテナントのオブジェクトを見つけるために、テーブルにクエリできるようになりました。このテーブルの最初の行と最後の行が同じテナントに関連付けられていることがわかります。クエリは、テナントの衣料品カテゴリーにあるすべてのアクティブなカタログのアイテムを検索することができ、その結果、S3に格納されている各アイテムを参照するために使用できるプレフィックスとオブジェクト名を返します。

正直に言うと、これは少し特殊な例です。しかし同時に、オブジェクトをどのように分割するかを考えるための代替方法を提供する、特に便利な方法です。ここでは、分割はすべてテーブル内で行われ、オブジェクトデータベースからテナントの割り当てがすべて削除されます。このテーブルを使用してオブジェクトのメタデータを追加し、特定のユースケースに必要なオブジェクトへのアクセスをフィルタリングすることができます。

8.6　OpenSearchのデータパーティショニング

もうおわかりのように、マルチテナントのデータパーティショニングは、異なるストレージサービス間を渡り歩くにつれて、まったく違ったものに見えることがあります。最後に、検索と分析の分野でデータパーティショニングがどのように適用されているかを見ておくと役に立つと思います。この例では、ElasticSearchから派生したAmazon OpenSearch Serviceを取り上げます。

OpenSearchでは、テナントデータを分割するための新しいストレージ構造と仕組みを使用しています。OpenSearchクラスターの可動部分にサイロモデルおよびプールモデルを適用する場合、OpenSearchにデータを取り込む方法、コストと運用効率を最大化する方法、データを分離する方法はすべて少し違って見えます。

OpenSearchのデータパーティショニングの方法をより深く理解するために、まず、OpenSearch環境（**図8-10**を参照）でテナントデータを保存および管理するために使用されるさまざまな仕組みを見ていきましょう。

図8-10は、OpenSearchサービスの中核となる可動部分の概要を示しています。一番外側の端には、データパーティショニングの最も粒度の粗い単位を表すドメインがあります。これらは基本的に、検索と分析の機能の一部となるクラスターです。ここで、拡張性の特性を形成するノードのサイズと動作環境を設定します。次に、右側には、特定のドメインに関連する一連のインデックスがあります。これらのインデックスには、検索と分析のためにインデックス付けされるドキュメントが格納されます。

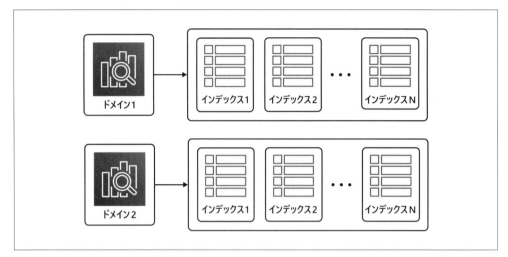

図8-10　OpenSearchのデータパーティショニング構造

8.6.1　OpenSearchのプールデータパーティショニング

　プールモデルを使用するOpenSearchにデータをどのように配置するかを考えた場合、テナントドキュメントが1つのインデックス内で混在しているモデルを採用しなくてはなりません。このアプローチは、多くの点で、すべてのプール化された構造で確認したパターンを踏襲しています。データが混在しているときはいつでも、特定のテナントに関連するデータを識別する何らかの方法が必要です。

　インデックスに格納されているさまざまなドキュメントの中身を見ると、各テナントドキュメントにテナント識別子を追加する必要があることがわかります。この識別子は、特定のテナントのデータにアクセスするために行うあらゆる検索に含まれます。図8-11はOpenSearchのプールモデルの例を示しています。

　この例では、プール化されたストレージが1つのドメインですべてのテナントを実行しており、この商品のサンプルデータでは、すべてのテナントドキュメントが共有インデックスに保存されています。このインデックスの各ドキュメントには、この例ではGUIDで表される`TenantId`属性が含まれています。これらの各ドキュメント内の個々の商品には、個々の商品を一意に識別する`ProductId`も割り当てられています。通常であれば商品を表すはずのドキュメントに、`TenantId`属性を追加したのです。

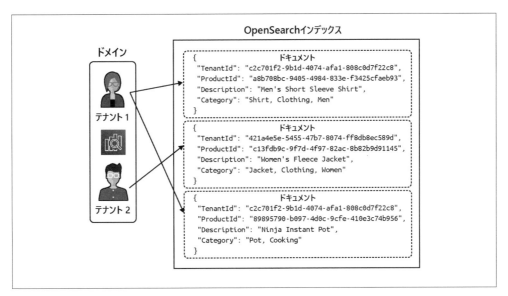

図8-11 OpenSearchのプールデータパーティショニング

　この体験により、プールデータパーティショニングモデルに付随するすべての利点と欠点をすべて得ることができます。共有インフラストラクチャを利用することで、規模の経済性と運用上の特性の両方に恩恵があります。ただし、ドメインのサイジングは難しく、過剰なプロビジョニングにつながる可能性があります。これは、サーバーレス技術に着目することで真価を発揮できるもう1つの選択肢であり、ソリューションのサイジングと拡張性の特性を簡素化できるOpenSearch Serverlessサービスへと舵を切ることになります。

　また、OpenSearchによってデータがどのようにシャードされているかを考え、テナントデータの利用状況と分散が環境のパフォーマンスに影響を及ぼすかどうかを判断する必要があります。

8.6.2　OpenSearchのサイロデータパーティショニング

　OpenSearchのサイロデータパーティショニングモデルを実装する場合、2つの選択肢があります。最初に検討する方式は、テナントごとのドメインのモデルです。このアプローチでは、テナントごとに完全に独立したクラスターを作成する必要があります。このモデルの例を**図8-12**に示します。

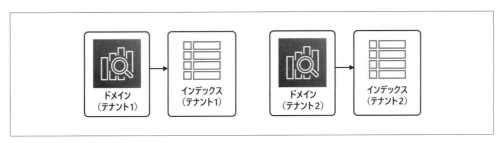

図8-12　テナントごとのドメインによるOpenSearchのサイロデータパーティショニング

これは非常にわかりやすいモデルで、最も粒度の粗いOpenSearch構造を使用して各テナントのデータを保存します。これにより、コンプライアンス、分離、ノイジーネイバーなどについて懸念を抱いているテナントを満足させることができます。一方で、運用が複雑になり、環境のコスト効率にも影響します。

OpenSearchでサイロデータパーティショニングを実装するもう1つの方式は、テナントごとのインデックスのモデルです。これは図8-13に示しています。

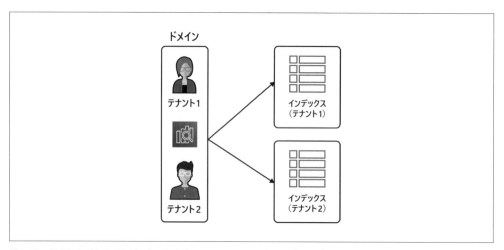

図8-13 テナントごとのインデックスによるOpenSearchのサイロデータパーティショニング

このアプローチでは、サイロ化されたすべてのテナントが共有する1つのドメインがあります。ただし、各テナントには独自のインデックスが与えられます。これにより、新しいテナントごとにクラスター全体をプロビジョニングすることなく、分離を実現できます。また、これらのテナントのリクエスト全体でドメインのコンピューティングを共有することに同意しているということでもあります。テナントによっては、テナントにデータが混在しないような分離の単位を提供し、より具体的な分離の境界線の恩恵を受けることができる一方で、コンピューティングにおける規模の経済性をいくらか得ることができる、良い妥協案です。

ただし、このサイロモデルには欠点もあります。このモデルは扱いやすい反面、ライトサイジングの問題に直面することになります。ドメインの共有コンピューティングは、複数のテナントのワークロードとアクティビティの特性に基づいてサイジングする必要があります。そのため、ノイジーネイバー状態や、ストレージのコンピューティングの共有に伴うその他のパフォーマンス問題が発生する可能性があります。また、サイロ化されたリソースの場合と同様に、モデルの拡張性も考慮しなければなりません。サービスが許容するサイロ化されたインデックスの数には制限があるかもしれません。

8.6.3 混合モードのパーティショニングモデル

前述したサイロモデルおよびプールモデルに加えて、テナントの要件を両立させる別のアプローチを提供する混合モードのモデルの実装を検討することもできます。この混合モードでは、基本的に、共有ドメイン内でサイロモデルとプールモデルの両方をサポートすることになります（図8-14を参照）。

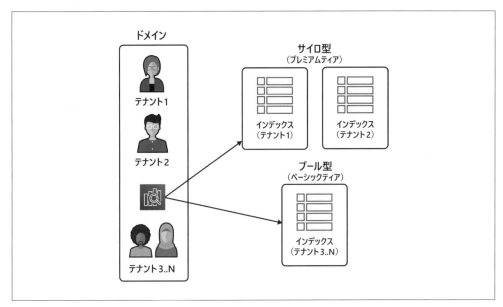

図8-14　混合モードのOpenSearchのデータパーティショニング

　左側では、まだ共有ドメインを使用しており、テナント用に別のクラスターをプロビジョニングする必要はありません。ここで違うのは、このドメインではサイロ化されたインデックスとプール化されたインデックスをサポートしていることです。一番上には、専用のインデックスを持つ2つのプレミアムティアのテナントがいます。そして、一番下には、すべてのベーシックティアのデータを1つの構造にまとめたプール化されたインデックスがあります。

　このアプローチにより、サイロモデルとプールモデルをサポートしながら、OpenSearchのインフラストラクチャの複雑さと容量を最小限に抑えることができます。一方で、この戦略は、ドメインのサイジングと構成に関しては本当に難しい場合があります。また、ベーシックティアのテナントすべてに別のドメインを使用するモデルを検討することもできます。これにより、ベーシックティアのテナントがプレミアムティアのテナントの拡張性に影響を及ぼす事態を避けることができます。

8.7　テナントデータのシャーディング

　これまで、環境を構成するさまざまなストレージ構造に依存する、サイロデータパーティショニング戦略とプールデータパーティショニング戦略に焦点を当ててきました。一般的に、ストレージサー

ビスの組み込み機能の範囲内にとどまることができれば、物事は単純になる傾向があります。ただし、ストレージモデルの拡張性とパフォーマンスがソリューションの要件を満たせない場合もあります。このような場合は、テナントストレージをシャードする独自の仕組みの導入を検討することになります。シャーディングとは、一般的に、拡張性やサイズなどを考慮して、リソースを複数の要素に分割するという考え方を指します。

私が見たことのある適用パターンの1つは、テナントをさまざまなストレージ構造に割り当てるコードを使用する、カスタムパーティショニングの考え方です。たとえば、プールモデルを使用しているリレーショナルデータベースがある状況を想像してみてください。しかし、テナントの拡張性とパフォーマンスが、そのワークロードを適切に処理する能力を超えていることがわかりました。テナントをプール化したいのですが、すべてを1つのストレージデータベースに含めるのは現実的ではありません。

このような場合、チームによっては、テナントのプールを別々の構造に分散する独自のシャーディング戦略の実装を検討します。図8-15はシャーディングモデルの概念図です。

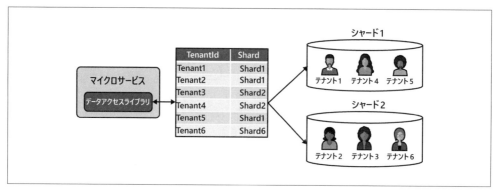

図8-15　テナントのシャーディンググループ

この例では、図の右側にプールモデルで稼働するテナントの2つの異なるシャードがあります。これらのテナントを別々のデータベースに分散させていることに注目してください。つまり、基本的に2組のプール化されたテナントがいます。ここで、左側のサービスがデータベースにリクエストを行いたい場合、データアクセスライブラリは、指定されたテナントリクエストに割り当てられているシャードを検索する必要があります。

これは、「3章　マルチテナントのデプロイモデル」で説明した、テナントのグループをまとめてポッドにデプロイする、ポッドのデプロイモデルとよく似ています。同じような概念ですが、ここでは環境のストレージレイヤーにのみ適用されています。これにより、テナントのワークロードを別々のシャードに分散することで、テナントのBlast Radiusを制限し、プール化に伴うノイジーネイバーの問題を回避できる可能性があります。新しいテナントがオンボーディングしたら、新しいシャードを追加して負荷を分散し続けることができます。

8.9　マルチテナントデータのセキュリティ　|　205

これは理想的なモデルとはほど遠く、SaaS環境に複雑さと余計な手間を加えることになります。ただし、ワークロードやビジネス要件によっては、これを合理的なトレードオフとみなすことができるため、ここで紹介しました。

8.8　データライフサイクルの考慮事項

データがどのように分割され、管理されるかを検討する際には、このデータのより広範なライフサイクルも考慮する必要があります。テナントが経験する状態にはさまざまな変化があり、それがデータの処理方法に影響を与える可能性があります。

その意味をより深く理解するために、テナントのティアごとにさまざまなストレージ戦略を採用する、階層型環境の具体的な例を見てみましょう。ベーシックティアのテナントは完全にプール化されたデータを使用していますが、プレミアムティアのテナントはサイロ化されたストレージ構造を持っています。ここで、ベーシックティアからプレミアムティアにアップグレードする必要のあるテナントがいる状況を想像してみてください。この場合、プール環境からサイロモデルにデータを適切に移行できるように自動化する必要があります。自動化では、このデータの移行がシステム全体の負荷にどのように影響するかも考慮しなければなりません。過剰な負荷が加わると、環境の可用性にも影響する可能性があります。これは難しい問題で、明確な解決策はほとんどありません。それでも、この問題を把握しておく必要があります。

廃止は、データパーティショニング戦略に影響を与える可能性があるもう1つの分野です。通常、テナントの廃止で最も重要なのは、テナントのデータをどう処理するかということです。システム全体を確認して、テナントデータを削除しますか？ テナントが戻ってきたときに再開できるように、データをアーカイブしておきますか？ これらはすべて、テナントデータが環境内でどのように処理されるかを考えるときに考慮すべき要素です。これもまた、環境のパフォーマンスを低下させることなく、廃止ポリシーを適用し、実行できる自動化ツールを綿密に構築する必要がある分野です。

バックアップとリストアも、このテナントライフサイクルの議論の一部です。これは、データをプール化している場合は特に注意が必要です。また、テナントデータは環境内の複数のストレージ構造に分散している可能性が高く、さまざまなサイロモデルおよびプールモデルを使用している可能性があります。このような場合、テナントデータを確実に把握およびバックアップできる、綿密に構成された仕組みが必要です。テナントごとのバックアップとリストアの概念がないこともあるでしょう。その場合、データの状態はグローバルな構成要素としてみなされます。どのモードが環境に最適かは、ドメインやテナントの特性、その他多くの要因によって異なります。

8.9　マルチテナントデータのセキュリティ

テナントデータの保護はSaaS環境であれば当然のことであり、アーキテクチャ上は、あるテナントが別のテナントのリソースにアクセスできないようにするための強力な対策をすでに講じているはずです。そして、「9章　テナント分離」では、このトピックに正面から取り組み、リソース（データを

含む) をテナント間のアクセスから確実に保護するために使用できるさまざまな戦略を掘り下げます。

　ただし、データの保存に追加のセキュリティ要件を課すドメインもあります。ドメインによっては、データを暗号化して、データの保存中も転送中も確実に保護することが目的かもしれません。データを暗号化できるかどうかは、利用するストレージサービスの暗号化機能に大きく左右されます。通常、AWSのストレージサービスの多くは、さまざまな暗号化戦略をサポートしています。

　データの暗号化だけでは十分ではないかもしれません。暗号化に加えてデータへのアクセスを管理するために使用されるキーの所有権を必要とするテナントがいるかもしれません。このような状況では、これらのキーを作成して個々のテナントに配信するための仕組みを導入する必要があります。また、これらのキーにはライフサイクルがあり、SaaS環境における運用の一部として管理しなければならないでしょう。

　このテナントごとのキー戦略は、サイロモデルかプールモデルかの検討にも明らかに影響します。テナントが独自のキーを必要とする場合、サイロモデルにデータを保存する可能性が高くなります。

8.10　まとめ

　この章を読み終えた後は、マルチテナント環境におけるデータ保存のアプローチを決定するためのさまざまなパターンや戦略、影響要因をより深く理解できるようになっているはずです。この章では、まず、マルチテナントストレージの基本的な概念について説明しました。これらのモデルやパーティショニングの概念は、テナントデータの保存に使用されるすべての技術に適用されます。

　まず、サイロ化されたリソースとプール化されたリソースの概念を再検討し、これらのマルチテナントモデルがデータパーティショニングにどのように適用されるかを確認しました。その一環として、これら2つのモデルの一般的な長所と短所をいくつか取り上げました。この2つの選択肢は相互に排他的なものではなく、SaaS環境のコンプライアンス、パフォーマンス、分離の要件に対応するために組み合わせることができるという事実を強調しました。

　この中心的な概念の箇所では、あらゆるストレージ戦略で考慮すべき具体的な要因についても説明しました。たとえば、拡張性とノイジーネイバーに関する考慮事項や、マルチテナントのワークロードの特性がテナントのストレージサービスに対する負荷にどのように影響するかについて述べました。また、Blast Radius、分離モデル、サイジング、運用体験がデータパーティショニングの選択にどのように影響するかについても見てきました。重要なのは、ストレージの技術的な特性だけでなく、ビジネス上および運用上の要因がテナントデータの管理方法にどのように影響するかを考慮することです。ここでの選択は、SaaSビジネスの俊敏性や運用効率、コスト効率に大きな影響を与える可能性があります。

　基礎が確立できたところで、これらの概念が具体的なストレージサービスにどのように適用されるかを検討することに目を向けました。目標は、特定のストレージサービスのコンテキストで提供されるときに、サイロモデルおよびプールモデルがどのように実現されるかをより深く理解してもらうことでした。リレーショナル、NoSQL、オブジェクト、検索の各ストレージモデルを取り上げ、それぞ

れのサービスでデータを分割する際の微妙な違いを明らかにしました。ここでは、これらのサービスのさまざまなストレージ構造が、データパーティショニングのモデルの設計にどのように影響するかを見てきました。各サービスはそれぞれ独自の工夫を凝らしています。

あらゆる種類のストレージ技術を検討するのは現実的ではありません。しかし、ここで紹介した概念と例から、アーキテクチャに含まれるさまざまなストレージ技術を使ってデータパーティショニングを実装する方法を検討する際に有効なメンタルモデルを理解していただければと思います。この章では、データパーティショニングは失敗すればすべてを失う決定ではないという考え方も強調しました。どのパーティショニングを選択し、どの技術を選択するかは、アプリケーションのサービスの具体的な要件によって決定されるべきです。

ストレージの設計は分離戦略に関係しているかもしれませんが、ストレージをサイロ化してもリソースは分離されないことに注意することが重要です。次の章では、分離の詳細を掘り下げ、テナントリソース（ストレージを含む）がテナント間のアクセスから確実に保護されるようにするために使用される構造と仕組みを見ていきます。ここで取り上げる分離戦略とパターンは、SaaSの基礎となるものであり、デプロイ、設計、実現方法にかかわらず、各テナントの環境を保護するマルチテナント体験を提供するために不可欠なものです。

9章
テナント分離

　さまざまなマルチテナントアーキテクチャの構造やパターン、戦略について説明する中で、テナント分離という概念に言及してきました。これまでにこのトピックを取り上げたときは、あるテナントが別のテナントのリソースにアクセスできないようにするために分離がどのように適用されるかという、抽象的かつ概念的なものでした。それでは、いよいよテナント分離の詳細を掘り下げ、SaaSアーキテクチャのさまざまなレイヤーに分離を適用するための具体的な仕組みを見ていきましょう。

　この章では、テナント分離の細かな違いを一連の用語やパターン、プラクティスに落とし込み、いつ、どのようにテナント分離の仕組みをアーキテクチャに導入すべきかを考えるためのより優れたフレームワークを提供することを目指します。まずは、テナント分離の役割と、テナント分離戦略を策定するためのアプローチを構成する基本的な概念を明確にすることから始めます。

　そこから、テナント分離のレイヤー型の特性に目を向け、テナント間のアクセスを防止するための仕組みの導入を考えるべき、アーキテクチャ内のさまざまな領域を特定します。これにより、マルチテナント環境に含まれるさまざまな技術やインフラストラクチャ構造の分離モデルを作成する際に生じる微妙な違いや考慮事項をより深く理解できるようになります。また、さまざまなリソースのデプロイモデルに伴う課題や利点も明らかになり、マイクロサービスの分割やデータパーティショニングなど、これまで取り上げた他のトピックに関する選択を行うためのより多くのデータを得ることができます。

　分離の取り組みでは、マイクロサービスとアプリケーションコードが分離ポリシーの適用においてどのような役割を果たすかを深く考えることが含まれます。個々のリクエストのテナントコンテキストを使用して、リクエストごとにテナントアクセスの範囲を設定および管理するさまざまなランタイム技術を見ていきます。また、実行時の分離ポリシーの適用に関連する設計上の考慮事項もいくつか取り上げます。

　全体的な目標は、SaaSソリューションにおいてテナント分離を最優先に考え、堅牢で非侵襲的なマルチテナントの分離モデルを構築するためのさまざまなアプローチを確認することです。

9.1 中心的な概念

これまでの章を通して、マルチテナントのSaaSアーキテクチャを構築するために使用できるさまざまなパターンとデプロイモデルの説明に多くの時間を割いてきました。たとえば、マイクロサービスとストレージについては、これらの概念の設計と実装の一環として、サイロモデルやプールモデルを使用するさまざまな方法を取り上げました。

サイロデプロイ戦略およびプールデプロイ戦略に言及するたびに、デプロイモデルとテナント分離戦略の間に潜在的な関連性があることを強調しました。同時に、リソースのデプロイ方法とリソースの分離方法の定義には明確な境界線があることも明確にしました。この2つの概念を同義語として扱わないことが重要です。もちろん、特定の分離体験を可能にするデプロイモデルを選択することはあるでしょうが、その分離の実際の実装や運用は、テナントリソースにアクセスしようとするたびにその動作を検査し、テナント間の分離違反を防止する、まったく別の仕組みによって実現されます。

この点をよりわかりやすく説明するために、分離戦略の一環としてサイロ化されたテナントデータベースを選択する場合を想像してみてください。図9-1は、この例の概念図です。

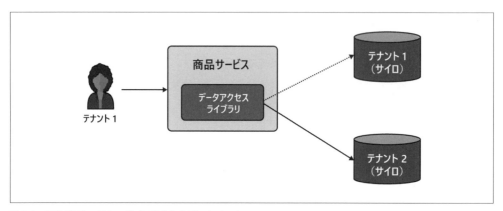

図9-1　分離ポリシーのないサイロ化されたデータベース

この例では、各テナントの商品データをサイロ化することを選択した商品サービスがあります。このサイロ化されたデータモデルは、このデータを分離する必要があり、他のテナントのデータと混在させることができないという、顧客やドメインの要件に基づいて選択されたとしましょう。これはすべて、前の章で説明したデータパーティショニングとサービス設計の例と一致します。

一見すると、多くの人がこの図を見て、テナントデータを別々のデータベースに保存することで、すでに分離を実装し、実現していると思うかもしれません。しかし、別々のデータベースにあるということは、データが混在していないことを保証しているにすぎません。必ずしもデータの分離を実現したわけではありません。

この図のテナント1が商品の一覧をリクエストする場合を考えてみましょう。テナントコンテキストを取得してリクエストを処理し、テナント1のサイロ化されたデータベースにリクエストをルーティ

ングするのが商品サービスの役割です。これはすべて理にかなっています。この時点で、テナント分離を実現したように感じるかもしれません。しかし、テナント1からの同じリクエストを処理していて、サービスのコード内でテナント1をテナント2に置き換えた状況を想像してみてください。何が起こるでしょうか？ 実は、テナント1からのリクエストは、テナント2のデータベースにアクセスできてしまいます。テナントごとに別々のデータベースがあるにもかかわらず、テナントの境界線を越えてサービスがアクセスするのを防止するものは何もありません。単にデータベースを分離しただけでは、データが実際に分離されていることを保証できませんでした。ここで、デプロイと分離の間の境界線に話が戻ります。

そこで、リソースのデプロイ方法に関係なく分離を強制する、テナント分離の仕組みを別途導入する必要があります。つまり、コードとそのコードによってアクセスされるリソースの間にある何らかの構造を追加する必要があるということです。この構造がゲートキーパーとなり、テナントコンテキストを使用してあらゆるリソースのアクセス範囲を制限します。図9-2は、先ほどの例を少し修正したもので、テナント分離レイヤーの追加を表しています。

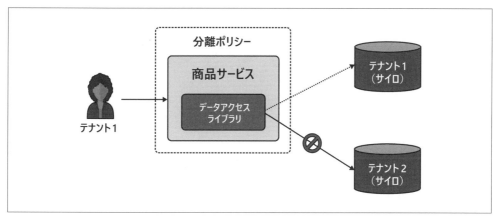

図9-2　テナント分離によるサイロ化されたデータベース

唯一の変更点は、テナント分離の概念的な考え方を示す、商品サービスの周りのラッパーです。このモードでは、商品サービスのコードがデータにアクセスしようとするたびに、分離レイヤーは、アクセス先のリソースが現在のテナントコンテキストに基づいて有効であることを確認します。そのため、開発者がコード内で何をしようとも、分離の仕組みによって他のテナントのリソースにアクセスしようとする動作を防止します。

このことを他のチームに説明すると、しばしば反論を受けます。開発者は、自分たちのコードを「信頼できる」とみなし、テナントの境界線を侵害するようなコードは絶対に書くことはないと思いたいのでしょう。自分たちのコードが分離ルールを破らないと思い込むのは良い方針ではありません。どんなに注意深く良識のある開発者でさえ、意図せずにテナントの境界線を越えてしまうような変更を加えてしまう可能性はあります。この業界には、あるテナントのデータを何らかの形で別のテナン

トに公開してしまったソリューションの例がたくさんあります。テナント間のアクセスが1件でも発生すれば、SaaSビジネスにとっては大きな後退となりかねません。

重要なのは、マルチテナント環境では、デプロイモデルや技術に関係なく、テナントリソースを分離する必要があるということです。テナントの観点からは、サイロ化されたリソースやプール化されたリソースという概念は実際には存在しないはずです。テナントは、システム内のすべてのリソースが分離され、テナント間のアクセスから保護されていることを期待します。図9-3は、このモデルが実際に動作している様子を視覚的に示しています。

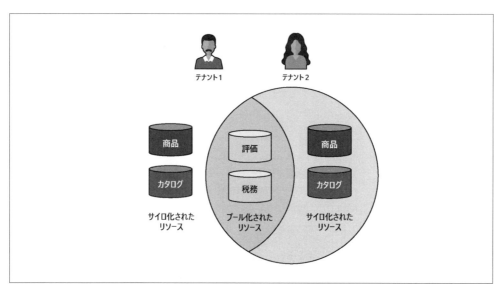

図9-3　テナントから見た分離

サイロ化されたリソースとプール化されたリソースを組み合わせて使用している2つのテナントがあります。単純にするために、これらをデータベースとして示しましたが、これがシステム内のあらゆる種類のリソースに適用されていると想像してみてください。このソリューションの内部では、分離ポリシーによって各テナントのリソースを確実に保護する責任を実装が担っています。ここでの基本的なメッセージは、テナントから見れば、たとえプール化されたインフラストラクチャ上で稼働していても、どのリソースも共有されていないということです。

一部の人にとっては、この現実がマルチテナントアーキテクチャにおける最大の難関となることがあります。運用、拡張性、コスト、パフォーマンス、ティアリングの要件に最適な環境を設計したいものです。同時に、そのソリューションがどのように分離要件を満たせるかを検討する必要があります。ソリューションやドメインによっては、適切なバランスを見つけるのが難しい場合があるでしょう。

また、分離はアーキテクチャの非常に意図的な要素として作成されることも明確にしておく必要があります。意図的であろうとなかろうと、テナントの境界線を越えようとするあらゆる試みを検知することを目的とした、設計の中核となる要素として明示的に実装します。

9.1.1　分離モデルの分類

さまざまな分離戦略の具体的な説明に入る前に、まず一歩下がって、SaaS環境に実装できるさまざまな分離の種類を特徴付けるために使用されるいくつかの分離の概念を定義したいと思います。それらの各カテゴリーについて、分離ポリシーを実現し適用するためのさまざまなパターンに一般的にどのように対応しているかを見ていきます。図9-4は、私がよく見かける分離の3つの主要なタイプを示しています（他にも存在する可能性があることを考慮しています）。

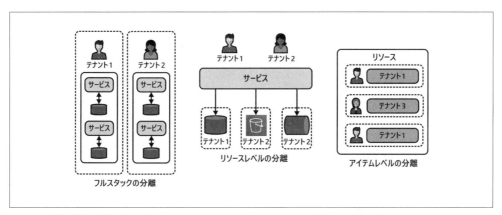

図9-4　分離モデルの分類

この図を左から右に見ていくと、より粗い粒度の分離から始まり、徐々に狭くなっていきます。分離の種類ごとに、各モデルの分離の境界線を表す破線を引きました。

左側の最初の種類は、私がフルスタックの分離と呼んでいるものです。これは、すべてのテナントにリソースの専用スタックが与えられるフルスタックのデプロイモデルを活用するマルチテナント環境に直接対応しています。この場合、リソースの分離は一般的にかなり簡単なプロセスで、テナントリソースを分離するための明確に定義された一連の仕組みを利用することができます。

真ん中に移動すると、私がリソースレベルの分離と呼んでいるものがあることに気づくでしょう。この例では、複数のテナントのリソースを利用するサービス用の共有コンピューティングレイヤーがあります。このモデルでは、分離の単位は「リソース」全体です。たとえば、テナント1には専用のデータベースがあり、テナント2には専用のバケット（Amazon S3）と専用のキューがあります。基本的な考え方は、分離の境界線はリソース全体であり、リソースの定義は環境内のサービスによって異なる可能性があるということです。このような分離方法でも、リソースへのアクセスを制御するための何らかの分離構造を持つことになるでしょう。その対応付けがもっと難しい場合もあるかもしれ

ませんが、あまり一般的ではありません。

最後に、右側はアイテムレベルの分離モデルです。このモデルでは、リソース内にさまざまなテナントのアイテムが混在していることがわかります。最も単純な例は、複数のテナント（プールモデル）からのデータを混在させる共有テーブルを持つデータベース（リソース）です。データベースはこれを考える簡単な方法を象徴していますが、同じ考え方を他のリソースにも応用できます。たとえば、複数のテナントに関連付けられたキューリソースにメッセージを保存することができます。基本的かつ決定的な特徴は、テナントデータが何らかの共有インフラストラクチャリソース内で他のテナントデータと一緒に存在するということです。

アイテムレベルの分離は、すべての分離スキームの中で明らかに最も難しいものです。リソース内を移動すると、利用可能な分離構造の数はかなり少なくなってきます。このレベルでの分離を強制するツールを提供している技術もあれば、提供していない技術もあります。たとえば、AWSでは、アイデンティティとアクセス管理（IAM）の構造を使用してアイテムレベルの分離を実装できるかもしれません。ただし、IAMではアイテムレベルの分離を十分にきめ細かく対応できないサービスもあります。このような場合には、アイテムレベルで分離を適用するための1回限りのツールを構築したり、導入したりして、創意工夫を凝らす必要があります。

このように、マルチテナントアーキテクチャを設計する際には、これら3種類のテナント分離のいずれかを検討することになるでしょう。環境内のテナントリソースをどのように管理したいかを考える過程で、これら3つのモデルのどれを採用するかを決定する必要があります。また、目標とするレベルで分離を適用するために必要なツールが、自社の技術スタックにあるかどうかも考慮しなければなりません。

9.1.2　アプリケーションによる強制的な分離

理想的な世界では、使用している技術は、分離戦略を適用するために利用できるセキュリティ構造と明確に一致しているでしょう。たとえば、ほとんどのクラウド環境には、ビルダーが環境の一部であるさまざまなリソースへのアクセスを制御するために使用するポリシーを構成するためのIAM制御の概念が組み込まれています。テナント分離を実装するためにこれらの仕組みを利用するのは自然なことです。これらのセキュリティの仕組みは、ユーザーとリソースの間に直接配置され、インフラストラクチャリソースへのアクセス範囲を制限するポリシーを定義することができます。これは、アーキテクチャに取り入れようとしている分離モデルの方針にも自然と合致します。

ただし、課題は、これらのツールが必ずしも分離ポリシーを定義するのに必要なレベルの制御機能を提供してくれるとは限らないことです。各技術やサービスのIAM属性を構成する要因はたくさんあります。たとえば、クラウドプロバイダーによって新たに構築されたネイティブサービスは、通常、既存の技術に基づいて構築されたサービスよりもきめ細かい分離制御を持っています。

ある時点で、リソースに対して推奨するマルチテナントモデルが、必要なレベルの分離制御をサポートしていないという状況に直面する可能性があります。そこで、テナント間のアクセスを防止す

るために、アプリケーションによって強制される独自の分離機構の導入を検討する必要が生じるでしょう。ここでは可能性や細かな違いの範囲が非常に広くなるため、あまり詳しく触れません。ただし、一般的には、組み込みの仕組みでは要件が満たせない場合に備えて、独自の制御レイヤーを導入できるさまざまなポリシーやアクセス制御のフレームワーク、ライブラリ、ツールを検討する必要があります。属性ベースのアクセス制御（ABAC）やオープンポリシーエージェント（OPA）などの仕組みが、分離モデルの一部になるかもしれません。どのツールが適しているかは、何を分離するか、どのツールチェーンを使用するか、どのような方法で分離を実装するかによって大きく異なります。重要なのは、分離ツールを自分で構築する必要がある場合でも、ソリューションはすべてのリソースを分離する必要があるということです。

9.1.3　RBAC、認可、分離

　アプリケーションのアーキテクチャ全体に適用できるセキュリティの仕組みはたくさんあります。たとえば、役割ベースのアクセス制御（RBAC）と認可の構造を使用して、アプリケーション内の機能へのアクセス範囲を設定し、制御するチームはよくあります。場合によっては、同じRBACツールを使用してテナント分離ポリシーを実装しているチームも見かけます。

　これがアプリケーションのアクセス制御とテナント分離の境界線をどのように曖昧にするかをより深く理解するために、ある例を見ていきましょう。テナントがテナント管理者の役割でSaaSアプリケーションに認証されるとします。このとき、アプリケーション内では、RBACフレームワークを使用して、このユーザーによる特定のアプリケーション機能や能力へのアクセスを有効または無効にしているとしましょう。RBACは、インフラストラクチャへのアクセスを許可する他の用途でも使用されるかもしれません。

　この例でRBACを分離に適用したいと考えるのは自然なことです。しかし、RBACでは、通常、環境内における個々のユーザーの役割という概念に基づいてアクセスを制御します。実際、1つのテナント内に異なる役割を持つユーザーを多数抱えることができます。そして、RBACはこれらのユーザーに対して、それぞれの役割に基づいて異なる体験を提供することになります。

　分離では、アクセスの範囲設定は個々のユーザーの役割とは関係なく、ユーザーのテナントコンテキストのみに基づきます。つまり、マルチテナント環境では、1つのテナント内に複数の役割を持つ複数のユーザーがいる可能性があるわけですが、分離の方法はこれらのユーザー全員に対して同じになります。分離の唯一の仕事は、現在のテナントに対して、そのテナントのリソースへのアクセスを確実に制限することです。役割やその他のアプリケーション構造に基づいて適用する必要があるその他の制限は、分離モデルの外側で対処することになります。

　重要なのは、テナントリソースを分離するための戦略と、特定のアプリケーション機能や能力へのアクセスを制御するための戦略を明確に区別したいということです。もしかすると、この2つのパターンをカバーできる共有ツールがあるかもしれません。それはそれで構いません。ただし、使用するツールが万能であったとしても、分離とアプリケーションのアクセス制御というマインドセットは、

まったく別のものです。

9.1.4　アプリケーションの分離とインフラストラクチャの分離

　「テナント分離」という用語にはたくさんの問題が伴います。私がセキュリティに特化したチームと仕事をしていて、テナント分離について言及すると、彼らは通常、よりインフラストラクチャ中心の分離という概念に重点を置いてしまいます（もっともなことですが）。彼らの世界では、ユーザーやアカウントがセキュリティモデルの基本的な境界線を越えることを防止する必要がある、インフラストラクチャ技術やサービスの内部構造にいることが多いからです。これは、テナント分離の概念としてはまったく正しいものです。

　ただし、マルチテナント分離では、分離の境界線と内容は実際にはアプリケーションによって定義される構造になります。SaaSアプリケーションを構築するときは、これらの境界線がどこにあるかを定義し、テナントリソースを確実に保護するためにアプリケーションレベルの仕組みを導入するかどうかは、あなた次第です。私はこれを、責任共有モデルのもう1つの形だと捉えています。中核となるインフラストラクチャレベルでは、自分が使用する技術やサービスにテナント分離という概念を強制させたいものです。それから、その基本的なセキュリティモデルに加えて、自分のアプリケーションだけがテナントの境界線がどこにあるかを知っているようなアプリケーションを構築します。もちろん、これらの境界線のいくつかはインフラストラクチャの境界線と関連があるでしょう。ただし、マルチテナント環境では、アプリケーションはそのインフラストラクチャの上に独自の分離された境界線を定義することになります。

　重要なのは、今回の議論の範囲では、テナント分離はアプリケーションの設計とアーキテクチャによって定義され、強制されるものとみなすということです。既存の分離構造を活用して分離を実装できる場合もあれば、アプリケーションの分離ポリシーを強制するための独自の仕組みを設計して実装しなければならない場合もあります。また、こうしたアプリケーションによって定義された境界線は、テナント分離の仕組みの一部としてコードやアプリケーションライブラリに依存する可能性がある点にも注意が必要です。これは、従来のネイティブなセキュリティ構造では保護できない方法でアプリケーションがリソースを共有するシステムを構築する際の基本的な現実です。

9.2　分離モデルのレイヤー

　中核となる分離の概念を理解したところで、より具体的な分離の構造に目を向けてみましょう。まずは、マルチテナントアーキテクチャのさまざまなレイヤーに分離がどのように実装されているかを見ていきましょう。図9-5は、レイヤーが分離の構造にどのように当てはまるかを概念的に表したものです。

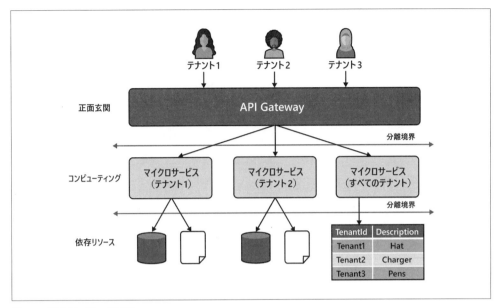

図9-5 分離のレイヤー型構造

図9-5では、マルチテナントアーキテクチャ内に存在するさまざまな分離レイヤーを例示しています。一番上にあるのは、分離する必要があるアプリケーションサービスの入り口、つまり「正面玄関」です。このAPIを介して送信される各リクエストには、システムがテナント分離を適用するために使用するテナントコンテキストが含まれます。ここでは、この体験のAPIレイヤーで、分離の第一歩を適用し始めることができます。APIは、リクエストごとにテナントコンテキストを抽出し、どの下り経路が現在のテナント、場合によってはテナントの役割にとって有効かを判断します。これにより、テナントが特定のテナントコンテキストにとって有効でないリソースへのリクエストを呼び出すことを防止できます。この例では、テナント1のサイロ化されたマイクロサービスにアクセスするAPIリクエストは、テナント2に対応する他のサイロ化されたマイクロサービスにリクエストを送信できないはずです。このレイヤーでは、テナントのデータへのアクセスを実際に防止しているわけではありませんが、テナントのコンピューティングリソースへのアクセスを分離しています。これはすべてレイヤー型分離モデルの一部であり、最も外側のレイヤーで分離を適用することで、マイクロサービスがテナントデータやその他の下流のテナントリソースにアクセスする前に、保護レベルを強化するものです。

コンピューティングレイヤーに到達すると、マイクロサービスが他の依存リソース（データベース、キュー、ファイルシステムなど）にアクセスしようとするときに、次のレベルの分離が適用されます。ここで、各マイクロサービスがそのテナント専用のリソースにしかアクセスできないことを確実にするために、このレベルでの分離ポリシーが必要になります。サイロ化された2つのリソースについては、これらのポリシーは比較的わかりやすいでしょう。ただし、プール化されたマイクロサービスで

は、共有テーブル内のテナントの行へのアクセスを制御するために、アイテムレベルの分離を実装する必要があることに注意してください。分離ポリシーでは、プール化されたマイクロサービスからの各リクエストが、現在のテナントコンテキストに関連するアイテムだけに制限されるようにする必要があります。

このレイヤー型モデルによって、マルチテナントアーキテクチャの複数の側面にわたって分離がどのように適用されているかをより深く理解できます。多くの点で、これはあらゆるレイヤーにおけるセキュリティという従来の概念を踏襲しています。ただし、ここでは、その概念に基づいて、環境のさまざまなレイヤー間を移動する際の分離保護を追加して構築しています。あなたのアーキテクチャのレイヤーはここで紹介したモデルとは異なるかもしれませんが、レイヤー型分離という概念は普遍的に適用できるはずです。

9.3　デプロイ時とランタイムでの分離

分離モデルをレイヤー化することに加えて、分離をいつ適用するかも考慮しなければなりません。環境によっては、リソースをデプロイして構成する時点で分離ポリシーを適用できる場合があります。また、ランタイムで分離を設定して適用する必要がある場合もあります。これらの方法のどちらを選択するかは、リソースのサイロまたはプールの配置状況と、それらのリソースで利用可能な分離機構の組み合わせによって決まります。

それでは、デプロイ時とランタイムでの分離モデルの違いを概念的に見ていきましょう。まずは、デプロイ時のモデル（図9-6に表示）の重要な要素から始めます。

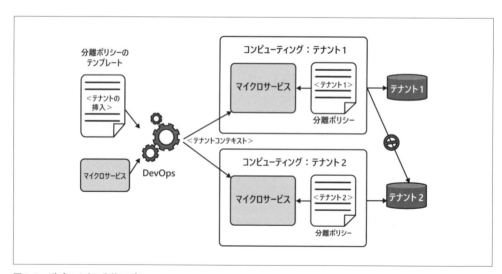

図9-6　デプロイ時の分離モデル

図9-6は、2つのテナントに対してサイロモデルでデプロイされているマイクロサービスの使用例を示しています。これらのマイクロサービスはそれぞれ図の右側にあります。どちらのマイクロサービ

スにもサイロ化されたデータベースが関連付けられており、それらもサイロモデルでデプロイされています。

このソリューションのマイクロサービスもサイロモードで実行されていることがわかります。つまり、これらのデプロイされたマイクロサービスが稼働する間、それらは特定のテナントに割り当てられているということです。この割り当ては、これらのマイクロサービスの分離方法を簡素化する機会となり、そのマイクロサービスが他のテナントに割り当てられたリソースにアクセスできないようにする、テナントにスコープが絞られたポリシーを各マイクロサービスのコンピューティングに対して適用することを可能にします。

ここで、デプロイ時の分離という概念が登場します。図の左側には、マイクロサービスと、マイクロサービスのアクセス範囲を設定するために使用されるテンプレート化された分離ポリシーがあります。そして、DevOpsプロセスが各マイクロサービスのコンピューティングリソースをプロビジョニングするときに、分離ポリシーのテンプレートにテナントコンテキストを挿入し、コンピューティングインフラストラクチャにそのポリシーを適用します。これはマイクロサービスごとに繰り返され、各テナントのマイクロサービスのデプロイ用のポリシーにテナントコンテキストを注入します。

この副次的な効果を**図9-6**の右端に示しました。マイクロサービスが関連するサイロ化されたデータベースにアクセスしようとすると、そのアクセスは現在のテナントコンテキストに適したデータベースに制限されます。例として、テナント1がテナント2のデータベースにアクセスしようとすると、このデプロイ時に適用されたポリシーによってブロックされます。

このデプロイ時のモデルには大きな利点があります。ポリシーはデプロイ時に適用されるため、分離はマイクロサービス内のどのコードにも依存せず、分離戦略に準拠します。もしコードがテナントの境界線を越えようとすれば、それらは阻止されます。これは実際、コンプライアンスをマイクロサービス開発者の視界から遠ざけ、DevOpsとプロビジョニングプロセスの一部として機能します。これは素晴らしい分離方法ですが、機能させるにはサイロモデルに依存しますし、この利点を実現するためだけにすべてのリソースを単純にサイロ化すべきではありません。

それでは、次に、リソースをプール化している環境に焦点を移しましょう。これは通常、ランタイムでの分離モデルが使用される場面です。ランタイム分離では、アプリケーションコードやその他の構造の連携によって分離ポリシーを動的に取得して適用する戦略を検討することから始めます。**図9-7**は、ランタイムでの分離モデルの可動部分の概念図です。

この例では、すべてのテナントで共有されるコンピューティングがあります。このコンピューティングはすべてのテナントからのリクエストを処理できなければならないので、すべてのテナントを対象とするポリシーでデプロイする必要があります（ステップ1）。つまり、実行時に、マイクロサービスはこのサービスに関連する任意のテナントデータベース（図の下部）にアクセスできなければなりません。このモードでは、現在のテナントコンテキストを使用して、これらのテナントリソースへのアクセスを動的に範囲指定および制御することが、マイクロサービスのコードの仕事になります。

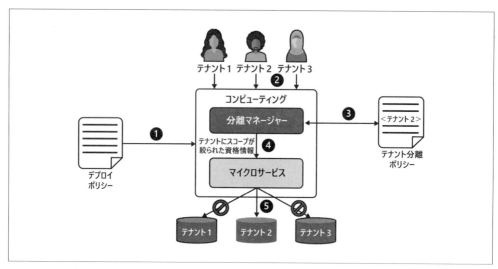

図9-7　ランタイムでの分離モデル

　このプロセスの流れは、テナントがマイクロサービスにアクセスしている一番上から始まり、テナントコンテキストを渡します（ステップ2）。次に、マイクロサービスのコンピューティング環境のどこかで、テナントコンテキストを使用してポリシーを生成し、下流のリソースへのアクセスに使用されるテナントにスコープが絞られた資格情報を取得する必要があります。この概念図では、このプロセスを実行する分離マネージャーを含めました（ステップ3）。実際には、これらのテナントにスコープが絞られた資格情報をどのように取得するかは、技術や言語スタックによって大きく異なる可能性があります。マイクロサービスの周りにラッパーを配置したり、サイドカーを使ったり、アスペクトを使ったりするかもしれませんが、この選択肢は非常に多岐にわたります。ただし、重要なのは、何らかの仕組みによって、動的に生成されるポリシーからこれらのテナントにスコープが絞られた資格情報を取得し、それらの資格情報をマイクロサービスに提供することです（ステップ4）。

　マイクロサービスがこれらのテナントにスコープが絞られた資格情報を取得すると、それらを使用して関連するテナントリソースにアクセスします。今回は、テナントごとに個別のデータベースを用意し、その資格情報を使用して各データベースに状況に応じてアクセスしています（ステップ5）。この例では、テナント2がリクエストを行い、そのリクエストによってテナント2がポリシーに挿入されたと仮定しています。そして、このスコープでは、リソースへのアクセスはテナント2のデータベースに制限されます。コードがデータベースアクセスのリクエストに別のテナント識別子を挿入しようとしても、そのリクエストが他のテナントのデータを返すことはありません。

　このアプローチは、ソリューションのコードとライブラリに大きく依存していることがわかります。これにより、マイクロサービスが分離機構を回避するような選択をできる余地が残されています。ただし、開発者の目の届かないところでこの分離のコンテキストをコードに注入する工夫をすればするほど、全体的な分離戦略への準拠を強制できる可能性が高くなるでしょう。

また、ここで選択できる、ランタイムでの解決をマイクロサービスの外部に移行させる代替戦略があることも知っておく価値があります。図9-8は、マイクロサービスの外部から資格情報を埋め込む場合の例です。

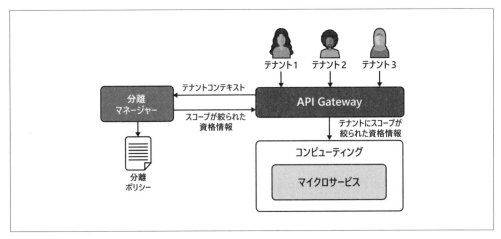

図9-8 ランタイムでスコープが絞られた資格情報の埋め込み

この例では、マイクロサービスの前にAPI Gatewayを配置しています。このゲートウェイはリクエストの前処理を行い、テナントコンテキストを分離マネージャーのコードに送信します。分離マネージャーは、そのコンテキストと分離ポリシーを使用してテナントにスコープが絞られた資格情報を取得します。これは、前の例で説明したプロセスと非常によく似ています。スコープが絞られた資格情報の解決をAPI Gatewayに移行しただけです。ゲートウェイが資格情報を取得すると、それをマイクロサービスに渡し、そこでテナントリソースへのアクセス範囲を設定するために使用されます。

このモデルには、資格情報の解決をマイクロサービス開発者の視界から遠ざけるという利点があります。また、潜在的なレイテンシーの問題に対処するために、スコープが絞られた資格情報をキャッシュする機会もより自然に生まれます。ただし、このモデルの欠点は、分離ポリシーがマイクロサービスの外部に移動することです。一般的に、ポリシーの範囲設定はマイクロサービスの一部とみなされており、その実装と密接に関係しています。この戦略は、そのメンタルモデルを（少なくともある程度）壊します。これは、ゲートウェイが複数のマイクロサービスで使用される場合に特に当てはまります。

9.3.1 傍受による分離

ランタイム分離に関する目標の1つは、開発者を分離の方程式からできるだけ引き離すことです。分離を実現するために開発者に頼れば頼るほど、分離は面倒で脆弱なものになります。そこで、開発者がマイクロサービスのコードの本文に特定の規約や構造を適用することを意識せずに、分離を強制できるような、傍受による仕組みを導入する機会を探すことがよくあります。

ランタイム分離の傍受ポリシーの一部として利用できる、さまざまな技術や言語構造があります。課題は、単純に選択肢の組み合わせが多すぎてすべてを網羅できないことです。そうは言っても、注目に値するテーマがいくつかあります。図9-9は、2つの一般的な傍受戦略の概念図です。

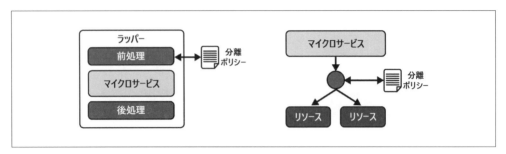

図9-9　傍受戦略による分離

　左側は、傍受に対する、より言語ベースまたはフレームワークベースのアプローチです。ここで適用するツールは、コードの実行パスに挿入される傾向があり、マイクロサービスのコードからは見えないところでリクエストを傍受して前処理を行います。利用可能な方法には、アスペクト、ミドルウェア、ラッパーライブラリなどがあります。このアプローチでは、基本的に受信リクエストを傍受し、テナントコンテキストを使用してテナントリソースにアクセスするためのスコープが絞られた資格情報を取得することになります。これは、先に説明したのと同じランタイムで適用されるモデルにも当てはまりますが、分離の規約を適用するための開発者の協力はあまり必要ありません。

　右に示したもう1つのモデルは、少しアプローチが異なります。ここでは、リソースとマイクロサービスの間に、テナントリソースにアクセスしようとするたびに傍受する仕組み（プロキシなど）を配置します。この仕組みはテナントコンテキストを解決し、各リソースへのアクセス時にそのコンテキストを適用します。ここでは、システムがこの傍受の仕組みを実装するためにサイドカーのような概念を使用しているのがわかります。

　この領域は進化し続けており、新しい構造や仕組みが定期的に登場しています。より広範な価値提案は、たとえランタイムで強制されるモデルであっても、これらの戦略によってより堅牢で一元管理された分離の仕組みを実現できるということです。ただし、それらが特定の要件に適しているかどうかは、ソリューションの分離要件、使用する技術スタック、そして場合によっては環境の一部である言語やフレームワークによって異なります。

9.3.2　拡張性の考慮事項

　ランタイムで適用される分離は効果的ですが、環境内で拡張性の問題を引き起こすことがあります。大量のリクエストを処理するプール化されたサービスがあり、各リクエストがテナントにスコープが絞られた資格情報を取得する場合は、環境内で不合理なレベルのレイテンシーが発生する可能性があるということです。これは、システムのより広範な拡張性に影響を及ぼすことになりかねません。

このような場合、システムの要件を満たすために、ランタイムで適用される分離モデルの改良または変更を検討する必要があるでしょう。スコープが絞られた資格情報を保持するために導入できるキャッシュ戦略があります。このアプローチでは、資格情報のライフサイクルを管理するために有効期限（TTL）設定を採用することになるでしょう。図9-10は、このキャッシュの仕組みをどのように導入できるかの例を示しています。

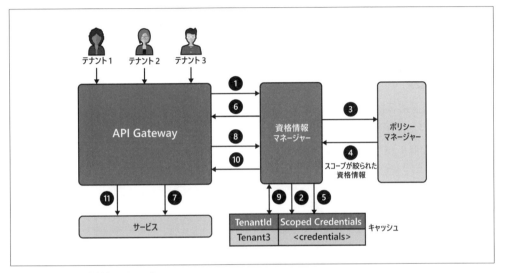

図9-10　分離の資格情報のキャッシュ

図9-10では、キャッシュされた分離の資格情報を取得して適用するライフサイクル全体を見ています。左上には、API Gatewayを介してSaaSアプリケーションのサービスにアクセスする一連のテナントがあります。この例では、テナント3がサービスに対して最初のリクエストを行っているとしましょう。そのリクエストが届くと、ゲートウェイは資格情報マネージャーを呼び出して、テナント3のためにスコープが絞られた資格情報を取得します（ステップ1）。この資格情報マネージャーは、キャッシュ内の資格情報を参照しようとします（ステップ2）。ここでは、テナント3が見つからなかったと仮定しましょう。そこで、資格情報マネージャーは、ポリシーマネージャーからテナントにスコープが絞られた資格情報を取得します（ステップ3と4）。その後、スコープが絞られた資格情報はキャッシュに格納され（ステップ5）、API Gatewayに返され（ステップ6）、サービスの下流のやり取りで埋め込まれます（ステップ7）。また、キャッシュに格納されるときにTTLも割り当てられます。テナント3からの次の呼び出しでは、システムは資格情報マネージャーを呼び出し（ステップ8）、キャッシュに格納されている資格情報を参照します（ステップ9）。キャッシュされた資格情報はAPI Gatewayに返され（ステップ10）、下流のサービスのやり取りで埋め込まれます（ステップ11）。

このモデルでは、資格情報マネージャーとヘルパーは別々のサービスではありません。それらはすべて同じプロセス内で実行されています。チームによっては、これらの分離機構をすべてスタンドア

ロンサービスに集約しようとします。一般的に、他のサービスとの境界線を越えることによる負荷は、体験にさらに別のレイテンシーの要素を追加することになり、さらなるパフォーマンスの問題を引き起こす可能性があります。これらの概念をライブラリやその他の共有構造に移行することはできますが、私はこれらの分離管理のリクエストを同じプロセス内で処理することを推奨しています。

最後に、使用するサービスの拡張性の限界についても考慮する必要があります。たとえば、AWSでIAMポリシーを使用して分離を実装する場合、必要なポリシーの数がサービスの制限を超えないか検討しなければなりません。これが、私の例ではポリシーテンプレートを多用する理由で、1つのポリシーを複数のテナントコンテキストで使用できるようにしています。

9.4　実例

この時点で、分離戦略の設計を形成する基本原則を十分に理解できているはずです。それでは、分離構造のある環境に分離をどのように適用できるかを示す具体例に移りましょう。この後の節では、これまでの節で取り上げたさまざまな種類の分離にわたる実装戦略の例を紹介し、概念と実用的なソリューションを結び付けていきます。

9.4.1　フルスタックの分離

まずは、テナントリソースを分離するために使用される、より粗い粒度の構造を見てみましょう。図9-11は、AWSクラウドにおけるフルスタックのサイロデプロイモデルを実装するために使用されるさまざまな分離構造の例です。

この図では、一連のフルスタックのサイロ環境を表しています。基本的な考え方は、ここに示されている各テナントには、完全に専用のインフラストラクチャリソースがあるということです。このモデルは、ご想像の通り、リソース間の境界線を設定するためにすでに使用されているツールや技術に自然と合致します。これと同じ理由から、このモデルは、ビルダーが分離機構を構築するための簡単で明確な道筋を見出すことができる領域でもあります。

この例では、3つの異なる分離構造を示しています。左上には、クラウドプロバイダー（AWS）の各アカウントを使用して分離の境界線を定義する、テナントごとのアカウント分離モデルがあります。アカウントはデフォルトでアカウント間のアクセスを防止しているので、これはフルスタックのサイロ環境で分離を実現するための最も簡単な構造の1つです。

右上には、ネットワーク構造を使用してテナントのサイロを分離する方法を示しました。今回は、Amazon Virtual Private Cloud（VPC）を使用してテナントリソースを分離しています。VPCは、ほとんどのネットワーク構造と同様に、ネットワークに出入りするトラフィックの流れを構成するための組み込み機能をたくさん提供します。繰り返しになりますが、各テナントのリソースを比較的基本的な単位で分離することができます。

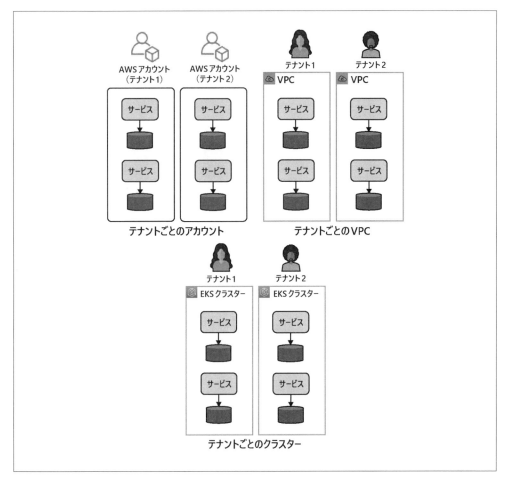

図9-11　粗い粒度の分離構造

　最後に、図の一番下に、Amazon Elastic Kubernetes Service（EKS）を使用してフルスタックの分離モデルを実装する例を示しました。一般的に、コンテナ環境に移行すると、分離戦略の実装に関して多くの選択肢があることがわかるでしょう（それらについては「**10章　EKS SaaS：アーキテクチャパターンと戦略**」で詳しく説明します）。今回の例では、テナントごとに個別のクラスターを用意するという極端な方法を選択しました。つまり、基本的にテナントごとに完全に独立したEKS環境をプロビジョニングし、自然なクラスターの境界線に基づいて分離を強制しているということです。

9.4.2　リソースレベルの分離

　リソースレベルの分離は、分離機構にうまく対応する優れた構造を持っている傾向があります。専用リソースを使用する場合、分離は、そのリソースへのアクセスを制御できる仕組みを見つけるだけで済みます。**図9-12**はリソースレベルの実装の例です。

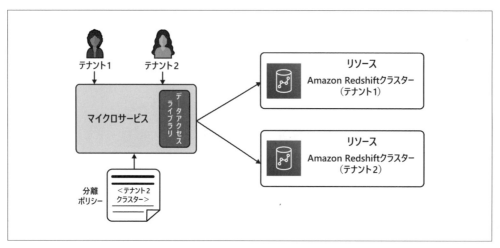

図9-12 Amazon Redshiftによるリソースレベルの分離

　この例では、Amazon Redshift（カラム型データベース）をサイロモデルで使用しており、各テナントが独自のクラスター（図の右側）に割り当てられています。これらのクラスター内には、テナントごとに個別に管理およびアクセスされるデータがあります。クラスターを分離の単位としていますが、このクラスターは概念的にはリソースに当てはまります。このモデルにおけるリソースの境界線は、複数の形をとることができます。データベース、キュー、分析クラスターなど、このようなさまざまな構造をこのモデルではリソースとして分類します。

　図の左側には、テナントリソースにアクセスしているマイクロサービスがあります。このマイクロサービスはデータアクセスライブラリ（DAL）を使用して、関連するRedshiftクラスターとのやり取りを管理します。DALは、各リクエストの処理の一環として、現在のテナントコンテキストとその分離ポリシーを使用して、特定のテナントのクラスターへのアクセスを制限するテナントにスコープが絞られた資格情報を取得します。

　このリソースレベルの分離の例では、そのマイクロサービスにプール化されたコンピューティングを使用しているため、ランタイムで適用される分離戦略に依存しています。これとは対照的に、ソリューションにサイロ化されたコンピューティングリソース（図9-13を参照）があると、これがどのように変化するかがわかります。

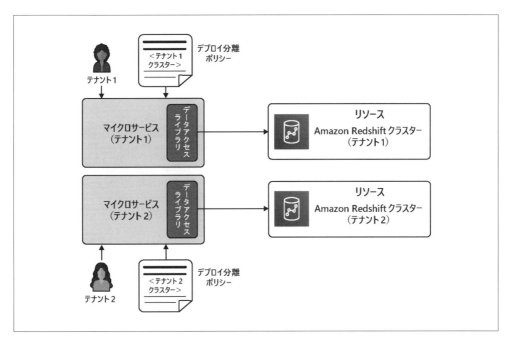

図9-13　リソースレベルの分離に関するデプロイ時の視点

　図9-13には、前の例とほとんど同じ可動部品があります。ここで違うのは、各テナント専用の個別のサイロ化されたマイクロサービスがあることです。このモデルはサイロ化されているため、分離のアプローチを変えることができます。このソリューションでは、ランタイムで分離の範囲を取得して解決する代わりに、マイクロサービスを実行するコンピューティングのプロビジョニングと構成中に特定の分離戦略を組み込むことができます。これで、分離ポリシーを適用するためにDALが余分な負荷や複雑さを引き受ける必要がなくなります。デプロイ時にコンピューティングに適用されたポリシーによって、すでに分離は実現されているのです。

9.4.3　アイテムレベルの分離

　アイテムレベルの分離は、最も難しい分離モデルの1つです。その主な理由は、多くの技術ではあまりサポートされていないレベルの粒度を必要とするからです。同時に、インフラストラクチャをプール化することが重要視されるマルチテナント環境では、共有インフラストラクチャで実行されている個々のアイテムを分離できるポリシーを実装するための戦略を即興で考案しなければならない状況がたくさんあります。

　幸いなことに、特にクラウドでは、いくつかのサービスがアイテムレベルの分離を標準でサポートしています。実際のソリューションがどのように動作するかをより深く理解するために、**図9-14**のようなアイテムレベルの分離モデルを見てみましょう。

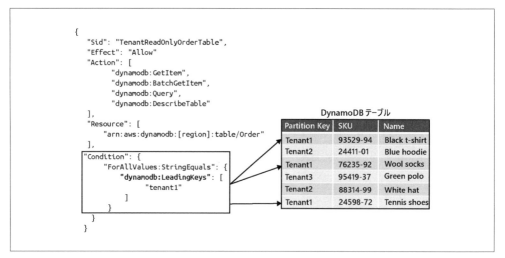

図9-14　DynamoDBによるアイテムレベルの分離

　この図の右側には、いくつかのアイテムが格納されたDynamoDBテーブルがあります。また、テーブル内の各アイテムを特定のテナントに関連付けるためのテナント識別子を保持するパーティションキーもあります（わかりやすくするために、これらをTenant1、Tenant2などと表しました）。さて、このテーブルを分離するには、リクエストを特定のテナントに関連するアイテムだけに制限する必要があります。

　この分離を強制するポリシーが左側に示されています。これは、AWSのIAMの仕組みを使用して、DynamoDBテーブルのアクセス範囲を定義しています。このポリシーの「Condition」の部分を強調したのは、このポリシーを使用するすべての人に付与されるアクセス範囲を宣言しているからです。「dynamodb:LeadingKeys」を太字にしていますが、この例では、テナント1へのアクセス範囲を指定するために使用しています。

　すべての断片をまとめると、流れは次のようになります。(1) マイクロサービスが現在のテナントコンテキスト（この場合はTenant1）に基づいてポリシーを生成し、(2) コードがこのポリシーを使用してIAMロールを引き受け、一連の資格情報を取得します。そして、(3) 資格情報はコードがテーブルにアクセスするために使用され、そのアクセスはTenant1に関連するアイテムのみに制限されます。もしTenant2に対する別のリクエストが届いたら、それをポリシーに埋め込み、ロールを引き受け、Tenant2に関する一連の資格情報を取得します。

　これは、どのアイテムレベルの分離にも適用する必要がある基本的なテーマです。ただし、分離を実装するためにこのIAMポリシーのような簡単なものがあるとは限りません。ここで使用するツールによっては、アイテムレベルの分離戦略に新たな問題が生じる可能性があります。主に、コードが単純にテナントの境界線を越えないという前提に完全に左右されるモデルは避けるべきでしょう。

9.5　分離ポリシーの管理

　分離戦略を決めた後も、このテーマに通常含まれるポリシーのライフサイクルについて考える必要があります。ポリシーはどこに格納されるのか、誰が所有および管理するのか、いつ、どのようにデプロイされるのか、どのようにバージョン管理されるのかなど、これらはすべて、アプリケーションのインフラストラクチャとマイクロサービスのデプロイ体験を作成および構築する上で考慮すべき質問です。図9-15は、分離ポリシーを管理するために考えられる2つのアプローチを示しています。

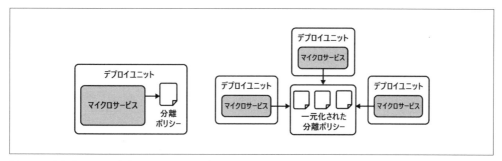

図9-15　分離ポリシーのデプロイ、管理、バージョン管理

　図9-15の左側のモデルは、個々のマイクロサービスの開発を中心としたアプローチを表しています。ここでは、開発者は分離ポリシーをマイクロサービスの拡張として捉え、ソリューションの実装に直接関係する戦略を適用しています。このマインドセットでは、マイクロサービスの実装やインフラストラクチャに変更があると、そのマイクロサービスに関連する分離ポリシーの範囲や内容が自動的に変更されます。

　このアプローチは、私にとって最も共感できるものです。私は、分離ポリシーをマイクロサービスに付随する成果物の1つとして捉える傾向があります。マイクロサービスの所有者として、チームは、マイクロサービスが分離要件に準拠していることを保証するために必要なポリシーの保守と定義も担当します。つまり、マイクロサービスのリポジトリのどこかにある、ポリシー構成のバージョンの変更、管理、点検を行います。このモードでは、ポリシーの所有権と管理がシステムのさまざまなサービスに分散されます。

　もう1つの考え方（図の右側）は、これらのポリシーをすべて一元的な仕組みで管理およびバージョン管理するモデルを推奨するものです。このアプローチでは、チームが引き続きポリシーの更新を担当しますが、すべてマイクロサービスの外部でバージョンを変更および管理されます。それらは、すべてのマイクロサービスによって参照される一元的な場所にデプロイされます。これにより、ポリシーに共通のホームとスタンドアロンのデプロイモデルが提供され、管理が容易になり、アーキテクチャの各部分からサービスを参照するための統一された仕組みが実現します。

　どちらのモデルも有効なので、これらの戦略を組み合わせて使用することも検討してください。重要なのは、これらの分離ポリシーがどのように適用されているかにとどまらず、ビルド、バージョン

管理、デプロイのライフサイクル全体で、それらがどのように、どこに当てはまるかを評価する必要があるということです。

　分離の管理とデプロイの運用化を考えるときは、分離が実際に機能していることを検証するテストをどのように導入するかについても考えなければなりません。これは、驚くべきことに、分離の最も困難な側面の1つです。テナントが境界線を越えることをシミュレートできる自然な仕組みがないことは明らかです。もしテナント間のアクセスを防止するためにできる限りのことを行っているのであれば、現実世界でのテナント間のアクセスを効果的に模倣できるような戦略を見つけるのは特に難しいと感じるかもしれません。

　このような状況をテストするのは難しいかもしれませんが、テストしないという選択肢はありません。分離のテストを実施することで、ポリシーや分離の実装における意図しない漏れを検出できる可能性があります。また、原則を組み合わせたときに望ましい効果が得られるかどうかも確認できます。一般的に、テナント間のイベントがビジネスに及ぼす影響を考えると、この分野に投資しないことを正当化するのは難しいでしょう。

　本当の課題は、環境内でテナント間のイベントをシミュレートするには何ができるのか？ ということです。これは、アプリケーションのサービスの内部のどこかで本当に発生させる必要があります。コードが提供されたテナントコンテキストに基づいてテナントリソースにアクセスする時点で、何らかの方法で無効なテナントコンテキストを注入することになるでしょう。つまり、無効なテナントを埋め込めるように、コード内に特別なパスやケースを作成することになります。また、分離の例外を生成するために典型的なカオスエンジニアリング戦略を使用することを考慮すべき領域でもあります。

　簡単な例としては、テナント1に対してデータベースからアイテムの組み合わせを取得するという場合が考えられます。これは、周辺の分離構造が、データの閲覧をテナント1が所有するリソースに制限していることを意味します。ただし、テストでは、リクエストのテナント識別子をテナント2が所有するIDに置き換えます。これはデータを返さないか、境界線を越えたことを知らせるエラーを返すはずです。また、運用コンソール内でアラートをトリガーするログや運用ポリシーを追加して、テナントの境界線を越えようとしたことを知らせることもできます。

　これは少し人工的だと感じるかもしれませんし、このようなテナント間の状況をシミュレートするより創造的な方法が見つかるかもしれません。ただし、これが少し不自然に思えても、環境の分離モデルを検証するのに不可欠であることに変わりはありません。

9.6　まとめ

　分離は、すべてのマルチテナント開発者が取り組む必要のある最も基本的なトピックの1つです。テナントが他のテナントと一緒にシステムを実行し、リソースを保存するような環境を構築するためには不可欠です。システムのリソースをテナント間のアクセスから保護するために必要なあらゆる対策をアーキテクチャに講じることが、あなたの仕事になります。

　この章で見てきたように、これらの分離戦略を実装するのは難しいことがわかります。分離の全体

像を把握するのに役立つように、マルチテナント環境で対処する必要のあるさまざまな種類の分離の
メンタルモデルとなる、一連のパターンと用語を紹介しました。分離をフルスタック、リソースレベ
ル、アイテムレベルという3つに分類し、それぞれのモデルの違いを明確にしました。これらの分離
の中心的な原則を確認する一環として、これらの分離戦略をそれぞれ採用する際に生じる違いについ
ても取り上げました。これには、テナント分離の概念によくある誤解の確認も含まれていました。

　基礎が整ったところで、これらの分離パターンをマルチテナントアーキテクチャに適用するための
さまざまなアプローチを見ていきました。まず、分離モデルで役割を果たす可能性のあるさまざまな
レイヤーを説明しながら、分離がソリューションにどのように適用されるかを大まかに見ることから
始めました。また、分離ポリシーを導入するためのさまざまなアプローチについても見ていきました。
これには、デプロイ時とランタイムで分離を適用することの意味合いも含まれていました。そこから、
これらすべての概念をまとめて、特定の技術やサービスでどのように実現できるかを図解していきま
した。

　このまとめから、分離には万能のアプローチがないことは明らかなはずです。多くの環境では、シ
ステムのさまざまなコンポーネントに適用される分離戦略を決定するために、ビジネスと技術に関す
る考慮事項を組み合わせて評価しなければなりません。システムのある領域に適用した戦略が、別
の領域にも適用できるとは限りません。また、状況によっては、分離の要件をサポートできる既製の
ツールや仕組みを見つけられない可能性があることにも注意してください。そのような場合には、創
造性を発揮して、分離モデルの一部を実装するための独自の仕組みを導入する必要があります。

　ここまでで、マルチテナントの全体像を、マルチテナントのSaaSアーキテクチャの全体的な原則
と概要を示す、的を絞ったトピックに整理してきました。次の章では、これらの原則が特定の技術ス
タックでどのように実現されるかを見ていきたいと思います。これにより、特定のスタックの現実と
構造が、SaaS環境の設計と構築に直接どのように影響するかをより深く理解できるようになります。
最初に見ていくスタックは、Amazon Elastic Kubernetes Service（EKS）によるコンテナベース
のモデルです。EKSがマルチテナント環境のデプロイ、分離、ルーティング、その他の側面に影響を
与える可能性がある主要な領域について確認しましょう。

10章
EKS SaaS：
アーキテクチャパターンと戦略

　ここまで取り上げてきたトピックのほとんどは、どのマルチテナントSaaSアーキテクチャにも適用可能な中心的な概念の基礎を構築することに重点を置いてきました。これらの情報は、マルチテナントの環境を明確に理解するのに役立ったはずです。今度は、ベストプラクティス戦略から少し方向転換して、現実のさまざまな技術スタックがこれらの概念にどのような影響を与えるかについて詳しく見ていきましょう。具体的には、この章では、マルチテナントの原則がKubernetes環境にどのように適用できるかに焦点を当てます。そして今回のスコープでは、Amazon Elastic Kubernetes Service（EKS）という視点を通してKubernetesについて見ていきます。ここに記載されている内容の多くは、どのKubernetes環境にも適用できるものですが、中にはEKSのマネージドな性質が私たちの意思決定に影響を及ぼす部分もあります。

　この章では、まず、EKSスタックとSaaSアーキテクチャの原則がうまく一致していると思われる重要な領域をいくつか見ていきます。チームがSaaSソリューションの構築と開発を行うための技術として、優先的にEKSを選択する主な要因のいくつかを、より明確にすることが目標です。それらの基礎を踏まえた上で、次は、ティアリング、ノイジーネイバー、分離といったニーズに対応するためにSaaS環境が使用できる、さまざまなEKSのデプロイパターンを見ていきます。ここでは、EKSクラスター内でホストされるテナント環境の構成を定義するために使用できるさまざまな構成要素に焦点を当てながら、幅広い選択肢を概観します。続いて、アーキテクチャにテナントコンテキストルーティングを追加するために使用できる主要なツールや仕組みを紹介し、さまざまなデプロイモデルや認証戦略などをサポートできるようにします。

　次に、EKSのオンボーディングとデプロイの自動化について詳しく説明します。ここでは、テナント環境のプロビジョニング、構成、更新を行う方法をどのようにEKSが直接形作っているかを確認します。プロビジョニングとデプロイのライフサイクルに関するすべての可動部分を記述して自動化するために、Helm、Argo Workflow、Fluxなどのツールを組み合わせる方法を見ていきます。このDevOpsツールチェーンのサンプルでは、SaaS環境をサポートするために必要となる可能性のある、独自のティアリングモデルとデプロイモデルに対応できるような、単一の自動化体験を作成することで得られる可能性のいくつかを垣間見ることができます。

次に、EKSアーキテクチャでテナント分離がどのように実現されるかを見てみましょう。まず、EKSのさまざまなデプロイ戦略が、テナント間のアクセスを防止するアプローチにどのように影響するかを見ていきます。その一環として、デプロイとランタイムの分離戦略の実装に使用されるさまざまなEKSの部品について説明します。最後に、基盤となるEKSクラスターで実行されているさまざまなコンピューティングノードを最適化する方法について説明し、マルチテナントワークロードの要件に合わせてコンピューティングインスタンスタイプのプロファイルを調整するために使用できる新しい手法を紹介します。

マルチテナントとEKSについて見てみると、技術選定がアーキテクチャ全体の設計に及ぼす直接的な影響がよくわかるはずです。また、EKSでSaaSソリューションを構築することで得られるさまざまな可能性についても強調しておく必要があります。現在および将来のツール、戦略、パターンの一覧は、気が遠くなるような数です。同時に、これらのツールはマルチテナントアーキテクチャの課題に対応するための新しい創造的な手法をもたらします。

10.1　EKSとSaaSの相性

まず、なぜEKSとSaaSがこれほど優れた組み合わせなのかを考えてみることから始めるのがよいでしょう。EKSがSaaSソリューションへの移行または構築を行うチームにとって魅力的なモデルとなる要因は多岐にわたると思います。まず、魅力はそのプログラミングモデルから始まります。EKSには多様な新しい概念や構成が取り入れられていますが、アプリケーションのサービスの記述方法や構築方法はほとんど変わっていません。ほとんどの場合、使用している言語、ツール、ライブラリはそのまま使えます。これは非常に基本的な利点のように思えるかもしれませんが、多くのチームにとって重要なメリットとなる可能性があります。これは、ソリューションをSaaSデリバリーモデルに移行しようとしている組織にとって特に有益です。これにより、システムの各部分はそのままEKSに移行することができ、マルチテナントに関わる重要な要素をどのように実装するかにより多くの労力を集中させることができます。

SaaSとEKSの強固な連携を示すもう1つの分野は、EKSのスケーリングモデルです。本書全体を通して、テナントの予測不可能な需要をサポートすることに伴う複雑性と、環境によってはコンピューティングリソースの過剰なプロビジョニングにつながる可能性があることを強調してきました。場合によっては、テナントアクティビティが急激に増加する可能性に備えるために、過剰なプロビジョニングが必要になります。EKSを使用すると、新しいコンピューティングリソースを迅速にスケールアップすることで、急増する負荷に対応できます。また、効率的にスケールダウンすることもできます。これにより、テナントアクティビティとコンピューティングの使用量をより一致させたいという目標に近づくことができるチームもあるでしょう。また、基本的なEKSのスケーリング以外にも、テナントワークロードをクラスター内のさまざまなインスタンスタイプにマッピングする方法を最適化することができる、豊富で進化を続けるさまざまな仕組みやツールもあります。たくさんの調整ポイントがあることで、幅広い可能性がもたらされます。EKS環境では、正当な過剰なプロビジョニン

グというものが現実的に依然として存在する場合があることは注目に値します。なぜなら、EKSクラスターでは、マルチテナントワークロードの需要を満たすためにコンピューティングノードを追加および削除する必要があるためです。それでも、全体として、EKSには他のコンピューティングスタックにはないスケーリング上の利点があると思います。

リソースをサイロモデルおよびプールモデルで実行できるように、さまざまなデプロイモデルをサポートすることがSaaSアーキテクチャではどれほど重要か、ここまで見てきました。これは、EKSがSaaS環境のプロファイルにうまく適合するもう1つの領域です。以下の節で説明するように、EKSには、ソリューションのコンピューティングリソースをどのように管理、デプロイ、SaaS環境に配置するかを決定できるグループ化構造が含まれています。これらのグループ化構造は、マルチテナントアーキテクチャにおいてさまざまなコンピューティングリソースを意図的にグループ化したいという私たちのニーズにぴったりです。

EKSのデプロイツールはSaaSビルダーにとっても非常に魅力的です。SaaS環境の複雑なデプロイ自動化要件に対応するツール群は活気に満ちており、その数は増え続けています。これらのツールの多くはコミュニティによって主導され、マルチテナント環境のプロビジョニングと更新に関する面倒な作業の多くにうまく適合する、強力で高度な設定が可能な仕組みを実現しています。これらのツールとライブラリは、ティアベースのオンボーディングとデプロイの複雑な組み合わせをより自然にサポートできるため、個別にカスタマイズしたソリューションを作成する必要がなくなります。これは多くのSaaSチームにとって大きな利点で、SaaSのデプロイ自動化のニーズを、SaaS環境の構成要素のプロビジョニングとデプロイによってもたらされる課題により適したツールセットと結び付けることができます。

分離は、任意の分離ポリシーを定義できるようにする別の仕組みのレイヤーをEKSが導入するもう1つの領域です。これにより、ビルダーはテナント間のアクセスを防ぐための新しいツールや戦略を手に入れることができます。サイドカー、サービスメッシュ、その他のEKSの機能は、分離ポリシーをどこにどのように注入し、適用するかを考える際に、ビルダーにさまざまな新しい選択肢を提供します。また、分離をより中央集権的な仕組みに押し込めることもよくあります。これにより、分離の詳細をほとんど隠すことができ、サービス開発者の業務がシンプルになります。また、システム全体の分離プロファイルを強化することにもつながります。

EKS（およびKubernetes全般）で構築するSaaSの利点の多くは、コミュニティの強さと深さに根ざしています。マルチテナントをサポートする仕組みの多くは、EKSにおけるマルチテナントの可能性を継続的に高めているコミュニティ主導のソリューションの副産物です。また、AWSも、EKSのストーリーに別の側面を加える新たな変化をもたらしています。つまり、コミュニティに細心の注意を払い、どのような新しい選択肢が出てきているかを把握する必要があります。SaaSとEKSについて話すたびに、新しいツールや仕組みが私のマルチテナントツールバッグに追加されていきます。ある意味では、これはEKSを採用することの恩恵であると同時に呪いでもあると考えられます。あなたが選んだアーキテクチャ戦略は、そのときには存在しなかったKubernetesのツールや機能の導入

によって置き換えるのがよいかもしれません。

 この章では、EKSとKubernetesの境界線が曖昧になります。多くの場合、ここで概説したアーキテクチャ戦略と仕組みは、Kubernetesのネイティブ機能の一部です。しかし、EKSが一連の考慮事項とツールを選択肢のメニューに追加する領域もあります。ここで扱っている内容の大部分は、どのKubernetesの設定にも適用できるため、物事を単純化するためにこの章ではすべてEKSと呼ぶことにします。

10.2　デプロイパターン

　私が技術スタックを見るときにいつも最初に注目するのは、デプロイパターンです。私としては、ビジネスが目標とするデプロイモデルを定義したら、そのモデルが自分のアーキテクチャ内でどのように実現できるかを考え始めることができます。また、私が選んだ技術スタックでこのデプロイモデルを実現するために使用できる、さまざまな戦略や構成要素も直接方向付けられます。今回はEKSに焦点を当てているので、SaaSアプリケーションのコンピューティングリソースをサイロ型およびプール型でデプロイするために、どのような実装方法があるのかを理解する必要があります。通常、これらの選択肢の数はかなり限られていますが、EKSではコンピューティングリソースのデプロイ方法を決定できるため、もう少し多様な戦略が用意されています。

　これらのモデルを調べる前に、パズルの動かせるピースをよりよく理解するために、まず中核となるEKSの構造にラベル付けをすることから始めましょう。**図10-1**は、EKSの主要な概念のいくつかを示す概念図です。これは今後のデプロイパターンに関するより広範な議論の中でも出てきます。

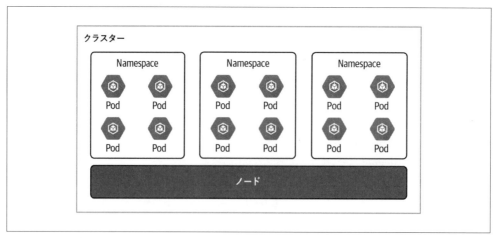

図10-1　主要なデプロイパターンの概念図

　図10-1の外側には、EKS環境の基盤となるコンピューティングリソースをすべてグループ化し、スケールするクラスターがあることがわかります。図の下部には、このクラスター内で実行され

るノードへの参照を含めています。各ノードはEC2インスタンスに対応します。これらのノードは、EKS環境にかかる負荷に基づいて、クラスター内で柔軟にスケーリングされます。

ここでのPodは、ソリューションのサービスを実行するEKSのコンピューティングの単位です。EKSは、これらのPodがクラスター内のどのノードにマッピングされるかを計画する、すべての面倒な作業を担います。これらのPodはEKS環境内の最小実行単位です。

最後に、Namespaceを使用してこれらのPodのセットを作成していることもわかるでしょう。EKSはNamespaceによってクラスター内のリソースを分離してグループ化できます。Namespaceを EKSクラスター内のサブクラスターと考える人もいるでしょう。ここでは、このNamespaceのグループ化構造がSaaS環境のデプロイニーズをサポートするためにどのように使用されるかに焦点を当てます。

これは、いくつかの基本的なEKSの構成要素を非常に大まかに表した図です。ご想像の通り、他にも本書の範囲では説明しきれないほど詳細な内容がありますが、私たちの目的である、これらの概念をデプロイパターンにどのように関連付けるかを検討するにはこれで十分です。以下の節では、これらのさまざまなEKSの仕組みを使用して、マルチテナント環境のコンピューティングレイヤーをグループ化、分離、およびスケールする方法を概説します。

10.2.1 プールデプロイ

プール型は、EKS SaaSデプロイモデルの中で最も単純です。この手法では、基本的に、すべてのテナントがEKSクラスター内で実行されているすべてのコンピューティングリソースを共有し、EKSの集合的なスケーリング機能を利用してテナントのさまざまなコンピューティングワークロードをサポートするというアプローチを採用することになります。**図10-2**は、EKSで実現する完全にプール化されたマルチテナントコンピューティングの全体像を示しています。

図10-2の上部には、単一のEKSクラスターを使用している複数のテナントがいます。これは、すべてのコンピューティングリソースがすべてのテナントで共有されていることを示しています。このクラスター内のPodも、単一の共有Namespaceで実行されています。他に、この環境で実行されているワークロードを分離するために適用されているグループ化構造はありません。

図の一番下を見ると、ノードがどのような役割を果たしているかがわかります。前述のように、クラスターは動的にスケーリングする一連のノードで実行されています。EKSは、これらのノード上で実行されるPodの作成を担っています。システムに負荷がかかると、増加する需要に対応するためにさらに多くのノードが追加されます。多くの点で、クラスターは基本的に従来のクラウドの弾力性の仕組みを適用してクラスターのサイズを拡張および縮小し、使用量をテナントアクティビティに合わせて調整しています。ここでは、テナントアクティビティの急増に対応できる十分なキャパシティを確保するために、ノードが過剰にプロビジョニングされていることがあります。EKSクラスターの使用量とサイジングを最適化するためには、スケーリングポリシーを改善するある程度の作業が必要になる場合があります。

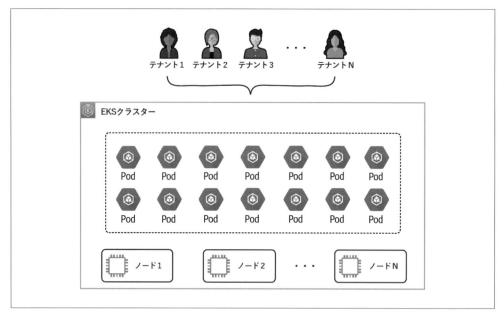

図10-2 プールデプロイパターン

　EKSには、システムとそのサービス固有の需要を満たすようにこのプール環境をどのようにスケールするかを左右し得るノブやダイヤルがたくさんあります。たとえば、Podのスケーリングと可用性プロファイルに基づいて、Podのレプリカ数を設定できます。または、特定のサービスの需要に合わせてPodのメモリ設定を調整することもできます。要は、プールモデルでは、完全にプール化されたコンピューティングモデルの絶えず変化するニーズをサポートする際に現実に起こる状況に対し、さまざまなEKSの設定オプションを活用して、環境が効果的に対応できるようにすることが特に重要になるということです。

10.2.2　サイロデプロイ

　EKSでは、コンピューティングリソースをサイロ化するためにビルダーが利用できる選択肢が増えています。これらの戦略の多くは、EKSのグループ化構造を適用することで実現できます。EKSの自然な組み込みの仕組みを活用してコンピューティングリソース間に境界線を引き、テナントごとのモデルで運用できるようにします。他のサイロ戦略は、テナントに専用のインフラストラクチャ（たとえば、テナントごとのクラスター）が割り当てられる従来のモデルに近いものです。では、サイロデプロイモデルの実装に使用されるいくつかの一般的なEKSの手法を見ていきましょう。

　お気づきの方もいるかもしれませんが、前述のNamespaceによるグループ化のモデルは、構成をサイロ化するために最も一般的に使用されているものの1つです。図10-3は、テナントごとのNamespaceによるサイロモデルの概念図です。

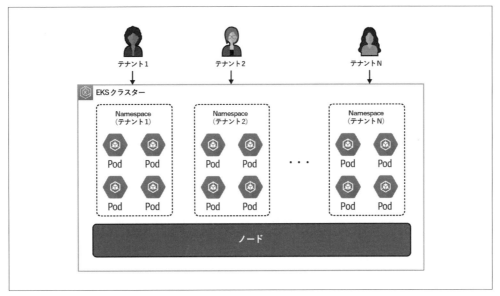

図10-3　テナントごとのNamespaceによるサイロデプロイ

　この例では、Namespaceによって提供される基本的なグループ化構造を使用して、アプリケーションのPodとコンピューティングサービスを特定のテナントからの負荷に関連付けています。つまり、実質的には、個々のアプリケーションのマイクロサービスのコピーを各テナント専用のNamespaceにデプロイすることになります。また、これらのテナント専用NamespaceのPodは、割り当てられたテナントからのリクエストのみを処理することになります。テナント専用コンピューティングリソースをNamespaceに配置することには、複数の利点があります。まず、個々のテナントのコンピューティング環境をまとめて管理、構成、運用できる仕組みが得られます。また、Namespace間のアクセスを制御および制限できるポリシーをアタッチするための機能も利用できます。全体的なテナント分離モデルを定義する上で、これらのポリシーがどのような役割を果たすかは想像がつくかと思います。

　このデプロイ戦略では、クラスターノード（図10-3の下部）が、Namespaceにかかる負荷に基づいてスケールアップおよびスケールダウンすることに気づくでしょう。Namespaceとクラスターの一部であるノードの間には、実際に相関関係はありません。ノードは、Namespaceにかかる負荷に合わせてまとめてスケールします。

　NamespaceのPodと基盤となるコンピューティングノードとの間により多くのを関連付けをもたらす別の方法もあります。図10-4は、テナントごとのノードモデルの概念図です。

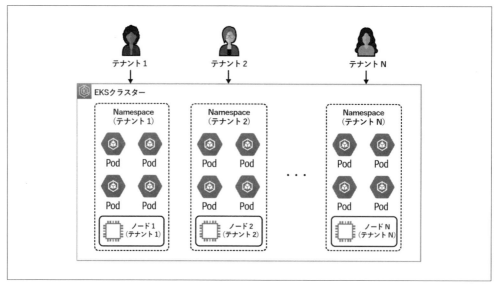

図10-4 テナントごとのノードによるサイロデプロイ

図10-4では、特定のテナントに関連付けられた個別のサイロ化されたPodの集合体があります。また、各テナントは、クラスター内で実行されている特定のコンピューティングノードで実行するように構成されています。これで、サイロテナントの境界には、Namespace、その中のPod、およびこれらの各Podを実行しているノードのすべてが含まれます。これにより、サイロデプロイのストーリーに別のレイヤーが追加され、テナントが共有するコンピューティングリソースがなくなりました。シナリオによっては、この方法によって、コンプライアンスやコンピューティングリソース間の境界の性質に関する特定の懸念事項に対処できる場合があります。

さて、EKSのコンピューティングリソースをサイロ化するには、もう少し手間がかかる別のアプローチがあります。共有クラスターでリソースをサイロ化しようとする代わりに、テナントごとに個別のEKSクラスターを持つことを検討することもできます。これは一部の環境では魅力的で適用できる方法かもしれませんが、一般的にはこの方法は避けた方がよいと思います。個人的に、このアプローチの分散性の高さは、運用上およびコスト効率上の課題をもたらす可能性があります。多数のテナントをサポートすることが予想される場合、このアプローチはスケーリング上の課題となる可能性もあります。繰り返しになりますが、これはまったく使えない方法というわけではなく、他の選択肢を考えたときに少しやりすぎのように感じるというだけです。このアプローチのバリエーションの1つは、複数のクラスターにテナントのグループを分散させるポッドベースのデプロイを採用することです（ここでは「Pod」という用語がやや多重に使用されています）。たとえば、少数のプレミアムティアのテナント用に専用のクラスターを用意し、残りのベーシックティアのテナントを共有クラスターに配置することができます。このテーマでは、複数のバリエーションを考えることができます。

私が注目しているサイロ型のもう1つのバリエーションは、仮想クラスターという概念です。これ

は、実際にテナントごとの物理的なクラスターを使用することなく、クラスターで実現可能なすべての分離を適用できるという考え方です。このモデルでは、クラスター内にサイロ化された構成要素がいくつかありますが、ワークロードは引き続き共有ノード上で実行されます。これは一部のチームにとって魅力的な選択肢となるかもしれません。

10.2.3　プールデプロイとサイロデプロイの組み合わせ

本書で述べてきたように、デプロイモデルの選択に万能な方法はありません。そのため、これらのさまざまなデプロイモデルをEKSにどのようにマッピングするかを考える際には、単一のEKSアーキテクチャ内でサイロモデルとプールモデルを混在させるとどうなるかも検討する必要があります。図10-5は、混合モードのデプロイモデルを実装する方法の例を示しています。

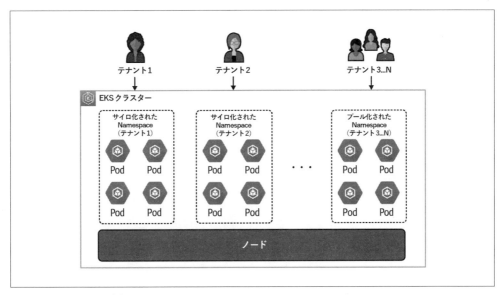

図10-5　混合モードのデプロイ

特に驚くようなことはありません。基本的には同じNamespaceのモデルを使用して、デプロイの特性ごとに個別のグループを作成していることがわかるでしょう。サイロ化されたテナント（テナント1とテナント2）はそれぞれ専用のNamespaceにデプロイされ、残りのテナントは別の「プール化された」共有Namespaceにデプロイされます。

ご想像の通り、これらのモデルを並行してサポートしても、アーキテクチャ全体がそれほど複雑になることはありません。確かにこれらのNamespaceの構成に影響する他の要因（デプロイ、オンボーディング、分離）もありますが、全体的に見ると、Namespaceの機能を使用してさまざまなデプロイパターンを作成する方法は、比較的シンプルです。あるNamespaceの構成に使われている内容の多くは、注意すれば他のNamespaceの構成にも再利用できます。

10.2.4 コントロールプレーン

これまでのマルチテナントEKSデプロイパターンについての説明は、主に、アプリケーションプレーンのさまざまなサービスをどのようにグループ化してEKSクラスターに配置し、ワークロードのサイロまたはプール要件をサポートするかということに焦点を当ててきました。パズルのピースはもう1つあります。EKS環境のどこかにも、SaaSアーキテクチャのコントロールプレーンを配置する必要があるということです（環境全体がEKSベースであることを前提としています）。

コントロールプレーンをどのようにデプロイすべきかについて、絶対的な正解はほとんどありません。ただし、それらのサービスは、たとえアプリケーションプレーンと同じEKSクラスターで実行されている場合でも、アプリケーションプレーンとは分けて管理、バージョニング、デプロイする必要があるということはわかっています。基本的には、SaaS環境のニーズに最も合致する構成を特定して、さまざまなEKSのグループ化の仕組みの中から選択する必要があります。図10-6は、EKSアーキテクチャにコントロールプレーンを導入するために使用可能な2つの異なるアプローチを示しています。

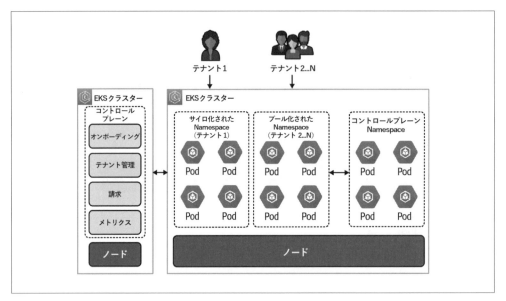

図10-6　コントロールプレーンのデプロイ戦略

図10-6の右側には、アプリケーションプレーンをホストするためのクラスターがあります。アプリケーションプレーンは、サイロとプールの両方のデプロイをサポートし、これらの各テナントプロファイルに必要なコンピューティングリソースをNamespaceを使用してグループ化します。ここで問題となるのは、コントロールプレーンをどこに配置するかということです。

最初の例は図の左側に示されている通り、コントロールプレーンのすべてのサービスを完全に別のクラスターにデプロイすることです。このモデルでは、クラスターの境界を越えたコントロールプ

レーンとアプリケーションプレーン間の通信を許可する必要があります。これらのサービスを完全に単独でデプロイしたい人もいるかもしれません。これは、コントロールプレーンの設定、デプロイ、スケーリングプロファイル、およびその他の属性を、コントロールプレーンサービスのニーズにのみ基づいて管理および運用することを可能にします。

これとは対照的に、アプリケーションプレーンのNamespaceと同じクラスター内でホストされているコントロールプレーンの例も（右側に）示されています。ここでは、コントロールプレーンに関連するすべてのサービスをグループ化するために使用される別のNamespaceを導入しています。コントロールプレーンを同じクラスター内に配置すると、クラスター内の他のNamespaceのデプロイと構成に使用される多くの仕組みや自動化戦略を再利用することができるため、作業が少し楽になります。これらのコントロールプレーンのリソースを同じクラスター内でスケールして、1つの共有クラスターの拡張性を利用することで運用効率とコスト効率を最大化したいと考える人もいるかもしれません。または、コントロールプレーンのニーズをもっと切り離したいと思う人もいるでしょう。繰り返しになりますが、ここには絶対的な正解はありません。トレードオフを整理して、アーキテクチャの目標と要件に合った適切なバランスを見つける必要があります。

10.3　ルーティングに関する考慮事項

テナントごとに異なるリソースを導入するデプロイを採用する場合、このテナントコンピューティングリソースの分散がマルチテナント環境のルーティング体験にどのように影響するかについても考慮する必要があります。この概念については、異なる技術スタックがさまざまなツールや戦略を使用してテナント固有のトラフィックを適切なコンピューティングリソースにルーティングする方法について、「6章　テナントの認証とルーティング」で詳しく説明しました。

これは図らずも、EKSがアーキテクチャ内のテナントトラフィックの流れを制御できる無数の仕組みを提供している領域です。EKSのコンピューティングサービスをプロキシできる商用およびオープンソースのツールは数多くあり、マルチテナント環境で非常に役立つカスタム処理機能を追加することができます。たとえば、Ingressコントローラー（NGINX、Contour、Kong）は、アクティビティをテナント固有のリソースにルーティングできるインバウンドロードバランサーとして使用されます。サービスメッシュ（Istio、Linkerd、AWS App Mesh）を使用して、高度に設定可能なさまざまなルーティング機構を導入することもできます。ここで重要なのは、基本的に、ルーティング、認証、その他さまざまな可能性に適用できるテナントコンテキストを処理するレイヤーを環境の前面に配置することです。

これらのルーティング技術をどのように適用するかは、ソリューションの性質に大きく依存します。これは、EKSを利用する際のマルチテナントにおける強みを浮き彫りにする領域の1つだと思います。ここで適用できる既存および新興のツールは非常に多いため、どのツールが環境のニーズに最も適しているかを特定するのは難しい場合があります。図10-7は、これらのさまざまな構成要素がSaaSアーキテクチャ内のテナントトラフィックの流れをどのように制御できるかを示す一例です。

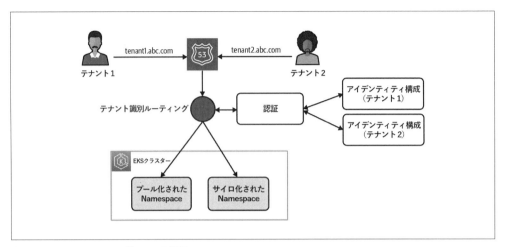

図10-7　EKSのルーティングツールの適用

　この特定の例では、EKS環境のリソースとやり取りしている2つのテナントがあります。これらのテナントは両方とも、Amazon Route 53サービスを介して環境にアクセスするために使用されるURLの一部として、サブドメインを使ってテナントコンテキストを伝えています。そして、テナントが環境にアクセスすると、これまで説明してきたテナントを意識したルーティングの1つの実装例が登場します。これらのツールは、個々のテナントのコンテキストを抽出および適用します。

　この図は、これらのルーティングの仕組みを適用する方法の具体例を2つ示しています。まず、認証モデルの一部としてテナントコンテキストルーティングを使用しています。つまり、サブドメインから抽出した情報を使用して、そのテナントの認証に使用するテナントアイデンティティプロバイダーを特定できるということです。これは、サイロ化およびプール化されたアイデンティティリソースが混在している場合に特に効果的です。たとえば、サイロ化されたプレミアムティアのテナントごとに専用のAmazon Cognitoユーザープールがあるとします。一方、ベーシックティアのすべてのテナントは、共通のユーザープールを共有します。この場合、認証フローは受信したリクエストを適切なアイデンティティプロバイダーにマッピングする必要があります。これをアプリケーションサービスで処理する代わりに、ルーティングポリシーをこれらのプロキシツールのいずれかにオフロードしています。

　受信したリクエストの経路をさらに追っていくと、ここでテナントを意識したルーティングが適用され、トラフィックが適切なNamespaceに転送されていることがわかります。図10-8は、NGINX Ingressコントローラーを使用してこれを設定する方法の例を示しています。

　図10-8の上部は、テナントごとにサブドメインを持つ2つの異なるテナントがSaaS環境にアクセスしてくるところです。これらのテナントからリクエストが送られてくると、NGINX Ingressコントローラーを介してルーティングされ、Ingressリソース設定に基づいて個々のテナント用のマイクロサービスにリクエストが送信されます。

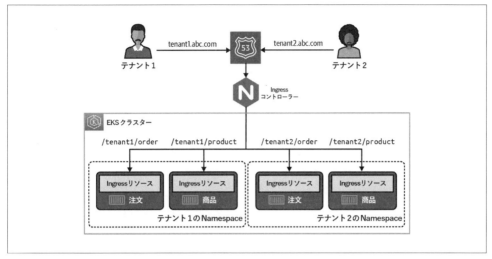

図10-8　テナントのNamespaceへのルーティング

　このルーティングプロセスは、実際には各Namespaceで実行されている特定のテナント用のマイクロサービスにリクエストを送信します。たとえば、左下に、テナント1のマイクロサービスをグループ化するNamespaceがあることがわかります。これらの各マイクロサービスは、特定のマイクロサービスを適切なインバウンドリクエストに接続するパスを含むIngressリソースで構成されます。たとえば、図の左側には、テナント1のNamespaceに対する注文リクエストのルーティングを示す/tenant1/orderパスがあります。

　これらの例は、ルーティングの実現性のほんの一部にすぎません。使用する各ツールには、アーキテクチャの動作環境に影響を与える可能性がある独自の考慮事項と仕組みがあります。使用可能な設定オプションとパターンのリストは、この章の範囲をはるかに超えています。そうは言っても、これらの技術のどれがマルチテナントアーキテクチャの特定のニーズに最もよく適合するか、SaaSアーキテクトがツールのコミュニティに目を向け、判断する必要がある領域だと私は思います。

10.4　オンボーディングとデプロイの自動化

　マルチテナントリソースのプロビジョニング、構成、およびデプロイは、使用している技術の影響を大きく受けます。ティアリング要件、デプロイモデル、その他多くの要素が、SaaSソリューションのオンボーディングおよびデプロイに関する部分の構築方法を直接左右します。これもまた、マルチテナント環境にありがちな潜在的に複雑化しやすい自動化要件に対応できるツールをEKSが数多く提供している領域です。

　課題を把握するために、まずは、オンボーディングとデプロイプロセスの一部になり得る可動部分について見てみましょう。**図10-9**では、全体的な自動化戦略に含めることができる主要な概念要素に焦点を当てています。

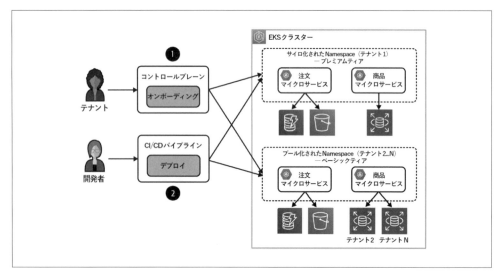

図10-9 オンボーディングとデプロイの課題

　図の右側には、サンプルのマルチテナント環境のアプリケーションプレーンがあります。これには2つのNamespaceが含まれます。上側はサイロ化されたプレミアムティアのテナント用で、下側はプール化されたベーシックティアのテナント用です。これらのテナント構成にもう少し詳細を追加して、複数のマイクロサービスとそれに関連するストレージを追加しました。たとえば、注文サービスはDynamoDBとAmazon S3に依存しています。商品サービスは、データをRDSインスタンスに保存します。サイロ環境では、これらのストレージ構成も（テナントごとの）サイロ化されたリソースと仮定していますが、必ずしもそうである必要はありません。次に、プール環境用のNamespaceでは、注文サービスがすべてのテナント共通のストレージを使用し、商品サービスはストレージをサイロ化して、テナントごとに個別のRDSインスタンスを提供しています。

　次に、アプリケーションプレーンの構成が環境のオンボーディングとデプロイにどのように影響するかを調べる必要があります。左上（ステップ1）は、コントロールプレーンを介したテナントオンボーディングを示しています。ここでは詳しく説明していませんが、新しいテナント環境をコンテキストに応じてプロビジョニングして構成するために必要な、基盤となる自動化とツールが揃っていることを想定してください。テナントオンボーディングのコードでは、テナントごとにどの新しいリソースが必要かをティアに基づいて把握する必要があります。たとえば、サイロのオンボーディングでは、Namespaceの作成、サービスのデプロイ、関連するストレージのプロビジョニングが必要になります。プールについては、環境設定が主で、必要な場合にのみ1回限りのインフラストラクチャを作成することがあるでしょう。この場合、ベーシックティアの商品サービスではテナントごとに個別のRDSインスタンスが必要なため、新しくオンボーディングされたテナントごとにインスタンスを作成して設定する自動化の仕組みを構成する必要があります。

パズルのもう1つのピースは、開発のCI/CDパイプラインです。このパイプラインでは、サービスの更新をアプリケーションプレーンにデプロイする必要があります（ステップ2）。ここでは、ビルダーがビルドおよびデプロイパイプラインを通す必要のある、サービスの新しいバージョンの更新およびリリースに関する日々の開発者体験に重点が置かれています。このアプローチにおける違いは、CI/CDパイプラインが各テナント用のNamespaceに更新されたマイクロサービスをデプロイできなければならないということです。ここで、サイロまたはプールのさまざまなテナント構成をサポートしながら、これらの環境全体のデプロイを自動化できるプロセスを構築する必要があります。

10.4.1 Helmを使用したオンボーディングの設定

これを背景として、この特定の環境のニーズに最も適したツールの組み合わせを見つけることに注意を向けることができます。もちろん、AWS CodePipeline、Terraform、AWS Cloud Development Kit（CDK）、その他多数の既存のDevOpsツールを使用して、これらのプロセスを自動化するという選択肢もあります。これも決して悪い手ではありませんが、その一方で、複雑性をツールの方に押し込める形でこれらの要件に対応できる、EKSとKubernetesの世界に特化して構築された豊富なビルドおよびデプロイツールのコレクションがあります。

私たちの環境で必要とされるさまざまな構成オプションをサポートするには、まず、それぞれのオンボーディング構成の微妙な違いを最もよく捉え、特徴付ける方法を見つける必要があります。ここで最適なツールがHelmです。これを使うと、Kubernetes環境のさまざまな属性をすべてまとめた「チャート」を作成できます。これらのチャートは、さまざまな階層型構成を定義したいという私たちのニーズに自然に対応する仕組みを提供してくれます。図10-10は、これらのチャートを使用してどのようにアプリケーションプレーンのオンボーディング構成の特徴を記述できるかの例です。

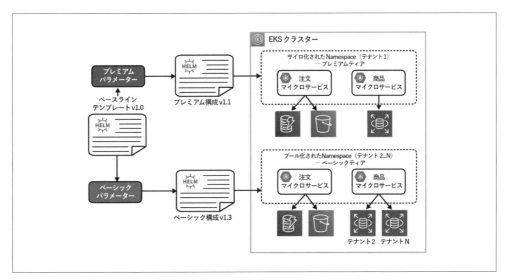

図10-10　Helmを使用したテナント環境の記述

ここでは、どのテナント環境でも必要な一部の中心的な要素を記述したベースラインとなるHelm
テンプレートを作成するという設計にしました。ここには、サイロやプールという概念を一切含め
ずに、すべてのサービスとそのデフォルト設定を記述した少量の構成が含まれます。このベースラ
インテンプレートが用意できたら、次に、各ティアに関連するパラメーターを適用するティア固有
のHelmチャートを作成します。この例では、対応するHelmチャートの作成に使用するベーシック
ティアとプレミアムティアのパラメーターを含めました。

このモデルの素晴らしいところは、基本的に、各環境の性質を特徴付けるツールを通じて、ティア
リングモデルとデプロイモデルの性質を表現していることです。また、共通している要素はすべて1
つのベースラインテンプレートにまとめられていることからも利点が得られます。これにより、すべ
ての共通設定を1か所で管理、メンテナンス、バージョニングすることができます。もう1つの利点
は、オンボーディング体験に比較的シームレスに組み込むことができるツールを採用していることで
す。これにより、マルチテナントEKS環境の構成を形成できる組み込みの仕組みを備えたツールを使
用して、これらのプロビジョニングと構成のステップを自動化することができます。

このアプローチには、考慮すべき点が1つあります。HelmはEKS環境の記述には長けています
が、通常、環境の一部であるEKS以外の構造やサービスはHelmでは設定できません。たとえば、
図10-10で説明したオンボーディング体験では、S3、DynamoDB、およびRDSリソースをプロビ
ジョニングして設定する必要があります。このようなKubernetes以外のアセットも対象とするには、
CDK、Terraform、その他のインフラストラクチャ自動化ツールを組み合わせて複数のツールを活
用する必要があるでしょう。ここでの要点は、環境の完全な自動化と特徴付けは、最終的にHelmと
してパッケージ化され、そこにインフラストラクチャ構成やプロビジョニングモデルといった他の要
素をサポートするために必要なその他のアセットが加わるということです。

10.4.2　Argo WorkflowsとFluxによる自動化

ここまでは、主に、ベーシックティアとプレミアムティアのテナントのオンボーディングプロファ
イルをどのようにパッケージ化して記述するかについて説明してきました。それでもまだ、オンボー
ディング体験の可動部分すべてを自動化するとはどういうことかを考える必要があります。ここは、
DevOpsの世界からより多くのツールを取り入れることができるところです。Argo Workflowsと
Fluxをオンボーディングフローに導入することで、オンボーディング設定をどう適用するか、調整お
よびオーケストレーションすることができます。これらのツールを応用すると、このプロセスのすべ
ての点をつなぎ、テナントごとの環境へのデプロイを自動化する際の微妙な違いへ対処できます。

Helm、Argo Workflows、Fluxを組み合わせて使用する方法の具体例を見てみましょう。**図
10-11**は、ティアベースのオンボーディング体験の実装に伴う複雑性に、これらのツールがどのよう
に対応できるかを示しています。

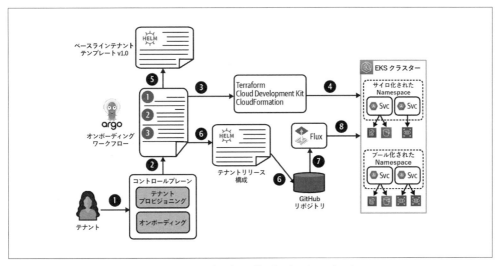

図10-11 Argo WorkflowsとFluxによるオンボーディングのオーケストレーション

　図の左下が、オンボーディング体験の出発点（ステップ1）です。ここで、テナント（または内部プロセス）がオンボーディングプロセスを呼び出し、テナントのティアやその他の属性を提供します。このリクエストは、コントロールプレーンの一部であるオンボーディングサービスによって処理されます。オンボーディングフローのある時点で、サービスはテナントプロビジョニングサービスを呼び出します。テナントプロビジョニングサービスは、新しいテナントに必要なインフラストラクチャの作成と構成を担当します。この例では、ベーシックティアのテナントとプレミアムティアのテナントがあり、それぞれ異なるインフラストラクチャの環境が必要です。

　そこで、HelmとArgo Workflowsの出番です。このテナントプロビジョニングサービスは、ティアに対応したテナントリソースのプロビジョニングを完了するためのすべてのステップを実行するワークフローを呼び出します（ステップ2）。このワークフローには、テナント環境を作成するために必要な2つのツールチェーンがあります。プロセスの片方では、従来のインフラストラクチャ自動化ツール（Terraform、CDK、CloudFormation）を使用して、EKS以外のインフラストラクチャリソースをプロビジョニングする必要があります。今回の例では、マイクロサービスに必要なさまざまなストレージリソースをプロビジョニングすることになります。これを実現するために、ワークフローは今回で言うとTerraformなどのインフラストラクチャ自動化ツールを呼び出して、プロセスのこの部分を実行します（ステップ3）。ここで使用している自動化スクリプトとコードは、ティアのコンテキストに基づくすべての作業を実行します。新しいプレミアムティアのテナント用にサイロ化されたストレージを作成するか、または新しいベーシックティアのテナント用にサイロ化されたRDSインスタンスを1つだけプロビジョニングします（ステップ4）。覚えていると思いますが、ベーシックティアのテナントはほとんどがプール化されていますが、商品サービスではサイロ化されたストレージが提供されています（図の右下）。

250 | 10章 EKS SaaS：アーキテクチャパターンと戦略

　ここまでは、ほとんどただ従来のインフラストラクチャ自動化プロセスを実行しただけで、たまたまそれがArgo Workflowsの一部として呼び出されていただけでした。しかし、このプロセスの後半では、EKSクラスターとテナント構成の設定方法により焦点を当てていきます。ここではHelmチャートに大きく依存して、テナントのEKSアセットの作成および構成を行います。まず、すべてのテナントに使用したベースラインテンプレートを複製します（ステップ5）。次に、Argo Workflowsはテナント固有のHelmリリース構成を生成し、個々のティアの構成情報とマージします（ステップ6）。最終的には、特定のティアのテナントをオンボーディングするために必要なすべての情報および設定を含む、ティア固有のHelmリリース構成が完成します。

　この時点で、テナントに必要な構成を記述したHelmチャートができましたが、まだEKSクラスターには適用されていません。ここでFluxの出番です。Helmチャートの準備ができたら、リポジトリにコミットします（ステップ7）。Fluxはそのリポジトリを監視して更新を検出します。新しいHelmチャートが見つかったら、この設定を使用して新しいテナントに必要なEKSリソースを作成します（ステップ8）。ここには、Namespace、マイクロサービス、その他EKS固有の構成要素の作成と設定が含まれます。

　このアプローチを見直してみると、テナントプロビジョニングプロセスの複雑性の大部分を、どのようにティアベースのオンボーディング体験のニーズにうまく適合する一連のツールに委譲できるかがわかるはずです。

10.4.3　テナントを意識したサービスのデプロイ

　テナントのオンボーディングは、まだこの話の半分にすぎません。これらのテナント固有の環境とリソースができたら、開発パイプラインにこれらのさまざまなデプロイ構成のサポートをどのように組み込むかを検討する必要があります。たとえば、マイクロサービスの更新のリリースには、その新しいマイクロサービスをEKSクラスター内の複数のNamespaceにデプロイする機能が含まれている必要があります。ここでは、開発者体験を損なわずに、これらのマルチテナントデプロイ要件に対応する方法を見つける必要があります。開発者は、このようなデプロイの複雑性を意識することなく、新しいマイクロサービスをただ開発してリリースできるようであるべきです。

　EKSのツールには、これらのデプロイの自動化に役立つ機能が備わっています。**図10-12**は、どのようにHelmとFluxがサービスのデプロイをサポートできるかの概要を示しています。

　まず、この図の右側にある、複数のテナントがオンボーディングされているクラスターを見てみましょう。別々のNamespaceで稼働しているプレミアムティアのテナントが2つあります（テナント1とテナント2）。また、すべてのベーシックティアのテナントを実行しているプール化されたNamespaceもあります。これらのNamespaceはすべて、同じ特定のバージョンの注文および商品マイクロサービスを実行しています（バージョンは各マイクロサービスの右上に表示されています）。

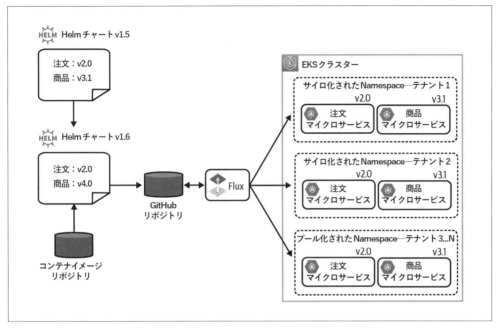

図10-12　HelmとFluxによるデプロイ

　さて、あなたがビルダーになって、商品サービスの新バージョンを公開し、v3.1からv4.0に移行するところを想像してみてください。開発者としては、ただビルド、テスト、リリースだけを行いたいです。しかし、この更新されたサービスを右側の3つのNamespaceそれぞれにデプロイする必要があります。Fluxは、ここで一対多のマッピングに対応して、新しいバージョンの商品サービスをデプロイすることができます。

　この作業は、まず左上のHelmチャートから始まります。これらのチャートには、デプロイする必要のあるマイクロサービスへの参照が含まれています。このビルドプロセスでは、現在のチャートを複製して商品マイクロサービスのバージョンを更新し、Helmチャートのバージョンを更新して、適用する必要のある変更があることを示すことができます。この更新されたHelmチャート（v1.6）がパッケージ化されてリポジトリにチェックインされると、Fluxのプロセスがこの新しいバージョンの存在を検出します。次に、この更新されたチャートを以前のバージョンを実行しているすべての環境に適用する方法を決定し、すべてをv1.6構成に移行します。その結果、新しいv4.0注文サービスがすべてのNamespaceにデプロイされることになります。

　今回の例では、マイクロサービスの更新に焦点を当てましたが、Helmチャートで構成できる設定は他にもあります。これと同じ仕組みを使えば、EKS環境に含まれるさまざまな設定をいくらでも変更することができます。

このEKS DevOpsの領域を掘り下げる際の課題は、検討すべきツールやオプションがあまりにも多すぎることです。この章では、マルチテナントDevOpsの課題を理解し、一般的ないくつかのツールがマルチテナントデプロイ要件にどのように対応できるかを垣間見てみました。しかし、実際には、選択肢をさらに深く掘り下げ、どのツールや戦略がチームとソリューションの要件に最も適しているかを評価することをお勧めします。ここで大まかに言えることは、マルチテナント環境のティアリング、デプロイモデル、および一般的な性質によっては、SaaS環境のオンボーディングとデプロイを自動化するために、より的を絞ったアプローチが必要になるかもしれません。

10.5　テナント分離

マルチテナントのEKS環境では、コンピューティングのデプロイ方法を記述する新しい構成や仕組みが多数用意されています。ここでは、これらの構成の上にテナント分離を重ねるとどうなるかを考える必要があります。あるテナントが別のテナントのリソースにアクセスできないようにするには、EKSクラスターのどこに、どのようにポリシーを挿入すればよいでしょうか。

ご存知の通り、EKSの分離には複数の側面があります。EKS SaaSの分離戦略の基礎をよりよく理解するために、まずは基本的な環境の分離境界に関する大まかな概念図を見てみましょう（図10-13）。

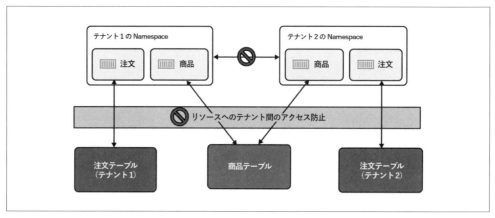

図10-13　EKS SaaSの分離境界

この図には、本質的に3種類の分離要素が含まれています。一番上には、複数のサイロ化されたテナント専用Namespaceがありますが、あるテナントNamespaceで実行されているマイクロサービスが、別のテナントNamespaceで実行されているマイクロサービスにアクセスできないようにするための分離構造が必要です。このレベルにおける分離は、Kubernetesのネイティブ機能を使用することでかなり簡単に実現できます。新しいテナント用にNamespaceがプロビジョニングされる際に、オンボーディングプロセスでNamespaceのネットワークポリシーを設定し、他のNamespaceへのアクセスを制限します。以下は、テナントNamespaceのプロビジョニングの際に適用できるサンプルポリシーです。

```
# tenant-service-policy.yaml
kind: NetworkPolicy
apiVersion: networking.k8s.io/v1
metadata:
  namespace: TENANT_NAME
  name: TENANT_NAME-policy-deny-other-namespace
spec:
  podSelector:
    matchLabels:
  ingress:
  - from:
    - podSelector: {}
```

　ここで注目すべき場所は、metadataです。metadataには、テナントNamespaceの名前とポリシー名のプレースホルダーがあります。このポリシーは、基本的に、別のテナントNamespaceのテナントが、この新しいテナント用に作成しているNamespaceにアクセスすることを防ぎます。

　図10-13では、マイクロサービスによってアクセスされるストレージを分離するポリシーも導入しています。このシナリオでは、プール化されたストレージを使用する商品マイクロサービスと、サイロ化されたストレージを使用する注文マイクロサービスを採用していることがわかります。これらのサイロストレージモデルおよびプールストレージモデルでは、テナント間のアクセスを防ぐために異なる分離構造が必要です。

　まず、注文テーブルを分離する方法を見てみましょう。このデータについては、各テナントに専用のテーブルがあることがわかっています。つまり、各テナントNamespaceがプロビジョニングされる際に分離を設定する、デプロイ時の分離アプローチを使用できるということです。この分離の仕組みをよりよく理解するために、注文テーブルのサイロ分離を強制するポリシーから見ていきましょう。以下のポリシーは、新しいテナント用に注文テーブルがプロビジョニングされる際に、テナントコンテキストを入力して適用するテンプレートを表しています。

```
{
  "Version": "2012-10-17",
  "Statement": [
    {
      "Sid": "TENANT_NAME",
      "Effect": "Allow",
      "Action": "dynamodb:*",
      "Resource":
          "arn:aws:dynamodb:us-east-1:ACCOUNT_ID:table/Order-TENANT_NAME"
    }
  ]
}
```

　これは、リソース（この場合はDynamoDBテーブル）に対する権限を定義するAWS Identity and

Access Management（IAM）ポリシーを表しています。ここでは、基本的に、テナントの注文マイクロサービスが、対応する注文テーブルにアクセスできるようにしています。繰り返しますが、このファイルはテンプレートです。テナントのプロビジョニングプロセスでテナント専用Namespaceが作成されると、TENANT_NAMEプレースホルダーは特定のテナントの値に置き換えられます。

このポリシーは、IAM Roles for Service Accounts（IRSA）と呼ばれるものを使用してテナントNamespaceに適用されます。考え方としては、生成したIAMポリシーを、対象のテナントNamespaceに関連付けられたサービスアカウントにアタッチするというものです（図10-14を参照）。

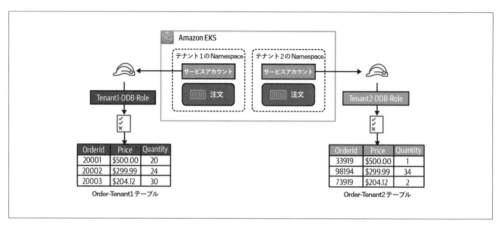

図10-14　IRSAによる注文テーブルの分離

この図の上部には、テナント1とテナント2のNamespaceがあり、それぞれ注文マイクロサービスを実行しています。各Namespaceには、サービスアカウントへの参照があります。これらのサービスアカウントは、先ほど定義したテナント固有の注文サービス用のIAMポリシーを使用して設定されています。これらのポリシーの設定は、テナントオンボーディングの一部としてNamespaceがプロビジョニングされるときに適用されます。

これで、注文マイクロサービスが注文テーブルにアクセスしようとしたときに、Namespaceのサービスアカウントが持つテナントに絞られたスコープによって、そのNamespaceに関連付けられているポリシーが自動的に適用されます。つまり、テナント1はテナント1に関連付けられた注文テーブルにのみアクセスできます。テナント2の注文テーブルへのアクセスはブロックされます。ここでは、デプロイ時の分離のメリットを最大限に活用できています。というのも、分離ポリシーは、注文マイクロサービスのビルダーがまったく意識していないところで適用されているためです。

この戦略はサイロ化された注文テーブルではうまく機能しますが、プール化された商品テーブルでは、テナントデータが同じDynamoDBテーブル内に混在しているため、アイテムレベルの分離の実装方法を検討する必要があります。ここでは、各リクエストのテナントコンテキストを調べ、このコンテキストを使用して、商品テーブル内のテナントごとのアイテムへのテナント間アクセスを防ぐためにどのポリシーを適用する必要があるかを判断する、ランタイムで分離を適用するモデルを採用す

る必要があります。図10-15は、マルチテナントEKSアーキテクチャの一部として適用できる商品テーブル分離パターンの一例です。

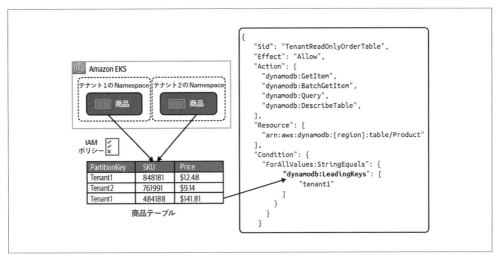

図10-15　商品テーブルのアイテムレベルの分離

　この図の左上には、商品マイクロサービスが個別のサイロ化されたNamespaceで実行されている様子が示されています。コンピューティングはサイロ化されているかもしれませんが、図にはすべてのテナントのデータを格納する共有の商品テーブルがあります。このデータはプール化されているため、注文テーブルを分離するために使用したIRSAの仕組みを使用することはできません。代わりに、商品マイクロサービスのコードでは、各リクエストのテナントコンテキストを調べ、そのテナントにスコープが絞られた資格情報を取得して、現在のテナントに属するテーブル内のアイテムのみを表示するように制限をかける必要があります。

　これらの資格情報を取得するには、この図の右側に表示されているポリシーをベースにしたロールを引き受ける必要があります。ここでは、DynamoDBテーブル用の別のIAMポリシーを使用し、このバージョンには、パーティションキーに基づいてアイテムへのアクセスを制限する"Condition"セクションがあります。パーティションキーは、現在のテナントコンテキストに基づいて入力されます（この例では、テナント1の値が入力されています）。

　ご想像の通り、ランタイム分離を実装する方法は複数あります。たとえば、共有ライブラリを使用して、テナントのコンテキストをキャプチャし、適切なポリシーにマッピングして、現在のテナントに適したロールを引き受けることもできます。一般に、どのランタイム分離モデルでも、開発者の意識外で分離ポリシーを解決する方法を探すのが良いでしょう。

　EKSには、ランタイム分離戦略の一部として使用できるもう1つの構成要素として、サイドカーがあります。サイドカーは、EKSネットワーク内のサービスと一緒に実行できる別のプロセスです。考え方としては、サイドカーが取り付けられたバイクを模したものです。この話題におけるサイドカー

の価値は、マイクロサービスの間にプロキシとして配置され、テレメトリの収集やポリシーの適用などが可能になることです。図10-16は、テナント分離の課題にサイドカーを適用した一例です。

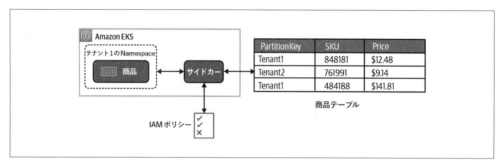

図10-16　サイドカーによるランタイム分離

　この図には、すべてのテナントのすべての商品データを保持する同じ共有テーブルを使用する、先ほどと同様の商品マイクロサービス（テナント1専用）があります。異なるのは、その環境にサイドカーを導入したことです。サイドカーは商品サービスの隣に位置し、そこから流れるすべてのトラフィックを仲介します。これで、商品サービスがデータをリクエストしたときに、サイドカーが適切なIAMポリシーを使用したロールを引き受け、アクセスをテナント1に属するテーブル内のアイテムのみへ制限することができるようになりました。

　このアプローチの素晴らしいところは、サイドカーがマイクロサービスにおけるすべてのやり取りの間に位置し、完璧なトラフィック分離機構として機能することです。多くの人にとって、このレベルでの分離が実現できることは非常に魅力的です。しかし、サイドカーがストレージとどのようにやり取りをするかはまだあまり明確ではありません。私が提案したモデルでは、スコープが絞られた資格情報をリクエストに適用する必要があるため、商品テーブルへの呼び出しはサイドカーから開始する必要があります。つまり、これを機能させるためには、データアクセスライブラリをサイドカーに配置する必要があるということです。これは、最適な関心の分離やマイクロサービスコードの分散方法ではない可能性があります。

　別のアプローチとして、スコープが絞られた資格情報をサイドカーに取得させ、マイクロサービスに返す方法があります。その後、マイクロサービスはその資格情報を使用します。ただし、このアプローチでは、サイドカーはどちらかというと優れたライブラリのようなものになります。そのため、サイドカーは確かにここで役に立ちそうですが、この分離の問題に対してどのように活用するのが最適かを考えるため、まだやるべきことがあります。

　ここで確認した例は、EKSで利用できるさまざまな分離手法のサンプルです。ソリューションのさまざまなニーズに対応するためには、これらの戦略を組み合わせる必要があることに気づくでしょう。

チームがマルチテナントコンテナ環境における分離について考える際に、以下のような疑問を持つのは当然のことでしょう。コンテナが「エスケープ可能であること」は、分離ストーリー全体に影響を及ぼすでしょうか。これは、どのコンテナベースのソリューションにとっても基本的なセキュリティ上の懸念事項です。ここで重要なのは、悪意のあるコードがコンテナから抜け出して、許可されていないリソースや操作に対するアクセス権を取得することにより、どんな影響が発生するかです。このリスクを軽減するためにどんな技術や戦略が使用できるかは、この章の範囲を超えています。環境の全体的なセキュリティにおける影響範囲を評価する際には、この点にも注意する必要があると思います。

10.6　ノードタイプの選択

　EKSクラスター内では、Podは常にコンピューティングノード上で稼働しており、これはマルチテナントワークロードの需要に合わせてスケールする必要があります。これらのノードの性質や設定は、EKSクラスターで設定する内容の一部です。CPUまたはメモリを大量に消費するノードが必要ですか？ GPUが必要ですか？ ノードタイプの選択は、マルチテナントコンピューティング戦略全体におけるもう1つの変数です。EKS環境に移行する場合は、どのノードタイプの組み合わせがテナントから課される負荷に最も適しているかを判断するのが、あなたの仕事になります。

　これに対する1つのアプローチは、アプリケーションを構成するサービスごとに異なるノードを精査して選択することです。アプリケーションの各サービスを調べ、あるサービスが特定のノードタイプに適しているかを判断できます。この方法を使用する場合は、複数のノードタイプを起動するようにクラスターを構成し、これらのサービスを対象のノードタイプに関連付ける必要があります（図10-17を参照）。

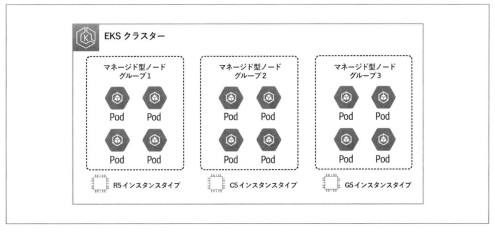

図10-17　ワークロードのノードタイプへのマッピング

この例では、3つの異なるマネージド型ノードグループを作成しています。このグループ化構造を使用すると、各グループに関連付けるEC2インスタンスタイプの定義も含めて、クラスター内にノードセットのプロファイルを構成することができます。極端な例を説明するために、これらのノードグループにはそれぞれ異なるAWSのインスタンスタイプを選択しました。1つ目のグループでは、メモリ最適化のR5インスタンスタイプ、次に、コンピューティング最適化のC5ノード、最後に、GPUインスタンスタイプ（G5）を使用しています。

ここでは、これらのノードグループ内のPodで実行されるワークロードが、各インスタンスタイプの性能とうまく一致するものであることを想定しています。これはある程度メリットがある戦略だと思う一方で、このモデルの採用に伴う複雑性を正当化できる明確な要件があるかどうかを精査することも重要です。いくつかの主要なサービスでは、特定のインスタンスタイプを必要とするかもしれません。その場合、残りのサービスは1つの共通インスタンスタイプで実行して、残りのワークロードを効果的にサポートできるようにします。

しかし、システムのワークロードをサポートするためにどのインスタンスタイプが必要かを判断する、より独創的な方法は他にもあります。理想的には、このノードタイプの選択という概念全体を、リアルタイムのアクティビティを調べてその場でノードタイプを決定する、より動的なプロセスにすることができるでしょう。ここで、Karpenterの出番です。Karpenterを使用すれば、特定のノードやマネージド型ノードグループに紐付けることなく、クラスターで使用できるノードタイプのセットを設定できます。図10-18は、Karpenterがクラスターとテナントアクティビティの連携をどのように最適化できるかを示しています。

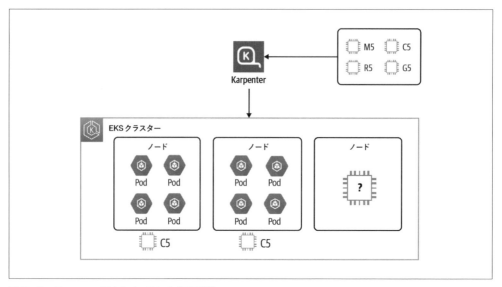

図10-18　Karpenterによるノードタイプの最適化

10.7　サーバーレスコンピューティングとEKSの組み合わせ | **259**

　図10-18には、実行中のノードが2つあり、どちらもC5インスタンスタイプで起動されています。さらに、環境設定の一環としてKarpenterを構成し、このクラスターで利用できると判断したノードタイプの候補リスト（右上に表示）を提供しました。つまり、Karpenterはこれらのインスタンスタイプのどれでもノードに割り当てることができます。どのインスタンスタイプを割り当てるかは、Karpenterの仕事になります。Karpenterは、システム内の現在のアクティビティを評価してプロファイリングし、各ノードに割り当てるインスタンスタイプを決定します。

　これはそれ自体が強力な機能であるとともに、クラスターのアクティビティが大きく変動する可能性のあるマルチテナント環境では特に役立ちます。ノードの選択をKarpenterに任せることで、ワークロードをインスタンスタイプに関連付けるための独自の戦略を定義する手間が省けます。また、SaaS環境の効率性を高めるための最適化ももたらされます。

　ノードの選択と最適化戦略は強力ですが、この方法を使うには、クラスターがこれらのノードをどのようにスケールするかを決定するポリシーを定義する必要があります。これにより、EKSアーキテクチャがさらに複雑になり、場合によっては、チームがクラスター内のノードを過剰にプロビジョニングしてしまう可能性もあります。これは環境のコスト効率に影響を与え、規模の経済性を損なう可能性があります。

10.7　サーバーレスコンピューティングとEKSの組み合わせ

　ここまで説明した戦略のほとんどは、クラスター内のノードに非常に注目が集まるモデルを中心としています。たとえば、ノードの選択では、ノードとワークロードの配置を最適化することに重点が置かれていました。これらのどのモデルを取っても、環境全体の需要を満たすためにどのようにノードをスケールするかを決定するポリシーと戦略が必要です。

　しかし、EKSクラスターで選択できるコンピューティング戦略は他にもあります。EKSでは、EKS環境のコンピューティングモデルとしてAWS Fargateを選択するオプションが用意されています。Fargateによって、サーバーレスコンピューティング戦略を採用できるため、クラスター内のノードを意識する必要がなくなります。これにより、EKSのコンピューティング環境のスケーリングモデルが簡素化され、Fargateのマネージドコンピューティングモデルを利用して、環境に必要なコンピューティングリソースを用意することができます。また、支払いは実際のコンピューティングの使用量のみとなるため、過剰なプロビジョニングの懸念も抑えられます。

　本当の課題は、これらのコンピューティング戦略のどれが自社の環境のニーズに最も適しているかを見極めることです。一部の人にとっては、Fargateがぴったりかもしれませんが、他の人にとっては、ノードとインスタンスタイプをより細かく制御できる方がより魅力的な選択肢となる可能性があります。実際には、コストやその他の考慮事項を比較検討して、どの選択肢が自社のアーキテクチャと運用モデルに最適かを判断する必要があります。

EKS SaaSリファレンスソリューション

　この章では、独自のEKS SaaSソリューションを設計する際に適用できる一般的なパターンと考慮事項について詳しく説明しました。私がAWSで一緒に働いているチームであるSaaS Factoryも、エンドツーエンドで機能するマルチテナントEKS環境のコードを提供するEKS SaaSリファレンスアーキテクチャを作成しました。これにより、これらの戦略が実際にどのように機能するかをより具体的に確認することができます。

　コードはGitHubリポジトリ（https://oreil.ly/s9qDg）で公開しています。このリポジトリで参照されている戦略と手法は1つの例にすぎず、この章で説明したすべてのトピックを網羅しているわけではありません。ソリューションの性質も、新しいアプローチをサポートするために進化し続けています。そのため、ソリューションに含まれる内容の一部は、少し古くなっているかもしれません。それでも、さらに深く次の段階に進みたい人にとっては、このリソースは全体的に価値があるものとなるでしょう。ここで取り上げた内容はパターンについて詳しく説明するためのものですが、リファレンスアーキテクチャは、ある特定のアプローチの全体像を示すサンプル実装であることを覚えておいてください。

10.8　まとめ

　この章では、これまで説明してきたSaaSの中心的な原則と、EKSの技術スタックによってもたらされる可能性が交差する点に初めて対面しました。EKSの視点を通してSaaSを観察した結果、マルチテナント環境の記述、構成、デプロイにEKSの機能を使用できる主な領域がいくつか明らかになりました。このプロセスにより、幅広い選択肢を提供する多様なツールや機能を備えたEKSがSaaSビルダーにもたらす素晴らしい力の一部も明らかになりました。このEKSとSaaSについての復習では、EKSでSaaSを構築するための設計図が1つではない理由も十分に明らかになるはずです。

　EKS SaaS戦略の探求は、SaaSとEKS間の基本的な連携に関する大まかな概観から始まりました。これを含めたのは、EKSの強みを強調し、一部のSaaSチームにとって特に魅力的な領域の概要を説明するためです。そこから、EKSがSaaSアーキテクチャの基本的な面にどのようにアプローチするかを方向付ける新たな可能性と考慮事項を生み出したと考えられる、いくつかの重要な領域を取り上げました。まずは、デプロイモデルを検討しました。そこでは、サイロモデルやプールモデルのさまざまな構成を使用してテナントワークロードをどのようにデプロイできるかを説明するために使用できる、一連の戦略を検討しました。また、テナントコンテキストルーティングについて簡単に説明し、クラスター内のテナントをルーティングするために使用できるいくつかのツールや仕組みを確認しました。

　この章の大部分は、デプロイとオンボーディングの自動化に焦点を当てていました。私にとっては、これがEKSが輝く分野です。EKS DevOpsツールの体験の一面を見ることで、マルチテナント環境

におけるオンボーディングとデプロイの自動化に伴う主要な課題のいくつかに対処できる豊富な仕組みを垣間見ることができました。ここではほんの表面に触れただけですが、ここで取り上げた洞察が、EKSコミュニティとSaaS DevOpsドメインに適用できるツールをより深く掘り下げるきっかけになれば幸いです。

この章の最後の方では、テナント分離とノードの選択について説明しました。テナント分離では、EKSがSaaSアーキテクチャの分離モデルにどのように影響するかという微妙な違いに焦点を当てました。つまり、テナント専用のNamespace間でのテナント間アクセスを制限するために、EKSのコンピューティングリソースをどのように分離できるかということです。ここには、従来の手法やサイドカーを使った動的なポリシーを導入する方法が含まれます。最後に、ノードを選択することで、EKSクラスターのノードタイプをテナントのティアやワークロードに合わせてより適切に調整する方法を確認しました。この仕組みによって、アーキテクチャのコンピューティングプロファイルをどのように調整および最適化できるかがわかります。

EKSのツールや機能のおかげで、基盤となるインフラストラクチャからもう一段レベルを上げて、マルチテナント環境で私が抱えるニーズの多くに対応できそうな論理的なグループ化、管理、デプロイの仕組みを扱えるようになります。Namespace、サービスメッシュ、Ingressコントローラー、サイドカーなど選択肢は多く、さらに絶えず増え続けているようです。この深さと多様性と活気に満ちたコミュニティが相まって、EKSは多くのSaaSビルダーにとって魅力的な選択肢であり続けるでしょう。

EKSの可能性がわかったところで、次は、これらの同じ概念を別の技術スタックにどのように適用できるかを見ていきたいと思います。次の章では、サーバーレス技術を使用したSaaSソリューションの構築における違いについて説明します。サーバーレスモデルも、新しいツール、戦略、考慮事項をもたらします。サーバーレスの影響を確認することで、さらに視野を広げ、マルチテナントSaaSの中心的な原則が、異なる技術スタックによって提供される機能や仕組みを通じてどのように実現されているかがわかります。

11章
サーバーレスSaaS：
アーキテクチャパターンと戦略

　サーバーレスコンピューティングモデルは、ビルダーの間で非常に人気が高まっています。サーバーを意識する必要のない完全マネージドなモデルでコンピューティングを利用することで、SaaSビルダーやアーキテクトは、とらえどころのないスケーリングやコスト最適化戦略の追求からマインドセットを切り替えることができます。サーバーレスコンピューティングの関数中心の性質は、マルチテナントSaaSアーキテクチャの設計と実装へのアプローチ方法にも影響します。これらの理由から、サーバーレスコンピューティングモデルでどのようなマルチテナント戦略が実現できるかを説明する章を設けるのは、理にかなっていると思いました。ここでの目標は、サーバーレスコンピューティングを介してアプリケーションサービスを提供するSaaS環境を構築する際に生じる特有の微妙な違いや影響を掘り下げることです。これをより具体的に説明するために、これらの戦略をAWS Lambdaサービスにマッピングします。AWS Lambdaサービスは、環境の機能を設定、ホスト、およびスケールするマネージドコンピューティング機能を提供します。

　この章の冒頭では、まずSaaS環境のプロファイルとサーバーレスモデルの間に自然と備わっている相性について概説します。ここにあまり時間をかけるつもりはありませんが、SaaSアーキテクト、ビルダー、運用、ビジネス関係者にとって、サーバーレスがSaaSプロバイダーにもたらす幅広い価値提案を理解することは極めて重要なことだと思います。これについては、「8章　データパーティショニング」でサーバーレスがストレージに与える影響を調べた中で簡単に触れました。ここでさらに掘り下げて、サーバーレスコンピューティングモデルの採用によって達成できる動的な特性と効率性を見ていきます。

　価値提案が確立できたら、サーバーレスコンピューティングの関数ベースの性質が、ティアベースのデプロイを作成するアプローチにどのように影響するかを見ていきます。ここでの焦点は、サーバーレス関数によってプール化およびサイロ化されたテナント環境を構築するとはどのようなことかを探ることにあります。これには、テナント関数をどこで、どのようにサイロ化するかを決定付けるさまざまなパターンとアプローチの検討が含まれます。それから、サーバーレスコンピューティングモデルでコンテキストに応じてテナントをルーティングする方法を検討します。テナントのリクエストを環境の一部である関数にマッピングするために使用できる仕組みに焦点を当て、これをデプロイ

モデルに関する議論の上に構築します。

また、この章では、サーバーレスモデルに伴うオンボーディングとデプロイ自動化の微妙な違いについても説明します。ここでは、ティアを考慮したオンボーディングとデプロイ自動化の構築に伴う独特な課題を見ていきます。これを実現するために使える便利なツールもありますが、現実のマルチテナント環境に対応するために独自の構成を導入する必要がある場合もあります。

この章の次のパートでは、サーバーレス環境でのテナント分離の導入に伴ういくつかの工夫について見ていきます。ここでは、テナント間のアクセス防ぐために使用されるいくつかのサーバーレス固有の手法と構成を紹介します。

最後に、より高度なサーバーレス設計における考慮事項をいくつか紹介してこの章を締めたいと思います。予約済み同時実行（reserved concurrency）を使用して、マネージド関数のスケーリングプロファイルを設定する方法を見ていきます。これにより、マルチテナント環境の一部であるさまざまなLambda関数間でワークロードをどのようにスケールさせるかを設定することができます。最後に、話の締めくくりとして、アーキテクチャのすべてのレイヤーにサーバーレスを適用するとどうなるか、サーバーレスが持つ影響力の全体像についても簡単に触れる予定です。

この章は、意図的にEKSの「**10章　EKS SaaS：アーキテクチャパターンと戦略**」の議論と並行して展開されていきます。ここでの狙いは、サーバーレスとEKSが、場合によってはまったく異なるアプローチとツールチェーンを使用して、同じ目標を達成する様子を描くことです。

11.1　SaaSとサーバーレスの相性

多くの組織にとって、SaaSモデルの採用は、ビジネスの成長、効率性、イノベーションを加速させる規模の経済性を実現するためのものです。このマインドセットの根底には、テナントアクティビティのプロファイルをインフラストラクチャリソースの使用量と一致させるためには、SaaS環境を構築する必要があるという基本的なニーズがあります。この目標はどの技術を使用しても実現することができますが、中には目標達成のために必要な労力のレベルを下げることができる技術があります。これこそまさに、サーバーレスコンピューティング戦略の強みです。その理由をもっとよく理解するために、まずはSaaS環境を構築する際にチームが直面する動的な特性（**図11-1**を参照）から考えていきましょう。

この図では、SaaSアーキテクチャ内のアクティビティをどのようにプロファイリングできるかを示した概念図です。このグラフは、テナントインフラストラクチャの使用量（破線）とテナントアクティビティ（実線）の関係を運用目線で表現することを目的としています。テナントアクティビティは、これがいかに予測不可能なものであるかを伝えようとしています。この予測不可能性は、さまざまな要因によって引き起こされます。アクティブなテナントの数、テナントワークロードの多様性、その他多くの要因により、絶えず変化するテナントの需要を満たすためにどれくらいのコンピューティングインフラストラクチャが必要かを予測することは非常に困難になります。また、システムの運用中は絶えずテナントのオンボーディングや解約が発生するため、この状況はさらに複雑になります。

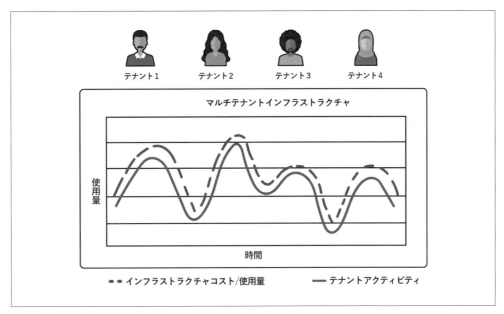

図11-1　サーバーレスSaaS：アクティビティと使用量の一致

　テナントアクティビティを正確に予測することは難しいかもしれませんが、リソースの過剰なプロビジョニングを最小限に抑えるという明確な目標は変わりません。この図は、インフラストラクチャの使用量が環境内のテナントアクティビティに理想的に追従する夢のバージョンを描いています。この例では、インフラストラクチャ使用量のグラフはテナントアクティビティを反映しており、どの時点でもテナントの需要を満たすのにちょうど十分な量のインフラストラクチャを提供しています。これはすべてのソリューションで完全に実用的というわけではありませんが、SaaSアーキテクトがシステムを設計する際に従うべきメンタルモデルであることに変わりはありません。アーキテクトは、システムが可能な限り動的に反応することで、インフラストラクチャのコストを最適化し、SaaSビジネスの成功に不可欠な規模の経済性を実現することを目指しています。

　ここで、クラウドの弾力性と水平スケーリングという考え方がこの問題に対する答えになると思うかもしれません。そしてほとんどの場合、それは完全に合理的な期待と言えるでしょう。ただし、ほとんどの水平スケーリング技術は、環境をいつどのようにスケールするかを定義するスケーリングポリシーによって実装されます。これが難しいところです。コンピューティングは動的にスケールできますが、それでもシステムをいつどのようにスケールアップまたはスケールダウンする必要があるかを、誰か（あなた）が定義する必要があります。あなたは、これらのスケーリングポリシーを記述して適用する必要があり、見つけ出した戦略が効率的で信頼できるものであることを祈ります。ある程度ワークロードが予測可能な環境では、このアプローチはうまくいくでしょう。しかし、先ほど説明したようなマルチテナント環境では、テナントワークロードの予測不可能性に普遍的に対応する一連のポリシーを構築することは非常に難しい場合があります。その結果として、チームはリソースを過

剰にプロビジョニングしたり、より悲観的なスケーリングポリシーを採用したりして、ノイジーネイバーやパフォーマンス、回復力の問題にさらされるリスクを抑えようというシナリオに行き着くことが多くなります。

これらの課題はすべて、環境のコンピューティングリソースが顧客の責任下にあるという前提に根ざしています。確かに、ポリシーに基づいて増減させることはできるかもしれませんが、それでも必要なときに適切なレベルのコンピューティングリソースが使用可能であることを担保しておく必要があります。サーバーレスコンピューティングは、その名の通り、サーバーという概念を取り払います。コードは、システムが必要とするコンピューティングリソースを提供する責任を負っているマネージドサービスによって実行されるだけです。これにより、スケーリングに関するすべての責任をマネージドサービス（この場合はAWS Lambda）に委ねることができます。これはSaaSアーキテクトにとってゲームチェンジャーであると私は思います。

このモデルでは、とらえどころのないスケーリングポリシーの追求に責任を持つ必要はもうありません。これにより、SaaSチームはより多くの時間を機能開発に集中できるようになり、効果的かつ効率的なスケーリング戦略の構築に伴う面倒な作業の多くを削減することができます。ここでのパズルのもう1つのピースはコストです。サーバーレスモデルでは、通常、実際のコードの実行に対して課金が発生します。起きるかどうかわからないスパイクに備えた過剰なプロビジョニングやアイドル状態のキャパシティはもう必要ありません。サーバーレスでは、個々のマネージドな関数を実際に呼び出した分にのみ料金が発生します。関数が一度も呼び出されない場合、コストは発生しません。

これらの動的な特性が、私たちが最初に見たグラフ（**図11-1**）にどのように作用するか想像してみてください。純粋にコンピューティングに焦点を当て、使用量とアクティビティを一致させようとしているのであれば、サーバーレスによってこの目標をはるかに達成しやすくなります。サーバーレスの従量課金制モデルでは、グラフのコンピューティングインフラストラクチャの使用量とテナントのアクティビティは一致するはずです。その上、この効率性は、真にポリシーに依存することなく実現できます。マネージドサービスは、その性質上、コンピューティングの使用量とコストを最適化するように作られています。

サーバーレスコンピューティングモデルの関数中心の性質は、効率性にとどまらないさらなる潜在的な付加価値をもたらします。一般的に、デプロイの単位を関数とした場合、よりきめ細かなデプロイモデルを採用することができます。これにより、影響範囲がはるかに小さい変更や更新をプッシュできます。これは、ダウンタイムをゼロにすることが重視されているマルチテナント環境で特に役立ちます。より小さなデプロイ単位を持つサーバーレスモデルでは、新しくリリースされるコードの範囲と影響を最小限に抑えられる機会が増えます。

サーバーレスコンピューティングモデルでは、使用量を個々のテナントに帰属させるためのより簡単な方法も開拓できます。各関数は一度に1つのテナントから呼び出され、使用されるため、コンピューティング使用量を個々のテナントに帰属させることがはるかに簡単になります。これと同じ動的な特性により、テナント単位でコンピューティングテレメトリデータをキャプチャしてプロファイ

リングする新たな機会も生まれます。全体として、これらの要因により、マルチテナントアーキテクチャのコンピューティングレイヤーにおいて、テナントを意識した運用体験を構築することが容易になります。

　私が重点を置くのは、アプリケーションサービスをスケールさせるためのマネージドな関数の使用ですが、SaaSとサーバーレスの相性は単なるマネージド関数という点をはるかに超えています。サーバーレスは、成長を続ける付加的なインフラストラクチャサービスにその道を見出しました。メッセージング、分析、ストレージ、その他多くのマネージドインフラストラクチャサービスが、サーバーレス機能をそのコンピューティングモデルに組み入れ始めています。これにより、サーバーレスの価値提案をSaaSアーキテクチャのより多くのレイヤーに適用できます。これは、マルチテナントストレージ戦略を設計する場合に特に重要です。この分野では、チームがデータベースのコンピューティング使用量を適切にサイジングする方法を見つけるのに常に苦労しています。「**10章　EKS (Kubernetes) SaaS：アーキテクチャパターンと戦略**」では、AWS Fargateのコンピューティングモデルによって、組織がコンテナベースの環境でサーバーレスコンピューティングのメリットを実現する方法についても説明しました。一般的に、このようなサーバーレスベースのコンピューティングモデルへの移行により、ビルダーはSaaS環境の効率をさらに最大化できるようになります。

この章では、サーバーレスコンピューティングを使用したソリューションの設計と構築に焦点を当てていますが、サーバーレスがシステムのすべての部分に適しているわけではないことを認識することが重要です。特定のワークロードでは、コンテナやその他のコンピューティング技術の方がまだ適している場合があります。たとえば、システムの一部で長時間実行されるタスクを使用しなければならない場合などは、これらのユースケースに別のコンピューティングモデルを採用した方がよいかもしれません。一般的に、どのコンピューティング戦略を選択する場合であっても、0か100かで考えることは避けるべきでしょう。代わりに、システムのワークロードと目標に最も合ったコンピューティングモデルの組み合わせを見つける必要があります。

11.2　デプロイモデル

　それでは、マネージドコンピューティングサービスであるAWS Lambdaを使用してマルチテナント環境を実際に構築するとどうなるか見ていきましょう。まずはデプロイモデルから始めるのが合理的です。テナント環境のさまざまなサービスをサイロ、プール、そして混合型のモデルでデプロイするためにLambdaを使用する場合はどのような形になるのか、全体としてよく理解する必要があります。

　ただし、これを掘り下げる前に、すべてのコードが個別の関数として記述およびデプロイされるLambda環境において、アプリケーションのマイクロサービスがどのように表現されるかについて、共通の理解を持っておく必要があります。これの助けとなるように、Lambdaマイクロサービスの基本的な可動部分を図で示してみました（**図11-2**）。

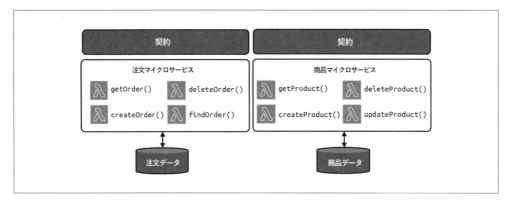

図11-2　論理的なマイクロサービス

　この図には、注文と商品の2つのマイクロサービスの簡単な例が含まれており、それぞれいくつかの操作をサポートしています。サービスは、システムとの契約を表すエントリーポイント（通常はAPI）を公開します。この契約に違反しない限り、サービスの裏側の実装は自由に変更することができます。これらのサービスは多くの場合、自前のストレージリソースを参照、カプセル化、所有します。これらは、独立して構築およびデプロイ可能な自律型サービスを作成するという、マイクロサービスの基本原則にすぎません。

　さて、次はさらに興味深いこれらのサービスの内部を見てみます。これらのマイクロサービス内の各操作は、その操作の機能を実装する個別のLambda関数に関連付けられています。これら複数の関数が合わさって、サービス契約の実装を担っています。一方で、Lambdaマネージドサービスはこれらの関数間の関係性を実際には認識しません。これが、私がこれらのサービスをしばしば論理的なマイクロサービスと呼ぶ理由です。Lambdaがこれらの関数を紐付けることはありませんが、チームは、これらの関数をマイクロサービス全体の契約と実装にマッピングされたグループ化された関数セットとみなします。

　通常、これらのサービスを担当するビルダーは、これらをまとめて作業します。つまり、1つの単位としてバージョン管理、デプロイ、テストを行います。私たちは基本的に、マイクロサービスモデルに付随するすべての価値体系を取り入れ、これらのマイクロサービスの基本原則と一致する関数の全体像をまとめています。多くの場合、マイクロサービスは関数の集まりとして表されますが、単一の関数によってサービスを表現することもできます。重要なのは、必ずしもマイクロサービスを関数との一対一のマッピングとみなす必要はないということです。

　もちろん、論理的なマイクロサービスに関するこの議論全体は、マルチテナントデプロイモデルについての私たちの考え方と直接結び付いています。デプロイの特徴について説明し始めると、それらは単なる関数ではなく、マイクロサービスの契約/機能を実装する関数のグループとしてデプロイされる論理的なマイクロサービスとして表現されることになります。

11.2.1 プールデプロイとサイロデプロイ

　サーバーレス関数を使用する場合、サイロデプロイおよびプールデプロイの実装の考え方は、少し違ったものになります。他のスタック（EKSなど）では多くの場合、コンピューティングリソースをどのようにデプロイするかを定義し、コンピューティングリソースの間に境界線を引くグループ化構造が提供されます。しかし、Lambdaには、関数を特定のグループに配置できる仕組みは実際にはありません（タグはありますが、作成しようと試みているマルチテナントのグループ化にはあまり適しません）。

　つまり、私たちのデプロイモデルは、実際にはテナントごとに個別の関数グループをデプロイし、ルーティングの仕組みを使用してテナントとその関数を接続することによって実装されるということです。これにより、このストーリーのデプロイ部分は比較的単純になります。図11-3は、アプリケーションのサーバーレスサービスをプールモデルやサイロモデルでデプロイするとどうなるかを示しています。

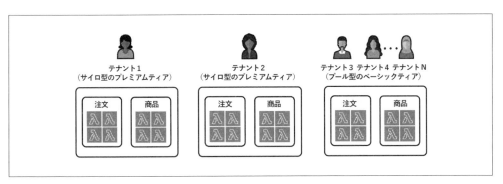

図11-3　サーバーレスによるサイロデプロイおよびプールデプロイのサポート

　この図の左側と中央には、サイロ化されたサーバーレスコンピューティングリソースを持つ2つのプレミアムティアのテナントがあります。これはつまり、これらサイロ化されたテナントそれぞれに対して、注文の関数と商品の関数のコピーを個別にプロビジョニングしてデプロイしたということです。これらのサイロ環境にある関数は、完全にプレミアムティアのテナント専用のものとなっています。右側には、プールモデルで稼働しているベーシックティアのテナントがあります。これらの関数は、ベーシックティアのすべてのテナントで共有されます。それぞれの体験ごとに個別のデプロイを用意していたとしても、これらの各テナントの関数はすべて同じバージョンのコードを実行していることに注意してください。要するに、関数を更新する場合は、テナントごとにそれぞれ関数の個別のコピーをデプロイする必要があるということです。

　これらのデプロイモデルを見て、サイロ化されたLambda関数をサポートすることに本当に価値があるのだろうかと思うかもしれません。Lambda関数はその定義上、決して共有されることはありません。テナントが関数を呼び出すと、その関数呼び出しのスコープと生存期間は、そのテナント専用のものになります。複数のテナントが同じ関数を呼び出す場合、Lambdaは需要に合わせてその関数

のインスタンスをさらに追加します。つまり、Lambda関数は本質的にすでにサイロ化されているということです。では、個別のサイロデプロイのサポートではどのような価値が得られるのでしょうか。

サイロ化されたテナント専用の関数をデプロイすることには、それでも複数の利点があります。ノイジーネイバー問題は、確実にこの話の重要な部分を占めています。Lambdaは関数をスケールさせますが、ある関数でどれくらいの同時実行が許可されるかに影響を及ぼす同時実行数の制限は依然として存在しています。すべてのテナントで共有される1つの関数しかデプロイしていない場合、Lambdaの同時実行数の制限を超える可能性があります。これにより、スロットリングが引き起こされ、ノイジーネイバーの状況を生み出す可能性があります。サイロ化されたテナントに個別の専用関数をデプロイすることで、関数を呼び出すことができるテナントを1つだけにすることができます。これにより、サイロデプロイおよびプールデプロイに別々の同時実行数のポリシーを適用できるようになります。また、テナントがこれらの関数をどのように使用できるかをより細かく制御できます。

関数のサイロ化は、環境のテナント分離モデルにも影響を及ぼします。つまり、デプロイ時に分離ポリシーをアタッチできるようになります。これにより、分離の適用方法が簡素化され、サーバーレステナント分離モデルの定義に伴う労力と複雑さが軽減されます。この章の後半で、さまざまなサーバーレステナント分離戦略を検討する際に、トレードオフについて詳しく説明します。

11.2.2　混合モードのデプロイ

デプロイに関する話でこれまで見てきたように、リソースのサイロ化やプール化は、二者択一である必要はありません。サーバーレスでは、ノイジーネイバー、ティアリング、分離、その他の要件に対応するために、テナント専用の関数（マイクロサービス）のサブセットを選択的にサイロ化するという選択肢も確実にあります。つまり、サーバーレスでは、関数のデプロイ方法をよりきめ細かく決定できるということです。図11-4は、マルチテナントアーキテクチャでサーバーレスの混合モードのデプロイを採用する方法の一例です。

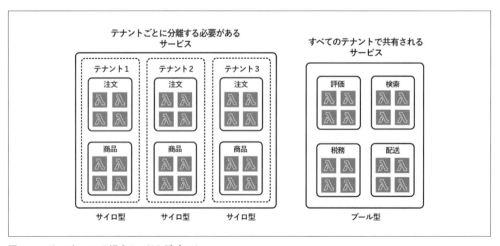

図11-4　サーバーレスの混合モードのデプロイ

11.2 デプロイモデル | **271**

この例では、いくつかのサーバーレスマイクロサービスのセットの実行に、サイロモデル（図の左側）を選択しました。つまり、注文サービスと商品サービスは、サイロモデルで機能を提供することにビジネス上価値があると判断された重要な部分だということです。一方、その他のサービス（図の右側）はプールモデルで実行できます。

この混合モードについては以前説明していますが、サーバーレスでは少し新しい趣向が加わります。従来のコンピューティングでは、サイロ化されたテナント環境のそれぞれにテナントごとのリソースをプロビジョニングすることに伴う、価値、コスト、複雑性を比較検討する必要があります。また、プール化されたコンピューティングリソースを、マルチテナントの需要を満たせるように効果的にスケールさせる方法も検討する必要があるかもしれません。サーバーレスコンピューティングを使用する場合、これらの要素はそれほど重要ではありません。たとえば、何がサイロ化され、何がプール化されているかにかかわらず、最終的に支払うのは消費した分だけです。また、これらのサイロ化またはプール化された関数をどのようにスケールさせる必要があるかを判断するための労力も少なくて済みます。それどころか、むしろLambdaサービスに任せて、コンピューティングを効率的にスケールさせることができます。

サーバーレスコンピューティングのよりシンプルなコストとスケーリングに関する話は、一部のチームにとってはより魅力的なものになるでしょう。少なくともサーバーレスは、混合モードのデプロイモデルのサポートに関連する摩擦や課題をいくらか軽減してくれます。

11.2.3　デプロイに関するその他の考慮事項

サーバーレスデプロイモデルにはいくつか微妙な違いがあり、どのコンピューティングリソースをサイロ化またはプール化するか、選択方法に影響を与える場合があります。これらの選択肢を理解するために、まずはLambdaサービスによって管理される関数のライフサイクルを見る必要があります。関数を呼び出すたびに、Lambdaには2つの取り得る経路があります。関数を初めて呼び出す場合、Lambdaはその関数の最初のインスタンスを作成する必要があります。その後、リクエストが完了すると、後続のリクエストはそのインスタンスを再利用することができます。つまり、Lambdaは、最近実行されたインスタンスを再利用することで効率を上げています。

このライフサイクルには、特に注目したい2つの側面があります。1つ目はコールドスタートです。コールドスタートとは、最近実行されていない関数の呼び出しを指します。これらのインスタンスでは、リクエストの処理に関連するレイテンシーがわずかに増加する可能性があります。このレイテンシーの影響度は、使用している技術スタック、関数のコードと依存関係の性質、その他の要因によって異なります。多くのテナントがシステムを使用するプール環境では、コールドスタートの条件を満たす頻度が抑えられるため、コールドスタートの影響は無視できるほど小さくなる可能性が高いです。しかし、1つのテナントによってのみ使用されるサイロ環境では、コールドスタートによってテナントの体験に影響を与えるインスタンスの数が増える可能性があります。これは、何をサイロ化するかの選択に影響を及ぼし、コールドスタートの影響を軽減する的を絞った暖機戦略の導入につながる場合

があります。

ライフサイクルのもう1つの問題は、状態の残留に関するものです。Lambdaがあるテナントの関数呼び出しを処理するときは常に、その関数はそのテナントに対してのみ実行されます。Lambdaは、特定の関数のインスタンスをさらに立ち上げて増やすことで、複数テナントの需要を満たすようにスケールします。1つの関数のコピーが複数実行されている場合でも、各呼び出しは1つのテナントにマッピングされています。これは一般的にはよいことですが、関数がテナントのリクエストの処理を完了すると、システムは別のテナントのリクエストを処理するためにそのインスタンスを再利用する場合があります。ほとんどの場合、これはすべて正常に機能し、以前に実行されたインスタンスを再利用しても問題は発生しないはずです。しかし、関数の実装が状態に関する情報を何らかの方法で保持または参照し、それを完了時に解放していない場合、後続のテナントのリクエストがその状態にアクセスする可能性があります。これは、テナント間で関数を頻繁に共有するプール環境では特に重要です。理想的には、あるリクエストから次のリクエストに状態を引き継ぐような構成をコードに採用すべきではありません。しかし、潜在的に状態にアクセスできる可能性があることを考慮すると、ポリシーまたはライブラリを活用して、関数で実行が完了したら状態がクリアされるようにするべきです。

11.2.4　コントロールプレーンのデプロイ

サーバーレス（およびすべてのSaaSデプロイモデル）では、マルチテナントアーキテクチャのコントロールプレーン要素をどこに、どのように配置するかを決める必要があります。どのような選択肢が利用できるかは、実際のところ、幅広い環境を構成するさまざまな構成要素によって決まります。Lambda環境では、選択肢は主に、あらゆるクラウドリソースをグループ化および分離するために使用される、より高いレベルの大まかな仕組みに限定されます。**図11-5**では、サーバーレスモデルでコントロールプレーンをデプロイするために考えられる2つの戦略を示しました。

ほとんどの場合、これらの選択肢は結局、どのAWSアカウントにコントロールプレーンを持たせるかという点に行き着きます。この図の上部では、コントロールプレーンとアプリケーションプレーンが別々のアカウントにデプロイされています。セキュリティ、コンプライアンス、またはその他の要因で、コントロールプレーンとアプリケーションプレーンの間により絶対的な境界を必要とする場合は、これを選択するのがよいでしょう。または、パフォーマンスやセキュリティの要件によって、コントロール機能を別のアカウントに配置する必要があるかもしれません。これにより、アプリケーションプレーンに紐付く同時実行数の要件にコントロールプレーンが影響を及ぼす可能性を抑えることができます。もちろん、これは少し面倒な作業であり、コントロールプレーンとアプリケーションプレーン間の通信を可能にするために、アカウント間のアクセスを設定する必要があります。

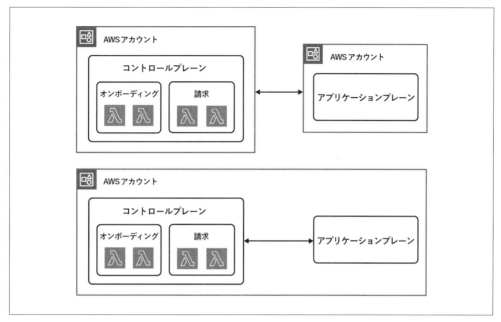

図11-5 サーバーレスコントロールプレーンのデプロイ

図11-5の下部には、コントロールプレーンがアプリケーションプレーンと同じAWSアカウントに存在する、よりシンプルなバージョンが示されています。このモデルでは、基本的に、アプリケーションプレーンを実行している機能やインフラストラクチャと並んで、コントロールプレーンの機能とそれをサポートするインフラストラクチャをデプロイすることになります。これは確かにコントロールプレーンのデプロイと設定を簡単にするでしょう。しかし、このアプローチでは、このデプロイパターンに伴うセキュリティ、同時実行数、分離モデルの考慮事項を受け入れなければなりません。

ご想像の通り、ここではほんの表面をなぞっただけにすぎません。サーバーレスコントロールプレーンのデプロイ方法に影響を与えるAWSの技術は他にもあります。重要なのは、サーバーレスアーキテクチャの全体的なデプロイの影響範囲を考える際は、この点を意識しておく必要があるということです。

11.2.5　運用上の影響

SaaSアーキテクチャのデプロイ範囲を分散させるときはいつでも、この分散性という特性がSaaS環境の全体的な運用の複雑性にどのように影響するかを考慮する必要があります。このようなサイロ構成またはプール構成に関数のコピーを複数配置するという考え方は、これがソリューションの運用上のデプロイ範囲にどのような影響を与えるのかという疑問をきっと生じさせることでしょう。テナントごとに関数のコピーを増殖させることは、環境の管理とデプロイに複雑性をもたらすとみなす人もいるはずです。

これは、デプロイが分散しているすべての環境に共通する一般的な問題です。ただし、サーバーレスはこの問題の潜在的な影響を強めているように感じます。サーバーレスでは、デプロイと管理の単位をよりきめ細かく設定することができます。例として、従来のコンピューティングモデルでは、管理と運用の可視性の単位はマイクロサービスレベルになる傾向があります。このマイクロサービスとは、そのサービスによってサポートされるすべての操作の複合体を表します。サーバーレスでは、これらの各操作が個々の関数に対応する場合があります。ここに、複数のテナント環境をサポートする必要性が重なると、環境の運用が急速に複雑になることは想像できるでしょう。

これらの要因は、サーバーレスが悪いアイデアであることを示唆するものではありません。ただし、このようなよりきめ細かな見方を考慮した運用体験を実現するには、より多くの労力を費やす必要があるかもしれないということは言えるでしょう。システムの個々の関数に焦点を当てるためには、運用テレメトリが必要です。健全性、可用性、拡張性の問題を特定するためには、（サービスだけでなく）これらの個々の関数がどのように機能しているかに関するより深い洞察が必要です。これを実現するための仕組みやツールはすでにありますが、システムを設計する際に意識しておくべきことです。特に、多数のテナント環境をサポートする必要がある場合は、このことが重要になります。

11.3　ルーティング戦略

さまざまなデプロイモデルをサポートすることを計画している場合は、異なるティアやデプロイプロファイルに関連付けられた関数に、どのようにコンテキストに応じてトラフィックをルーティングするかについても検討する必要があります。サーバーレスルーティングモデルを実現する仕組みは比較的簡単です。ただし、ソリューションのニーズによって採用できるルーティングパターンは異なります。図11-6は、最もシンプルなルーティングモデルの概念図です。

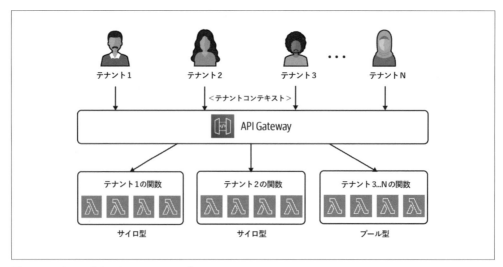

図11-6　テナントデプロイへのルーティング

この図の下部には、さまざまなデプロイモデルを使用する異なるテナント環境を配置しています。アプリケーションプレーンサービスの実装を表す汎用関数セットが1つあります。ここでは、テナントのデプロイ要件をサポートするために、これらの関数のコピーを3つずつ作成する必要がありました。さて、リクエストがシステムに流れ込んできたら、テナントコンテキストを使用してこれらのリクエストを適切なLambda関数にルーティングする必要があります。この例では、API Gatewayによってこの関数マッピングが定義されていることがわかります。

この特定のソリューションでは、すべての関数へのエントリーポイントとして機能する単一のAPI Gatewayインスタンスを示しました。つまり、テナントデプロイの一部である関数ごとに個別のルートを定義する必要があります。これらのルーティングのすべてを単一のAPI Gatewayインスタンスで解決できると便利ですが、場合によっては扱いにくくなることがあります。サポートする必要のあるテナントの数、マッピングするルートの数など、別のアプローチが必要である可能性を示唆する要因はいくつかあります。

これを回避する方法の1つは、テナントデプロイごとに個別のAPI Gatewayインスタンスのサポートを検討することです。図11-7は、個別のAPI Gatewayを導入する際に伴う可動部分の概念図です。

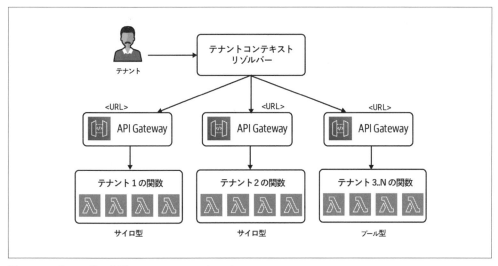

図11-7　テナントごとの個別のAPI Gatewayインスタンス

このモデルでは、各テナントにスコープが絞られた個別のAPI Gatewayインスタンスがあります。つまり、各API Gatewayは、特定のサイロ化またはプール化されたテナントの単一の関数セットへのリクエストの処理およびルーティングのみを行います。これにより、各API Gatewayと各デプロイに属する個々の関数の間に、もう少し論理的な紐付けが作成されます。また、デプロイごとにAPI Gatewayレベルで実装される可能性のあるポリシーをより詳細に制御できるようになります。

このモデルには利点がありますが、テナントとそれに対応するAPI Gateway URLとの間に何らかのマッピングを作成する必要があります。各テナントがリクエストを送信するたびに、テナントコン

テキストとテナントのティアを使用して、どのAPI Gatewayがリクエストを処理すべきかを判定する必要があります。このような一段回りくどいやり方を不自然に感じる人もいるでしょう。

コストも、ルーティング戦略を選択する際の要因の1つでしょう。たとえば、テナントごとに個別のAPI Gatewayを追加できるのは事実です。専用のAPI Gatewayを持つサイロ化されたテナントの数が少ない場合、これは完全に妥当な戦略かもしれません。しかし、これを数百または数千のテナントに拡張しようとすると、コスト、運用、デプロイ、その他SaaS環境のさまざまな側面に影響を及ぼす可能性があります。

11.4　オンボーディングとデプロイの自動化

一般的に、サーバーレス環境のオンボーディング、プロビジョニング、デプロイ戦略は、テナントごとのインフラストラクチャをプロビジョニングおよび構成する従来のツールに依存しています。私が焦点を当てているAWSの場合、これは通常、CDK、CloudFormation、TerraformなどのDevOpsツールの組み合わせによって実現されます。AWSでは、これらのプロセスを自動化できるさまざまなビルドおよびデプロイオーケストレーションツール（CodeBuild、CodePipeline、CodeDeploy）も提供しています。これらのツールに加えて、特にサーバーレスの構成とデプロイ体験に特化したServerless Application Model（SAM）もあります。

まず、オンボーディングを見てみましょう。ご想像の通り、オンボーディング体験の性質と複雑性は、システムに採用したデプロイ戦略とティアリング戦略によって直接影響を受けます。すべてがプール化されている場合、これはかなり簡単です。しかし、ティアリングモデルをサポートしている場合、デプロイの可動部分がかなり多くなります。もちろん、これはどのSaaSアーキテクチャにも当てはまります。私が注目したいのは、この自動化に関する問題の特にサーバーレス的な側面に関連する自動化の断片です。

オンボーディングを実装するために利用できるツールはいくつかありますが、ここではサーバーレスアーキテクチャの設定、プロビジョニング、更新を目的として開発されたSAMを取り上げます。図11-8は、SAMを使用して各テナントのティアの構成を記述する方法を示しています。

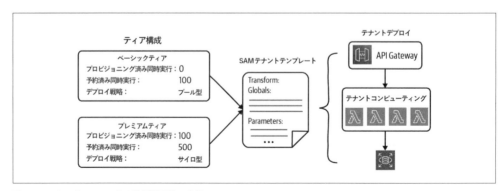

図11-8　サーバーレスによる階層型環境の定義

11.4 オンボーディングとデプロイの自動化 | **277**

　図の右側には、テナントデプロイがあります。これは概念的なプレースホルダーで、(アプリケーションプレーンの一部である) テナントデプロイをサポートするために必要なインフラストラクチャとリソースの普遍的なテンプレートを表現するためのものです。この例では、各デプロイにはAPI Gateway、アプリケーションプレーンのマイクロサービスを実装する一連の関数、ストレージ (この例ではRDSデータベース) が含まれています。ベーシックティアおよびプレミアムティアのテナントは、このアーキテクチャに対応するそれぞれのデプロイを持っています。構成が異なる場合もありますが、動作環境は共通です。ここで重要な点は、テナントをオンボーディングする際には、新しいデプロイをプロビジョニングするか (プレミアムティア)、既存のデプロイに追加するテナントを設定する (ベーシックティア) 必要があるということです。

　これらの作業のプロビジョニングおよび設定は、図の中央にあるSAMテンプレートによって管理します。このベースラインテンプレートには、各テナントデプロイに含まれるすべてのインフラストラクチャが記述されています。この場合、右側に表示されているすべてのインフラストラクチャ (テナントデプロイ) の設定およびデプロイを担います。つまり、API Gatewayのセットアップ、Lambda関数のデプロイ、ルートの設定、システムで使用されるRDSデータベースのプロビジョニングを行います。もっと現実的な例では、複数のマイクロサービスがあり、それぞれのサービスが独自のストレージインフラストラクチャを持つことができるという点に注意してください。

　左側を見ると、各ティアに紐付くバリエーションを定義するために使用されるすべてのパラメーターを提供する個別のティア構成ファイルを作成していることがわかります。この例では、ベーシックティアとプレミアムティアを含めました。このやや単純化されたモデルでは、各ティアそれぞれに特定のパフォーマンスとスケーリングに関するパラメーターを設定することに重点を置いています。各パラメーターセットは、プロビジョニング済み同時実行と予約済み同時実行の設定を参照しており、どちらも各ティアのスケーリングとパフォーマンスプロファイルに影響を与えることがわかるかと思います。プロビジョニング済み同時実行の設定は、Lambda環境 (ティア) であらかじめ初期化しておきたい実行環境の数を制御するために使用されます。ベーシックティアのテナントについては、複数のテナントで同時に発生するアクティビティによってほとんどの関数は暖機状態に保たれるため、ベーシックティアの関数を事前にウォームアップする必要は少ないだろうという前提の元、この値を0に設定しました。一方、プレミアムティアのテナントについては、サイロ環境で頻繁に発生する可能性のあるコールドスタートへの対策として、ある程度のプロビジョニング済み同時実行を使用することを選択しました。これらの構成ファイル内のデータは、テンプレート内のパラメータープレースホルダーの置き換えおよび構成のために、SAMテンプレートへの入力として使用されます。より複雑なサイロデプロイやプールデプロイを定義するためにより手の込んだ構成が必要となるような完全に組織化された環境では、さらに可動部分が必要になる可能性が高いと言えるでしょう。

　図11-8によってこのオンボーディング体験の主要なコンポーネントを把握することはできますが、完全に自動化されたオンボーディング体験の一部として、これらの構成を適用するツールやプロセスをどのように導入すればよいかについては説明されていません。**図11-9**では、これらの考え方をオン

ボーディングフローに組み込む方法の実例を示しました。

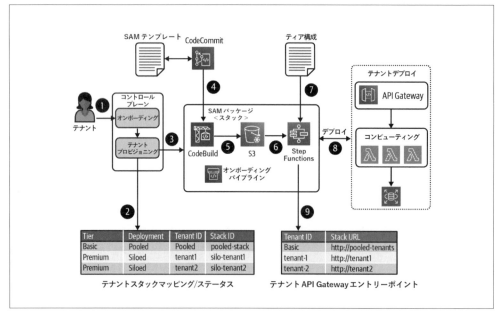

図11-9　オンボーディングオーケストレーション

　見ての通り、この体験には可動部分がたくさんあります。左から右に、テナントがオンボーディングプロセスを開始するところ（ステップ1）から見ていきましょう。コントロールプレーンのオンボーディングサービスは、新しいテナントやIDなどの作成に関する基本的な作業をすべて行います。また、テナントごとのリソースの作成と設定を行うテナントプロビジョニングサービスも呼び出します。

　次に、図の左下に、オンボーディング体験をサポートする新しいテーブルを追加しました。このテーブルは、この特有のサーバーレスオンボーディングプロセスに不可欠なものです。サーバーレス環境の一部を構成するさまざまなテナントデプロイを追跡するために使用されます。これは、テナントと、そのテナントのインフラストラクチャスタックやLambda関数を関連付けるための仕組みです。テナントプロビジョニングは、オンボーディング（ステップ2）時にこのテーブルを参照します。オンボーディングされるテナントがベーシックティアのテナントで、それが環境に追加される最初のベーシックティアのテナントである場合、プロビジョニングサービスはこのテーブルに新しい行を挿入します（ここでは最初の行がそれを表しています）。この例では、最初の行が示しているように、最初のベーシックティアがすでにオンボーディングされている状態のテーブルを用意しました。この行のDeployment列では、このスタックがプールモデルを使用していることも示されています。プールモデルは複数のテナントに適用されるため、列に特定のテナントIDは入っていません。代わりに、Tenant ID列には「Pooled」という値が表示されています。これは、このエントリーがすべてのベーシックティアのテナントに対応していることを示しています。

11.4 オンボーディングとデプロイの自動化 | **279**

　このエントリーを作成した後、テナントプロビジョニングサービスはオンボーディングパイプラインを呼び出します。このパイプラインは、AWS CodePipelineを使用してオンボーディングフローを自動化しています（ステップ3）。パイプラインでは、AWS CodeBuildを使用して、テナント環境を記述した汎用的なSAMテンプレートを取得して処理します。この例では、テンプレートをAWS CodeCommitリポジトリから取得しています（ステップ4）。ビルドプロセスでは、テンプレートをパッケージ化してS3バケットにデプロイします。これは、標準的でアクセスのしやすい場所で、今後参照できるようにするためです（ステップ5）。

　このプロセスの最後のステップは、パッケージ化されたSAMテンプレートを実際に実行することです。これを、Step Functionsを呼び出して実現します（ステップ6）。このStep Functionsは、前に説明したティア構成設定を取得して、パッケージ化されたS3テンプレートを参照するSAMデプロイリクエストにパラメーターとして送信します（ステップ7）。このデプロイの実行によって、最初のベーシックティアであるプール化されたテナント環境が作成されます（ステップ8）。

　このプロセスの特徴を最後に1つ強調させてください。図の右下に、テナントのAPI Gatewayエントリーポイントのテーブルがあることに気づくかと思います。このソリューションでは、デプロイごとに個別のAPI Gatewayを使用することにしました。これを機能させるには、どのAPI Gateway URLがどのテナントまたはティアにマッピングされているかを追跡する必要があります。このデータは、テナントのリクエストを各テナントの関数にルーティングするために使用されます。これを実現するためには、このマッピング情報を追跡して保存する必要があります。自動化されたオンボーディングには、このデータをマッピングテーブルに保存するプロセスを含める必要があります（ステップ9）。ベーシックティアのテナントは1つのAPI Gatewayエントリーポイントを共有し、プレミアムティアのテナントはそれぞれこのテーブル内に個別のエントリーを持ちます。

　この時点で、ベーシックティアのテナントに必要なすべてのインフラストラクチャが準備できました。では、ベーシックティアの他のテナントをオンボーディングする際は、何が起きるでしょうか（これらのテナントはプール化されたインフラストラクチャで稼働するため）。次のベーシックティアのテナントに対してプロセスが実行されると、テナントプロビジョニングサービスは、テナントスタックマッピングテーブルにベーシックティアのエントリーがすでに存在することを発見します。そのため、インフラストラクチャを再度デプロイするのではなく、この新しいテナントに必要な追加の設定エントリーのみを挿入します。

　次に、サイロ化されたプレミアムティアのテナントのオンボーディングが、このフローにどのように組み込まれるかを考えてみましょう。大部分のエンドツーエンドのプロセスはほとんど同じです。ここでの主な違いは、サイロ化されたテナントは、テナントスタックマッピングテーブルに独自のエントリーを持つことです。これにより、完全に分離されたスタックを持つことができ、専用のインフラストラクチャとLambda関数を持つテナントごとにスタックの追跡および更新が可能になります。

　ここでは、サーバーレス環境におけるオンボーディング自動化の基礎となる可動部分について説明しました。パズルのもう1つのピースは、デプロイの更新です。これらの環境がすべて立ち上がって

稼働した後も、さまざまなティアやデプロイモデルを考慮しながらサーバーレスアーキテクチャに変更を加える何らかの方法が必要です。図11-10は、新しい機能や更新の配信を自動化する方法を示しています。

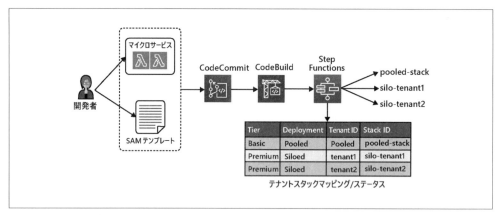

図11-10　ティアを意識した更新の適用

　この図は、開発者が更新を適用する際の体験に焦点を当てています。左側に、すでにさまざまなティアの多数のテナントがデプロイされている環境に、新しいマイクロサービスを導入しようとしている開発者がいます。これをうまくやるためには、マイクロサービスのコードがすべてのテナント環境にどのようにデプロイされるかを気にする必要がなく、開発者はただコードをビルドしてチェックインするだけであるべきです。また、新しいマイクロサービスの存在を反映するために、SAMテンプレートも更新する必要があります。どちらも、CodeCommitリポジトリにチェックインされていることがわかるかと思います。

　ここからは、CodeBuildを使用して、更新したテンプレートをパッケージ化します。次に、Step Functionsがテナントスタックマッピングテーブルのすべてのエントリーを反復処理して、この更新されたテンプレートを各テナント環境に適用します。私にとってこれは、サーバーレスデプロイの自動化というパズルにおける、とても重要だが見過ごされがちなピースの1つです。テナントスタックを追跡し、さまざまな環境すべてに更新を適用するというこのニーズを直接サポートできる組み込みの機能やツールはありません。Step Functionsとテーブルでこれを実装するのは正しい方法なのでしょうか？　あるときはそうかもしれませんが、これはたまたまここで紹介した方法であって、全体的な自動化体験により適した選択肢が他にもあるかもしれません。それでも結局は、このテナントスタックのマッピング情報を追跡し、デプロイ戦略に組み込む何かが必要になります。

　また、修正や新機能を段階的に配信するために、これと同じ仕組みを使用できることも注目に値します。このテナントスタックマッピングテーブルを拡張して、いつどのようにテナントに更新を適用するかを示すフラグを追加することができます。これは、カナリアデプロイや段階的なデプロイ戦略の一部となるでしょう。

11.5　テナント分離

　サーバーレス環境でもテナント分離の原則と一般的な考え方は変わりませんが、詳しく掘り下げる必要のあるサーバーレス特有の分離に関する微妙な違いもあります。サーバーレス環境では、マルチテナントアーキテクチャにおける複数のレイヤーに分離戦略を適用できます。たとえば、API Gatewayレイヤーに分離ポリシーを導入して、テナントのインバウンドリクエストを監視し、各テナントが呼び出すことができる関数や操作を制御することができます。また、分離ポリシーを関数に直接アタッチする場合もあります。重要なのは、これらの各選択肢を評価し、どの分離方法があなたのサーバーレスSaaSアーキテクチャのニーズに最も適しているかを判断することです。以下の節では、これらのサーバーレス分離モデルそれぞれの可動部分の概要を説明します。

11.5.1　動的注入によるプール分離

　プール環境におけるテナントリソースの分離は、常に一筋縄ではいきません。一般に、どのプールモデルでも、ランタイムで適用される何らかのポリシーを分離モデルの一部として活用する必要があります。これは、ランタイムポリシーを使用する場合、開発者は各テナントのリクエストに対して分離ポリシーを適用するコードを少なからず導入する必要があることを意味しています。もちろん、このプロセスは可能な限りシンプルでわかりやすいものにして、なるべくチームに複雑な分離の仕組みへ準拠することを強いないようにしたいと考えています。また、ポリシーも開発者の視界の外で中央管理したいです。

　この問題に対処する方法の1つは、分離資格情報の注入によるものです。この戦略では、各インバウンドリクエストに適用される前処理のステップとして、プール分離実装の主要な部分のほとんどをAPI Gatewayに移します。一般的な手法としての資格情報の注入については「**9章　テナント分離**」で説明しましたが、この戦略をサーバーレス環境でどのように適用できるかについて、さらに詳しく見ていきたいと思います。**図11-11**は、サーバーレスにおける資格情報の注入モデルの概要を示しています。

　この例では、DynamoDBテーブルを使用して注文情報を保存する注文サービスがあります。この注文テーブルは、同じテーブル内にすべてのテナントのデータを混在させるプールストレージモデルを採用しています。テーブルのパーティションキーにテナント識別子を入れて、テーブル内のアイテムを各テナントに関連付けます。ここでは、リクエストが注文マイクロサービスに送られる前に、注入によって分離資格情報を生成することを目指します。マイクロサービスは、資格情報を受け取ってそれを注文テーブルの操作に適用するだけで、注入された資格情報のテナントコンテキストに基づいてアクセスを制限することができます。

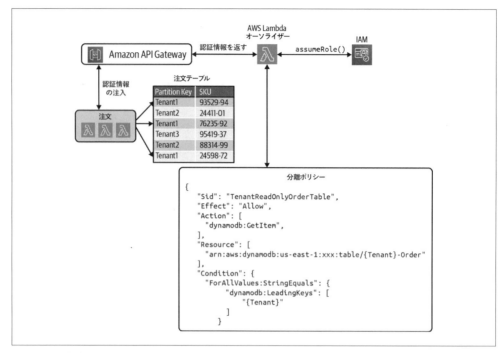

図11-11 資格情報の注入によるサーバーレス分離

　この注入の仕組みに関する可動部分はすべて、アーキテクチャのAPI Gatewayレイヤーに実装されています。**図11-11**では、API GatewayにLambdaオーソライザーがアタッチされていることがわかります。このオーソライザー関数は、リクエストからテナントコンテキストを抽出し、実行される操作の性質を判断し、アクセスの範囲を制限するために使用される分離ポリシーを識別します。ここでは、現在のテナントコンテキストに基づいて注文テーブルへのアクセスを制限するサンプルポリシーを図の右下に示しました。このポリシーにはテナントコンテキストが入力され、`assumeRole()`の呼び出しを介してIdentity and Access Management（IAM）サービスに送信されます。ロールはポリシーとテナントコンテキストを受け取って、ポリシー内で定義されたスコープへアクセスを制限する資格情報のセットを生成します。

　このプロセスによって返された資格情報は、マイクロサービスに送信されるリクエストのヘッダーに注入されます。これらの資格情報を適用する責任は、サービス側にあります。この例では、資格情報はデータベース（DynamoDB）クライアントを初期化する際に使用され、注文テーブルのデータにアクセスしようとする各リクエストに適用されます。これにより、マイクロサービス開発者の労力は、注入された資格情報を取得して適用するだけという最小限に抑えられます。

　このアプローチでは、資格情報をAPI Gatewayでキャッシュすることもできるようになるため、各テナントのリクエストで資格情報を取得する際に発生するレイテンシーやオーバーヘッドに対する解決策となります。これは、関数が複数のテナントのリクエストにわたって状態を保持することが想定

されていないサーバーレス環境において特に重要です。

　分離を実現する特定のアプローチは、ポリシーをマイクロサービスから取り除きます。ポリシーは今や、API Gatewayのレベルで中央管理および処理されています。これにより、分離モデルを最適化する機会も生まれます。ここでは、取得したテナント資格情報をキャッシュし、すべてのリクエストでassumeRole()を実行することにより発生するオーバーヘッドを削減できるようになりました。また、ゲートウェイの有効期限（TTL）を活用して、資格情報のキャッシュライフサイクルを制御することもできます。これによるパフォーマンスの向上は、環境によってはかなり重要になる場合があります。

　このアプローチには多くの利点がありますが、いくつかの欠点もあります。チームによっては、これらの分離ポリシーを各マイクロサービスで所有、バージョン管理、管理することが望ましい場合もあります。これは特に、ポリシーが個々のマイクロサービスと密接に関連していることが多いためです。「9章　テナント分離」で説明した別のアプローチでは、各マイクロサービスが独自でポリシーの定義と資格情報の生成に対する責任を負っていました。確かにポリシーは、サービスによってカプセル化され、サービスの基盤となる実装の一部とみなされるべきだと主張することもできるでしょう。このアプローチでは、テナントコンテキストをサーバーレス関数に流し込み、各関数にテナントにスコープが絞られた資格情報を取得するために必要なコードを含める実装となります。

11.5.2　デプロイ時の分離

　サイロ化された関数への分離の適用は、はるかにわかりやすい話です。サイロモデルを選択すると、これらのサイロ化されたテナントは、このテナントだけが実行できる専用の関数を持ちます。このような状況では、分離ポリシーをデプロイ時にテナント専用の関数にアタッチするという、よりシンプルなアプローチで関数の分離モデルを定義することができます。この場合、DevOpsツールがサイロ化されたテナントのオンボーディング時に関数の分離ポリシーの設定を担うことになります。図11-12は、このデプロイ時分離モデルがサーバーレスアーキテクチャでどのように機能するかを示しています。

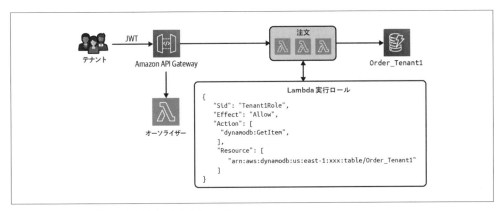

図11-12　Lambda関数によるデプロイ時のサイロ分離

284 | 11章　サーバーレス SaaS：アーキテクチャパターンと戦略

図11-12には、前の例と同じ注文マイクロサービスが含まれます。ここでの唯一の違いは、サイロ
モデルでデプロイされていることです。プロビジョニングプロセスがこのマイクロサービスを作成す
る際、マイクロサービスの各関数にLambda実行ロールがアタッチされます。この実行ロールは、図
の右下に表示されているポリシーを参照します。このポリシーは、この関数の`Order_Tenant1`テーブ
ルへのアクセスを制御しています。他のテナントテーブルに対するアクセスは拒否されます。

見てわかる通り、これにはどのランタイム分離戦略にも勝る真の利点があります。プール化された
テナントに必要だった資格情報の注入や特別な処理はすべてなくなっています。今や、すべてはデプ
ロイ中に完了し、デプロイされた関数が存在する間はずっと、マイクロサービスはテナント1の注文
テーブルに制限されます。これは構築がより簡単で、ランタイムのオーバーヘッドも少なくなります。
もう1つの利点は、分離ポリシーのスコープを関数レベルで設定できることです。つまり、よりきめ
細かく、個々の関数の分離ニーズの実装のみに集中できるということです。他のコンピューティング
モデルでは、ポリシーがマイクロサービスの一部であるすべての操作にまたがる場合があります。こ
れは大きな利点ではありませんが、分離モデルのスコープと管理をさらに細かく制御できるようにな
ります。

11.5.3　サイロ分離とプール分離の同時サポート

サイロデプロイモデルおよびプールデプロイモデルの、まったく異なる2つのアプローチを見てき
ました。あまり明らかではないかもしれませんが、1つの関数がプール環境とサイロ環境の両方にデ
プロイされる場合もあります。この関数は、ベーシックティアのテナントの場合はプール化された
DynamoDBテーブルにアクセスし、プレミアムティアのテナントの場合はサイロ化された注文テー
ブルにアクセスするでしょう。

ここでの課題は、各ティアで異なる分離構造を採用できることです。つまり、関数内の共通コー
ドでは、データへのアクセスや分離ポリシーの適用に関するさまざまなアプローチを状況に応じてサ
ポートする必要があります。これをどのように実現できるかをよりよく理解するために、サイロ化ま
たはプール化された（テナントのティアのコンテキストによって異なる）注文データにアクセスするた
めに使用されるコードスニペットを見てみましょう。

```python
def __get_dynamodb_table(event, dynamodb):
  if (is_pooled_deploy=='true'):
    accesskey = event['requestContext']['authorizer']['accesskey']
    secretkey = event['requestContext']['authorizer']['secretkey']
    sessiontoken =
      event['requestContext']['authorizer']['sessiontoken']
    dynamodb = boto3.resource('dynamodb',
      aws_access_key_id=accesskey,
      aws_secret_access_key=secretkey,
      aws_session_token=sessiontoken
    )
```

```
else:
  if not dynamodb:
    dynamodb = boto3.resource('dynamodb')
return dynamodb.Table(table_name)
```

このコードは、注文マイクロサービスの一部であるヘルパー関数を表しています。その役割は、どの種類の注文テーブルにアクセスするかを判断することです。これがプール化されたテナントの場合、データベース（DynamoDB）クライアントは、API Gatewayによって注入された資格情報を使用して初期化する必要があります。しかし、プレミアムティアのテナント（サイロ）の場合は、これらの注入された資格情報を使用する必要はありません。

ヘルパー関数を見ると、ここで説明したことを忠実に実行していることがわかります。2つの分岐があり、どちらもデータへのアクセスに使用されるテーブルオブジェクトを返します。関数の最上部では、コードはこれがプール化されたテナントであるかどうかを確認します。プール化されている場合、注入された資格情報を使用してデータベースクライアントを初期化します。サイロ化されている場合、データベースクライアントはデフォルトの資格情報を使用して構成されるため、特定のテナントにスコープが絞られていません。デプロイ時にアタッチされた実行ロールによって関数が適切なテナントのスコープに絞られるようになっているため、コード内でスコープを絞る必要はありません。基本的に、スコープは関数のデプロイ時にすでに適用されています。最後に、これら2つのパスのいずれかで初期化されたデータベースクライアントを使用して、関数の最後の行でテーブルオブジェクトを作成します。

ここではサーバーレス分離パターンのコンテキストで説明をしていますが、他のサーバーレスではない環境でもこのコードは似たような形になることは注目に値します。ここで説明したのは主に、同じサーバーレス関数内でデプロイ時とランタイムの分離ポリシーをどのように使用することができるかをよりよく理解していただくためです。

11.5.4　ルートベースの分離

環境を保護しようとするときはいつでも、アクセス制御を行うことができるさまざまなレイヤーについて考える必要があります。このマインドセットは、サーバーレステナント分離モデルにも当てはまります。そうです、ここまで説明したデプロイ時の分離モデルとランタイム分離モデルを使用できますし、またそうすべきです。同時に、サーバーレスSaaSアーキテクチャのAPI Gatewayレベルで、より昔ながらの保護を導入することもできます。**図11-13**は、分離モデルの拡張としてAPI Gatewayレベルの制御を導入する方法の一例です。

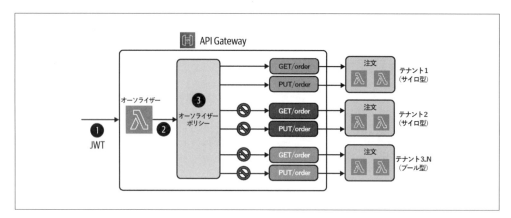

図11-13 API Gatewayレベルでのアクセス制御

この例では、アーキテクチャのAPI Gatewayレベルで使用できるさまざまな仕組みをいくつか示しました。この図を左から右に見ていくと、テナントコンテキストが付与されたJWTを含むインバウンドリクエストから始まっていることがわかります（ステップ1）。このJWTはAPI Gatewayに入り、オーソライザーによって処理されます。このオーソライザーはJWTからテナントコンテキストを抽出し、このコンテキストを使用してオーソライザーポリシーを設定します（ステップ2）。このポリシーは、振る舞いを設定し、API Gatewayのルートを有効にすることができます。

これをどのように使用できるかをよりよく理解するために、API Gatewayによって一連のRESTのパスが管理されている状態を想像してみてください。これらのパスは、テナントのリクエストを適切なテナント関数（サービス）にルーティングしています。この例では、テナントのティアまたはプロファイルごとに3つの異なる注文サービスのデプロイを表しました。テナント1からリクエストが送られてきたときは、有効なテナント1の関数にのみこのリクエストをルーティングするようにしたいと思います。ここでは、他のテナントに属するパスにアクセスするルートへのアクセスをブロックするようにオーソライザーポリシーを設定しました（ステップ3）。

このモデルの別のバリエーションを、関数グループごと（サイロおよびプールデプロイ）に別々のAPI Gatewayインスタンスがあるサーバーレス環境に適用することも検討できます。**図11-14**は、これらの個別のAPI Gatewayの存在を利用して、より大まかなアプローチでテナントアクセスを制御する方法に焦点を当てています。

この図には、サイロ化された2つのテナントがあります。各テナントには、専用のAPI Gatewayを介してアクセスされる独自の専用関数セットがあります。このモデルでは、分離ポリシーをAPI Gatewayに直接適用することで、テナント固有のポリシーをアタッチしてテナント間のアクセス防ぐことができます。テナントごとにAPI Gatewayを適用する場合は注意が必要です。

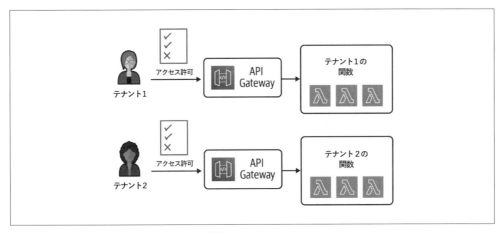

図11-14　個別のAPI Gatewayによるアクセス制御

　重要なのは、分離の話にはもっと微妙な違いが存在する可能性があるということです。アクセスされるタイミングでリソースを保護する必要があることはわかっていますが、マルチテナントアーキテクチャのさまざまなレイヤーに制御を導入することで、SaaS環境の全体的な分離プロファイルを強化することもできます。

11.6　同時実行数とノイジーネイバー

　どのコンピューティングモデルでも、テナントがシステムにかける負荷をどのように制御するかを検討する必要があります。サーバーレスモデルも例外ではありません。Lambda関数のそのマネージドな性質から、テナントが関数を飽和させたり、ノイジーネイバーを発生させたりする心配はないと考えがちです。もちろん、私たちはそれが現実的ではないことはわかっています。すべてのコンピューティングモデルは、拡張性、健全性、回復力を確保するために制約を課す必要があります。つまり、真の問題は、関数の使用量を設定および制御するために、どのような機能や仕組みをLambdaは提供しているのかということです。

　Lambdaがこのトピックにどのように対処しているかをよりよく理解するために、まずLambdaが関数をスケールする方法について見てみましょう。図11-15は、getOrder()関数に対するLambdaのスケーリングの概念図です。

　この図の左側には、getOrder()関数を使用するテナントのグループがあることがわかります。この関数にリクエストが送信されるたびに、Lambdaはその関数の固有のインスタンスを実行します。これはつまり、いつでも、この関数のインスタンスが複数実行されている可能性があるということです。この例では、6つの関数インスタンスが同時に実行されています。現実のシナリオでは、この関数の同時実行インスタンスの数はもっと多いことが想像できます。

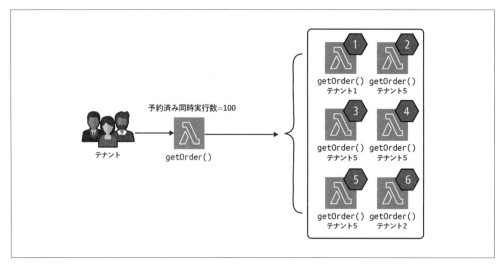

図11-15　サーバーレス関数の同時実行数とスケーリングの管理

　　Lambdaは同時実行インスタンス数を無限にスケールすることはできないため、この関数で許可される同時実行インスタンス数をどのように制限できるかを考える必要があります。そこで、Lambdaの予約済み同時実行数という概念の出番です。この例では、予約済み同時実行数を100に設定しました。これはつまり、同時に実行できるこの関数のインスタンス数は100個までということです。この仕組みがサーバーレスSaaS環境にさまざまな構成の選択肢をもたらすことは想像できるでしょう。たとえば、ソリューションの複数のマイクロサービスに戦略的に適用して、システムの重要で規模の大きい部分に高いレベルの同時実行数を割り当てることができます。また、SLAに関連付けて、システムの各要素が必要なスループットを提供できるようにすることもできます。

　　これと同じ仕組みを使用して、アプリケーションのティアリング戦略を形成することもできます。たとえば、マルチテナント環境における階層化されたそれぞれの関数のデプロイに、異なる予約済み同時実行数を割り当てることができます。たとえば、プレミアムティアのテナントに影響するような負荷がかかることを防ぐために、ベーシックティアのテナントに対する予約済み同時実行数の制約を増やすことができます。これについては、「14章　ティアリング戦略」で詳しく説明しています。

　　ここで重要なポイントは、予約済み同時実行数は、マルチテナントサーバーレスツールバッグに含まれるもう1つのツールであるということです。サーバーレスSaaSアーキテクチャを設計する際は、一般的な同時実行戦略を策定して、システムを構成する複数の関数に同時実行数を割り当てる最適な方法を決定する必要があります。

11.7　サーバーレスコンピューティングのその先へ

　　ここまでは、サーバーレスアプリケーションサービスの構築に絞って焦点を当ててきました。実際には、サーバーレスというトピックの範囲はLambdaよりもはるかに広く、AWSスタックを構成する

他のさまざまなサービスにまで及びます。AWSスタックのストレージ、メッセージング、分析、その他多くのサービスでは、サーバーレス機能のサポートが頻繁に追加されています。

　従来、AWSで実行されるサービスの多くは、ビルダーがそのサービス特有のインスタンス用にコンピューティングリソースを選択し、サイズを決める必要がありました。たとえば、一部のデータベースでは、データベースのコンピューティング構成を事前に決定する必要があります。そうなると、テナントの変化するデータベース使用量パターンに確実に対応できるように、チームはデータベースを過剰にプロビジョニングすることになります。これはSaaS企業にとって真の課題であり、一般的にシステムのコストと運用プロファイルを損なうことになります。今は、サーバーレスの選択肢によって、これらの同じサービスで特定のコンピューティングサイズやプロファイルに紐付ける必要性が減っています。代わりに、コンピューティングはサービスのマネージドレイヤーになり、サービスにかかる実際の負荷に基づいてスケーリングとサイジングを行います。ここで目指しているのは、サーバーレスモデルの価値をより幅広いサービスに展開し、SaaSアーキテクチャのより多くの側面にサーバーレスの利点をもたらすことです。

サーバーレスSaaSリファレンスソリューション

　この章では、独自のサーバーレスSaaSソリューションを設計する際に適用できる一般的なパターンと考慮事項について詳しく説明しました。私がAWSで一緒に働いているSaaS Factoryチームは、エンドツーエンドで機能するマルチテナントサーバーレス環境のコードにアクセスできるサーバーレスSaaSリファレンスアーキテクチャを作成しました。これらの戦略の一部が実際に機能する様子をより具体的に示してくれるでしょう。

　コードはGitHubリポジトリ（https://oreil.ly/jo0u6）に配置しました。このリポジトリで参照されている戦略と手法は、この章で説明したすべてのトピックを網羅しているわけではなく、1つの例にすぎません。ソリューションの性質も新しいアプローチをサポートするために進化し続けているため、ソリューションに含まれる内容の一部はやや古いものになっている可能性もあります。それでも、次の詳細なレベルに進むことに興味があるのであれば、このリソースは全体として価値があると感じるかもしれません。ここで取り上げた内容はパターンを説明するためのものですが、リファレンスアーキテクチャは、ある特定のアプローチを示すサンプル実装であることを覚えておいてください。

11.8　まとめ

　この章では、マルチテナント環境におけるサーバーレスコンピューティングの使用に関するパターンと戦略について詳しく説明しました。私の目標は、どの領域でサーバーレスコンピューティングがソリューションのデプロイ、オンボーディング、分離、ノイジーネイバーの対策へのアプローチ方法に影響を及ぼすかを特定することでした。これらの微妙な違いを強調することで、サーバーレスコン

ピューティングモデルに基づいてアーキテクチャを構築する際に役立つ機能や仕組みをよりよく理解できるようになります。

この章の冒頭では、サーバーレスコンピューティングモデルの基本的な価値提案に着目し、サーバーレスコンピューティングのプロファイルとSaaSビジネスとして達成しようとしている効率性との自然な共通点を強調しました。サーバーレスと、マルチテナント環境で表面化する拡張性や負荷に関する課題とが自然に交わる点に焦点を当てました。その一環として、従来の環境でスケーリングポリシーを定義する際に生じる典型的な課題のいくつかを、サーバーレスがどのように解決するかについても説明しました。

次に調査したのはデプロイモデルでした。この章のこのパートでは、主にサーバーレスデプロイモデルを使用してさまざまな階層型の体験をサポートする方法に焦点を当てました。これには、プールデプロイおよびサイロデプロイをサポートするさまざまなテナント環境にサーバーレス関数をデプロイするパターンの調査が含まれていました。ここで重要なのは、サーバーレス関数をサイロ化することで実現できる拡張性と分離の考慮事項のいくつかを強調することでした。

次のパートでは、サーバーレス環境のオンボーディングとデプロイの自動化の側面に移りました。私にとってこれは、環境を構築するときに見過ごされがちな領域です。ここでの目標は、サーバーレスがSaaSアーキテクチャのオンボーディング戦略の自動化をどのように形作っているかを調べることでした。続いて、サーバーレスのテナント分離モデルを確認し、サーバーレスマルチテナントアーキテクチャにおける分離の実装のユニークな側面をいくつか見てきました。

この章の最後の部分では、サーバーレスに関するその他の幅広い考慮事項に焦点を当てました。サーバーレス関数の使用量を管理するために使用できる構成戦略について、時間をかけて検討したかったのです。予約済み同時実行数の使用がマルチテナントアーキテクチャのティアリング、可用性、および一般的な動作環境に及ぼす影響を調べました。また、ストレージ、メッセージング、その他のSaaS環境の側面の一部としてサーバーレスの強みを活用して、アーキテクチャのより多くのレイヤーにサーバーレスの範囲を拡大することの意味についても説明しました。

サーバーレス技術がマルチテナントアーキテクチャのさまざまな側面を簡素化する方法と理由が明らかにできていれば幸いです。サーバーレスは、システムの一部をよりマネージドな体験に変えます。これにより、インフラストラクチャの構成の複雑性が下がり、スケーリングの選択肢もはるかに管理しやすくなります。また、システムを構成する方法や、どのようにサーバーレスの強みを活用してビジネスへの影響を拡大し、製品の利益や、俊敏性、効率性を高めることができるかについて、新しい考え方ももたらします。

これで、中心的な概念は一通りカバーし、実際に動く例も確認できたので、次にSaaSの運用面について考えてみましょう。次の章では、SaaS環境のサポート、管理、運用に伴う特有の課題に対処するための、マルチテナント運用体験を構築する方法について詳しく説明します。目標は、ベストオブブリードのSaaS運用体験を構築するためのいくつかの戦略と考慮事項を明らかにすることです。

12章
テナントを意識した運用

　マルチテナント環境を構築する際は、シングルペインオブグラスを通じて環境の管理、運用、デプロイを可能にする統一された体験の構築に主な重点が置かれます。マルチテナント環境特有のプロファイルへの対応を目指して構築された、効率的で自動化された再利用可能な仕組みが求められ、またそれが必要になります。あなたは、小規模な専任の運用チームによって環境を管理および運用する能力があることを誇れるSaaS企業になりたいと思っているはずです。このようなマルチテナントソリューションの運用上の観点は、SaaSモデルの対価として得られる俊敏性、イノベーション、効率性を実現するシステムを構築できているかどうかについて、多くの点で最も深い洞察をもたらします。

　つまり、この章で目指すのは、SaaS運用の分野をさらに深く掘り下げ、ベストプラクティスの運用体験を構築するためのマインドセット、戦略、および考慮事項を検討することです。これは、従来の運用の概念の拡張に挑戦するということを意味しており、マルチテナントがビジネス全体の運用プロファイルにどのように影響するかをさらに詳しく調べていきます。

　まずは、SaaS運用のマインドセットの基礎を探るために土台を築くところから始めます。目標は、運用環境を分析し、チームが運用ツールや運用体験を設計および構築する際によく採用する考え方の概要を説明することです。ゼロダウンタイムというSaaSの性質と、現在および長期的なビジネス戦略の推進に役立つデータに対する幅広いニーズとの間には、共通点があることがわかるでしょう。

　ここからは、SaaSビジネスのあらゆる側面の分析に使用されるビジネスおよび技術的な洞察を得るために不可欠な、メトリクスデータの調査に移ります。ここでは、従来のインフラストラクチャのメトリクスの枠を超えて、テナントアクティビティ、ビジネスの健全性、運用の健全性、俊敏性などのあらゆる側面の計測と分析に使用される、広範囲にわたる一連のメトリクスに焦点を当てます。これらのさまざまな種類のメトリクスを調べることで、SaaSチームがSaaSビジネスの状態を評価する際に頼りにする全体的な分析プロファイルについてより深い洞察を得ることができます。その一環として、使用量とコストを個々のテナントに関連付けることができるコストモデリング戦略についても見ていきます。

　また、この章では、この運用モデルを実装するために活用できるさまざまな戦略を検討し、メトリクスの取得、送信、集約に使用できるさまざまなツールや手法、技術の概要についても説明します。

これは自然と、これらのメトリクスや洞察を運用コンソールでどのように表示するかを検討することにつながります。ここでは、SaaS環境の管理と運用に不可欠な特定のマルチテナント機能をサポートする、テナントを意識した独自のコンソールを構築する際の微妙な違いに重点を置きます。

　最後に、サポートする可能性のあるさまざまなマルチテナントデプロイモデルが、環境のビルドとデプロイの側面にどのように影響するかを調べます。

12.1　SaaS運用のマインドセット

　多くのソフトウェア企業では、運用のスコープがかなりよく理解されている傾向にあります。しかし、SaaS環境では、運用モデルのスコープをより広い視野で捉えるとチームはさらに成功すると思います。これはすべて、製品からサービスへと考え方のモデルを変える一環であり、組織は運用モデルの一部としてエンドツーエンドの顧客体験全体にもっと集中する必要があります。このやり方では、カスタマージャーニー（顧客が商品やサービスを認知、購入し、再購入するまでのプロセスを可視化したもの）のあらゆる段階について考え、顧客がシステムと接点を持つ可能性がある場所すべてで顧客のサービス体験の質を継続的に監視、測定、分析します。これをすでに行っているチームもあるかもしれません。しかし、この運用のマインドセットの詳細を掘り下げていくと、チームが組織内でそれらの概念を適用する方法に、このモデルが明確な影響を与えることに気づくでしょう。これは、人々に新しい肩書きを与えるということではありません。組織内のさまざまな役割がどのようにSaaS運用の原則を全体的なアプローチに組み込むかに、組織横断的な影響を与えるはずのマインドセットです。

　この広範な運用モデルをよりよく理解するために、SaaSが組織のさまざまな部門のマインドセットにどのように影響するかを見てみましょう。最も簡単な「従来の」運用の視点から始めます。この視点では、技術に特化したチームが、SaaSアプリケーションのアクティビティ、拡張性、健全性を監視および測定する最前線に立っています。このチームは、システム停止やパフォーマンスの低下が、システムに含まれるすべてのテナントにわたって連鎖的な影響を与える可能性があるSaaS環境において、新たな一連の課題に直面します。これらのチームは、一連のスタンドアロンの顧客環境を運用する代わりに、一部またはすべてのテナントによって共有されるインフラストラクチャを運用することになります。この変化は運用体験に新たな側面をもたらし、システムのアクティビティと健全性を分析できる新しいツール、計装、機能が必要になります。基本的に、チームは、運用上のイベントを効果的に特定、反応、対応できるように、よりテナントを意識した視点を環境に導入する必要があります。

　従来の視点を超えた運用上の考慮事項を検討する際に、これはより興味深くなってきます。ここでは、ゼロダウンタイムの環境を作らなければならないという切迫感から方向転換して、顧客体験により焦点を当てていきます。つまり、テナントの全体的な体験をより詳しく知ることができるデータを特定して明らかにする必要があるということです。たとえば、テナントオンボーディングはSaaSプロバイダーにとって運用上の重要な瞬間の1つです。私たちは、顧客がオンボーディングプロセスをで

きるだけスムーズに進め、オンボーディングから実際の価値を得る段階にタイムリーに移行できるようにしたいと考えています。これはSaaS環境の運用体験の一部です。チームや組織内のさまざまな役割は、このオンボーディング体験を把握しておく必要があります。そうすることで、テナントがシステムの可動部分を使い始める際に、その体験の質を評価することができるようになります。複数の顧客が立ち上がりでつまずいているような場合は、それは注意が必要な運用上の重大なイベントを示しているでしょう。

これと同じマインドセットを組織の他の部門にも適用できます。たとえば、カスタマーサクセスチームは、顧客の継続的なアクティビティや、どの機能が使用されているか、行き詰まっている場所はどこかなどを観察できる洞察にアクセスできるべきです。これらの洞察により、チームはデータを使用してエンジニアリングチームが対応する必要のあるテナントパターンをプロファイリングして特定し、顧客に対する全体的なサービス体験を向上させることができます。プロダクトマネジメントチームもこの運用の話に関わってきます。たとえば、環境のティアリングやプライシングの体験を形作る可能性のあるテナントの使用量の傾向に関するデータにアクセスする必要があるかもしれません。または、特定のテナント集団を対象に機能をテストするカナリアリリースを採用したり、ユーザー体験における摩擦がどこにあるかを見つけるために操作のパターンを評価したりする場合もあります。

このマインドセットの大部分は、能動的なモデルの構築に焦点を当てており、そこでの運用の仕組みと文化は、テナントに影響が出る前に傾向や問題を特定することに重点を置いています。これは、問題を事前に検出して解決することの価値がSaaSビジネスに明らかな影響を与えるような、システムの健全性について考えるときに容易に理解できます。しかし、これと同じ能動性は、ここで説明したビジネスの他の運用上の視点にとっても重要です。オンボーディング体験が悪かったテナントを特定することも、運用で成功するためには不可欠です。同じことがカスタマーサクセス、プロダクトマネジメント、その他対応が必要な傾向を能動的に特定する必要のあるビジネス部門にも当てはまります。

重要なポイントは、SaaS運用を、組織内の複数の役割にまたがるより総合的な体験とみなすべきだということです。もちろんこれは、一部の組織にとってかなり大きな文化の変革を必要とします。多くの環境では、運用は技術的な領域としてのみ扱われているような、ややサイロ化された状態にありました。現在は、この拡張したモデルにより、社内の他の部門もビジネスのサービス体験にもっと目を向けることが求められています。つまり、自分の役割の範囲や、自分の役割がビジネスの全体的な運用プロファイルにどのように貢献するかについて、少し考え方を変えるよう求められているということです。

一部の人にとっては、運用面での新たな視点を取り入れるのは自然なことではないかもしれません。ここでは、組織の適切な運用方針を設定する上で、経営陣がその役割を果たす必要があります。ある例では、経営陣がチームに共通の運用目標を割り当てるのを見たことがあります。これにより、チームは運用ツール、仕組み、成果物への投資の優先度付けをよりうまく行うことができます。共通の目標をトップダウンで経営陣主導の視点で捉えることで、このサービス中心の運用モデルを推進するた

294 | 12章 テナントを意識した運用

めにビジネスが果たす責任をより強調できます。

　運用や新しいマインドセットについてのこの議論は、どれも比較的簡単に思えるかもしれません。一般的に、このような広範な運用の全体像を把握することの重要性と価値について、チームに合意してもらうことは難しくありません。理念的には一致しているにもかかわらず、私が協働してきた多くの組織は、これらの概念を完全に採用することはありませんでした。機能の構築を急ぐ必要があるため、これらの運用のニーズは絶えず後回しにされているようです。これらは、必要十分な注意が払われることのない「いつかやろうと思っている」領域になってしまいます。私が思うに、本当に豊かなSaaSのサービス体験の構築に注力しているのであれば、SaaSビジネスの成長と成功を推進することができる運用基盤と文化の構築をもっと優先するべきです。チームや組織は、たとえ機能を犠牲にしてもサービスの運用能力を追求するべきです。

　重要なのは、運用を静的で1回限りの投資とみなすべきではないということです。テナント要件、アーキテクチャ、市場、チームが進化するにつれて、ビジネスの運用状況を管理および分析するために使用される運用ツール、仕組み、およびメトリクスを継続的に再評価する必要があります。

12.2　マルチテナント運用メトリクス

　SaaSビジネスにおいて、サービスの動向を把握することはとても重要です。SaaSチームは基本的に、ビジネスおよび技術に関してさまざまな知見をもたらすデータや洞察を渇望しています。プロダクトオーナー、アーキテクト、ビルダー、マーケティング、CEOなど、全員がメトリクス主導で、データを使用してビジネスのパフォーマンスやテナントのニーズを満たせているかを継続的に評価することに強い関心を持つべきです。このデータは、アーキテクチャに関する意思決定、製品バックログ、ティアリングモデル、オンボーディング、アーキテクチャ戦略、その他ビジネスのさまざまな側面を形成するために使用されます。

　これらのデータはすべて「メトリクス」データとして分類しました。インフラストラクチャ、テナント、および財務活動の分析に使用されるデータはすべてこのバケツに入れることにします。このデータは、アプリケーションやビジネス側から得られ、幅広い役割やユースケースにわたって運用および戦略の意思決定に使用されます。これは、テナントの請求書の作成に必要なデータを追跡するために使用される「メータリング」データとは区別しています。これらの2つの領域は、メトリクスデータがメータリングのコンテキストでも使用できるという点で重複する可能性もあります。重要なのは、メトリクスとメータリングが2つの異なるユースケースを駆動しているということです。

　このことをよりよく理解するために、ソリューションのメトリクスモデルの一部として収集できるさまざまなタイプのデータをいくつか見てみましょう。

12.2.1　テナントアクティビティに関するメトリクス

　SaaS環境では、チームは個々のテナントの特定のアクティビティに関する洞察を必要とします。このデータは、テナントが環境の要素をどのように利用しているかをより詳しく把握することや、場合

によっては、そのアクティビティを興味深いパターンや傾向を明らかにする可能性のある他のメトリクスと相関させるのに役立ちます。**図12-1**は、このカテゴリーに当てはまるいくつかのメトリクスを示しています。

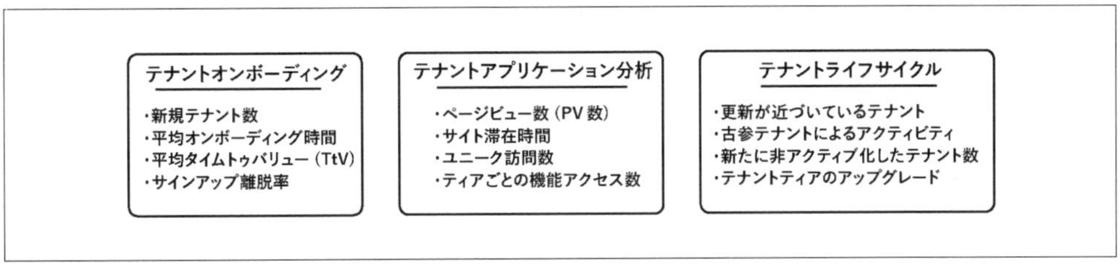

テナントオンボーディング	テナントアプリケーション分析	テナントライフサイクル
・新規テナント数 ・平均オンボーディング時間 ・平均タイムトゥバリュー (TtV) ・サインアップ離脱率	・ページビュー数 (PV数) ・サイト滞在時間 ・ユニーク訪問数 ・ティアごとの機能アクセス数	・更新が近づいているテナント ・古参テナントによるアクティビティ ・新たに非アクティブ化したテナント数 ・テナントティアのアップグレード

図12-1　テナントアクティビティに関するメトリクスの例

テナントアクティビティの対象範囲をわかりやすくするために、テナントアクティビティメトリクスを3つのカテゴリーに分類したことがわかるかと思います。左上には、テナントオンボーディングがあります。ここでキャプチャされたメトリクスは、テナントの全体的なオンボーディング体験をプロファイリングし、環境を立ち上げて稼働させるテナントの機能に影響を及ぼしている可能性のある、フロー内の潜在的なボトルネックを特定するために使用されます。堅牢で効率的なオンボーディング体験を提供することの重要性はほとんどのチームで認識されていますが、その多くはこの領域のメトリクスを収集する労力を費やしていません。オンボーディングの再現性、安定性、拡張性を測定することは、SaaSビジネスの状態を評価する上でとても重要です。また、これは新しいテナントに対して第一印象を与えるものでもあります。

オンボーディングメトリクスは、あらゆるセルフサービスのオンボーディングフローにおいてますます重要になっています。社内で管理されているプロセスであっても、テナントのオンボーディング体験に関する重要なデータを収集するメトリクスの導入には関心があるでしょう。ここで、各テナントのタイムトゥバリューを測定することに重点が置かれることがよくあります。これは、オンボーディングフローを開始してから実際にソリューションの価値提案を実現し始めるまでの時間を表す指標です。ソリューションの手順によってこのプロセスが煩雑になりすぎると、テナントの定着率が低下し、サービスから離脱するテナントが出てくる可能性すらあります。

テナントアクティビティメトリクスの次のカテゴリーは、図の中央にあるテナントアプリ分析です。これは、テナントと実際のアプリケーションのやり取りを追跡するために使用される従来のメトリクスです（Web解析を想像してください）。ここでは、個々のテナントがアプリケーションをどのように操作しているかを評価し、ユーザー体験がテナントの生産性や全体的な体験に影響を与える可能性のある領域を特定します。これはよく理解されている既知の領域ですが、これをティアごとまたはテナントごとにキャプチャするという考え方は、新たな考慮事項をもたらします。

最後に、図の右側にテナントライフサイクルメトリクスまたはイベントがあります。ここでは、システムはさまざまな状態遷移の最中にある、または遷移しようとしているテナントに関するデータを

キャプチャします。たとえば、テナントのシステム全体の使用率が低下していることを示すメトリクスがあるとします。これは、更新が近づいているという事実と相まって、システムからの離脱を検討しているテナントをチームが特定するのに役立ちます。

これらのデータを組み合わせたり、他のメトリクスと合わせて使用したりすることで、テナントのライフサイクルにおける重要で改善が必要な瞬間についての洞察が得られます。図12-2は、このデータの使用方法の一例を示しています。

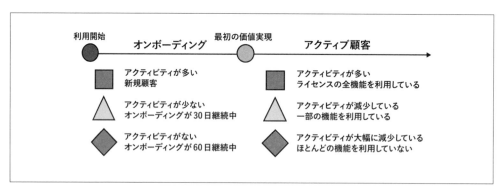

図12-2　テナントアクティビティとビジネスイベントの関連付け

この図の上部には、2つのテナントの状態の例を示しています。左側はオンボーディングの状態で、新しくオンボーディングされたテナントを表しています。この見出しの下には、オンボーディング体験の成功を分類するために使用される一連のメトリクスがあることがわかります。各テナントのアクティビティのレベルとアクセスしている機能を使用して、オンボーディング体験の進行状況をプロファイリングし、オンボーディング体験のさまざまな段階にあるテナントにそれぞれ赤（ひし形）、黄色（三角形）、緑（四角形）の状態を割り当てます。価値を実現し、システムの機能を利用しているテナントには「緑」の状態が割り当てられ、あまり進んでいないテナントには黄色または赤の状態が割り当てられます。これらの指標により、何らかの働きかけが必要な可能性のあるテナントを特定することができます。

右側には、ある程度の期間システムを使用しているテナントがおり、テナントアクティビティを使用してシステムの継続的な使用状況をプロファイリングしています。ここではアクティビティの追跡は別の役割を果たしており、アクティビティのレベルが低下している可能性のあるテナントに関する洞察を提供します。これは、新しい課題に関連している場合もあれば、チームがソリューションをあまり必要としなくなっている場合もあります。いずれにせよ、この状態は追加の働きかけが必要な候補となる可能性のあるテナントも特定しています。

12.2.2　俊敏性メトリクス

俊敏性は測定できるものではないと感じるかもしれませんが、さまざまな運用アクティビティを見てみると、環境の俊敏性を明らかにするために使用できるデータを発見できるチャンスがあることが

わかります。組織として、俊敏性を最大化することに重点を置いた仕組みに投資しているのであれば、その目標に向けた進捗状況を測定するために使用できるメトリクスの特定にも同様に投資する必要があります。SaaSのビジネスおよび技術リーダーは、このデータを使用して俊敏性の傾向とパターンを継続的に評価し、ビジネスの運用効率を損なう可能性のある新たな課題や継続的な課題を特定する必要があります。

俊敏性は、さまざまな運用に関する疑問の提起に使われます。急増する新規テナントに対応する準備はどのくらい整っていますか？ 新機能をどのくらい効果的に配信できますか？ チームはパフォーマンス、拡張性、機能に関する問題にどのくらい迅速かつ能動的に対応できますか？ これらはすべて、運用体験の仕組みとツールが活躍するはずの分野です。あとは、これらの構成要素のパフォーマンスを測定できるデータをビジネスに提供するメトリクスを追加するだけです。以下は、運用の俊敏性を測定するために使用できるいくつかの主要なメトリクスの一覧です。

可用性

運用の俊敏性の測定は、最も基本的なメトリクスである可用性から始まります。アップタイムに関する問題は、俊敏性に関する話の他のすべての側面を弱らせることになります。可用性や安定性に課題を抱えているチームは、新しい機能の導入がシステム停止を招く可能性のある恐れから、リリースを控える傾向にあります。可用性は、場合によっては、あなたが採用したマルチテナントスケーリングポリシーの尺度にもなっています。アーキテクチャには、新しいテナントの導入、ノイジーネイバーの状況、さまざまなテナント使用量パターンの変化に動じることなく耐えられるポリシーおよび戦略を採用する必要があります。このデータを追跡し、システムの応答を測定することで、テナントが影響を被る前に問題を検出して対応するシステムの能力を評価することができます。

デプロイ/リリース頻度

マルチテナント環境では、ビルドとデプロイに新たな課題が生じることがよくあります。サイロ化およびプール化されたテナントリソースがあることで、デプロイツールは、コンテキストに応じて各テナント環境固有のインフラストラクチャプロファイルに基づいて更新をデプロイする方法を検討する必要があります。これは注意が必要で、デプロイの自動化が不十分な場合、問題を引き起こす可能性があります。これには、ゼロダウンタイムの環境で構成やスキーマ変更をどのようにテナントに適用するかの考慮も含まれます。リリースツールに自信が持てれば、それだけ環境の安定性への影響を恐れずに新機能の継続的なリリースを積極的に行うようになります。これは、DevOpsの有効性を測定する際によく参照されるDevOps Research and Assessment（DORA）メトリクスと一致する部分でしょう。

デプロイの失敗

デプロイを試みたときに、デプロイツールまたは自動化の何かが失敗する場合があります。これはテナントが直接目にする場合もあればしない場合もありますが、いずれにせよSaaS企業にとって重要な俊敏性に関わるメトリクスです。これにより、デプロイ自動化の安定性をより具体的に評価することができ、環境全体の可用性に影響する可能性のある、または影響を及ぼしている問題を浮き彫りにすることがあります。

サイクルタイム

アジャイルな運用環境を構築し、頻繁にリリースすることができる状態であれば、フェイルファストに近いやり方で運用も行えるはずです。サイクルタイムは、新機能のアイデアが浮かんでからその機能が顧客の手に届けられるまでの時間を測定する、この動きの重要な指標です。これは、顧客からのフィードバックに基づいて迅速に方向転換できることをわかった上で、俊敏性を頼りに顧客と新しいアイデアを実験して試してみることができるという考えに依拠しています。これにより、イノベーションが促進され、最終的にはフィードバックに対してより迅速な対応を得られる顧客ロイヤルティの向上につながります。

平均検出 / 復旧時間

俊敏性の重要な要素の1つは、問題を迅速に検出して回復する能力にも重点を置いています。システムに何らかの問題がある場合、これらの問題をできるだけ早く検出するツールと仕組みを用意し、環境を迅速に修復できる機能を導入したいと思うでしょう。これはロールバックかもしれませんし、パッチのリリースかもしれません。重要なのは、ツールと自動化がどれだけ早く問題に効果的に対処し、システムを正常な状態に戻すことができるかということです。これはどの環境でも大きな課題となることが多く、マルチテナント環境での実装は特に難しい場合があります。

不具合検出漏れ率

テストは、SaaS環境の全体的な俊敏性の話題において重要な役割を果たします。マルチテナントモデルには、失敗すればすべてに影響が及ぶという性質があるため、環境全体のテスト範囲に多額の投資が必要になる場合があります。環境の不具合検出漏れ率を測定することで、チームは、テスト構成が実際にどれだけ効果的に問題を捉え、実環境に影響が及ぶ前に特定できているかをより明確に把握することができます。堅牢なテストを実施しているかどうかにかかわらず、チームは不具合検出漏れ率の傾向を継続的に測定して評価したいと思うでしょう。この比率が急上昇した場合、より早急な対応が必要な広範な問題が表面化する可能性があります。

これは、俊敏性の測定の一環としてチームが注目している一般的な分野のほんの一部にすぎません。このリストは主に、全体的な運用体験における摩擦、安定性、信頼性に注目しています。確かに、SaaS環境でアジャイルになれるかどうかは、ツールと仕組みに対して自信が持てるかどうかに大きく左右されます。自信が持てれば、チームは安心して新しいリリースを定期的に公開することができま

す。これは一部のチームにとっては大きな変化をもたらす可能性があり、環境を活性化させる際に自然と現れるいくつかの課題に積極的に取り組む必要が出てきます。初日からすべてを完璧に行える銀の弾丸はありません。代わりに、自社の文化とツールを迅速に進化させることに取り組む必要があります。

12.2.3　使用量メトリクス

　マルチテナント環境では、運用チームは、テナントが環境を構成するリソースをどれくらい使用しているかを把握する必要があります。この使用量データを可視化することで、チームは個々のテナントやティアに関連付けられる使用量パターンを評価できるようになり、異なるテナントプロファイル、ワークロード、ユースケースに対してシステムがどのように反応するかを評価できるようになります。これらのメトリクスは、スケーリングポリシーの分析や、インフラストラクチャの利用効率のプロファイリングに不可欠です。また、ティアリングモデルやスロットリングモデルにも影響を及ぼす可能性が高いです。このデータから、さまざまな点で、選択したアーキテクチャとデプロイがどのくらいテナントの使用量の需要を満たせているかがわかります。

　使用量メトリクスは、どのSaaSデプロイモデルにおいても有効ですが、プール化されたリソースにおいて特に重要性が増します。テナントリソースがサイロ化されている場合は、使用量は個々のリソースに簡単にマッピングすることができます。プール化されたリソースでは、テナントがリソースを共有しているため、使用量の割合を個々のテナントに帰属させることがはるかに難しくなります。特定のテナントが特定の時点で使用したリソースの量を、きめ細かくテナントにスコープを絞って表示できる既製のツールは一般的にはありません。代わりに、ここでは使用量を把握してテナントに帰属させることができる独自の構成を導入する必要があります。**図12-3**は、プール化されたリソースの使用量プロファイリングに関連する課題を表した概念図です。

　この図の中央には、マルチテナント環境を構成するインフラストラクチャの簡単な例を示しました。アプリケーションのマイクロサービスを実行しているであろうコンテナのコンピューティングリソースはプール化されていて、これらのマイクロサービスは、プール化されたリレーショナルデータベースを操作しています。

　さて、使用量については2つの見方があります。左側は、このインフラストラクチャの使用量をリソースレベルで見る従来の視点です。ここでは、特定の期間にリソースがどれくらい使用されたかを知ることができます。これにより、合計の使用量を知ることはできますが、この使用量を個々のテナントに関連付けることはできません。右側には、テナントレベルの使用量の視点があります。こちらでは、特定のリソースについて、個々のテナントがリソースの何パーセントを使用したかを把握することができます。これには、リレーショナルデータベースのコンピューティングとストレージの使用量の内訳も含まれます。

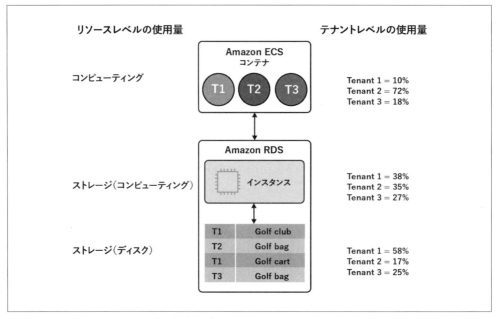

図12-3 プール化されたリソースの使用量の割り当て

このデータを取得するには、さまざまな方法があります。どのアプローチを取るかは、ソリューションの性質によって異なるでしょう。多くの場合、アーキテクチャのさまざまなレイヤーと、どこに使用量メトリクスデータをキャプチャして送信する計装を行うかを考えることから始めるのが最も簡単です。**図12-4**は、このレイヤー型モデルの一例を表しています。

図12-4の左側には、API Gatewayを介してアプリケーションのマイクロサービスを呼び出すWebアプリケーションを含むSaaSアプリケーションアーキテクチャのサンプルを示しました。これらのマイクロサービスは、さまざまなAWSサービスを呼び出します。右側はコントロールプレーンの中にあるメトリクスおよび分析サービスで、使用量メトリクスデータの取り込みと集約を担っています。

これらの基礎が揃ったところで、アーキテクチャのさまざまなレイヤーで使用量メトリクスをどのようにキャプチャできるかを見ていきましょう。最初に目にするのは、マイクロサービスへのAPIエントリーポイントかもしれません。ここでは、APIイベントを使用量メトリクスとして送信していることがわかります。ここは間違いなく、このデータをキャプチャするための最も簡単で手軽な場所です。しかし、APIリクエストだけでは、テナントの使用量を正確に分析するための十分な詳細や洞察が得られない場合があります。たとえば、リクエスト数は役立つ情報ですが、テナントの負荷によっては必要なリクエスト数が少なくても使用するリソース量が増える場合があります。

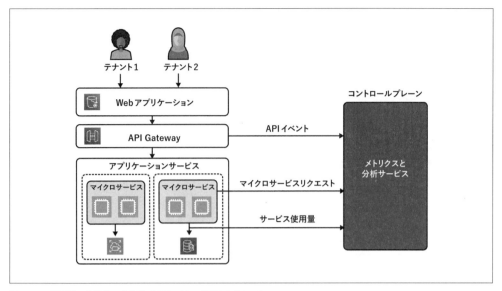

図12-4　使用量メトリクスを収集するレイヤー型のアプローチ

　次のレイヤーはマイクロサービスです。ここでは、個々のマイクロサービスの視点を通じて使用量を確認し、特定のマイクロサービスによって処理されているプロファイルとワークロードに基づいた使用量を送信できます。これにより、使用量メトリクスをより具体的かつ正確に把握できるようになります。これで、個々のマイクロサービスのワークロードとプロファイルに基づいて、使用量をキャプチャするためのさまざまなパターンを導入できるようになりました。

　最後のレイヤーでは、さらに深く掘り下げて、特定のインフラストラクチャサービスの使用量をプロファイリングします。つまり、マイクロサービスがデータベースやキュー、その他のインフラストラクチャリソースと連携している場合、このレベルでテナントの使用量データをキャプチャして送信することができます。繰り返しになりますが、これはよりきめ細かいデータにアクセスして、個々のインフラストラクチャサービスに対するテナントの使用量を特定できるようにするためのものです。ここでも、ワークロードの性質と使用されるインフラストラクチャリソースに基づいて、どのように使用量を帰属させるのが最適かを選択することができます。

　これらのレイヤーは相互に排他的ではありません。さまざまな種類の使用量メトリクスをキャプチャするのに適していると思われる、アーキテクチャ内のさまざまな領域を取り上げています。実際の環境の状況に最も適した戦略を立てるのが、まさにあなたの仕事です。また、最初はシステム内の特定の価値の高い領域に限定して使用量メトリクスを収集し、どこでより正確な洞察が必要かをよりよく理解できるようになったら、さらに詳細を追加することもできるという点も重要です。

　全体として、これは少し重い作業のように感じるかもしれません。しかし、SaaS環境を構築して進化させていくためには、このデータは不可欠です。このデータは、運用効率、コスト効率、拡張性、ティアリングに関する考えを形作る上で、多くの価値と影響をもたらします。

12.2.4 テナントあたりのコストメトリクス

使用量に注目する一環として、テナントの使用量をコストにどのように関連付けられるかも検討する必要があります。ここでの目標は、コストを各テナントとティアに本質的に関連付け、そのデータを使用してテナントのインフラストラクチャコストがアーキテクチャのプライシング戦略やティアリング戦略に対してどのように位置付けられているかをよりよく理解し、SaaS環境の実際の利ざやをよりよく把握できるようにすることです。

このデータを、私はテナントあたりのコストメトリクスと呼んでいます。先ほど説明した使用量メトリクスのデータを基に、各テナントの使用量データをその使用に関連するインフラストラクチャコストと結び付けて、テナントあたりのコスト配分を導き出します。これにより、テナントの使用量がSaaS環境のコストプロファイルにどのように影響しているかがわかります。

テナントあたりのコストが価値を生み出す領域はいくつかあります。テナントあたりのコストがSaaSビジネスにどのように影響するかを浮き彫りにする1つのシナリオを見てみましょう（図12-5を参照）。

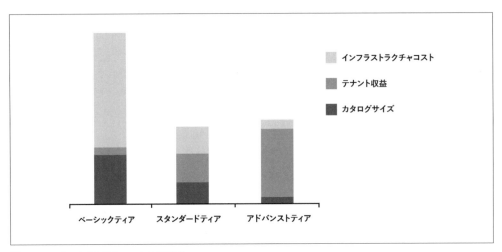

図12-5　テナントあたりのコストの影響例

この例では、eコマースSaaS環境を利用する3つの異なるテナントのティアのプロファイルを示すグラフが見えます。ティアごとに、テナントのティアにマッピングされる3つの異なるメトリクスを分類しました。インフラストラクチャコスト、テナント収益、カタログサイズ（販売されている商品の数）です。これらの各メトリクスの比率は、ティアごとに積み上げ棒のサイズで表現されています。

さて、ベーシックティアのテナントから見ていくと、カタログが非常に多く、ビジネスの収益はほとんど得られていないことがわかります。一方、スタンダードティアのテナントは、カタログサイズと収益はほぼ同じくらいです。しかし、アドバンストティアは、カタログは非常に小さいですが、それらの商品の販売は非常に成功しており、収益が占める割合がはるかに大きくなっています。

重要なポイントは、スタンダードティアとアドバンストティアのテナントは明らかにビジネスにより多くの収益をもたらしているということです。しかし、テナントインフラストラクチャのテナントあたりのコストデータを見ると、ベーシックティアのテナントが環境のインフラストラクチャコストに最も寄与していることがわかります。これはビジネスにとって大きな問題です。本質的には、最も低いティアのテナントが、支払い額が最も少ないにもかかわらず、ビジネスに最も多くのインフラストラクチャコストを課していることになります。このビジネスのティアリング戦略およびプライシング戦略には、ベーシックティアのテナントが最終的にビジネスの利益率に悪影響を及ぼさないことを保証するものは基本的にありません。

この例は、テナントあたりのコストデータがビジネス戦略にどのように大きな影響を与えるかを簡単に説明したものです。チームが、自分たちのティアリングおよびプライシングのポリシーが、環境全体のインフラストラクチャコストとどのように、どこで一致しているかを判断するために役立つのがこのデータです。さらに広く見れば、チームはこのデータにアクセスして、環境に新機能が導入されるたびにコストを継続的にプロファイリングする必要があります。たとえば、プロダクトオーナーは、検討中の新機能ごとに予測されるテナントあたりのコストへの影響を評価し、これが自分たちのティアリング戦略のどこに適しているかを検討することに関心があるはずです。

このテナントあたりのコストデータを計算するには、システムのメトリクスサービスおよび分析サービスに機能を追加する必要があります。前述の使用量データが収集できたら、今度はインフラストラクチャの請求情報にアクセスする必要があります。このデータがどこにあるかは、それぞれの環境の性質に大きく依存します。しかし、オンプレミスでホストしている場合でも、テナントあたりのコスト計算の入力として使用できるコストの概念はまとめることができるはずです。図12-6は、この体験の主な可動部分を示す概念図です。

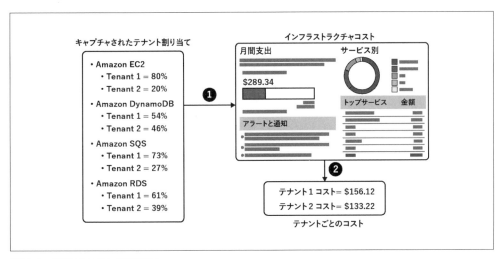

図12-6　使用量とコストの関連付け

これをより具体的に説明するために、AWSでホストされるSaaS環境の例を示しました。左側には、環境に含まれるさまざまなAWSインフラストラクチャリソースのテナント使用量メトリクスのローデータがあります。ここでは、これらのサービス全体で2つのテナントに使用量をどのように帰属させたかを示しています。前述のように、このデータには、コストの関連付けの有無にかかわらず、独自の運用上の価値があります。

さて、テナントあたりのコストを算出するには、請求情報を取り込む必要があります（ステップ1）。AWSの場合、これは生の請求情報にアクセスして行うこともできますし、サードパーティのコストツールを使用して行うこともできます。このコストデータが集約できたら、使用量データを使用してこれらのコストを個々のテナントに按分し、テナントあたりの正味コストを算出できます（ステップ2）。ここではたくさんの選択肢が利用できます。サービスごとに分解したり、サービス全体の平均値を取ったり、両者を組み合わせたりすることもできます。

テナントあたりのコストメトリクスは、あくまでコストの概算値を表すものであることに注意してください。これは会計機能でも顧客に対して請求書を作成する方法でもありません。これは、テナントコストを運用の視点から把握し、環境のアーキテクチャ、プライシング、ティアリングのプロファイルを分析するための手段です。このデータには確かに誤差が入る可能性はありますが、それでもビジネスにとって役立つものであるはずです。

多くの場合、テナントあたりのコスト戦略は、インフラストラクチャの全体的なコストプロファイルから直接影響を受けるでしょう。たとえば、コンピューティングが請求額の80％を占めている場合、請求書のコンピューティング部分についてテナントあたりのコストの詳細を把握することに多額の投資を行うことは容易に正当化できます。しかし、オブジェクトストレージとメッセージングが請求額の2％しか占めていない場合は、インフラストラクチャのこれらの要素の詳細なコストプロファイリングへの投資を避けてもよいでしょう。

12.2.5　ビジネス健全性メトリクス

SaaS分野で最も一般的に議論されているメトリクスは、私が大まかにビジネス健全性と呼んでいるもののプロファイリングに関連するものです。これらのメトリクスは、ビジネス全体の健全性に影響を与える傾向を評価することができる、収益、マーケティング、マクロなテナント情報といったものにより注目します。これらの数値は、収益性や持続的な成長に対して最も直接的な相関を持っていることが多いため、とても注目に値します。それと同時に、ここで取り上げている技術的な戦略との直接的な相関関係はほとんどありません。それでも、メトリクスの見方を完全なものにするために、これらの重要なデータポイントのいくつかを強調することには意味があると思います。

この分野のメトリクスの多くは、莫大なマーケティング費用が発生し、テナントの環境への出入りが活発に行われるB2C SaaSのドメインに強く対応しています。それでも、B2B環境においてもチームはこれらの数値に注目します。以下では、ここで紹介する価値があると思われるいくつかの主要なメトリクスを簡単にまとめています。

月間経常収益（MRR）

ほとんどのSaaSビジネスは、財務の健全性の重要な指標としてMRRに注目します。これは、組織の収益の傾向を最も明確に示すものです。

チャーン

テナントがオンボーディングを行った後、ある程度定期的に離脱する可能性がある環境では、全体的なチャーンレート（解約率）を追跡して、環境内のテナントの離脱率を継続的に評価する必要があります。

顧客獲得コスト（CAC）

これは、新規顧客の獲得に関連するコストを評価する古典的なビジネス測定指標です。SaaS製品のマーケティングに多額の投資をしている環境では、各顧客の獲得に関連する平均コストをある程度把握しておく必要があります。

顧客生涯価値（CLTV）

このメトリクスは、一人の顧客がシステムを使用しているすべての期間中に得られる平均収益額を測定するために使用されます。

CLTV/CAC比

ここでは、顧客を獲得するためのコストと、顧客がビジネスにもたらす全体的な価値の組み合わせを評価します。たとえば、1:1の比率の場合は、ある顧客を獲得するために費やす金額が、その顧客から得られる金額と等しいことを意味します。これは明らかに目指すところではありません。どの比率がビジネスにとって理にかなっているかを判断するのは、あなたの仕事です。3:1と言う人もいますが、この目標がどうあるべきかについては確かに議論があります。

このデータの興味深いところは、その多くが実際にアプリケーションやアーキテクチャ、またはテナントのランタイムアクティビティのプロファイルから収集されたものではないということです。代わりに、データは会計システムや顧客関係管理（CRM）ツールなどから取得されます。このデータをどのように集約して表示するかは、情報の入手経路によって大きく異なります。この分野を直接対象としたシステムもあれば、場合によっては独自のソリューションを構築する必要があるかもしれません。

12.2.6　複合メトリクス

これまで取り上げてきたメトリクスの多くは、SaaS環境のプロファイリングに使用されるベースラインとなる基本的なデータです。これらのメトリクスには価値がある一方で、自社のソリューションやドメインの特性に対応した独自のメトリクスを開発して導入する必要がある場合もあります。これらのメトリクスは、単独で存在する場合もあれば、他のメトリクスとの複合物として作成する場合もあります。たとえば、テナントアクティビティメトリクスとリソース使用量メトリクスを取り込んで、

ドメイン固有の意味や価値を持つ新しい派生メトリクスを算出する方法があるかもしれません。

　重要なポイントは、メトリクスが必ずしもテナントアクティビティやインフラストラクチャの使用量と直接相関するとは限らないということです。最適なメトリクスのいくつかは、環境に含まれるワークロード、論理的なビジネスイベント、その他の大まかなアクティビティをプロファイリングするために作成した仕組みから生まれるでしょう。

12.2.7　ベースラインメトリクス

　これまで説明してきたメトリクスは、意図的にSaaS運用体験にとって特定の意味と価値を持つ分野に集中しています。しかし、この体験には、より一般的なメトリクスもいくつかあります。インフラストラクチャでは、アーキテクチャの可動部分がどのように機能しているかについての基本的な洞察を提供するメトリクスが自然に生成されます。たとえば、環境のコンピューティングは、自然とCPUアクティビティやメモリ使用率などに関するデータを出力します。

　このデータも、このメトリクスの話題の対象範囲の一部とみなすべきです。これを取り込んで他のメトリクスデータと一緒に扱い、テナントパターンとこれら他のメトリクスとの関連付けに使用したいと思うでしょう（それが理にかなっている場合）。これらのベースラインメトリクスの課題は、必ずしも個々のテナントに関連付けることができないことです。それでも、この幅広いメトリクスの話において、このデータは明確な役割を担っています。

12.2.8　メトリクスの計装と集約

　ここで概説したメトリクスを導入するためには、SaaS環境の2つの異なる領域に手を出す必要があります。まず、メトリクスをコントロールプレーンに送信する計装をアプリケーションサービスに導入する必要があります。計装を行う方法と場所は、選択した技術スタックの性質と、どこでメトリクスデータをキャプチャするかによって異なります。この計装プロセスの側面については、「7章　マルチテナントサービスの構築」で詳しく説明しました。

　メトリクスの話のもう半分は、メトリクスデータの取り込みと集約に関するものです。ここで、このメトリクスデータの処理と保存に使用するツールと技術を見つけ出します。ご想像の通り、この取り込みと集約を構築するために使用できるツールの数は非常に膨大です。データウェアハウス、検索技術、オブジェクトストレージ、分析ツールなど、選択肢は多岐にわたります。どのような類のツールが目標とする体験のプロファイルに最も適しているかを判断するには、このデータを分析する可能性のあるさまざまなペルソナの考慮も必要になるかもしれません。**図12-7**は、取り込みと集約を実装する方法の2つの例を示しています。

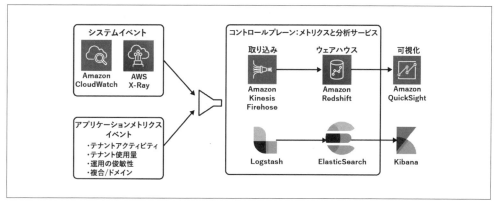

図12-7　メトリクスイベントの取り込みと集約

　この図の左側には、メトリクスデータのさまざまなソースを示しました。左下には、SaaSアプリケーションに計装するさまざまなカテゴリーのメトリクスデータがあります。また、インフラストラクチャサービスによって生成される他の組み込みイベントと組み合わせるために、私が「システム」イベントと呼んでいるものもあります。ここが、一般的なベースラインメトリクスの概念（CPU、メモリなど）がキャプチャされるところで、他のメトリクスとともに送信されます。

　このデータは、コントロールプレーンのメトリクスおよび分析サービスに送信されます。このサービスには、このデータの取り込みと集約に使用されるツールとサービスが含まれます（図の中央に表示されているもの）。ここでは、このサービスを実装するために使用できる2つの異なるツールチェーンを示しました。図の右上では、取り込みの仕組みとしてAmazon Kinesis Firehoseを採用しました。このサービスは、大規模なデータを取り込み、このユースケースに最適な列指向データベースであるAmazon Redshiftに移動させます。その次に、Amazon QuickSightの分析ダッシュボードを使用して、メトリクスの運用ビューを構成します。

　図の右下では、Logstashを使用してデータを取り込み、メトリクスデータの分析に使用できる検索エンジンであるElasticsearchに送信する方法を示しました。この一連のツールは、Kibanaと組み合わせてデータを分析するためのさまざまなダッシュボードを構成することができます。

　ここで集約されたデータは、組織内で複数のコンテキストや複数の役割によって使用できることに注目してください。プロダクトオーナー、アーキテクト、運用チーム、経営陣は、それぞれの役割にとって最も重要な疑問に答えるために、独自のデータビューを作成することに関心があるかもしれません。重要なのは、このメトリクスデータが技術チームによって独占的に所有されているとみなすべきではないということです。

　このモデルの一環として、このデータをどのくらいの期間保持するかも決定する必要があります。データの保存期間は、ビジネス固有のニーズによって決まります。

12.3　テナントを意識した運用コンソールの構築

　洗練されたSaaS運用モデルの作成には何が必要かについて、ここまでたくさん説明してきました。具体的には、マルチテナント環境の運用状態を継続的に評価するために使用されるメトリクスについて詳しく説明しました。しかし、これらの概念を実践するにはどうすればよいかについてはまだあまり触れていません。次に、マルチテナントソリューション固有のニーズに対応する運用体験をチームが構築できるようにする仕組みを構築し、これらのメトリクスとデータを表示する方法について見ていきたいと思います。

　SaaS運用コンソールの構築についてチームに話すとき、多くのチームが、このギャップを埋めるツールをすでに持っていると思い込んでいます。運用チームがログを確認したり、システムの中核となるメトリクスに関する洞察を得たりできる既製のツールは無数にあります。これらのツールも確実にSaaS環境において価値を発揮しますが、一般的にソリューションに含まれるティアリングというテナントコンテキストの概念を含んでいるわけではありません。このような状況では通常、チームは既存のツールをカスタマイズしたり、独自のコンソールを構築したり、これらの選択肢を組み合わせて真にテナントを意識した運用体験を構築する必要があります。

　この点を明確にするために、SaaS環境の健全性と状態を能動的に管理する責任を負った運用チームの日々の体験を考えてみましょう。まずこのチームでは、全体的な健全性やアクティビティに関する潜在的な問題を特定するための、システム全体の状態を把握する包括的なビューが必要です。テナントやティアに焦点を当てた課題にどのように対応するかを考えるとき、これはより興味深くなります。

　システムの健全性に関する包括的なビューが「グリーン」を示しているシナリオを想像してみてください。表面的には、主要な健全性の指標はすべて、注意が必要なパフォーマンス、拡張性、障害に関する兆候がシステムに発生していないことを示しています。しかし同時に、ある1つのテナントからパフォーマンス上の問題の報告が届きます。さて、この同じテナントは、他のテナントに対してはうまく機能していると思われるプール化されたインフラストラクチャで実行されていると仮定しましょう。この特定のテナントに対して何が問題を引き起こしているのかを突き止めるには、どのようなツールや仕組みを使用する必要があるでしょうか？

　このシナリオや、その他のテナントを意識した運用シナリオを効果的にサポートするには、個々のテナントやティアの観点から運用データを扱えるツールと仕組みが必要です。これらのテナントの状況に応じた運用ビューを実現するためのコンソールで必要なツール体験はいくつもあります。**図12-8**は、運用ツールでこのようなテナントを意識できるようにした方法の例を示す概念図です。

　この例では、図の右側のヒートマップを使用して個々のサービスの状態を示すことによって、マイクロサービスを中心に見た運用体験を提供しています。これらのボックスは健全性の状態に応じて色が変わるようになっており、現在のサービスの状態を反映して緑から黄色、赤まで色を変えるという設計になっています。

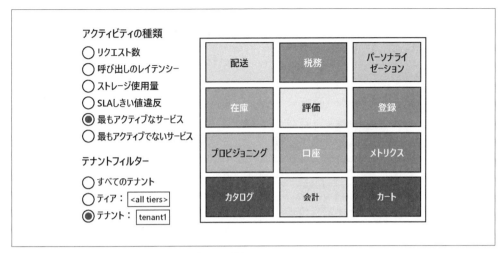

図12-8 運用コンソールへのテナントコンテキストの追加

　左側には、これらのサービスで表示される健全性の範囲を選択するために使用できる、非常にシンプルなトグルセットがあります。左上では、「最もアクティブなサービス」を選択して、最も多くのアクティビティが発生するサービスに絞り込んでいることがわかります。その下には、対象とするテナントの範囲を絞り込むためのさまざまな選択肢があることがわかります。すべてのテナント、特定のティア、または個々のテナントを選択して、評価対象のデータの範囲を変更できます。ここでは、フィルターとしてtenant1を選択し、この特定のテナントの状態を表示しています。ここから、このテナントにとって赤色のサービスを特定し、各サービスを掘り下げて、このテナントがどのように、またなぜ問題を抱えているのかを詳しく調べることができるでしょう。

　これは非常に単純化された例で、テナントとティアの意識を運用体験に組み込むことの重要性を説明するためです。運用データをテナントコンテキストに応じて表示することができないと、テナント固有の問題をすぐに特定することが非常に困難になります。これは特にマルチテナントの運用環境では、複数のテナントに連鎖的に影響を及ぼす可能性のある課題を回避し、これらの問題を迅速に検出して解決できるツールが必要になります。

　テナントを意識したコンソール体験の構築（または設定）を検討していると、運用体験においてテナントコンテキストを第一級のビューとして表示できる領域が数多く見つかるでしょう。図12-9は、マルチテナントの運用ダッシュボードでテナントをどのように表示できるかを示した簡単なサンプルです。

　このビューには、SaaS環境に価値をもたらす可能性のあるマルチテナント運用データの例が3つ含まれています。左上には、システム内で最もアクティブなテナントを表すリストが表示されています。これらのテナントは最も多くの負荷とアクティビティを発生させているため、技術的な問題が発生する可能性も最も高くなります。これを踏まえて、このビューをコンソールの最上位の構成要素として追加しました。これにより、より早急な対応が必要なテナントをすばやく特定できるためです。各テ

ナントの状態を示すステータスがあり、テナントに機能の低下や問題が発生しているかどうかが示されます。このコンソールのより洗練されたバージョンでは、これらのテナントの1つをクリックすると、すぐにテナントの現在のアクティビティとステータスをすばやくコンテキスト別に確認できる詳細なビューに移動できる場合もあります。

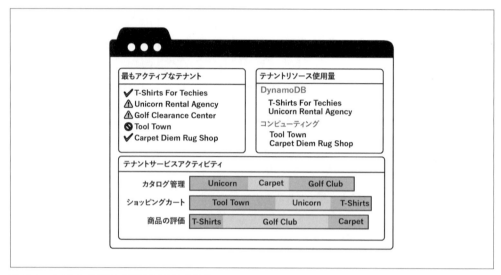

図12-9　テナントを意識した運用上の洞察の発見

　右上には、テナントが個々のインフラストラクチャサービスをどのように使用しているかを示す別のビューがあります。テナントの負荷が、環境を構成する主要なインフラストラクチャサービス間でどのように分散しているかを簡単に確認できるという考え方です。これにより、あるテナントが特定のサービスを過剰に使用しているシナリオを簡単に特定することができます。これは、この特定のインフラストラクチャがどのようにスケーリングするかについて、短期的または長期的な潜在的な問題を明らかにし、特定のサービスの過剰な使用を引き起こしている可能性のあるテナントワークロードと傾向を掘り下げる必要があることを浮き彫りにします。

　最後に、一番下には、ソリューションの中で注目度の高いマイクロサービスのテナントアクティビティを示す図があります。横軸は、特定のテナントによるマイクロサービスの使用量レベルを表しています。これは、テナントがマイクロサービスをどのように使用しているかを評価し、マイクロサービスがテナントまたはティアのSLAを満たすように効果的にスケーリングされていないシナリオを特定するのに役立つ場合があります。

　この議論の中で、運用の話の一部としてティアを含めたことにお気づきかと思います。ティアは単なる請求の要素ではありません。これらには運用における意味があり、私たちの環境は多くの場合、さまざまなティアに異なる体験を提供するように構成されています。つまり、運用体験の一部としては、個々のティアという視点を通してシステムのアクティビティと状態を確認する必要があるかもし

れないということです。たとえば、マイクロサービスの状態とアドバンストティアのアクティビティを観察して、これらのテナントがノイジーネイバー状態の影響を受けないよう、アーキテクチャが効果的に防げているかどうかを確認したい場合があります。

　ここで紹介した例は、可能性のほんの一部にすぎません。目標は、マルチテナント環境固有のニーズをサポートする、テナントを意識した運用ツールを作成する必要性を強調することでした。SaaS環境では、山のようなデータをふるいにかけて運用上の洞察をつなぎ合わせようとしても、うまくいきません。テナントとティアのコンテキストを中心に配置し、テナントを意識した上で運用データを迅速に評価および調査することができるような、入念に作り上げられたビューを提供するダッシュボードと分析ツールが必要です。ここに投資すればするほど、テナントに問題が表面化する前に先回りして課題を特定できる可能性が高くなります。

12.3.1　体験と技術メトリクスの組み合わせ

　SaaS運用コンソールを作成する際に、どのデータをこの体験に含めるか選択する必要があります。マルチテナント環境では、運用体験を豊かにするために使用できるデータは非常に多岐にわたります。問題は、必ずしもテナントアクティビティと直接関連するわけではない、より一般的な技術的なデータをコンソールに組み込むべきかということです。CPU、メモリ、レイテンシーなど、運用コンソールの候補になりそうな一般的なシステムパフォーマンスや使用量に関するデータはたくさんあります。また、場合によっては測定しているであろうビジネスメトリクス（俊敏性、タイムトゥバリューなど）もあります。これらのメトリクスをすべてコンソールに取り込むべきでしょうか？ それとも、他のツールを使用していればそちらに任せるべきでしょうか？

　これらのメトリクスの一部を、環境の比較的広範な運用ビューに選択的に組み込むことには価値があると思います。このデータをコンソールに取り込むことで、ビジネスイベントと技術イベントを自然と相関させることができます。たとえば、新機能の導入によってパフォーマンスの問題が発生し、オンボーディング時間に影響を及ぼす可能性があります。このような幅広いSaaSメトリクスを従来の健全性メトリクスやアクティビティメトリクスと合わせて確認することで、他の方法では検出できないかもしれないパターンを特定することができるようになります。また、これにより、運用チームは健全性の状態を監視するだけではないという考えを強固にすることができます。これらのメトリクスを引き出し、利用できるようにすることで、SaaSの運用上の幅広い考慮事項も分析するように、運用部門の健全性に対する見方を拡張する必要性がさらに強調されます。

12.3.2　テナントを意識したログ

　ログについてはまだ触れていませんでした。ログは運用ツールモデル全体の重要な要素で、テナントとティアのコンテキストを含む情報に簡単にアクセスできるようにしたいと思う、もう1つの領域です。この問題には2つの側面があります。まず、マイクロサービスは、システムが必要なすべてのテナントコンテキストを含むログを生成するようにしなければなりません。これらのログをマルチテナ

312 | 12章　テナントを意識した運用

ントマイクロサービスにどのように導入するかについては、「7章　マルチテナントサービスの構築」で検討しました。

　ログにテナントコンテキストが含まれたら、問題の残りの半分は、これらのログへのアクセスをどのようにサポートするかを考えることです。一部のチームでは、ログビューをコンソールに直接組み込んで、ユーザーがテナントまたはティア固有の条件に基づいてログアクティビティを簡単にフィルタリングおよび表示できるようにしています。また、ログ分析専用の既存の既製ツールに任せているチームもあります。どちらの方法も有効ですが、重要なのは、ツールによってテナントとティアのコンテキストを簡単に適用できるようにすることです。

12.3.3　能動的な戦略の作成

　システム停止を回避するためにできる限りの対策を講じているマルチテナント環境では、チームは多くの場合、自動化とポリシーを活用して問題を検出および解決しようとする能動的な運用戦略の実装に重点を置きます。これは、人間の介入が必要な状況に直ちに注意を向けるアラートという形をとる場合もあれば、パフォーマンスの低下を能動的に検知して、テナントへの影響を最小限に抑えるように環境のスケーリングを積極的に調整するという形で現れる場合もあります。

　これらのポリシーがどこにどのように導入されるかは、環境によって大きく異なります。技術スタックの性質、使用しているデプロイモデル、ソリューションの性質などはすべて、能動的な戦略を構築するためのアプローチに影響を与える可能性があります。

12.3.4　ペルソナ固有のダッシュボード

　メトリクスと運用コンソールに関するこの議論は、運用チームとこのコンソールがメトリクスに対する唯一のビューを提供しているように思えるかもしれません。しかし実際には、ビジネスに関わるさまざまな役割ごとに、このデータには複数の見方があるかもしれません。理想的には、さまざまなコンテキストで利用できるように、このメトリクスデータをすべて共有のウェアハウスに保管し、チームが閲覧できるようにする方が望ましいと思います（図12-10を参照）。

　メトリクスデータの範囲と役割について、私が提案しているメンタルモデルが理解できるかと思います。理想的な世界では、ビジネス全体のさまざまな役割がシステムのメトリクスデータを頼りに、そのデータを使用して、それぞれの専門領域に戦略的価値と洞察をもたらす傾向やパターンを独自の視点から把握できる専用ダッシュボードを開発するのがよいでしょう。これは、SaaS企業におけるさまざまな役割による運用責任の共有を促進する上で大きな役割を果たします。この方向にチームが向かっていくにつれて、ソリューションに新しいメトリクスや洞察を追加したいという需要は高まるでしょう。

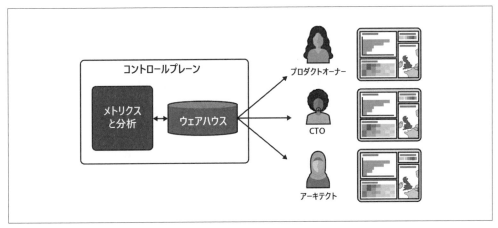

図12-10　さまざまなペルソナ向けのメトリクス

12.4　マルチテナントデプロイの自動化

　マルチテナント環境の設定およびデプロイの自動化は、SaaS運用ストーリー全体の重要な要素です。環境に新しいテナントをオンボーディングし、マルチテナントモデル固有のニーズをサポートする新機能をリリースできるようにする上で、極めて重要な役割を果たすのがこの自動化です。この自動化を実装する方法は、必然的にSaaSビジネスの俊敏性、イノベーション、可用性のプロファイルに大きな影響を及ぼします。

　マルチテナント環境におけるインフラストラクチャ自動化の性質、範囲、役割によっては、SaaSの設定とデプロイモデルの独自の組み合わせをサポートするために、チームが考え方を進化させる必要があることがよくあります。マルチテナントでは、SaaS DevOps体験全体を構成するフローやパターンに合わせて、自動化の一部を分離し、異なる方法で自動化を再構成する必要がある場合があります。

　ここの微妙な違いをよりよく理解するために、マルチテナント環境で必要になる可能性のある自動化の一部を検討してみましょう（**図12-11**を参照）。

　運用ツールがテナント固有のプロビジョニングとデプロイの要件をサポートする必要がある例を示しました。インフラストラクチャのプロビジョニングライフサイクルには、基本的に3つの異なる要素があります。1つ目は、環境の初期設定で、ベースラインインフラストラクチャとプール化されたテナントリソースをプロビジョニングします（ステップ1）。完全にプール化されたモデルで実行している場合、この時点ですべてのテナントインフラストラクチャをプロビジョニングすることができます。

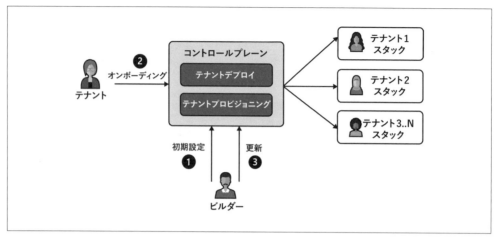

図12-11　マルチテナントの構成およびデプロイの自動化

　環境がセットアップされたら、プロビジョニングサービスは、テナントのオンボーディング時にどのような自動化と構成を適用するかを確認する必要があります（ステップ2）。他の例で見たように、オンボーディングはランタイムプロセスとしてトリガーされ、テナントのパラメーターを受け取り、テナントの設定に基づいてリソースをプロビジョニングおよび構成します。このプロセスの中で、システムは各テナントインフラストラクチャのプロビジョニングと構成に必要な自動化を実行します。

　最後に、DevOpsに関する話が1つあります。テナントごとのインフラストラクチャの存在がアプリケーションの更新のデプロイにどのように影響するかについて、まだ検討する必要があります（ステップ3）。これは、インフラストラクチャのプロビジョニングというよりは、各テナントのリソースに更新のデプロイをマッピングすることができるプロセスを用意することに関するものです。デプロイプロセスによっては、プール化およびサイロ化されたさまざまなテナントインフラストラクチャをすべてカバーするために、複数回サービスをデプロイしなければならないこともあります。

　この点については、サーバーレスSaaSアーキテクチャで少し触れましたが、私はこれをマルチテナント運用における重要な部分として強調したかったのです。ランタイムで動的に追加されるテナントごとのインフラストラクチャというものは、多くのチームにとって新たな悩みの種です。これは、アップタイムと回復力の目標を踏まえると、オンボーディングと更新が環境全体の健全性やパフォーマンスを何らかの形で損なわないように、インフラストラクチャの自動化コードは非常に高い品質と信頼性の基準を満たす必要があることを意味します。

12.4.1　デプロイ範囲の制御

　SaaS環境では、チームが機能をテナントにどのように配信するかを制御する創造的な方法を模索することがよくあります。ここで、機能フラグやカナリアリリースなどの概念が登場してきます。機能フラグを使用すると、あるリリース内で個々の機能を有効または無効化することができます。カナ

リアリリースでは、選択した一部のテナントセットにのみサービスのバージョンを配信できます。

　これらの概念がSaaS環境にもたらす価値は想像できるでしょう。機能フラグを使用すると、たとえば、チームは特定のティアのテナントに対して機能を選択的に有効化することができます。これによって、テナントに対する1回限りのデプロイが不要になり、シングルペインオブグラスを通じてソリューションの管理と運用を継続することができます。

　機能フラグが緊張の種となる組織もあります。一部のチームでは、これを個々のテナント向けに1回限りの機能を作成するための方法とみなすことがあります。これは滑り坂かもしれません。マルチテナントSaaSのより広範な目標を考えると、テナントごとのカスタマイズという概念からは意図的に離れようとなります。もしテナントが100個あって、それぞれが独自のカスタム機能フラグを持つことになってしまった場合、組織の俊敏性と効率性の目標は損なわれるでしょう。機能フラグをSaaSの原則を回避する方法として捉えるという誘惑に駆られることなく、各テナントのカスタマイズを都度サポートせずに済むように、すべてのユーザーが利用可能な単一のシステムを構築する必要があります。どのような結論に至ったにせよ、機能フラグはすべてのテナントが利用可能な汎用的な仕組みとして実装されるようにしなければなりません。これにより、単一のデプロイをすべてのテナントに対して引き続き使用できます。理想的なケースでは、機能フラグをティア単位に割り当てて体験を差別化し、テナントごとの1回限りのフラグはルールではなく例外として扱います。

12.4.2　ターゲットリリース

　SaaS環境で新しいリリースを配信する場合、基本的には1回の操作ですべてのテナントに更新を配信しているかと思います。組織によっては、これは少し怖いかもしれません。何らかの機能を変更したり、システムに新しいフローを追加したりする場合、導入した変更に不満があると、テナントコミュニティ全体を混乱させることになり得ます。リリースに問題がある場合、すべてのテナントが同時にこの問題の影響を受ける可能性があります。これらのシナリオはいずれも、SaaS企業の運用チームにとって厳しい時間となるでしょう。また、テナントコミュニティの信頼とロイヤルティを損なう可能性もあります。

　ここで、チームはターゲットリリースを配信する方法を検討し始めます。このリリースでは、新しいリリースへの反応と影響を測るために、更新を一部のテナントに対してのみリリースします。DevOpsの世界では、これはカナリアリリースによって実現されています。カナリアリリースでは、すべてのテナントに影響を与えることなく、フィードバックを収集したり、システムへの影響を評価したりする方法として、特定のテナントグループを選択してそれらのテナントに対してデプロイを行います。この手法はDevOpsの世界には以前から存在していますが、デプロイの範囲と潜在性がビジネスに非常に大きな影響を与える可能性があるSaaS環境で特に強力な機能となります。

　カナリアリリースのアイデアは、サイロ環境およびプール環境について考えたときにさらに興味深いものになります。テナントが共有インフラストラクチャで稼働しているプール環境にカナリアリリースを行うことは何を意味するでしょうか？これは、カナリアリリースのために並列のプール環境

を構築する必要があるということでしょうか？ あるいは、これがコードと機能だけに関するものであれば、プール内の一部のテナントで新しいコードブランチを実行し、他のテナントは既存のバージョンを実行するということでしょうか？ ご想像の通り、答えはケースバイケースです。どのリリースも性質上、カナリアリリースに異なる要件を課す可能性があり、ここで必要な作業が多すぎたり、複雑すぎたりすると、カナリアリリースの価値が損なわれる可能性があります。また、ここは機能フラグを組み込めるところでもあり、カナリアリリースで特定のテナントに対して特定の機能を有効にすることもできます。

　これに関する可動部分は非常に単純で、一部のチームが採用している典型的なターゲットリリース戦略に準じたものになります。図12-12は、マルチテナント環境でターゲットデプロイがどのように実現できるかを示した概念図です。

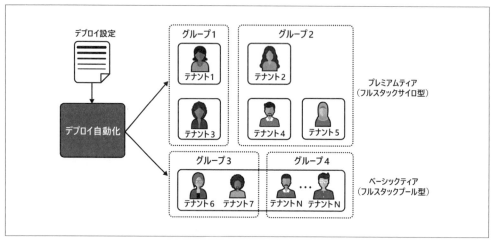

図12-12　マルチテナント環境におけるターゲットデプロイ

　この図の右側には、階層型モデルを持つマルチテナント環境があり、サイロモデルとプールモデルが混在してテナントがデプロイされています。左側には、デプロイ自動化のプレースホルダーがあります。ここには、テナントに更新をデプロイするためのさまざまなDevOpsツールと仕組みを当てはめられるでしょう。この体験の一部である設定もあります。これは、デプロイ戦略の構造を説明し、リリースがテナントにどのように配信されるかの詳細を概説するものです。

　この例では、右側にテナントのグループをいくつか作成しました。このグループは、デプロイ設定で参照されるさまざまなテナントのセットを表しています。グループの分け方は、おそらく特定の運用目標やリリース目標に基づいて選択されているものと推定します。グループ1は、更新を最初に配信する候補として最適な「友好的な」テナントと言えるでしょう。あるいは、プール化されたテナントへの影響を避けるために、最初にグループ2と3に配信することもできます。これは、問題が発覚するとビジネスに大きな影響を及ぼす可能性があるためです。主な考え方として、ビジネスのプロファ

イルとニーズに基づいてリリースをグループ化する戦略を作成するのが良いでしょう。

　私が概説してきたさまざまなターゲットリリース戦略に、このモデルがどのように対応するか想像できるでしょう。これは、更新を一部のテナントに選択的にデプロイするという考え方とうまく適合しています。たとえば、これらのグループ分けをカナリアリリースやウェーブリリース戦略の実装に使用して、変更の配信を段階的に行い、潜在的な運用上の影響範囲を制限することができます。

　重要なポイントは、DevOpsは、顧客のSaaSデプロイモデルのニーズにうまく適合するさまざまなツールや戦略をもたらしてくれるということです。これがどのように適合するか、または適合するかどうかは、テナントの規模とプロファイル、そしてSaaS環境のデプロイモデルによって異なります。

12.5　まとめ

　この章を読んで、SaaSビジネスにおいて運用が果たす幅広い役割をより明確に理解していただけていれば幸いです。SaaS企業は、迅速に行動し、効率を上げるという考えに基づいて構築されています。つまり、頻繁なリリース、ゼロダウンタイム、テナントや市場のニーズの変化に応じてビジネスを成長させたり、方向転換できたりする柔軟性を実現できる、運用上の基盤を構築する必要があります。多くの場合、この基盤が、SaaSデリバリーモデルの可能性を最大限に引き出すサービスを構築する上での中心的な原動力となります。

　この点により焦点を絞るために、本章ではまず、一般的なSaaS運用のマインドセットを確認し、SaaSビジネスにおけるさまざまな役割にまたがる運用文化および運用方法の構築に関連する基本原則に焦点を当てました。ここでの狙いは、運用を単なる技術的なサイロモデルから脱却させることです。SaaSでは、運用は体験のあらゆる側面を考慮し、組織のさまざまな部門間のコラボレーションを促進する必要があります。組織内のほとんどの役割にとって、テナントのサービス体験は興味深いものであるべきです。オンボーディングの効率性、体験するスループット、ティアリング戦略の有効性など、これらはプロダクトオーナーや戦略リーダーなどが関心を持つテナント体験のほんの一例です。

　これらの基本原則を踏まえて、次に私はSaaSのメトリクスに注目しました。ここでの狙いは、マルチテナント環境でデータドリブンであることがいかに重要であるかに注目を集めることでした。一般的に、これらのテナントをまとめて運用および管理する場合、テナントがサービスの可動部分をどのように利用しているかについての豊富な洞察が得られるデータにアクセスできる必要があります。この情報は、運用チームの目下のニーズをサポートできる幅広いデータを提供すると同時に、ビジネスの全体的な戦略的指針を形成するために不可欠な幅広い洞察も提供します。

　次のステップは、これらの概念を実際に稼働するSaaS環境でどのように実現するかを検討することでした。そこで、マルチテナントソリューション固有のニーズをサポートする、テナントを意識した運用コンソールを作成することの意義を調べ始めました。ここでは、運用チームがテナントまたはティアの問題を特定、分析、トラブルシューティングするために必要な機能または能力に、マルチテナントがどのように直接影響を及ぼすかを確認しました。その一環として、カスタマイズしたマルチテナント運用ビューの例もいくつか紹介しました。これらのビューによって、テナントがどのように

システムに負荷をかけているかより直接的な洞察をもたらすテナントの傾向とパターンを明らかにする方法が示されました。全体として、マルチテナント運用の独自の課題には、SaaS環境が必要とする運用体験を構築するために、よりターゲットを絞って、よりテナントを意識したアプローチが必要であるということに焦点を当てました。

最後に、SaaS運用のインフラストラクチャ自動化要素について簡単に説明して、この章を締めくくりました。これは、SaaS環境固有のニーズをサポートする運用モデルを作成する上で、プロビジョニング、構成、およびデプロイが果たす重要な役割を確認することに関するものでした。SaaS環境独自のデプロイ要件とオンボーディング自動化はどちらも、ビジネスとそのテナントの俊敏性、効率性、イノベーションのニーズをサポートできる運用基盤を構築する上で大きな役割を果たします。

SaaSアーキテクトやビルダーと仕事をする際、私が最も懸念しているのは、彼らがこれらの運用機能への投資の優先順位を下げてしまうことです。私は、チームが運用とアプリケーションアーキテクチャ設計を並行して進め、それらをビジネスの成長と繁栄を可能にする1つの組み合わさった成果物とみなす方が望ましいと思います。一般的に、運用ツールやそれに関わる実装への投資を先送りにすると、SaaSビジネスの成功に大きな影響が及ぶ傾向があります。これは、技術戦略やビジネス戦略の策定に不可欠なツールを組織の手から奪うことになります。経験則から言うと、SaaSはメトリクスドリブンの世界です。まずはチームや経営陣が、場合によっては機能よりもメトリクスを優先することにコミットすることから始まります。サービスを構築していると、期待通りのサービス体験を提供できているかどうかを把握するために、運用に関する豊富な洞察が必要になります。

ここでSaaSの運用について取り扱ったことで、アーキテクチャの原則を運用のマインドセットや体験に結び付けることができました。ここまで説明してきた概念は、SaaSデリバリーモデルを採用しているどの段階の顧客にも大体当てはまるでしょう。次に、企業が既存のソリューションをSaaSに移行することの意味について、より具体的に見ていきたいと思います。目標は、ソリューションをマルチテナントモデルに移行するために実装できる戦略とパターンをよりよく理解してもらうことです。次の章ではこれに焦点を当て、SaaSへの移行に関連する技術的およびビジネス的な考慮事項について説明します。これによって、独自の移行戦略を策定する際に検討できるさまざまな選択肢が提供されるはずです。

13章
SaaS移行戦略

　SaaSへの道は、必ずしも真っ白なキャンバスから始まるとは限りません。現実では、組織がすでに持っているソリューションをSaaSデリバリーモデルに移行したいと考えている例は数多くあります。この移行を動機付ける要因はいくつかあります。たとえば、コスト、運用、スケーリングの効率性という課題を克服することのみに注目して、SaaSの採用を考えている企業がいるかもしれません。または、新興SaaSの競合からのプレッシャーを感じている企業もいるでしょう。それから、SaaSのスケールメリットを利用して、ビジネスの成長や新しい市場セグメントへの参入を狙いたいという願望がこれを推進している場合もあります。顧客もまた、ソリューションをSaaSモデルで利用できるように企業に求めるという形で、ここに加わる場合もあります。

　SaaSへの移行の魅力はよく理解されていますが、この移行を行う最善の方法を見つけ出すのは比較的骨が折れることです。すでに顧客を抱え収益を出している既存のサービスがある場合、この移行には当然懸念が伴います。つまり、古いものと新しいものをうまく両立させ、ビジネス全体を混乱させることなく新しい道を開拓する方法を見つける必要があるということです。四半期ごとの収益報告や収益予想に対峙する上場企業の場合、この舵取りは特に難しくなるでしょう。ドメインの性質やテナントのプロファイル、潜在的なコンプライアンス上の考慮事項も、SaaSへの移行を複雑にする制約を課す場合があります。これがまさに、SaaSへの普遍的な1つの道のりが存在しない理由です。SaaSへの移行で重要なのは、ビジネスの現実のバランスを最もよく取る方法を見つけることです。

　この章では、移行パスを選択する際に考慮すべき要因、パターン、戦略について説明します。まず、移行というパズルの一部である動的な特性の全体像をいくつか議論するところから始め、短期的なプレッシャー、市場要因、運用上の課題、コスト効率、チームの能力、その他移行というパズルを構成する他の多くの変数間でバランスを取ろうとするときにチームが直面する緊張について見ていきます。

　これらの戦略的な検討を終えたら、本章は一般的な移行パターンの検討へと移っていきます。ここでの狙いは、さまざまな移行の優先事項やビジネス上の影響に対応できる特定の移行モデルに焦点を当てることです。これらのパターンにより、さまざまな移行の可能性を明らかにし、それぞれの選択肢のメリットを浮き彫りにします。これらは考えられるパターンのほんの一例ですが、トレードオフを正しく理解し、移行ロードマップの指針となる洞察を提供してくれるはずです。これには、全体的

な移行プロセスの一環として、SaaS製品を段階的にモダナイズするためのさまざまなアプローチを提供する戦略が含まれます。

この章の最後の部分では、この移行の道のりのステップをどのように順序付けるかについて詳しく説明します。私には、この道を進むときに最初に下す選択が、マルチテナントモデルの基盤を形成する価値と原則を方向付けるように思えます。ここでは、どの移行パターンを採用するかにかかわらず、アーキテクチャおよび運用上の目標を達成するために不可欠な、基本的なマルチテナント構成の導入をどのように始めればよいかについて見ていきます。これは、組織全体をSaaSのマインドセットにシフトさせていくために不可欠な、SaaS文化の中核を成す価値を確立することでもあります。

移行に万能なモデルはありませんが、これから取り上げる戦略によってさまざまな可能性が広がり、あなたの環境におけるビジネス上および技術上の現実に最も適した移行アプローチを構築できるようになるはずです。

13.1　移行におけるバランスの取り方

多くの組織にとって、移行は技術の観点から捉えたくなるものですが、これは大きな罠だと私は思っています。確かに私たちは移行の技術的なニュアンスに注目しますが、選択する移行戦略には、SaaSへの移行の動機となっているビジネス、市場、運用などのパラメーターの評価が直接的な影響を及ぼしているはずです。期間、市場要因、運用コスト、その他の考慮事項のすべてが、移行のアプローチを直接形作るはずです。

多くの人にとって、これはビジネスと技術の相反する力が競合する古典的なソフトウェアの問題です。図13-1は、移行戦略の選択に伴うバランスを表した概念図です。

この図の左側には、SaaSモデルに私たちを惹きつけるいくつかの要素があります。チームは、自社ソリューションのモダナイズされたマルチテナントバージョンを構築することで得られる俊敏性、コスト効率、運用上のメリット、その他一般的な価値をすぐに実感し始めたいと考えています。チームがこの新しいモデルのあらゆる輝かしい面を追い求め、長年頭を悩ませていた技術的負債を取り除くことに注力したいと思うのは自然なことです。

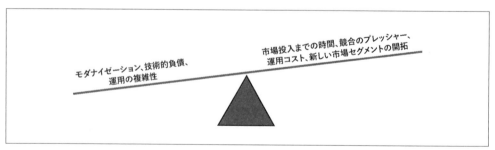

図13-1　移行におけるバランスの取り方

図の右側には、ビジネス上の移行の動機を示しています。ここには、SaaSへの移行を推進するさまざまな種類のプレッシャーが存在するでしょう。自分たちのドメインに新しいSaaS製品が登場し、市場シェアを獲得し始めているかもしれません。運用コストも大きな動機付けの要因となる可能性があります。利益率の低下やビジネスの成長が制限されるようになるほど、新規顧客が増える際の運用上のオーバーヘッドが非常に高くなってしまうソフトウェアビジネスは珍しくありません。新しい市場セグメントに参入することで成長を加速させたいという願望からSaaSへの移行を目指す場合もあるでしょう。これらは、移行戦略を決定する際に評価する必要があるかもしれないビジネス要因のほんの一例にすぎません。

最終的に、優れた移行戦略にはビジネスと技術のトレードオフが混在することになります。実際、移行戦略を選択するプロセスは、組織をSaaSの文化に変革する第一歩で、全体的な移行モデルを定義する上でより協力的な役割を果たすことができるように、製品チーム、運用チーム、技術チームを団結させます。これをうまく行うことにより、技術チームは、技術戦略の面でよりビジネスに焦点を当てたアプローチが必要であることに気づきます。同時に、このプロセスはビジネスの責任者に変革をもたらす可能性が高く、さまざまな技術モデルによって実現できるビジネス上の影響や可能性を知ることとなります。

13.1.1 タイミングに関する考慮事項

これらの競合する力のバランスを取る方法を考える際、変革が長期にわたってどのように展開されるかについて、より総合的に考える必要があります。これをよりよく理解するために、移行の2つの極端なケースを想像してみてください。1つは、できるだけ早くSaaSに移行したい場合、もう1つは、市場に出す前によりモダナイズされたSaaS製品を作成するのにより多くの時間をかける場合です。このどちらの戦略にも、ビジネスとSaaS製品の成功に影響を与える可能性のある明確なメリットとトレードオフがあります。**図13-2**は、これら2つのアプローチが変革全体にどのような影響を与えるかを示しています。

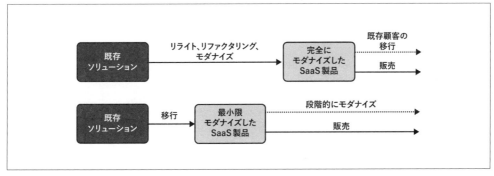

図13-2　移行タイミングのトレードオフ

企業がSaaSへの移行の一環として取ることができる2つのパスを示しました。上にあるのは、SaaSの幅広いメリット（スケールメリット、可用性の向上、俊敏性の向上など）を実現するために、リリースを遅らせ、システムの各部分の書き直しとリファクタリングにより多くの労力を注ぐモデルです。この方法は、ソリューションを完全に書き直すことを前提としているわけではなく、SaaS製品を市場に投入する前にモダナイゼーションの実施により多くの時間と労力をかけるということを意図しています。このアプローチでは、後からではなく先にモダナイズされたバージョンに着手することが重視されています。

下の2つ目のパスでは、チームはモダナイゼーションについては妥協して、ソリューションをできるだけ早く市場に投入する、どちらかというと「いますぐSaaS」のモデルです。これは、SaaSを稼働させるための新しいコードや基本的なマルチテナント機能に投資しないという意味ではありません。そうではなく、最初の配信ではアプリケーションのコードのリファクタリングをできるだけ避けるということです。ここでは、完全にモダナイズされたSaaS製品によって得られる効率性の一部を、市場投入までのスピードと引き換えにしています。

これら2つのアプローチの長所および短所はかなり明確であるはずです。上のモデルでは、リリースされた製品バージョンに対して変更を加えるという余計な負担をかけることなく、モダナイズすることができます。これにより、自由度と機動性が高まり、モダナイゼーションに向けた各ステップを稼働中のソリューションのデプロイされているバージョンにどのように導入するかを慎重に検討する必要がなくなります。2つ目のモデルでは、SaaSに早く移行できますが、その代償としてその後の段階的なモダナイゼーションは比較的時間のかかる、より複雑なものになります。

しかし、これらのトレードオフを比較検討する際に見逃されがちなのは、顧客からのフィードバックの価値です。上のモデルでは、顧客からのフィードバックが得られない期間が長くなります。この期間内に自分たちが行っている選択が顧客のニーズを満たすものであり、市場のニーズはその期間内に大きく変化することはないという前提の元に進めていることになります。これはうまくいく場合もありますが、見過ごされがちな現実的なリスクが確かに伴っています。

また、移行とは技術の移行だけではないことにも注意してください。チームがSaaSへの移行を選択するということは、多くの場合、仕事へのアプローチ方法を根本的に変えることを選択していることになります。サポート、運用、営業、プロダクトマネジメントなど、これらすべての役割は、SaaSデリバリーモデルへの移行に基づいて、何らかの形で再構築される可能性があります。また、対外的なビジネス観も変化し、顧客との関わり方も変わるでしょう。

このようなチームの役割、関わり方、責任に関する変化が組織構造にどのように影響するかは想像できるでしょう。これらの変革に関する考慮事項を、移行モデルに組み込む必要があります。**図13-2**に示されているそれぞれのモデルは、多くの場合異なる変革の道筋を生み出すでしょう。一般的に、チームが「いますぐモダナイズ」のアプローチを取るとき、より広範なビジネス変革は後回しにされる傾向があります。組織の他のメンバーが自分の役割の性質をどのように変革するかを考え始めるのは、本質的にプロセスのずっと後になるまで待つことになるでしょう。これとは対照的に、「いますぐ

SaaS」のモデルはある意味強制的に機能し、組織はプロセスのかなり早い段階で変革のあらゆる側面に取り掛かる必要があります。

これらのモデルはどちらも有効ですが、私がどちらを好むか予想できるかもしれません。一般的な経験則として、私はできるだけ早くSaaSビジネスとして運営することに重点を置いた移行戦略を好みます。フィードバックをより早く得ることと、ビジネス全体をより早く変革することの組み合わせは、最初にモダナイズに焦点を当てるよりも価値があるように思えます。多くの場合、これはチャンスを逃さないことを意味します。ただし、一部では、技術的な負債やその他の制約により段階的なモダナイズ優先の戦略へと傾く場合もあります。

繰り返しになりますが、これは移行の一環としてバランスを取る方法のもう1つの例にすぎません。ビジネスおよび技術上の考慮事項の組み合わせが移行の軌道をどのように形成するかをよりよく理解していただくために、この2つの極端な例を説明しました。現実では、あなたの道筋はこれに連なるどこか別の場所にあるかもしれません。ビジネスのパラメーターによっては、より多くのモダナイゼーションが可能になる場合や、SaaSのより迅速な導入が必要になる場合もあります。重要なのは、これらの選択肢を純粋に技術的なトレードオフとみなすのを避けることです。もし私がアーキテクトで、移行戦略の策定を求められたら、ビジネスや製品に関する多くの質問をして、どの選択肢が組織の幅広いニーズに最も適しているかを会社が判断できるようにします。その一環としてビジネス全体の変革について考え、移行の遅れがフィードバックの取得やSaaSビジネス全体を実行する能力にどのような影響を及ぼすかを検討します。

13.1.2　フィッシュモデルの活用

移行の一環として、この移行がビジネスのコストと収益の推移にどのように影響するかを明確に把握しておく必要があります。これらはいずれも、企業が戦略を持って古くから考慮してきた分野です。SaaSへの移行はビジネスの基盤に大きな影響を及ぼし、主要な経済動向に変化をもたらす可能性があります。SaaSへ変革することの初期投資、新しい収益化戦略への顧客の移行、SaaSのスケールメリットのすべてが、SaaSビジネスの財務動向に影響を与える可能性があります。この経済変化を乗り切った組織の例は数多くあり、従来の長期契約からサブスクリプションやその他の種類のSaaSプライシング戦略への移行に関連する財務動向を浮き彫りにしています。

多くの場合、この移行にかける労力の経済性は課題です。あなたが上場企業の社員で、SaaSに移行しようとしているところを想像してみてください。SaaSデリバリーモデルへの移行中、コストが上昇し、収益が減少する可能性があることを株主にどのように説明しますか？ そのメッセージが好意的には受け入れられることはあまりないでしょう。

トーマス・ラー（Thomas Lah）とJ・B・ウッド（J.B. Wood）が執筆した*Technology-as-a-Service Playbook*（Baker & Taylor）では、こうした移行の経済性により注目した図（**図13-3**）を用いてこの変化を説明しています。

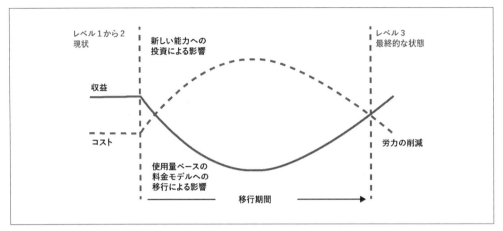

図13-3　移行のフィッシュモデル

　この図は、その形からフィッシュモデルと呼ばれます。収益とコストを並べて表示し、SaaSデリバリーモデルへの変革の全期間にわたって、これらの傾向がどのように変化するかを示しています。魚の上部の破線はコストと相関しています。移行時には、サービスの運用、俊敏性、コスト効率の目標を達成するための新しい構成を構築する責任がチームにあります。一部の場合、この取り組みは、コストの増加につながる可能性があります。これらのコストは、新しい人材やツール、技術などに関連するものです。

　魚の下部の実線は収益に相当します。新しいプライシングと収益化モデルへ移行する中で、ビジネスの収益が落ち込む可能性があります。これは、従量課金制のプライシングモデルやその他のプライシング戦略への移行による副作用であり、短期的には収益の減少を招く可能性があります。これはつまり、一般的に、SaaS製品のサポートに必要なすべての設備を構築すると、オーバーヘッドが増える可能性が高いということです。

　移行を試みている多くの企業にとって、これは当然恐ろしいことです。彼らは通常この魚をできるだけ細くしたいと思っています。良い知らせは、図の右側にあります。俊敏性の高いマルチテナント環境を構築するための効率性と仕組みがすべて実装されると、最終的にはコストが下がる傾向にあることが期待できます。同時に、顧客を新しいプライシングモデルに移行すると、SaaSの効率性と俊敏性を利用してこれらのスケールメリットを活かすことができるようになります。理想的には、新しい顧客や市場セグメントにリーチして、ビジネスの成長を加速させることもできます。

　収益が急上昇し、コストが下がる傾向になるこの分岐点に到達すれば、この変革の真の成果が得られます。これがSaaSモデルが成功するスイートスポットで、組織がSaaSの強みを活用して利ざやを最大化し、効率的にビジネスを成長させることができます。

　というわけで、SaaSへの移行を歩み始めようとしている企業と話をする際、私はこのフィッシュモデルについてよく言及します。すべてのビジネスがフィッシュモデルに適合すると思っているわけではありません。実際、そうでないものもたくさんあります。重要なのは、このモデルを使ってどのよ

うな形になりたいのかを自問することです。これは移行に関する議論全体の枠組みを形成するのに役立ち、変革の取り組み全体のマインドセットにも確かに影響を及ぼします。

13.1.3　技術変革の先に目指すもの

　SaaSへの移行で重要なのは、製品中心の体験から、よりビジネスとサービスに焦点を当てたマインドセットへの転換であることを明らかにしました。ただし、本書で取り扱う範囲では、変革がビジネスの他の部分にどのように影響するかという詳細については掘り下げません。実際、これだけでもそれで一冊の本になるでしょうし、ここでは主にビジネスの要素が技術的アプローチにどのように影響するかを検討するためです。

　それと同時に、移行戦略は、それが組織内の他のあらゆる部門にどのように影響するかを考慮すべきであることも注目に値します。たとえば、営業チームやマーケティングチームは、SaaSモデルによって製品のマーケティングや販売の基本的なやり方がどのように変化するかを必ず検討する必要があります。カスタマーサポートは、一般的にカスタマーサクセスのモデルを採用するような変革を遂げます。これはつまり、顧客の問題への対応から、能動的に顧客と関わり顧客体験を形作るというマインドセットへの変化を意味しています。プライシングと請求も変革プロセスの一部で、SaaSがビジネス全体の収益化モデルにどのように影響するかを検討する必要があります。

　これらは、変革の中でビジネスがどのように変化するかを示す一例にすぎません。重要なポイントは、このビジネスの組織および文化に関わる変革を、移行ストーリー全体に織り込む必要があるということです。ここでは、最初にSaaS製品を構築し、それから組織の他の部門をSaaSモデルにどのように組み込むかを考えるようなことはしません。そうではなく、組織内のこれらの部門は移行のプロセス全体に積極的に参画する必要があります。

13.2　移行パターン

　移行戦略の基本的なパラメーターが決まったら、次に、既存のソリューションをマルチテナントモデルに移行するために使用できる特定のアーキテクチャパターンを検討します。これから検討するパターンは、単独で実行することも、段階的なモダナイゼーション戦略の一部として実行することもできる、さまざまなアプローチとなるはずです。

　それぞれのパターンには、特定の移行ユースケースを対象とした異なる戦略が含まれ、独自の長所と短所を持っています。これらのパターンは、前に説明したさまざまな移行戦略とも相関していることがわかるでしょう。明らかに迅速な移行に適しているものもあれば、モダナイズされたSaaSアーキテクチャへの移行により早くから重点を置いたモデルに適しているものもあります。

　どのパターンも、ソリューションの大半を消して書き直すようなビッグバン移行を推奨するものではないということには注意が必要です。これは移行のマインドセットと一致しないでしょう。また、私が提唱する戦略でもありません。SaaSへの移行には流動的な要素が多数あり、より段階的なアプローチを取ることで、チームはソリューションの一部が実際の環境で稼働するのを見て得たデータに

基づいて戦略を進化させることができます。また、段階的なアプローチでは、環境の運用的な要素とアプリケーション的な要素が並行して現れるのを見ることができるため、戦略がサービスの機能的および運用上のニーズにどのように対応しているかを確認することができます。重要なのは、さまざまなパターンの詳細を掘り下げ、これらのパターンのどの側面が自分たちの移行戦略に最も適しているかを見つけ出すことです。

13.2.1 基礎

個々のパターンの詳細を説明する前に、すべてのパターンに共通する1つの核となる基本的な概念から始めたいと思います。選択した戦略に関係なく、すべての移行にはコントロールプレーンの導入が含まれます。本書で説明したように、コントロールプレーンは、マルチテナントモデルでソリューションの管理と運用を可能にするための一元化された機能をサポートするすべての共有サービスを提供します。

これは移行のシナリオにおいて特に重要です。というのも、コントロールプレーンは、マルチテナントアーキテクチャへの移行の一環として企業が構築しなければならない、まったく新しい独立した領域だからです。このコントロールプレーンにより、環境にテナントの基本的な概念を導入し、シングルペインオブグラスを通じてテナントを管理および運用できる仕組みを提供します。

そのため、プロセスの最初のステップは、SaaS製品の最初の要件をサポートするために必要なコントロールプレーンの機能はどれかを判断することです。移行のマインドセットでは、最初はマルチテナントのベースラインとなるサポートを提供する限られたサービスのみに絞って、最終的にコントロールプレーンで実現したいと思っている詳細なところまではすべて構築しなくても済むようにします。つまり、まずは基礎を固めて、コントロールプレーン体験の骨組みを整えることが重要です。そうすれば、ソリューションの成熟に合わせて、コントロールプレーンも段階的に進化させることができます。これはすべて、移行におけるバランスを取る作業の一部です。原則と主要なプレースホルダーを確立するのに十分な部分だけ構築し、それから進めていくうちに深く掘り下げていけばよいでしょう。**図13-4**は、初期のコントロールプレーンの機能を調査する上で検討したいコントロールプレーンサービスの範囲に関する、おなじみのスナップショットです。

図13-4　初期のコントロールプレーンサービス

図13-4で示されているサービスは、大半がコントロールプレーンに関する広範な議論に含まれてきたものです。これらのサービスを移行という観点から見たときに、初期の軽量版がどのようなものになるかは想像できると思います。オンボーディングのオーケストレーションとテナントの作成に焦点を当てたサービスはとても重要なポイントで、テナントリソースのプロビジョニング、テナントの作成、SaaSアイデンティティモデルの中核となる要素の構築をサポートします。これにより、テナント認証とアプリケーションリクエストへのテナントコンテキストの注入の基礎も築かれます。これらがすべて揃えば、アプリケーションは複数のテナントの導入を処理できるようになります。また、ルーティングやログなどを駆動するテナントコンテキストもサポートされます。

アイデンティティモデルの移行には、もう少し検討が必要な場合があります。レガシーなソリューションを移行しようとしている場合、すでに何らかの形で認証がサポートされていることがよくあります。その際、アイデンティティをコントロールプレーンに移行し、将来的に移行ストーリーの一部を修正することを目指しますか? それとも、現在の環境に新しいモデルへの移行を先延ばしにするような障害や課題が他にもあるでしょうか? タイミング、複雑性、長期的な要件はすべて、これまでの体験に基づくアイデンティティの移行にどのように取り組むかという点において、重要な役割を果たします。ただし、現在のアイデンティティモデルを使い続ける場合でも、テナントコンテキストをサポートするために認証体験をどのように拡張するかを判断する必要があるという点は重要です。

マルチテナント環境の長期的なニーズによっては、他のサービス(メトリクスと分析、テナントを意識したログ、請求)が重要になる場合もあります。ただし、これらの簡略化されたバージョンを導入して構想を確立し、システムやニーズの進化に応じて改善していくこともできます。最初は最低限の用途しかなかったとしても、テナントを意識した運用上の洞察をキャプチャして明らかにすることへの取り組みを確立し始めるための、統合のポイントが示され現れてくるのを見込む方が良いでしょう。

最後に、図の右側には管理者の体験が示されています。これは、コントロールプレーンで公開しようとしているいずれかの管理および構成体験のプレースホルダーとしての役割を果たすはずです。ここでは2つの管理方法を示しました。1つは管理コンソールを通じて実行されるもの、もう1つはAPI呼び出しを通じて提供されるものです。これをどのように実装するかはさほど重要ではなく、運用体験の基盤の一部としてこれを導入することに取り組むという意思が重要です。移行プロセスの最前線で、こうしたいくつかの側面を準備しておくことは不可欠です。これにより、システム管理者の認証体験を実践し、移行時に役立つマルチテナントに関する重要な知見を得ることができるようになります。具体的には、ここでテナントの状態にアクセスし、テナントコンテキストを伴ったログやメトリクスを確認できることは、マルチテナント環境をテストおよび構築しているチームにとって特に役立ちます。

次にこれからパターンを確認していく上で、このコントロールプレーンのプレースホルダーをそれぞれの移行戦略に含めます。このコントロールプレーンは、これから説明するすべてのパターンで概念的には同じものとなっています。

13.2.2 サイロ型リフトアンドシフト

　最初に説明するパターンは、私がサイロ型リフトアンドシフトと名付けたものです。このパターンは、その名前が示すように、既存のワークロードを可能な限りリファクタリングせずにSaaSデリバリーモデルに移行することにのみ焦点を当てています。この方法では、既存のコードをリフトして、マルチテナントモデル（広義でのマルチテナントという意味で使用）でソリューションの運用を開始できる環境にシフトします。**図13-5**は、このモデルの可動部分を表す概念図です。

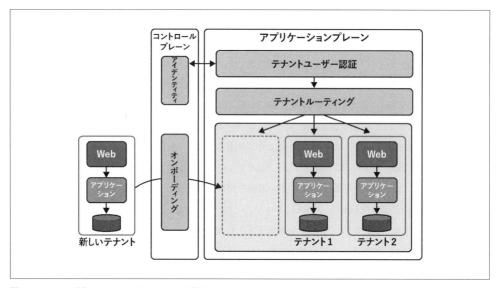

図13-5　サイロ型リフトアンドシフトによる移行

　サイロ型リフトアンドシフトでは、基本的に各テナントが完全に独立したサイロ化されたインフラストラクチャスタックを実行するフルスタックのテナントデプロイモデルを採用しています。つまり、まだマルチテナントではない単一のスタックを用意し、複数のテナントをまとめて管理および運用するためのあらゆる構成要素を備えたマルチテナント環境に配置するということです。

　これがどのように図で表現されているかを見てみましょう。中央にアプリケーションプレーンがあるのがわかるかと思います。ここに、各テナント専用のフルスタックサイロのレガシー環境が配置されます。これはアプリケーションプレーンの下部に描かれており、テナント1とテナント2が環境にデプロイされていることを示すスタックがあります。この議論の目的のために、これらは多層の形を取るアプリケーションとして表現しています。しかし、移行しようとしているレガシーなスタックの形や規模はさまざまでしょう。重要なのは、各テナントスタックが、これらのテナントサイロをアプリケーションプレーンに基本的にプロビジョニング、構成、デプロイする完全に自動化されたオンボーディングプロセスによって作成されるということです。この体験は図の左側に示されています。新しくオンボーディングされるテナントは、コントロールプレーンのオンボーディング機能を使用してこ

のプロセスを自動化しています。

このデプロイ自動化は、SaaS移行の重要な側面です。ある意味では、移行したソリューションがSaaSであることで得られる主な利点のいくつかを実現できるのはこのためです。また、すべてのテナントに統一されたオンボーディング体験を提供することを約束することで、スタックの今後の進化に向けた土台を築くことにもなります。

このサイロ型リフトアンドシフトパターンにおけるすべてのテナントが、同じバージョンのアプリケーションを実行しているということは、あまり目立たないかもしれない重要な注意点の1つです。実際、これはテナントごとにインストールされたレガシーなモデルから完全なマルチテナント環境への移行において、大きな緊張点となる可能性があります。1回限りの変更を拒否し、すべてのテナントで同じバージョンを実行するように求めることが、本書全体で強調されてきた効率性と俊敏性を実現するための基本です。

これらのテナントをフルスタックサイロに移行する際、これらの環境へのテナントのアクセスをどのように管理するかを考える必要があります。これはアプリケーションプレーンの最上部で概念的に表現されています。ここには、どのSaaS環境でもそうであるように認証されたテナントがあります。そして、テナントコンテキストを伴ってリクエストを行うと、このコンテキストを使用してテナントは適切なテナントスタックに振り分けられます。ルーティングは、サブドメインを使用して実装することも、各リクエストに埋め込まれているコンテキストを使用して実装することもできます。

このモデルの良い点は、一部の組織にとって多くの場合、SaaSへの最も速く、かつ最も侵襲性の低い方法であるということです。一度完了すると、SaaSモデルの多くのメリットを実感できるようになります。また、コストと運用効率を向上させるために、環境を段階的に進化させる方法を考えるきっかけにもなります。これはすべて、SaaSビジネスとして機能し運用できている限りにおいて起こることです。

これは比較的影響の少ない移行方法かもしれませんが、現在の環境をこのマルチテナントモデルに参加させるためには変更が必要になることに注意してください。最低限、既存の設計で環境内のコード全体でテナントコンテキストを共有するためのサポートを追加する必要があります。このコンテキストをログやその他の運用上の洞察に追加して、チームがテナントに関する洞察を一元化し、テナントコンテキストを使用して問題をトラブルシューティングするための汎用的なアプローチを提供できるようにする必要があります。

13.2.3 レイヤー型移行

移行の次のバリエーションは、移行プロセス全体にマルチテナント最適化のヒントを導入する方向にシフトし始めます。ここでの主な違いは、移行の中でコードをもう少し詳細に掘り下げて、対象を絞った最適化の導入を選択していることです。これにより、移行中のコストおよび運用の効率化をある程度実現できます。この方法でも、まだ完全なモダナイズを目指しているわけではありません。既存アーキテクチャの中で、レイヤーを共有することでメリットが得られる可能性のある領域の候補を

特定しているだけです。これにより、テナントアクティビティとインフラストラクチャの使用量をより一致させることができます。

レイヤー型移行モデルを使用する方法や使用できるかどうかは、実際には移行元のアーキテクチャに大きく依存します。アーキテクチャパターンによっては、他のモデルよりもレイヤー型モデルがより適している場合があります。図13-6は、古典的な多層アーキテクチャでレイヤー型移行を適用する方法の一例です。

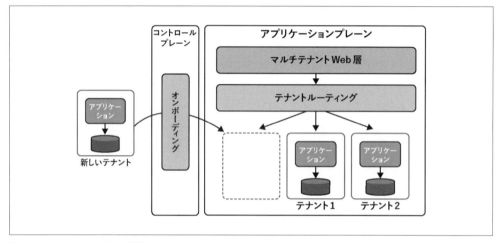

図13-6　Web層のレイヤー型移行

このテーマはおなじみのものに見えるはずです。引き続きコントロールプレーンを作成し、テナントのオンボーディングはすべてコントロールプレーンを介して自動化しています。サイロ型リフトアンドシフトで概説した価値と原則はすべて伴ってきます。依然としてテナントの導入には単一のプロセスを使用し、すべてのテナントが製品の同じバージョンを実行することが期待されています。

異なるのは、アプリケーションスタックのいくつかのレイヤーをサイロに移動したことです。しかし、多層アーキテクチャのWeb層はサイロに含まれておらず、オンボーディングの一部でもないことがわかるかと思います。代わりに、レイヤー型のアプローチを使用して、Web層のレイヤーを共有マルチテナントモデル（図の上部に表示）に移行しました。

ここでは、Web層の実装にはテナントコンテキストへの紐付けがあまり含まれていないことに気づきました。これは主にリクエストを処理し、ビジネスロジックの大部分を占めるアプリケーション層にリダイレクトしているだけです。これを踏まえると、アプリケーションのWeb層はすべてのテナントで共有されるプールモデルに移行できると判断しました。（この例の場合）これが可能だったのは、プールモデルへの移行が大規模なリファクタリングなしで実現できたことです。これが比較的大規模な変更を必要とする場合、そのレイヤーは移行に適した候補ではない可能性があります。

Web層を共有レイヤーに移動することで、テナントの実際の負荷に基づいてスケールできるようになり、企業はマルチテナントワークロード全体で動的にスケーリングするインフラストラクチャの概

念を活用できるようになります。これにより、コストの削減、デプロイの簡素化、ある程度の運用効率の向上が実現できます。アーキテクチャはまだモダナイズされておらず、このレイヤーは依然として重大な障害点となり得ますが、この中間的な最適化を行うには十分なメリットがあるかもしれません。この移行は、オンボーディングをややシンプルにすることにもなります。各テナントがオンボーディングされる際に、Web層を設定する必要はもうありません。

さて、このレイヤー型の道を進んで、スタックのさらに多くのレイヤーを共有モデルに移行することを想像してみてください。図13-7は、スタックの別のレイヤーに移行を拡張する方法の一例です。

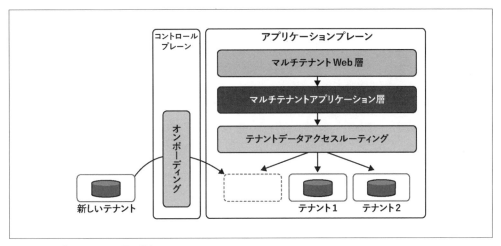

図13-7　アプリケーション層の移行

この例では、アプリケーション層をWeb層と同様にプールモデルに移行しました。これは、基本的にアプリケーションサービスのすべてのビジネスロジックを、テナントの負荷に基づいて動的にスケールする共有インフラストラクチャモデルに移行することになります。これにより、アプリケーション層はWeb層で説明した効率性を活かすことができます。また、課題についても同じものを受け継いでいます。

さて、一部の人にとってこの移行は、Web層を移行するよりもはるかに大掛かりなものになる場合があります。既存のアプリケーション層には、コードがテナントコンテキストにアクセスして各リクエストに適用できるような、マルチテナントモデルに簡単に変換できない依存関係やロジックが存在する可能性があります。つまり、ここには多くの労力が必要で、アーキテクチャのこのレイヤーを移行するのは現実的ではなくなる場合があります。しかし、それが可能で投資と労力が見合う場合、これは移行パスにおけるもう1つの重要なステップとなるでしょう。

これがあなたの環境にうまく適合すると、オンボーディングは各テナントに新しいストレージをプロビジョニングするだけでよくなります。アプリケーション層は、受信した各リクエストのテナントコンテキストを使用して、アプリケーション呼び出しと適切なテナントストレージリソースを結び付けます。

332 | 13章　SaaS 移行戦略

これは明らかにモダナイズされたSaaSアーキテクチャへのパスではありませんが、レイヤー型モデルは一部のSaaSベンダーにとって良い出発点となるでしょう。確かにこのモデルには明らかな弱点がありますが、最終的にはシステムをさらに小さなサービスに分解することで克服できるでしょう。それでも、このアプローチによるスケールメリットは一部のチームにとっては受け入れられるものでしょう（スケーリングポリシーが洗練されている場合）。少なくとも、これは大幅な書き直しを行わずに最初の効率性をいくらか達成できる妥当な妥協案であり、SaaS環境の移行における確かな進化の第一歩となります。

13.2.4　サービスごとの移行

チームによっては、モダナイズされたアーキテクチャへの移行に重点を置いている場合もあります。これらのチームは、コスト効率、俊敏性、イノベーション、そして最高のマルチテナント環境を実現する運用プロファイルを最大化するアーキテクチャへのより直接的かつ最短の道を探しています。チームは、モダナイズされた環境により真っ向から取り組む道を歩むことと引き換えに、もう少し多くの複雑性を吸収できるようになることが期待されます。このアプローチの動機となる要因はいくつもあります。時間はもっとあるとチームが感じている場合もありますし、現在の設計ではより早期な書き直しを必要とする課題に直面しているかもしれません。

ただし、このようなマインドセットを持っていても、システムの完全なモダナイズを目標としているわけではないことには注意する必要があります。どのモダナイゼーションへの道のりでも、1回ですべて書き直すのではなく、その過程の中でソリューションを段階的にモダナイズする方法を見つけるようにチームを導く必要があるはずです。これは、この章の冒頭で（どの移行戦略においても）市場投入までの時間に焦点を当てることの重要性を強調した際の、いくつかの考え方に回帰します。

このモダナイゼーションに焦点を当てたモデルをサポートするために一般的に使用されるパターンは、サービスごとの移行戦略と呼ばれます。このパターンは、アーキテクチャの個々のサービスを段階的にモダナイズし、既存のコードと新しいモダナイズされたマイクロサービスを並べて実行するというアプローチを採用しています。**図13-8**は、このサービスごとのモデルを実践する例を示しています。

この例では、他のパターンで説明したのと同じサイロ化されたスタックを出発点として、多層アプリケーションをSaaS環境に移行します。レイヤー型移行の例で見たようにWeb層を抽出してプールモデルに移行するところはすでに省略して行っているものとします。これは、アプリケーション層により移行の焦点を当てるためです。ここでは、アプリケーション層を1つの共有レイヤーに移行するのではなく、まずアプリケーション層に含まれる特定の機能をモダナイズすることから始めて、これらのサイロ化されたアプリケーション層から段階的に機能を抽出してプール化されたマルチテナントマイクロサービスに移行していきます。

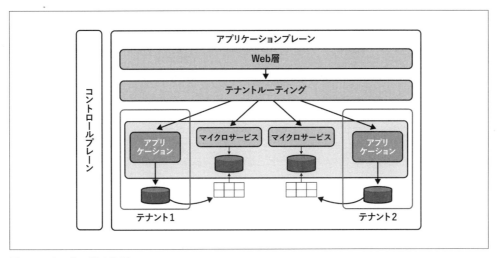

図13-8 サービスごとの移行

　多くの場合、このモデルで最も難しいところは、どのサービスがアプリケーション層から最初に抽出できるかを特定することです。業務を中断させる可能性が最も低いシステム領域や、早急な対応が必要な主にボトルネックとなる領域を選択できるかもしれませんが、ここに絶対的な正解はありません。

　どこから始めたとしても、一般的にチームがアプリケーション層から簡単に削除できる機能を特定するのは非常に難しいことです。アプリケーション層のコードが何年にもわたってどのように進化してきたか、そしてさまざまな機能がどれほど緊密に結合しているかは想像できるでしょう。厳密な境界がなく、ビルダーはアプリケーション層のどの部分にも自由にアクセスできるという利点を活用しているかもしれません。これらの環境には、多くの場合、アプリケーション層のあらゆる部分で共有される単一のモノリシックなデータベースが含まれます。

　これらの要因が、良い出発点を見つけることをいかに困難にしているかがわかるでしょう。これは確かに難しい一方で、移行を軌道に乗せる際に伴う自然な緊張の一部でもあります。一部の人は、アプリケーション層を分解し始めるために、これらの最初のサービスについては妥協することもあります。これにより、理想よりも粗い粒度のサービスから始める必要があるかもしれません。ここでの狙いは、先に進むことができるバランスを探しているということから、まずは基盤を整えるためにサービスを抽出し始める必要があるということです。つまり、目的は勢いをつけることです。アプリケーション層からより多くのサービスを移行し始めると、これはさらに容易になっていきます。そして、これらのサービスが導入できたら、実際のワークロードを使用してシステムをさらに分解するのに最適な場所を見つけることができます。場合によっては、すべてのサービスをより小さな形に分解する必要がない場合もあります。

　最初に構築するこれらのいくつかのサービスは、既存のアプリケーション層と並行して実行される

最上位のマルチテナントマイクロサービスとして実装する必要があります。これは、2つのテナントにアプリケーション層とストレージがデプロイされている図13-8で説明しました。次に、アプリケーション層から抽出してマイクロサービスとしてデプロイした機能を表す、2つのマイクロサービスを中央に示しました。これらのサービスを構築するにあたって重要なことは、テナントのサイロ環境からデータを抽出して、新しいマルチテナントストレージモデルを作成することです。新しいマイクロサービスでは、サービスのニーズに基づいてデータをマルチテナントのプール化されたストレージまたはサイロ化されたストレージに移動することになります。ここで重要なのは、これにより、コンピューティングとストレージをマイクロサービスに移行して、サービスが管理するデータをカプセル化するということです。これにより、マイクロサービスは必要な自律性を獲得し、サービスの契約を通じてデータへのすべてのアクセスを管理することができます。場合によっては、このデータの抽出はコードを抽出する作業よりもさらに難しいものになるでしょう。

マイクロサービスの切り分けに加えて、移行がアプリケーションのテナントルーティング戦略にどのように影響するかも考慮する必要があります。この問題には2つの側面があります。1つは図13-8に示されており、ここではテナントコンテキストとリクエストの性質を使用してリクエストのルーティング方法を決定するルーティングレイヤーがあることがわかります。古いアプリケーション層に直接送られるリクエストもあれば、新しいマイクロサービスに送られるものもあります。ルーティングのもう1つのレイヤーとここで起こっている統合は、少しわかりにくいものです。新しいマイクロサービスを抽出していると、アプリケーション層と新しいマイクロサービス間での直接的な通信を一時的にサポートする必要があることに気づくでしょう。図13-9は、これらの通信の概念図を示しています。

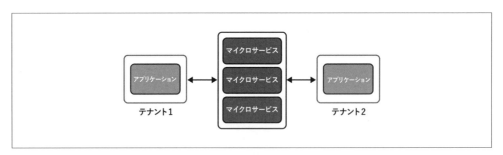

図13-9　アプリケーション層と新しいマイクロサービスの統合

ここに、それぞれ独自のアプリケーション層を持つ2つのテナントがあります。アプリケーション層は、リクエストを処理するために1つ以上の新しいマイクロサービスを呼び出す必要があるかもしれません。または、マイクロサービスがリクエスト処理の一環としてアプリケーション層を呼び出す必要がある場合もあるでしょう。重要なポイントは、こうした依存関係を最小限に抑えたいと思っていても、それは必ず発生するということです。これらのやり取りをサポートするのに必要な労力を抑え、古い依存関係が新しいコードに入り込まないようにすることができれば理想的です。

このモデルの基礎が整った後は、次のマイクロサービスの立ち上げにほとんどの重点が置かれます。

このアプローチの良いところは、モダナイゼーションへの道を切り開き、マルチテナントの現実に後からではなくすぐに取り組み始めなければならなくなることです。また、いったん完了すると、レガシーなアーキテクチャの面影はなくなり、完全にモダナイズされたアーキテクチャの構成だけが残っていることに気づくでしょう。図13-10は、この最終形の概念図を示しています。

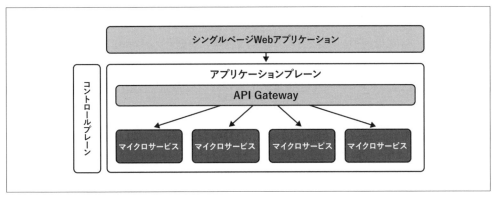

図13-10　完全にモダナイズされた最終形

　アーキテクチャからアプリケーション層を完全に削除したことがわかるかと思います。残っているのは、うまく移行できたマルチテナントマイクロサービスだけです。また、次のステップとして、Web層を削除してクライアントをアプリケーションプレーンの外部でホストされるシングルページWebアプリケーションに移行するという自然な流れも想定しています。これは多くの人にとって大きなステップとなるでしょうが、モダンなWebアプリケーションパターンを活用してアプリケーションプレーンの構成を簡素化する自然な進化と言えるでしょう。

　全体的に見て、この戦略によってモダナイゼーションへの直接的な道を歩むことができると同時に、段階的にこの動きを進めることができることがわかります。このモデルは、プロセスの早い段階でマルチテナントアーキテクチャに関する重要な考慮事項に対処することに重点を置いており、既存の設計に加えて次世代のアーキテクチャを導入する準備を整えます。

13.2.4.1　新しいマイクロサービスで妥協をしないこと

　移行時に導入する新しいマイクロサービスは、完全にモダナイズされたサービスとして構築するべきです。これらのサービスでは、モダナイゼーションの目標を損なうような妥協をすべきではありません。これは高い基準のように思えるかもしれませんが、よりモダナイゼーションに焦点を当てた道を進むことで得られる見返りを得るためには不可欠です。

　では、これは何を意味するのでしょうか？　さて、私がお勧めするのは、これらのマイクロサービスをあたかも新しい環境向けに作成されるもののように構築することです。私は、環境における長期的な効率性、拡張性、俊敏性の目標を実現するためのベストプラクティス、戦略、パターンを使用して、これらのマイクロサービスを設計、実装、デプロイします。レガシー環境と並行して実行するために

若干の一時的なバリエーションをサポートする必要がある領域もありますが、それらのトレードオフが設計に深く入り込まないようにする必要があります。

これは特に最初のいくつかのマイクロサービスにとって重要です。これらの初期のサービスは、その後作成する次のサービス群の設計図となるため、多くのことを要求する必要があります。他のマイクロサービスでも使用できる基本的なライブラリを確立することも検討すべきです。トークンの管理やテナントを意識したログ、請求、メトリクスなどの共有機能と統合が、どのように再利用可能な仕組みに変えられるかを検討する必要があります（「**7章　マルチテナントサービスの構築**」で説明した通り）。

結局のところ、モダナイゼーションの目標を達成するために新しいマイクロサービスに戻ってリファクタリングをやり直すことは望ましくありません。

13.2.4.2　レガシーコードとコントロールプレーンの統合

このサービスごとの統合モデルでは、新しいコードと古いコードが並行して実行されることになります。新しいコードはマルチテナントを完全にサポートしています。つまり、テナントを意識したログの出力、請求との統合、メトリクスの送信などが行われます。これらの新しいサービスは、コントロールプレーンの横断的な機能に大きく依存しています。

これらの新しいサービスはこのようなマルチテナント機能を使用して構築されていますが、移行中のシステムの一部の機能にすぎません。つまり、コントロールプレーンが取得できるデータと運用の可視性は、システム全体のサブセットに対してのみです。アプリケーション層のレガシーな部分はコントロールプレーンを認識しておらず、構築された時点ではテナントという概念も持っていませんでした。これはつまり、移行中にチームはアーキテクチャのこれらの2つの異なる要素から得られる運用ビューを構築する必要があるということです。これは運用チームに追加の大きな負担をかけることになり、システムの状態を監視することが一般的に難しくなります。

これにより、チームは既存のアプリケーション層のコードに新しいコントロールプレーンとの統合を作成することに投資するようになるかもしれません。このコードは最終的には削除されることがわかっていながらです。ここでは、投資と短期的価値の妥当なバランスを見つける必要があります。確かに、既存のアプリケーション層のコードに追加の計装を行う必要はあるでしょう。ただし、これを機能させるのに十分な運用データだけをコントロールプレーンに表示し、莫大な投資とならないようにするのが理想的です。どこであれば大きな投資をすることなくこの計装を追加できるかは、使用している技術スタックに大きく依存します。

13.2.5　パターンの比較

これまでに説明した移行パターンには、それぞれ明確な長所と短所があります。これらの各パターンに伴うビジネス上および技術上の要因を強調しようと努めてきました。しかし、これらのパターンの長所と短所を大まかにまとめて、それぞれのアプローチに関連するトレードオフをより明確にしたいと思います（**図13-11**）。

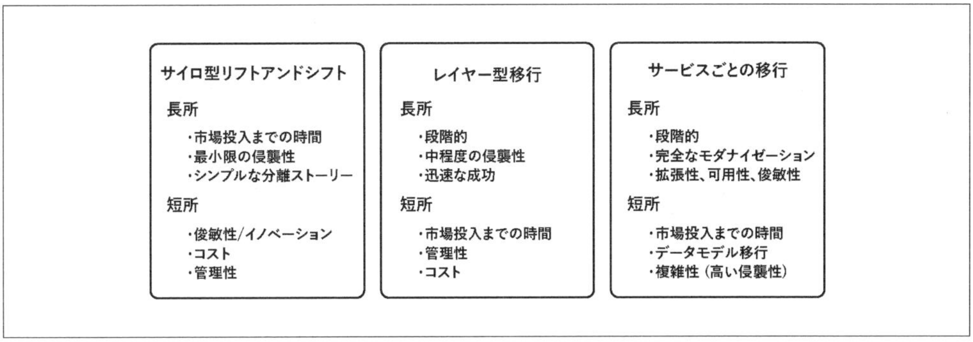

13.2 移行パターン | **337**

図13-11 移行パターンの長所と短所

サイロ型リフトアンドシフトモデルの強みは、明らかにそのスピードとシンプルさです。このパターンは侵襲性が低いため、アプリケーションコードを深掘りすることなく比較的簡単にシステムを立ち上げることができます。もちろん、これには運用の複雑性、俊敏性、効率性、コストという代償が伴います。また、リソースを共有することでSaaS環境がもたらすスケールメリットの一部を実現する能力が制限されます。それでも、目指している最終形が完全にサイロモデルであれば、これはそれほど重要ではないかもしれません。

レイヤー型モデルには多少の妥協点があります。これは、大幅なリファクタリングや書き直しに大きく依存することなく、目標とする効率性をある程度実現できるようにするものです。その利点は、中程度の侵襲性で、早くから成功への道を歩むことができる点です。当然、リファクタリングへの投資はいずれも市場投入までの時間を遅らせることになります。また、ある程度の効率性は得られますが、いくらか制約もあるでしょう。このモデルでは、依然としてコストの問題と管理上の課題に直面することになります。これらのレイヤーをプール化することが、環境の単一障害点となることが多くなる場合もあります。

最後に、サービスごとの（ストラングラー）パターンでは、モダナイゼーションをより早く達成することに重点が置かれています。これはまだ段階的なモデルですが、新しいマイクロサービスへの移行に伴う労力と投資は、やや侵襲的です。これは市場投入までの時間に影響を及ぼし、移行プロセス全体にさらなる複雑性のレイヤーを追加します。幸いなことに、これはまだ段階的なモデルであるため、基礎が整ってから環境をゆっくりと完全にモダナイズされた体験に移行することができるはずです。

13.2.6 段階的なアプローチ

前節で概説したパターンは、相互に排他的であるとみなすことを意図したものではなく、移行のあらゆる種類を網羅したものでもありません。また、これらのパターンは、あるパターンから次のパターンに移行する段階的なアプローチの一部として一緒に適用される可能性があることにも注意してください。**図13-12**は、これらのパターンを段階的なアプローチでどのように組み合わせることができるかを示しています。

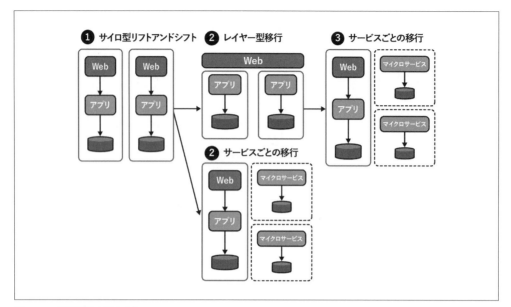

図13-12　移行戦略の組み合わせ

　この例では、企業はSaaSソリューションをできるだけ早く市場に投入したいという明確なニーズを持って移行の取り組みを開始しました。このことから、環境を立ち上げるのにかかる労力が最小限で済むサイロ型リフトアンドシフトパターンを採用しました（ステップ1）。

　一度この新しいモデルでビジネスが運営され、SaaSデリバリーモデルで顧客に製品を販売するようになると、ソリューションのコストと運用効率を向上させたいと考えるようになりました。ここでは、これまでに説明したパターンの中で、モダナイゼーションの最初のステップとしてレイヤー型モデルを検討することも、完全なモダナイゼーションへの道筋により直接進むためにサービスごとの移行を検討することもできます（どちらの選択肢もステップ2に示されています）。

　さて、企業がレイヤー型のアプローチでモダナイゼーションを開始することを選択した場合、モダナイゼーションプロセスの第一歩として、マルチテナントによるメリットがすぐに得られる可能性があります。その後、サービスごとの移行に切り替えて、環境の完全なモダナイゼーションに着手することも検討できます（ステップ3）。

　重要なのは、移行プロセスを静的な1回限りの移行とみなさないことです。これらの戦略はすべて、モダナイズされたSaaS製品に向けて段階的なステップを踏むことを目的としており、その道筋には複数の段階がある場合があります。ニーズに合った最適な計画を策定するのに役立つ、ビジネス上および技術上の考慮事項の組み合わせを見つけるのは、あなたの役目です。また、すべての移行のゴールが完全にモダナイズされた体験とは限らないということにも注意してください。目標とするモダナイゼーションのレベルは、ビジネスのパラメーターによって異なる場合があります。テナントのデプロイモデルも、進むべき道に影響を与える可能性があります。たとえば、テナントがサイロ化された

インフラストラクチャを必要とする場合は、サイロ型リフトアンドシフトで十分かもしれません。モダナイゼーションは常に良い目標ですが、目指す地点はSaaSビジネスごとに微妙に異なる場合があります。

13.3　どこから始めるかが重要

　いくつかのパターンを説明しましたが、この移行がどのように展開するかについてはまだあまり触れていません。道筋と戦略を決めた後でも、移行のステップをどのように順序付けるかについてはまだ選択肢があります。私個人は、テナントの概念の導入と全体的な運用体験の要素を確立することに明確な焦点を当てた移行戦略を贔屓しています。チームには、テナントが環境にどのように導入されるか、どのように認証されるか、そしてシステムに導入された後これらのテナントをどのように管理および運用するかということについての検討に注力してほしいと思っています。

　私にとって、これは常にコントロールプレーンの作成から始まります。だからといって、コントロールプレーンのすべての要素を構築するわけではありません。重要なのは、最初からマルチテナントモデルでシステムを稼働させるために必要な基本的な機能のサポートを組み込むことです。これにより、最初はマルチテナントが中心となり、移行プロセスの残りのすべてのステップに連鎖的な効果をもたらします。図13-13は、このアプローチの一例です。

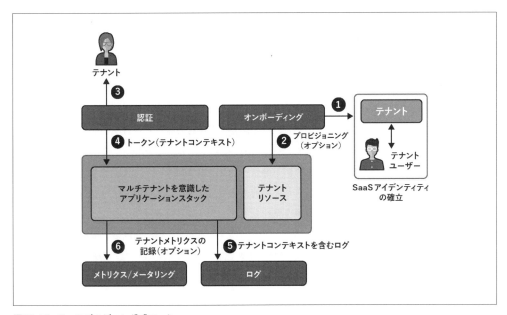

図13-13　SaaSビルディングブロック

　図13-13は、これらのマルチテナントの中心的な原則が、移行の初期段階からアーキテクチャにどのように組み込めるかについての洞察を提供します。まず、右上にSaaSアイデンティティを確立す

るという考えが示されています。新しい環境では、まずテナントのソリューションへのオンボーディング、テナントの作成、テナントユーザーの作成、ユーザーのテナントへの紐付けを行うための明確な方法をサポートするところから始める必要があります（ステップ1）。これらはすべて、本書全体で詳しく説明してきたコントロールプレーンの基本的な概念です。移行の初期段階では多くのことができない場合もあるかもしれませんが、それでもオンボーディング体験を構築することにできる限り取り組む必要があります。

　これまで紹介したオンボーディングのもう1つのポイントは、新しいテナントがオンボーディングするたびにインフラストラクチャをプロビジョニングして設定するという考え方に関するものです（ステップ2）。環境によってはテナントごとのリソースプロビジョニングが不要な場合があるため、これは任意のオプションとして描いています。しかし、テナントごとのプロビジョニングが必要なソリューションでは、最初からこのプロセスを整備することに注力するべきです。そうすることで、移行が形になってくるにつれて作動するプロセスと仕組みの明確な基盤を築くことができます。目標は、常にプロビジョニングをオンボーディングに組み込むことで、テナント環境をプロビジョニングする1回限りのランブックやスクリプトを用意しないようにすることです。

　図の左上には、テナント認証（ステップ3）があります。これは、移行を始める前に取り組む必要のある基本的な要素でもあります。これは、これまで説明してきたオンボーディング作業にも関係しています。つまり、ユーザーを認証してSaaSアイデンティティを構成し、それをアプリケーションプレーンに渡すことができるためです。これを早期に導入する場合、チームは、テナントコンテキストがバックエンドサービスとアプリケーションプレーンのアーキテクチャに流れ込むときに、どのようにテナントコンテキストを処理および適用するかを検討する必要があります（ステップ4）。

　最後に、図の中心にあるのは、このマルチテナントモデルに移行するサービスです。その中には、レガシーなサービスもあれば、新しいモダンなマルチテナントサービスもあります（どの移行パターンに従っているかによって異なります）。いずれにせよ、これらのサービスはテナントコンテキストを受け取り、このコンテキストを使用してデータや洞察をコントロールプレーンに提供します。最初はデータが最小限かもしれませんが、このエンドツーエンドの体験を確立して、より包括的なコントロールプレーンとのやり取りの基盤を築きたい場合もあります。ここでは、アプリケーションサービスにテナントコンテキストを適用する簡単な例を示しました。まず、テナントコンテキストとともに送信されているログの様子が描かれているのがわかります（ステップ5）。これは、環境が最初からテナントコンテキストを伴ったシステムアクティビティを表示できるようにするための重要な鍵となります。さらに重要なのは、チームはサービスレベルでこのテナントコンテキストに触れることができるため、システムの各要素を実装または移行する際に、よりマルチテナントのマインドセットで検討する必要性が強調されることです。

　もう1つの例では、テナントコンテキストを使用してメトリクスと分析データを送信することに焦点を当てています（ステップ6）。これは、ビジネスおよびテナントの健全性とアクティビティに関する運用上の洞察を提供するデータです。このステップも任意のオプションとして描いています。ただし、

チームがコントロールプレーンと統合し、（たとえ最小限であっても）何らかのデータを送信している
のを見ると、技術的およびビジネス上の価値を持つメトリクスを明らかにすることに投資することの
価値と重要性がわかると思うので、ここに含めることにしました。

　私が強調しているのは、アプリケーションではなく、環境がマルチテナント製品として機能できる
ようにする構成に関するシステムの部分を優先すべきということをご理解いただけていれば幸いです。
このような仕組みがただ存在するだけで、ソリューションの移行の早い段階で浮き彫りにする必要が
ある疑問点が明らかにされていくでしょう。これにより、テナント、テナントログ、メトリクス、そ
の他の主要なマルチテナントの概念は、アプリケーションが起動して実行された後に追加するものと
チームがみなすのを防ぐことができます。これらの中心的な概念の導入が遅れると、移行全体に被害
が及び、テナントのサポートを追加するためにシステムの一部を元に戻したり、作り直したりするこ
とになります。

　自動化もこの移行ストーリーの重要な要素です。テナントのライフサイクルについて最初から考慮
し、あなた（および品質保証チーム）がテナントの作成、検証、認証を行うために必要な手順を試せ
る仕組みを導入して実行する必要があります。SaaSのマインドセットへと移行するために重要なのは、
初めから効率性と再現性に重点を置くことです。

13.4　まとめ

　SaaSのその魅力から、多くの組織が自社製品をマルチテナントモデルに移行するための戦略を模
索しています。このような移行の必要性を促進する要因は共通していることが多いですが、SaaSへ
の移行を実現するための単一の汎用的なプレイブックが存在しないことは明白です。この章の目的は、
移行戦略を形作る可能性のあるさまざまな変数に注目し、これを実践する上でよく見られるビジネス
上および技術上の考慮事項の概要を説明することでした。

　この章は、移行のビジネス面に焦点を当てることから始めました。SaaSへの移行の道筋や優先事
項に大きな影響を与える可能性のあるビジネスパラメーターは、さまざま存在します。市場投入まで
の時間、競合のプレッシャー、運用上の課題、コストに関する懸念、これらはすべて、移行に関する
ビジネス上の話の一部です。アーキテクトやビルダーとして、このビジネス上の議論に耳を傾け、行
き着いた戦略が技術的な移行戦略をどのように推進するかを把握するのは、あなたの仕事です。重要
なポイントは、SaaSへの移行はビジネスのあらゆる分野に関わる総合的な変革であるということでし
た。製品のマーケティング、販売、運用、サポートを行うチームは、それぞれの役割を再考および進
化させ、SaaSデリバリーモデルの中核を成す価値に合わせたアプローチを適用する必要があります。

　これらの基本的な概念と動機を確認した後に、私は移行の技術的な側面をさらに掘り下げ始めまし
た。ここでの目標は、移行に対してやや異なるアプローチを取る一連の移行パターンを概説すること
でした。純粋にスピードのみを重視したパターンもあれば、スピードとモダナイゼーションを組み合
わせたパターンもありました。優先事項や戦略が少し異なるさまざまな可能性に触れることができた
はずです。場合によっては、あなたの移行がこれらのパターンのいずれかにぴったり適合することも

あります。しかし、これらのパターンを組み合わせることで、製品のビジネスおよび技術のニーズの
バランスを取った移行モデルを実装できる場合があります。移行元のスタックの状態が、選択する戦
略に大きな影響を与える場合もあります。パフォーマンス、拡張性、または運用上の課題に直面して
いて、システムの一部をモダナイズすることに重点が置かれている可能性があります。あるいは、シ
ステムや目標とする状態がリフトアンドシフトのようなものを指向しており、すぐにモダナイズする
必要があまりない場合もあります。可能性は無限大です。それでも、私たちが見てきたさまざまなパ
ターンで取り上げられているテーマは、この多様な選択肢を網羅するのに十分な役割を果たしていま
す。

　最後に、移行をどのように始めるべきかを確認してこの章を締めくくりました。移行の初期に行う
選択は、移行の成功を大きく左右する可能性があります。SaaSアイデンティティ、認証、テナント
コンテキスト、テナントを意識した運用などの中心的な概念を前もって取り入れることで、チームは
アーキテクチャのすべてのレイヤーに連鎖する基本的なマルチテナントの課題に取り組まざるを得な
くなります。これは多くの点で、マルチテナントモデルの構築、デプロイ、運用の影響を、SaaS環境
のすべての可動部分で考慮しなければならなくなる強制的な機能として作用します。これにより、最
初は移行が遅くなるように思えるかもしれませんが、環境が成熟し始めるにつれ、投資に対する大き
な効果が得られます。

　私は、チームが移行の道のりを進む中で、こうしたマルチテナントの中心的な概念の採用を先延ば
しにするのを見てきました。彼らは、コントロールプレーンが提供する横断的なマルチテナントの概
念をまったくサポートしない、最初の顧客をターゲットとするシステムを構築するつもりです。新し
いテナントが導入されたら、それからマルチテナントのサポートを追加しようとしています。必然的
にこれは、単一の顧客バージョンでは現れなかった課題を浮き彫りにします。そして、最初からマル
チテナントをサポートするように構築されていない環境にマルチテナント機能を組み込むという骨の
折れる道が拓かれます。

　全体として、ここで取り上げたさまざまな概念が、移行戦略を成功に導くためのあらゆる要素に
ついて考えるきっかけとなる、より広範なメンタルモデルを示すことができていれば幸いです。また、
移行を技術中心の戦略とみなすという考え方は誤りであることも明らかなはずです。新しいサービス
の構築とソリューションの変革は、そのビジネスのas-a-Serviceの目標を達成するためです。

　次の章では、少し話を変えて、ティアリングと請求がどのようにソリューションのアーキテクチャ
を形成するのかを見ていきます。ティアリングについては本書全体を通して触れてきましたが、ティ
アリングと請求がマルチテナントアーキテクチャにどのように直接影響するかという微妙な違いにつ
いては実際あまり詳しく説明していません。これらの概念をより包括的に把握し、環境の効率性と俊
敏性を損なうことなく階層型の体験をサポートするために一般的に使用できる戦略に焦点を当てるこ
とが、鍵となるでしょう。これにより、マルチテナントアーキテクチャにティアリングと請求を組み
込む必要があるさまざまな分野をより明確に把握することができます。

14章
ティアリング戦略

　アーキテクトやビルダーに対して、ティアリングや請求などの概念について説明しても、あまり熱心な反応を得ることはできないかもしれません。技術の天才たちにとって、製品のプライシングや販売方法に関連することはすべて自分たちの専門外であるとみなされることがよくあります。これは自然な反応です。技術チームは多くの場合、システムがどのように設計されるかとその製品をどのように顧客へ提供するかの間に厳格な境界線を引くことに慣れています。

　ビジネスドメインと技術ドメインの境界線が絶えず曖昧になっているSaaS環境では、技術チームは通常、サービスのペルソナ、パッケージング、ティアリング、プライシングが、基盤となるアーキテクチャによってもたらされる拡張性、パフォーマンス、体験をどのように形作るかを理解することに強い関心を持っています。実際、さまざまな顧客ペルソナに合わせてさまざまな体験を構築することはマルチテナント戦略の一部です。これにより、新しいセグメントへのビジネス展開が可能になり、ビジネスの成長を促進する柔軟性が得られます。最終的な目標は、私が「階層型」体験と呼んでいるものを構築することです。この体験は、さまざまな価格帯でさまざまなレベルの価値を提供するように、明確にソリューションをさまざまな体験に分離することを試みるものです。

　このティアリングの概念が、ソリューションに適用されるマルチテナント戦略に具体的にどのようにマッピングできるかは想像できるでしょう。デプロイ、スループット、分離、ノイジーネイバー、これらの本書全体を通して取り上げてきたトピックはすべて、さまざまな階層型の体験を実現するために使用できる調整ポイントと言えるでしょう。アーキテクトとしてSaaSビジネスに付加価値をもたらすことができるのはまさにここです。SaaSアーキテクトは、アーキテクチャのさまざまな技術戦略や境界について独自の洞察を持っており、それらを組み合わせてSaaS体験を階層化することができます。実際、どのティアリングモデルがチームのニーズを最もよくサポートするかをチームが理解できるようにするには、あなたが最適な立場にいるかもしれません。これには、さまざまな戦略に関連するトレードオフの比較や検討の支援も含まれます。

　また、これらのティアリングモデルが製品のインフラストラクチャコストと利益にどのような影響を与える可能性があるかを理解するために、ビジネス部門はあなたを頼りにするでしょう。ティアリングは利益を最大化する上で重要な役割を果たします。この成長に伴うコストや運用上の影響を心配

することなくビジネスを拡大することができるためです。ティアリングは、運用およびインフラストラクチャコストとテナントの負荷を一致させるために使用されるツールの1つであるため、より広範なスケールメリットの話につながるものとみなされます。

この章では、ティアリングがアーキテクチャに影響する一般的な領域に焦点を当てます。まずは、テナント体験を形成し、差別化するさまざまなティアリングのパターンをいくつか見ていきます。ティアリングの一般的なカテゴリーをいくつか特定し、ティアリングの種類ごとの普遍的な目標や価値、意図について概説します。これらの概念が整理できたら、これらの戦略をどのように実装するかの検討に話を変えて、アーキテクチャのさまざまなレイヤーや技術を横断してティアリングを実現する際に生じる微妙な違いについての洞察を提供します。最後に、この章の締めくくりとして、ティアリングが環境の運用上の要件に与える影響を見ていきます。

全体として、この章を読むと、ソリューションにティアリングをどのように、どこで、いつ適用できるかを考える際に検討する必要のある選択肢についてよく理解できるはずです。また、ティアリングがもたらす価値についてより多くの洞察が得られることで、企業はSaaSソリューションの新しいパッケージング、プライシング、提供方法を手に入れるはずです。

14.1　ティアリングパターン

ソリューションにティアリングを適用する方法を説明する前に、レベルを上げて、マルチテナント環境にティアリングを導入するために使用されるいくつかの一般的な手法を確認しておきましょう。まず、これらのティアリングモデルをいくつか特定して分類し、さまざまなティアリング戦略の採用の背景にある異なる動機に焦点を当てることから始めるのが有益だと思いました。目標は、企業とテナントにとって真に価値がある境界がどこにあるか、製品の転換点を見つけることです。これらの転換点は、パフォーマンス、コスト、機能、分離性、その他サービスの重要な部分につながっているかもしれません。

（チームとしての）あなたの仕事の大部分は、これらの転換点を特定し、これらの要素のどの組み合わせがドメインのビジネス上および技術上の現実に最も適しているかを判断することです。価格帯を変えるためだけにティアを導入するのは十分ではありません。ティアリングモデルは、企業とそのテナントにとって意味のある境界を定義するものでなければなりません。そこで、これから取り上げるパターンの出番です。私が概説している領域は、チームが境界線を見つけることができる典型的な領域の一部です。ドメインの性質により直接的に関係するティアリング戦略が存在するかもしれないことも重要です。たとえば、ビデオエンコーディングを行うSaaS製品の場合、そのドメインの顧客によく理解されているドメイン固有のモデルに重点を置いたティアがあるかもしれません。

この章ではティアリング戦略に焦点を当てていますが、ティアリングはすべてのSaaSソリューションにあまねく適しているわけではないということに注意してください。ソリューションのドメイン、プライシング、その他の属性が階層型モデルで顧客に提供されない環境も確かにあります。同時に、チームはティアリングの価値や重要性、ビジネスおよび技術戦略の形成において、ティアリングが果たす役割を見落としがちであることにも注意してください。また、場合によっては、ここで説明した戦略が、SaaS環境の運用プロファイルと可用性プロファイルを制御および最適化するためだけに使用される内部専用の仕組みとして採用されることもあります。

以降の節では、さまざまなティアリングパターンを使用してソリューションのティアリングモデルを定義する方法について見ていきます。

14.1.1 使用量重視のティアリング

この時点で、SaaSの価値提案の大部分が、テナントアクティビティとリソース使用量の調整に重点を置いていることは明らかなはずです。これはマルチテナントアーキテクチャの一般的な効率性に関する目標ですが、これは階層型の使用量モデルをどのように導入するかを検討する上でも、うってつけの場所です。図14-1のグラフは、ティアリングがテナントペルソナの使用量体験をどのように形成するかを示しています。

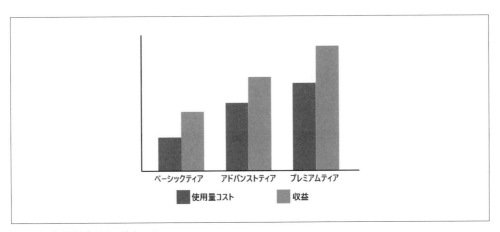

図14-1 使用量を収益と一致させる

この図には、3つのティアの使用量と収益の棒グラフが描かれていることがわかるかと思います。このグラフの目的は、各ティアで生み出される収益と、そのティアのテナントに関連するコストの関係を描き出すことです。ティアリング戦略が正しく構成されていれば、このグラフに示されているものと似たようなパターンが現れてくるはずです。私たちは、テナントによって課されるコストが平均してそれらのテナントが生み出す収益を超えないという結果を目指しています。

この例では、使用量のティアリングポリシーを使用して、各ティアの使用量を制御または制限する制約を課していると想定されます。たとえば、月額50ドルを支払うベーシックティアのテナントは、月額5,000ドルを支払うプラチナティアのテナントと同じ量のリソースを使用できないようにするべき

です。これもやはり、さまざまなテナントペルソナに対応できるティアリングモデルを構築することの一環で、これらの価格帯と価値の境界を利用することで利益を損なうことなくビジネスを成長させることができます。

収益を超えるリソースの使用を意図的にテナントに許可するシナリオもあります。たとえば、フリーティアが存在する場合、このティアは最終的に有料顧客に変わるソリューションへの摩擦が少ない導入経路となることが多いでしょう。この場合は、使用量ベースのティアリングを採用するさらに強力な理由となります。ここでは、これらのテナントが過剰にリソースを使用したり、コストを予想以上に膨らませたりしないように、使用量ポリシーをこのフリーティアに関連付けることが不可欠になるでしょう。

使用量ベースのティアリングにおける全体的な目標は、テナントの使用行動に制約を課す使用量ポリシーを明確に定めたさまざまなティアを定義することです。これらのポリシーをどこに導入し、どのように使用量を制限するかは、ドメインやソリューションの性質に大きく依存します。マルチテナントアーキテクトの仕事は、プロダクトオーナーと協力して、テナントの行動が環境のインフラストラクチャコストを大幅に変動させる可能性のある領域がどこにあるか、アーキテクチャ内の特定の転換点を把握することです。これらの転換点に関するデータを見つけてプライシングチームに共有し、ターゲットとするさまざまなテナントペルソナに適切なコストと使用量の変動をもたらす自然な使用量の境界を作り出すための、さまざまな選択肢を提供するのがあなたの仕事です。多くの場合、システム内には使用量を制御するための候補として優れている明確な領域があります。

また、使用量ポリシーは時間の経過とともに進化させていくことが期待されます。ここでまさに、**「12章　テナントを意識した運用」**で説明した運用メトリクスと洞察を活用して、テナントとティアの使用量傾向を分析したいはずです。このデータにより、環境内で現れている使用量とインフラストラクチャコストの傾向に関する豊富なプロファイルが手に入ります。このデータは、使用量のティアリングモデルを形作り、進化させるために使用することができます。もちろん、最初からこれらすべてのデータが得られるわけではありません。代わりに、最初は予測から始めて、必要に応じて稼働中の環境から得られた洞察に基づいて徐々にティアリングを変化させていく必要があります。

さて、使用量ベースのプライシングに重点を置いているチームの中には、ティアリングは必要ないと考えるチームもあります。代わりに、使用量を計測してそのデータを使用して請求書を生成することで、ティアリングを不要にしています。この方法では、すべてのテナントが同じように扱われます。これは珍しいことではなく、うまくいくこともありますが、落とし穴になることもあります。ティアのない純粋な使用量ベースのプライシングモデルを使用している場合、それはつまり本質的にどのテナントもシステムに好きなだけ負荷をかけることができるということになります。たとえば、あるテナントが設定データを検索するAPI呼び出しを10,000回実行したとしましょう。これらのAPI呼び出しは、使用量ベースのプライシングモデルには偶然にも含まれていませんでした。このモデルでは、使用量ベースのプライシングモデルの一部として計測も管理もされていないAPI呼び出しが急増するだけでノイジーネイバーの状態が発生し、他のテナントの体験に影響を与える可能性があります。ここ

では、対象のリソースの使用量だけでなく、テナントがどのように環境に負荷をかけることができるについて、より広い視野で考える必要があります。テナントアクティビティに制約がない場合は、負荷の急増に対応するために過剰なプロビジョニングをすることにもなりかねません。

　私の考えでは、使用量ベースのティアリングの鍵は、さまざまな体験を提供することができる使用量の管理方法を見つける必要があるということです。つまり、使用量ベースのメータリングを行っている場合でも、その体験にティアを割り当てて、ティアに応じた異なる使用量の制限を提供する必要があります。これがないと、より上位層のテナントの価値提案を際立たせるのが難しくなります。これは、ティアリングをビジネス戦略に結び付け、より幅広い市場やテナントペルソナにリーチできるように、より多くのツールを企業にもたらすことの重要性にまた戻ってきます。

14.1.2　価値重視のティアリング

　多くの点で、私たちがティアリングで行うことはすべて価値と関係しています。ただし、この議論において私が価値重視のティアリングと呼んでいるのは、具体的な価値に変換される体験をテナントに提供するためにティアリングを使用する方法のことを、特に対象としています。「価値」とは、各ティアに提供される直接的な利点の一覧に載っている項目のことを指しています。これには、性能や新機能、パフォーマンスSLAなどが含まれます。その狙いは、テナントが充実した体験を得ることができ、SaaS製品からより多くの価値を引き出せるような機能や体験へのアクセスを可能にするというものです。

　これはかなり幅広い領域で、直接的なテナントの価値と相関するさまざまな仕組みが多数含まれています。パフォーマンスは、価値重視のティアリングを代表する最も一般的な兆候の1つです。これは基本的に、システムのティアごとにテナントが異なるレベルのレスポンスやスループットを受け取ることを示しています。あるワークロードでは、価格に対応する形でシステムのパフォーマンスが向上することが想像できるでしょう。たとえば、ビデオエンコーディングサービスを運用している場合、ベーシックティアのテナントに対しては、エンコーディングジョブをキューに入れ、処理時間が長くなるようなバッチの体験を提供できます。一方、プラチナティアのテナントには、同じシステムでもより迅速な処理とすばやいターンアラウンドを提供することができるでしょう。これにより、テナントは価値とティアの体験を明確に結び付けることができます。

　価値は、ソリューションの機能的な能力にも関連する場合があります。ティアに応じて特定の機能が有効化され、上位のティアのテナントは下位のティアでは利用できない追加機能にアクセスできるかもしれません。また、他のより基本的な仕組みを使用してティアを定義することもできます。たとえば、アクティブユーザーの数をティアリング構成の一部として使用することができます。マルチテナントアーキテクチャに適用できる価値ベースのティアリングの性質を決定する上で、ソリューションの性質とドメインの現実がどれくらい大きな役割を果たすかは、想像できるでしょう。

　異なる機能への階層型のアクセスをサポートするために、チームは役割ベースのアクセス制御（RBAC）や機能フラグを採用することがよくあります。ユーザーの役割（この場合はティア）を使用

して、アプリケーション機能へのアクセスを選択的に有効化することができます。実際は、テナント内のユーザーの役割によって機能へのアクセスが制御されるのと、それと並行してテナントのティアが特定の機能へのアクセスを有効化または無効化することの境界線が曖昧になることがあります。どのようなアプローチを取るかは、環境の技術スタックの影響を強く受けます。

14.1.3　デプロイ重視のティアリング

どのSaaSソリューションでもテナントリソースの分離を担保する必要がありますが、ソリューションに特定のデプロイ要件や分離要件を課す可能性のあるドメインやテナントペルソナもあります。これは、システムの要素を専用モデルでデプロイすることを要求するコンプライアンスや規制の要件、またはその他のドメイン要因によって促される場合があります。階層型のデプロイ戦略によって対応できる特定のパフォーマンスやノイジーネイバーの状態に対処するために、階層型デプロイを使用していることもあります。また、たとえば、一部のティアを他のテナントのアクティビティから完全に分離することを要求するような、特別待遇の運用が存在する場合もあります。あなたが目指すのは、これらのデプロイ戦略が製品にとって自然なティアリングの境界となる可能性がある特定の領域を見つけることです。たとえば、プレミアムティアに対してサービスの一部またはすべてを専用リソースで提供することを想像してみてください。これにより、専用リソースの追加コストをより高い価格帯に相互に関連付けることができます。

重要なのは、分離をすべてのテナントに等しく適用できる絶対的な命題とみなすべきではないということです。それよりも、ソリューションの価格モデルがサポートする必要のあるさまざまなテナントペルソナに最も合致するような、幅広い分離モデルをサポートするアーキテクチャを構築する必要があります。ここでは、これらのさまざまなペルソナのニーズを反映した独自のティアを作成できます。

図14-2は、ソリューションのさまざまな分離モデルとデプロイモデルに対してティアリングを適用する方法の一例です。

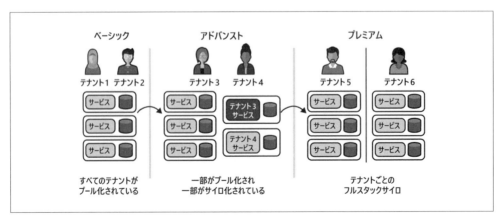

図14-2　階層型の分離およびデプロイモデル

14.1 ティアリングパターン | **349**

この例には3つのティアがあり、それぞれが異なるデプロイモデルを採用しています。左側には、ベーシックティアのテナントがあります。このティアでは、ソリューションのすべてのリソースがプール化されていることがわかります。つまり、テナントはノイジーネイバーの影響を受けやすく、より複雑な分離戦略に頼ることになります。図の中央に示されているアドバンストティアは、少し異なるアプローチを採用しており、特定のサービスをこのティアのテナントごとに切り出しています。つまり、機能やこれらのサービスによって管理されるデータに合わせて、テナントに異なるノイジーネイバーや分離のプロファイルを提供できる特定のサービスを選択したというのが狙いです。これは適切な妥協案であり、個別のティアを必要とする、特定の狙い定めた価値を備えるシステムの一部にのみサイロ化されたサービスの利点がもたらされます。

最後に、右側にはプレミアムティアのテナントがあります。これらのテナントでは、サイロ化されたリソースに対する要求がさらに厳しくなると考えられ、各テナントのスタック全体をテナント間で何も共有しないフルスタックのサイロモデルでデプロイする必要があります。当然、このティアはかなり高い価格を要求する、特別なケースとみなされるでしょう。このようなケースでは、企業は完全に分離された環境にアクセスするために割高の料金を支払っても構わないと思っているテナントに狙いを定めることができます。以前説明したように、フルスタックのサイロモデルには真のスケーリング上の課題があるため、このモデルで実行できるテナントの数については慎重に検討する必要があります。

重要なのは、アプリケーションのデプロイ範囲は、ソリューションのティアリング体験を形作る上で重要な役割を果たすことができるということです。繰り返しになりますが、そのためには、製品チームと技術チームの間でより詳細な調査を行い、顧客ペルソナのニーズに最も適したデプロイモデルとティアの組み合わせを協力して特定する必要があります。

14.1.4 フリーティア

SaaSとティアリングについての議論で、フリーティアについて触れないわけにはいきません。従来、フリーティアはSaaS企業にとって強力な機能であり、ほとんどマーケティングや顧客獲得のチャネルとして機能していました。これにより、テナントは初期投資なしでシステムを試すことができます。これは特にB2Cで流行っていますが、多くのSaaS体験で目にするものです。

フリーティアは、ビジネスと技術の両面において意味があります。チームは、フリーティアモデルのサポートに伴う運用、コスト、およびビジネス上の影響を慎重に検討する必要があります。多くの企業にとっての目標は、大幅なコストの増加を負担したり、環境の運用上の要件に影響を与えたりすることなく、テナントを引き付ける合理的な体験を実現することです。チームによっては、フリーティアを個別の体験として切り出すこともあります。あるいは、れっきとした顧客として扱いつつ、テナントには過剰なリソースの使用を制限する制約を課すこともあります。これらはすべて、フリーティアモデルに伴う微妙な違いです。ここに絶対的な正解はほとんどなく、チームがこのモデルをどのように使用するか、または使用するかどうかは、ドメインの性質と顧客の期待に大きく依存します。

このティアをサポートすることを選択した場合、これがソリューションのより広範なカスタマージャーニー全体にどのような影響を与えるかを把握する必要があります。たとえば、有料のティアに移行する場合、テナントはデータや構成が引き継がれることを期待しますか？これが有料ティアのテナントと同じ環境で運用されている場合、これは自然な移行と言えるでしょう。しかし、フリーティアのテナント用に別の環境を切り出している場合は、有料ティアへの移行のサポートはどのようになるかを検討する必要があります。この移行のサポートについて特に複雑なことは何もありません。必要なのは、フリーティアのテナントに対してどのような移行をサポートするのかを把握し、それをライフサイクル全体に組み込むことだけです。その一環として、アクティブでなくなったフリーティアのテナントを削除するポリシーが必要になる場合もあります。

14.1.5 複合ティアリング戦略

SaaS環境で見られるさまざまな種類のティアリングをいくつか分類してみました。ただし、このリストはすべてを網羅しているわけでも、相互に排他的でもありません。実際には、組織は顧客の使用量や価値、デプロイの要件を最もよくサポートするアプローチにたどり着くために、さまざまな戦略を組み合わせて使用することを選択できます。

一般的に、これはコストを押し上げる要因、付加価値を高める機能、環境のデプロイモデルを形作る可能性のあるドメインや市場の現実が交差する部分を見つけるためです。目標は、これらすべての選択肢を比較検討し、ターゲットとするペルソナと並べて、顧客にとって意味のあるティアリング戦略の組み合わせを見つけることです。これにより、企業は拡大と成長の両方を可能にするさまざまな顧客体験に取り組むことができます。これらのニーズと機会の共通点を見つけることで、SaaSアーキテクチャの全体的な設計と動作環境を駆動する属性を特定することができます。

場合によっては、チームが自分たちのニーズを満たす複合ティアリングモデルは存在しないと判断することがあります。代わりに、独自のティアリング体験を構築することを選択するかもしれません。このアプローチでは、オンボーディング時にテナントに選択肢のメニューを提示して、目指す体験に最も一致する機能の組み合わせを選択させることができます。この方法は強力ですが、アーキテクチャの運用と実装のプロファイルに複雑性をもたらす可能性があります。このモデルの採用に伴うトレードオフは慎重に検討したいと思うでしょう。

14.1.6 請求とティアリング

この章で説明するティアリング戦略は、主にティアリングにおけるアーキテクチャの側面に焦点を当てています。しかし、ティアリングについて考えるとき、その大部分はSaaS環境のプライシングに関する話でもあります。ティアリングの見方をより完璧なものにするためには、ティアを特定の請求可能な単位とどのように結び付けるかについても考える必要があります。たとえば、使用量ベースのティアリング戦略を採用している場合、システムは請求可能な使用量の単位を測定して請求システムに送信する必要があります。その後、この情報を使用して請求額が計算されます。この使用量の価格

は、（より多くのリソースを使用している）より上位のティアに移行するにつれて下がる可能性があります。実際には、ティアを広範な請求戦略に関連付ける方法はさまざまあり、これはアーキテクチャが請求データをどのように送信および利用するかに影響を及ぼします。ただし、この章では、ティアリングの請求の側面について深く説明することは意図的に控えています。代わりに、ビルダーとティアリングの運用に関する観点に焦点を当て、ティアリング戦略がアーキテクチャの構成にどのような影響を与えるかを調べます。これは、**「12章　テナントを意識した運用」**で取り上げたメータリングとメトリクスに関する議論と重複しているかもしれません。

　また、ティアリングは多くの場合、部分的に請求システムによって管理されていることにも注目することが重要です。請求システムを設定して請求モデルを定義するとき、ここで同時にプランやティア、または利用可能なさまざまな請求モデルを特定する機能を設定する場合があります。このプランやティアの概念はコントロールプレーンにマッピングされ、マルチテナントアーキテクチャ全体に適用されます。これは、テナントに制限をかけたり、使用量を測定して送信したり、機能を有効化または無効化するために使用される場合があります。これはティアリングの話全体における重要な側面の1つです。ただし、利用できる選択肢は、採用するティアリングモデルと請求システムの性質によって大きく異なります。そこで、この議論では、これらのティアがどのように定義され、アーキテクチャ内で適用されるかに重点を置き、これらの概念が請求体験とどのように結び付くかについても検討することを前提としています。

14.1.7　ティアリングとプロダクトレッドグロース

　製品主導の成長（PLG：プロダクトレッドグロース）とSaaSという考え方にかなりの注目が集まっています。PLGに関する議論には、本書の範囲を超えるさまざまな側面がありますが、ティアリングの概念との共通点もいくつかあるため、簡単に説明しておく価値はあるでしょう。

　従来のモデルでは、SaaSビジネスの成長は複数の要因の組み合わせによってもたらされます。マーケティング、販売、買収、その他多くの仕組みを使用して、潜在的な顧客を引き付け、採用を促進します。PLGの方法論では、顧客の拡大、コンバージョン、リテンション、獲得の中心に製品そのものを据える方向へと大きくシフトしています。この場合、SaaSアプリケーションがサポートする全体的な体験がかなり重視されるため、チームは体験の表面的な部分をもっと検討する必要があります。つまり、それがどれほどスムーズで直感的であるか、テナントを製品がもたらす価値にどのようにうまく結び付けるか、ということです。製品それ自体がマーケティングと顧客獲得のパイプになります。

　まだ表面をざっとなぞっただけですが、これが最終的にティアリングモデルに少なくとも部分的に影響を与える可能性があることはおわかりでしょう。ティアリングモデルを選択する際は、製品のプライシングとパッケージングがPLG全体の目標をどのようにサポートするかについても検討する必要があるかもしれません。

14.2 ティアリングの実装

ここまでで、SaaS環境でティアリングが果たす重要性と役割を十分に理解できたはずです。また、ティアリングがマルチテナントアーキテクチャの動作環境に大きな影響を与える可能性があることは明白でしょう。それでは、これらのティアリングの概念が最終的にシステムのアーキテクチャにどのように適用されるかを見ていきたいと思います。

ティアリングの中心的な原則はどの技術にも適用できる一方で、これらの戦略を実装する具体的な方法は環境ごとに異なる場合があります。コンピューティングスタック、ストレージサービス、APIゲートウェイなど、これらはすべて、さまざまな技術やサービスによってティアリングを実現する方法が異なる領域の例です。場合によっては、マルチテナントアーキテクチャの複数のレイヤーにまたがるさまざまなポリシーや手法を組み合わせてティアリングを実装することもあります。

これらの選択肢は膨大で、すべての実現性を網羅することはできません。それでも、マルチテナントアーキテクチャのさまざまなレイヤーでこれらの概念を実装するにはどうすればよいかを理解するために、いくつかの概念を具体的な技術に結び付けることは役に立つのではないかと思いました。次の節では、さまざまなインフラストラクチャやアプリケーション構成にわたってティアリングを実装する主な方法をいくつか紹介します。

14.2.1 APIのティアリング

多くの場合、アプリケーションのサービスは、クライアントや開発者がSDKからさまざまな操作を呼び出すために使用できるようにAPIをサポートすることになります。多くの場合、マルチテナントアーキテクチャにティアリングの機能を導入するのに、このAPIは自然な場所と言えます。ここで、テナントがアプリケーションのサービスとどのようにやり取りするかを形作り、制限し、一般的に制御できるポリシーを導入する機会が得られます。

これらのAPIの実装モデルは非常にさまざまです。私がよく目にするアプローチは、トラフィックがサービスにどのように流れるかを設定および記述するための豊富な選択肢を備えた、API管理ツールをチームが使用するというものです。これらのツールを採用することで、SaaS環境により普遍的に適用できるポリシーやその他の構成を導入することができる、明確な環境へのエントリーポイントが手に入ります。

APIレベルでティアリングを実装するために使用できるツールはかなり多岐にわたります。AWSにはAPI Gatewayが、MicrosoftにはAPI Managementが、GoogleにはApigeeがあります。この分野にはオープンソースのツールもあります。これらのソリューションは、ティアリングの話にそれぞれ独自の趣向を加えます。それでも、これらのAPI管理ツールのほとんどには、各リクエストに適用できるスロットリングポリシーを定義することができる仕組みが含まれています。

図14-3は、アプリケーションのサービスへのアクセスを管理および制御するために、どのようにティアを使用することができるかを示す一例です。

このソリューションでは、ソリューションのサービスへの正面玄関としてAmazon API Gatewayを採用しています。アプリケーションからのリクエストはすべて、このゲートウェイを経由します。リクエストを行うテナントはそれぞれティアに関連付けられ、そのティアを使用してスロットリングポリシーが適用されます。

図の右側には、API Gatewayの一部として設定されているさまざまな使用量プラン（スロットリングポリシー）が表示されています。このSaaS環境の各ティアには、そのティアでサポートされるスループットを定義する固有のポリシーが割り当てられています。API Gatewayを使用しているこの例では、1秒あたりのリクエスト数、バーストレート、1日あたりの総リクエストクォータを設定できます。この例ではAPI Gatewayの概念を説明していますが、この体験を構成する戦略と仕組みは一般的に他のAPI管理ツールでサポートされている同様の機能に対応しています。より多くのオプションを提供するものもあれば、異なるポリシーの注入方法を採用しているものもありますが、最終的な効果は一般的にここで示したものと同様です。

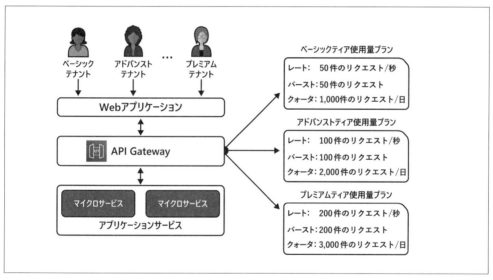

図14-3　APIに適用されたティアリング

APIのティアリングモデルを定義する上では、どのように各リクエストを特定のティアリングポリシーに紐付けるかについても検討する必要があります。API Gatewayでは、これはAPIキーを使用して行われます。各使用量プランはAPIキーに関連付けられています。そして、特定のAPIキーを使用してリクエストが行われると、そのキーを使用してどのティアリングポリシーが適用されるかが決定されます。問題は、これを実現するために各テナントに独自のAPIキーを割り当てる必要があるかということです。これは確かに機能する方法の1つですが、この場合APIクライアントがリクエストを行うたびにこのキーを使用する必要があることになります。つまり、クライアント側により多くの可動部分を押し付けることになります。API Gatewayには、これをより効率的に実現する方法があり

354 | 14章　ティアリング戦略

ます。リクエストが行われるたびに呼び出される関数（カスタムオーソライザー）をAPI Gatewayに
アタッチする方法です。この関数は、受信したリクエストからテナントのティアを抽出し、そのティ
アに関連付けられているAPIキーを特定して、関数によって割り当てられたAPIキーを使用してリク
エストを処理させることができます。つまり、クライアントはAPIキーについて何も意識する必要は
ありません。また、ティアごとに1つのAPIキーを用意するだけで済みます。

　これはポリシーを適用するための1つのアプローチにすぎません。各API管理ソリューションには、
ティアとポリシー間のマッピングを作成するための独自の微妙な違いがあります。スロットリングの
コンテキストを注入または適用するために、通常私はこれらのポリシーを1か所で構成でき、クライ
アントのニーズを制限することができる戦略を常に求めています。

14.2.2　コンピューティングのティアリング

　コンピューティングは、ティアリングを実装できるもう1つのレイヤーです。コンピューティングレ
イヤーでは、ソリューションのティアリング要件に基づいて、さまざまなスケーリング、スループッ
ト、ノイジーネイバー、分離戦略を導入できます。選択肢は、使用しているコンピューティングス
タック、ソリューションのデプロイモデル、その他多くの要因によって異なります。重要なのは、多
くの場合、コンピューティングはソリューションのアクティビティの中心にあるため、ティアリングの
仕組みを導入する自然な場所でもあるということです。

　まず、サーバーレスモデルでティアリングをどのように適用できるかを見てみましょう。一般的に、
サーバーレスでは、スケールの単位は関数です。これらの関数は、テナントのさまざまなワークロー
ドをサポートするためにスケールアウトする必要があります。AWS Lambdaのサーバーレスモデル
では、このスケーリングは同時実行数の設定によって構成されます。これにより、許可される関数の
同時実行数が決まります。

　たとえば、ソリューションを実装するすべてのサーバーレス関数をすべてのテナントで共有してい
るプール環境を想定してください。このシナリオでは、テナントにコンピューティングベースのティ
アリングモデルを提供する方法はありません。すべてのテナントが同じ関数の実行環境を奪い合うこ
とになります。もしベーシックティアのテナントが、関数の同時実行数を飽和させるような大量のリ
クエストを送信した場合、プレミアムティアのテナントに悪影響が及ぶことになります。

　これに対処するには、異なる同時実行数を設定した個別の関数のデプロイを作成する必要がありま
す。**図14-4**は、テナントのティアごとに異なる同時実行数のオプションをサポートすることでこれに
対処する方法の概念的な例を示しています。

　ここには3つの異なるティアの設定があり、各ティアに個別の同時実行数を割り当てています。こ
のアプローチでは、ソリューションの関数のコピーを3つに分けてデプロイする必要があり、デプロ
イ時にそれらを異なる同時実行数の設定で構成することになります。

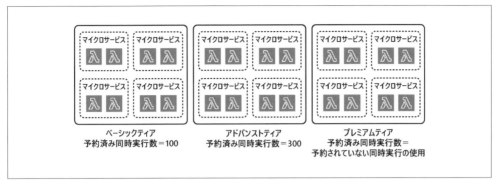

図14-4　同時実行数によるサーバーレスのティアリング

　左側のベーシックティアのテナントの同時実行数は100に設定されています。これは、このティアのすべてのテナントで同時に実行できる関数が100個だけであることを示しています。中央のアドバンストティアは、同時実行数が300に設定されています。最後に、プレミアムティアでは、同時実行数の値が設定されていないことに気づくでしょう。これは基本的に、利用可能な残りの同時実行数がすべてこのティアに割り当てられることを意味します。したがって、デフォルトの同時実行数の上限が1,000であるとすると、プレミアムティアのテナントは600の同時実行数を利用することができます。

　もちろん、これは完全にサーバーレスモデルに焦点を当てたものです。アプリケーションのサービスをホストするためにコンテナを使用する場合はどうなるでしょうか？コンテナには、コンピューティングリソースの段階的なスケーリングと使用量を管理するために使用できる他の構造があります。

　たとえば、Kubernetesを見てみると、コンピューティングレイヤーのティアリングを管理および構成するためにまったく異なる機能を使用していることがわかります。**図14-5**では、Kubernetesのクォータの仕組みを使用してティアリング戦略を実装する方法の一例が示されています。

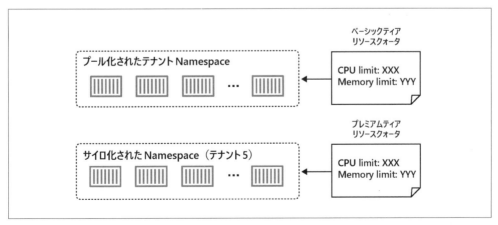

図14-5　Kubernetesコンピューティングリソースのティアリング

この例では、テナントが2つの別々のNamespaceで実行されています。上では、コンピューティングリソースをすべてのテナントで共有するプール化されたコンピューティングモデルを採用しています。下のNamespaceでは、サイロ化されたコンピューティングモデルを使用しており、ある1つのテナント（テナント5）のすべてのコンピューティングリソースが専用のNamespaceで実行されています。これら2つのNamespaceは異なるティアに関連付けられています。ベーシックティアのテナントはプール化されたティアで実行され、サイロ化されたNamespaceはプラチナティアに関連付けられています。

これら2つのティアまたはNamespaceでは、ティアリング要件に応じてまったく異なるスケーリングプロファイルが必要になる場合があります。ここで、リソースクォータの出番です。図の右側で2つのリソースクォータ構成を設定し、それぞれのNamespaceに関連付けていることがわかるかと思います。チームは、これらの異なる設定を持つクォータを構成することで、Namespace内のコンピューティングリソースのスケーリングとパフォーマンスに影響を及ぼすことができます。

これらは、アーキテクチャのコンピューティングレイヤーにティアリングポリシーを適用する方法の2つの例にすぎません。これらのポリシーは、ソリューションのさまざまな使用量および価値に関するティアリング戦略をサポートするために使用されるかもしれません。あなたのビジネスがティアリングモデルを採用していなかったとしても、それでも私は予測できない負荷がシステムを転覆させるのを防ぐために、どのようにポリシーを導入すればよいかを検討するつもりです。

14.2.3　ストレージのティアリング

ストレージは、SaaS環境の体験にティアリングを導入できるもう1つの領域です。ストレージサービス、特にクラウドベースのマネージドストレージでは、チームがスループットとストレージ体験のスケーリングを設定できるように、ビルダーにさまざまなノブやダイヤルを提供する傾向があります。もちろんこれは、これらのストレージ設定を使用して、テナントペルソナの要件をサポートするために必要なさまざまなティアリングモデルを定義できる領域であることも意味しています。

ストレージの場合、ティアリングは2つの異なるアプローチによって実現される傾向があります。ストレージがプール化されている場合は、各ティアの読み取り/書き込みアクティビティをどのように制限するかを検討することになります。これにより、共有ストレージ機能にアクセスするテナントに対して、さまざまなレベルのパフォーマンスを提供することができます。もう1つのストレージのティアリングモデルは、テナントにサイロ化されたストレージを提供することに重点を置いています。**図14-6**は、これらのさまざまな戦略がSaaS環境にどのように導入されるかを示す一例です。

この例では、さまざまなマルチテナントストレージのシナリオを示しました。図の一番下では、ソリューションの各ティアに対応するさまざまなパフォーマンスおよびスケーリングポリシーを定義しています。これらの設定には、ティアごとに構成できるパラメーターの例として、読み取り/書き込みIOPS、CPU、メモリが含まれます。

さて、この図を左から右に見ていくと、まずはテナント1からテナント3に対してプールストレー

ジモデルをサポートするベーシックティアがあることがわかります。ここで使用しているストレージは、多くのテナントで共有される可能性があるため、ベーシックティアについて合意した要件を満たす設定で構成する必要があります。次に、同じくプールストレージモデルを使用しているアドバンストティアがあることに気づくでしょう（テナント4とテナント5）。ほとんどの点で、このティアは先ほど説明した最初のティアと同じですが、このテナントに対してより良いパフォーマンス、スケーリング、スループットを提供する設定になっています。

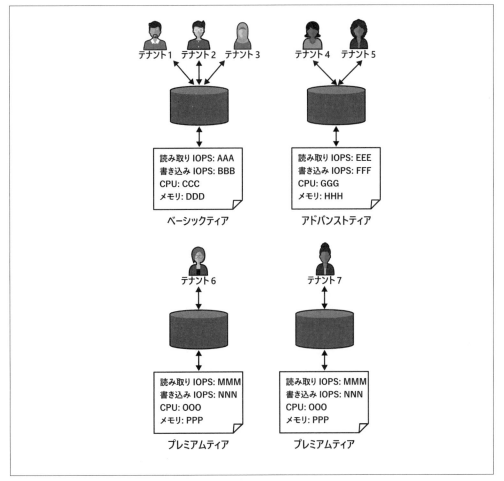

図14-6 ティアリングをストレージに適用

　この例では、テナント6とテナント7に対してサイロ化されたストレージを使用していることがわかります。これらのテナントには、同じスケーリング／パフォーマンス設定が提供されています。これらのテナントのデータは別々に保存されますが、パフォーマンスとスケーリングの設定は同じです。場合によっては、これらのサイロ化されたテナントに別々のポリシーを提供しているチームを目にす

ることもあります。これは確かに可能である一方で、1回限りのポリシーを設定すると、時間が経つにつれて運用効率が損なわれる可能性があります。テナントごとの構成を検討する必要がある場合は、常に運用上のオーバーヘッドが増加する可能性があります。それでも、一部のチームではこのアプローチを取っているのを見たことがあります。

　一部では、サイロ対プールのティアリング戦略をテナントのデータに対して包括的に適用し、テナントに関連するすべてのデータをサイロ化する必要があると想定するSaaSプロバイダーもいるでしょう。これは確かにあり得るシナリオですが、極端なケースであるはずです。実際には、システム内のデータ群を調べて、データの性質やアクセスパターンなどに基づいて、どの種類のデータをサイロ化する必要があるかを判断する必要があります。データのサブセットだけをサイロ化すればよい場合もあるかもしれません。サイロ対プールのティアリングモデルにこのようなきめ細かなアプローチを採用することで、システムの一部のデータをプールモデルで保持することができ、運用の複雑性や環境のコストの削減につながります。

　SaaSにおけるストレージのティアリングの話には、他にもさまざまな側面があります。確かに、マルチテナントデータ体験をどのようにパーティショニングし、構成するかを検討するとき、パフォーマンスとスループットは最優先事項ですが、テナントのストレージ容量を制御する方法としてティアをどのように使用するかを検討しているSaaS企業もあります。テナントデータの容量が価値と強い相関関係を持つ場合があるドメインや環境も確かに存在します。このようなシナリオでは、ティアリングのレベルに応じて容量に制限をかけたいと思うはずです。ストレージの保存期間は、ティアリングを適用できるもう1つの候補です。ここでは、ティアを使用して保存期間のポリシーを差別化することができます。特に、データの保存期間がSaaS環境のコストプロファイルに影響を与える可能性があるドメインではなおさらでしょう。

14.2.4　デプロイモデルとティアリング

　一般的に、ティアリング戦略について考えるときは、アプリケーションのデプロイモデルがティアリング戦略とどのように相関するかも検討するかもしれません。これはすでに、コンピューティングとストレージのティアリングモデルに関する議論で話題に上がりました。そこでは、テナントごとに別々のインフラストラクチャをデプロイし、これらのリソースに個別のスケーリングおよびパフォーマンスポリシーを適用しました。これは、環境内のどのインフラストラクチャにも適用可能な古典的なテーマです。たとえば、個別のメッセージングインフラストラクチャをデプロイして構成することで、それぞれのテナントのティアで提供したいメッセージスループットをサポートすることができます。つまり、システムの各要素を調べ、ティアリングがそのデプロイモデルにどのような影響を与えるかを考えてみるべきだということです。

これと同じマインドセットが、環境のマイクロサービスにも適用できます。たとえば、ソリューションは一部のサービスをサイロとして、他のサービスをプールとしてデプロイする必要があるかもしれません。**図14-7**は、ティアリングを使用してアプリケーションのマイクロサービスのデプロイを形成する方法の一例です。

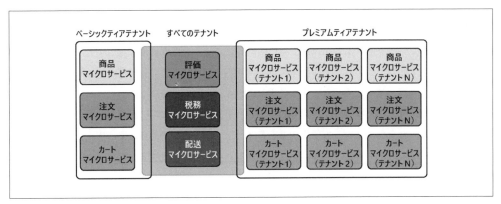

図14-7 ティアリングをマイクロサービスのデプロイに適用

　この例では、eコマースのSaaS環境を構成するために使用されている6つのマイクロサービスがあります。ティアリング戦略の一環として、プレミアムティアのテナントには、商品、注文、およびカートマイクロサービスをサイロモデルで提供する必要が生じるような、要件とワークロードの期待を設定しました。プレミアムティアの各テナントは、これらのサービスについて専用のデプロイを持っています（図の右側に表示）。しかし、ベーシックティアのテナントは、これらのサービスをプールモデル（図の左側に表示）で実行しても構わないと考えています。これらのリソースは共有され、ベーシックティアのテナントの合計使用量に基づいてスケールします。

　ここで、どのティアにも属していないサービス（評価、税務、配送）のグループがあることにも気づくはずです。これらのサービスはプールモデルでデプロイされ、ベーシックティアおよびプレミアムティア両方のテナントによって共有されます。

　私が説明しようとしている重要なポイントは2つあります。まず、この例から明らかなように、ティアリング戦略は特定のインフラストラクチャリソースや一連のパフォーマンスポリシーと直接相関させる必要はないということです。**図14-7**のマイクロサービスは、コンピューティング、ストレージ、メッセージング、およびその他のインフラストラクチャリソースで構成されるでしょう。この場合のティアリングは、サービスのデプロイプロファイルを使用してソリューションのティアリング体験を定義する、比較的大まかなモデルです。もう1つのポイントは、これらのマイクロサービスのデプロイモデルは、白か黒かの戦略ではないということです。ティアリングモデルを作成して、ティアリング要件に基づいてデプロイされるマイクロサービスのグループを定義することができます。プール化されるものもあれば、サイロ化されるものもありますし、共有されるものもあるでしょう。

14.2.5　スロットリングとテナント体験

　これまで説明してきたティアリング戦略の中には、テナントの体験に制限を課すポリシーを採用しているものもあります。たとえば、ベーシックティアのテナントは、これらのポリシーによって意図的に体験の質が下がる可能性があります。テナントの体験を制限するのが良いアイデアかどうか、疑問に思うのは当然です。このアプローチは、テナントに優れたサービス体験を提供するという全体的な使命を損なっていると言っても過言ではありません。

　ティアリングモデルを定義する際には、特に戦略的に考える必要があるのはこのためです。ティアリングとは、すべてのテナントに優れた体験を提供することと、テナントが何らかの制約や制限なしに負荷をかけてリソースを使用できるようにすることは現実的ではないということを認識することとの間の、緊張点を見つけることです。一部のテナントがソリューションに過剰な負荷をかけ、他のテナントの体験に影響を与え始める可能性があることを想定する必要があります。実際、それらのテナントはシステムをスケールさせ、場合によってはシステムの一部またはすべてをダウンさせる状況を作り出す可能性もあります。そのため、ティアリングとは、ある意味では全体的なパフォーマンスおよび可用性戦略の一部でもあります。ティアリングを使用することで、テナントの収益規模の範囲内で過剰とみなされる負荷が課されるのを防ぐことができます。

　この緊張点のもう1つの側面は、コストを使用量に合わせて維持することに関係するものです。ベーシックティアに明確な制約があり、新しいテナントがこのモデルを選択した場合、その体験の制限を明確にするのが私の仕事です。いつか、真剣に階層型モデルに取り組むつもりであれば、テナントが選択したティアに基づく制約に遭遇する可能性のあるモデルを用意する必要もあります。重要なのは、テナントにとって納得がいき、ティアごとに目指している体験と一致した制約を設定することです。

　一部のSaaSプロバイダーでは、使用量レベルに基づいて段階的なプライシングしか行わない使用量ベースのモデルだけを頼りにしている場合があります。たとえば、テナントに帯域幅の使用量のみに基づいた支払いをさせる場合があります。しかし、それでもここで、さまざまなレベルのスループットを提供する制限をサポートするティアリングポリシーの適用を検討する必要があるかもしれません。一般的に、たとえ顧客に見えなくても、水面下で運用の健全性を維持するためのポリシーを運用する必要がある場合があります。ただし、これらのポリシーはティアへは関連付けられていないかもしれません。

14.2.6　ティアの管理

　ティア自体は本当に基本的な概念です。ソリューションのどこかに、システムでサポートされているティアのリストを持つことになるはずです。これらのティアにはいくつか追加の属性が含まれる場合がありますが、この情報の保存と管理はそれほど複雑ではありません。

　私が受ける主な質問は、これらのティアの管理はどこに置くべきかということです。ほとんどの場合、ソリューションのコントロールプレーンの一部としてこれらのティアを管理するのが最も理にか

なっていると思います。これはシンプルに、システム内のティアのリストを管理するための基本的な一連の操作を備えた1つのマイクロサービスとして姿を表すことになるでしょう。

ティアは、あなたの環境で管理されるようになるでしょうが、ティアの管理と請求システム内でのティアの表現との間に存在するかもしれない紐付けをどのように管理するかについても検討する必要があります。幸い、このデータはあまり変化しません。それでも、これら2つの間の紐付けをどのように管理するかを決め、両者を常に同期した状態に保つ必要があります。

14.3　運用とティアリング

テナントを意識した運用については、「**12章　テナントを意識した運用**」で詳しく説明しました。その話の一環として、全体的な運用ストーリーの一部としてティアリングが果たす役割についても強調しました。つまり、私たちは運用の視点から個々のテナントに何が起きているのかを把握したいのです。しかし、環境のアクティビティ、拡張性、コスト、その他の属性をティアベースの視点で分析したい場合もあります。

ティアリングの役割について考えるとき、それはシステムの運用的な振る舞いと何らかの関連があることが多いです。このような階層型の境界を定義する際には、ティアリングシステムがどのように機能しているかを把握するためのツールと仕組みも必要です。適切なタイミングでテナントを制限しているでしょうか？ また、スロットリングポリシーは効果的でしょうか？ テナントはどのくらいの頻度でティアリングポリシーの影響を受けていますか？ ポリシーは積極的すぎますか、それとも消極的すぎますか？ これらは、ティアリングモデルの運用プロファイルを追跡したい分野のほんの一部にすぎません。

現実的には、運用経験を通じて明らかになった洞察と観察結果に基づいて、ティアリングモデルが進化することを期待するべきです。新しいテナントが入ってきて、テナントのペルソナとその使用量パターンについてより豊富なプロファイルが構築できていくにつれて、ティアリングモデルを改良する機会が見えてくるでしょう。これにより、システム内のティアリングの振る舞いを評価できるように、運用メトリクスをシステムに組み込むことに精力的に取り組む必要性がさらに強まります。場合によっては、チームはさらに進んで、テナントがティアリングポリシーに迫っている、あるいはポリシーに抵触していることをより即座に把握できるようにアラートを導入することもあります。実際、一部のチームでは、実際にスロットリングを適用せずにテナントが境界に達したときに通知が送信される、段階的なティアリングモデルを使用する場合があります。この場合、実際にスロットリングを適用するハードリミットとして、これを上回る内部的なレベルが設定されます。これにより、境界に迫っていることをテナントに通知できる、より制御された体験を実現することができます。これはすべてのポリシーで現実的というわけではありませんが、検討に値するもう1つのアプローチです。重要なのは、運用チームがティアリングの傾向を把握できる、より能動的なアプローチを採用することです。

本書全体を通して見てきたように、ティアリングはSaaSソリューションのデプロイ範囲にも大きな

影響を与える可能性があります。ティアリング戦略の一環としてテナントに専用リソースを提供する場合、デプロイの仕組みはこれらのティアリング構成を使用して、リソースをアーキテクチャのどこにどのように配置するかを決定する必要があります（ティアリングのプロファイルに基づいて）。また、段階的なロールアウト戦略の一部としてティアリングを使用することもできます。たとえば、カナリアリリースの一環として、あるテナントのティアに新しいバージョンを配信することを選択できます。その後、そのリリースの成功に基づいて、残りのティアに配信します。これは、プレミアムティアのテナントへの配信を避けるための防御戦術として使用されるかもしれません。あるいは、これとは逆に、最初にプレミアムティアのテナントに配信して、プール化されたベーシックティアのテナントが多く集まっている環境にデプロイすることによる大規模な影響を回避するという方法もあります。どちらの選択肢も有効です。ここでの戦略は、環境のニーズによって大きく異なります。

14.4　まとめ

　この章での私の目標は、マルチテナントアーキテクチャのビジネスおよび技術プロファイルを形成する上でティアリングが果たす役割を強調しながら、ティアリングの価値と重要性をより広く理解してもらうことでした。ティアリングは、すべてのSaaS環境に適しているわけではありませんが、多くの企業にとって、複数のテナントペルソナや市場セグメントを狙えるようにするアーキテクチャ、コスト、パッケージング構成をチームが構築するための不可欠なツールと言えるでしょう。

　この点を明確にするために、この章の冒頭では、より広範なティアリングの概念と、それをどのように使用してテナントの体験を形作り、制御することができるかを検討することから始めました。一般的なティアリングパターンとその微妙な違いをいくつか確認し、これらのティアリング構造をどのように採用すればよいかを決定付ける主な要因を調べました。これらの戦略の中には、価値の境界を定義することに重点を置いたものもあれば、使用量と拡張性に重点を置いたものもありました。目標は、環境のどこにティアリングを導入することが検討できるかを定義するのに役立つ可能性のある選択肢のメニューをざっと見てもらうことでした。

　そこから、これらのティアリングモデルがSaaSアーキテクチャのさまざまな要素にわたってどのように実装されるか、より具体的な例の方に移っていきました。マルチテナントアーキテクチャの主要な領域（API、コンピューティング、ストレージ）をいくつか選び、システムのこれらの要素がティアリングをサポートするように構成する方法について、より具体的な例を示しました。また、インフラストラクチャからレベルを上げて、ターゲットを絞った戦略を使用して、さまざまなテナントペルソナのティアリングに基づいてシステムの一部をパッケージングおよびデプロイする方法についても説明しました。

　また、ティアリングが運用体験において果たす役割についても簡単に触れ、システムのティアリングの振る舞いを詳細に把握することの重要性を概説しました。ここでの狙いは、テナントがティアリングの境界に迫っている、または越えようとしているタイミングを事前に把握することの重要性を強調することでした。

私は、ティアリングを、アーキテクトがビジネス担当者に多くの選択肢を提供するために使用できる最も価値のあるツールの1つだと考えています。その目的の一部は、テナントペルソナの現在および将来的なニーズに対応するために必要な柔軟性をビジネスに与えることです。また、テナントが環境にどれくらい負荷をかけることができるかをより厳密に制御する構造を導入することもその一部です。私たちはスケール可能なシステムを構築しますが、それでも、サポートする必要のあるさまざまなテナントペルソナのプライシングとパッケージングプロファイルに基づいて、システムを効率的にスケールしたいとも思っています。すべてのテナントが自由に好きなだけシステムを利用できるようにするのは魅力的に思えるかもしれませんが、これがビジネスに与える運用およびコスト効率の負担は想像できるでしょう。ティアリングとは、多くの場合、テナントのニーズと、環境全体の運用、パフォーマンス、可用性プロファイルとのバランスを取ることです。ティアリングを行わない場合でも、システムを停止させたり、他のテナントの体験に影響を与えたりする可能性のある速度でテナントがリソースを使用しないようにするための、制御の導入を検討する必要があります。

本書の次の章では、テナントインフラストラクチャがどこにどのように配置されるかという限界を試してみたいと思います。マルチテナントアーキテクチャに関する議論のほとんどは、SaaS製品のすべてのコンポーネントが完全に制御下にあるインフラストラクチャ内で実行されている環境に焦点を当ててきました。これは依然として推奨されるモデルですが、システムの一部が他の環境で実行されている可能性がある環境をサポートすることの意味についても検討する必要があります。ここでは、いくつかの代替となるデプロイパターンを検討し、このより分散した動作環境がSaaS製品の運用、俊敏性、アーキテクチャプロファイルに与える影響を説明します。

15章
SaaS Anywhere

　ここまでは、システムのリソースがすべてSaaSプロバイダーによって管理および制御されることを前提としたSaaSアーキテクチャ像を示してきました。実際、SaaSの価値や拡張性、効率性の多くは、システムの基盤となるインフラストラクチャの詳細を隠すことによって実現されます。これは、テナントはソリューションの表面的な部分（アプリケーション、APIなど）にしか触れることができない、as-a-Serviceのマインドセットの基礎です。この壁を設けることによって、チームはテナントへの影響を恐れずにさまざまな技術や設計を行き来しながら、環境を継続的に改良および最適化することができます。その一方で、SaaSアーキテクチャの一部が顧客によって制御される可能性ある環境でホストできるように、これらの境界を広げる必要があるユースケースもあります。システムの一部を複数の環境（クラウド、オンプレミス、顧客のアカウント）で実行するこの考え方を、私はSaaS Anywhereと名付けました。

　この章では、まず、チームがこうしたSaaS Anywhereの体験を構築する必要がある基本的な要因をいくつか見ていきます。リソースを他の環境に分散する必要性を促進するビジネス上および技術上の現実をいくつか探り、ここでの選択がSaaSビジネスの展開にどのように影響するかを見ていきます。また、このモデルの採用を検討する際に、必ず自問する必要のある重要な問いをいくつか確認します。

　次に、特定のSaaS Anywhereアーキテクチャパターンに移って、さまざまなリモートインフラストラクチャデプロイ戦略を見ていきます。目標は、SaaSプロバイダーが採用している一般的なモデルの概要を説明し、各パターンの採用に伴うビジネス上、運用上、および技術上の考慮事項とこれらのモデルを結び付けることです。これらのさまざまな構成には、それぞれ固有のメリットと潜在的な課題があることがわかるでしょう。その一環として、SaaS環境のリモート要素を統合するためのさまざまなアプローチについても見ていきます。

　SaaS Anywhereは、ご想像の通り、ソリューションの運用体験に大きな影響を与えます。環境の外部で実行されるリソースをデプロイ、プロビジョニング、運用することは、チームにさまざまな新たな課題をもたらします。これらの課題の中には、SaaSビジネスの俊敏性、イノベーション、効率性に潜在的に影響を与える可能性があるものもあります。この章の次の節では、重点的に取り組むべき

365

いくつかの主な領域に焦点を当てるのと、リソースをリモートで運用できるようにする際に検討する必要のある複雑性とトレードオフを特定します。

分散型SaaSモデルの検討に際しては、私は定期的に注意が必要であることを強調するようにしています。組織によってはそれが現実的なものである場合もありますが、このモデルのサポートを軽く見るべきではありません。ここで採用するモデルと戦略は、SaaSの可能性を最大限に引き出すことができるかに大きな影響を与える可能性があります。

15.1　基本的な概念

全体的に見ると、SaaS Anywhereアーキテクチャモデルの基礎は比較的簡単です。SaaS環境の一部をリモートでプロビジョニング、デプロイ、運用できるようなマルチテナント環境を構築するというのが基本的な考え方です。この議論ではリモートの概念をかなり広義にしているため、システムの一部をホストするために使用できる環境であればどのような環境でも構いません。図15-1は、この概念の最も基本的なバージョンを非常に簡略化した図で表しています。

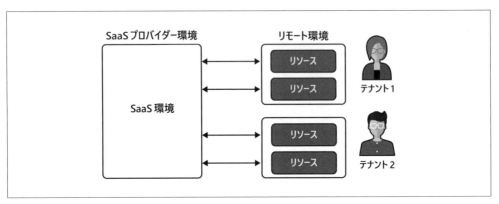

図15-1　SaaS Anywhere概念図

この図にはそれほど多くの内容は含まれていませんが、SaaS Anywhereモデルの基本的な可動部分を感じ取ることができるかと思います。左側は、SaaSソリューションをホストする環境です。一般的なモデルでは、この環境ですべてホストされることになります。右側には、リモート環境のプレースホルダーがあります。リモート環境は、オンプレミスや、テナントのクラウドアカウント、あるいはテナントのデータセンターで実行することができます。重要なのは、これらはリモートに存在し、一般的にはテナントが所有する、テナントごとの環境であるということです。各環境内には、リモートリソースがあります。これらのリソースは、インフラストラクチャの場合もあれば、リモートインフラストラクチャで実行されているコードやサービスである場合もあります。基本的には、リモート環境で実行するあらゆる要素を含めてこれらをリソースと呼ぶことにします。

これを見ると、これまで議論してきた戦略からの大きな転換を表しているようには思えないかもしれません。リソースをリモートで管理しても、SaaS環境の設計、構築、運用のアプローチ方法

に大きな影響を及ぼすことはないと感じるかもしれません。しかし、詳細を見ていくにつれ、SaaS AnywhereがSaaSソリューションの設計、実装、および運用に与える影響に対して、より深い理解が得られるでしょう。

以下の節では、リモートリソースを伴うSaaS環境の構成と体験の定義に着手する際に考慮すべき主要ないくつかの原則に焦点を当てます。詳細な例については後ほど掘り下げますが、まず、このアプローチの明確なメンタルモデルと基盤を築くところから始めたいと思います。

15.1.1 オーナーシップ

SaaS環境にリモートリソースがあるとき、誰が分散型モデルにおける制御を「所有」しているのかという疑問を抱きがちです。このオーナーシップのようなものがあれば、誰がこれらのリソースに対して料金を支払うのか心配する必要がなくなります。私は、これらのリソースを誰が構成、制御、更新、管理するかという視点から、オーナーシップをより重要視します。私にとって、SaaS Anywhereに関するあらゆる議論はここから始まらなければなりません。

オーナーシップという考え方にまつわる課題の中には、オーナーシップをどのように説明すればよいかということについて異なる見解があるという事実に起因しているものがあります。**図15-2**は、オーナーシップについての2つの異なる考え方を示す概念図です。

図15-2　SaaS Anywhere環境におけるオーナーシップ

左側では、SaaSプロバイダーとテナント環境の間にはっきりとした境界線を描いています。この場合、SaaSプロバイダーはリモートリソースを制御することができません。この方法では、ソリューションに含まれるさまざまなリソースをホストしているインフラストラクチャの料金を誰が支払うかによって、オーナーシップが定義されます。たとえば、テナントのクラウドアカウントやテナントのデータセンターで実行されているリソースがある場合、技術的にはテナントあるいは顧客がこれらの環境で実行されているシステムの一部を所有していることになります。しかし、オーナーシップがSaaSプロバイダーに委任されていると考えることもできます。SaaSプロバイダーにリモート環境へのアクセスと制御権が付与されている場合、これらのリソースがテナントのインフラストラクチャでホストされていたとしても、SaaSプロバイダーはこれらのリソースをプロビジョニング、デプロイ、構成、および運用することができます。これは図の右側に示されています。オーナーシップがSaaSプロバイダーに与えられ、SaaSプロバイダーは現在の環境の拡張としてこれらのリソースを扱えることが示唆されています（いくつかの注意点があります）。

オーナーシップに関するこれらの見方は、SaaS Anywhereモデルを検討する際に考慮すべきいくつかの重要な緊張点の中心に位置しています。ここまでは、システムの実装に使用されているインフラストラクチャをテナントが見ることができない環境を構築することに重点を置いた体験について、説明してきました。この基本原則は、SaaS環境のすべての可動部分の形成、運用、構成を完全な制御下に置き続けるための中核を成しています。

では、システムの一部を他の環境に分散させたアーキテクチャを採用するとはどういうことでしょうか？ このモデルをサポートすることは現実的でしょうか？ 良いアイデアと言えるでしょうか？ それとも、SaaSのアンチパターンとみなすべきでしょうか？ 私が思うに、私たちは常にそこまで絶対的に言い切ることはできません。SaaSの中核を成す価値は、アーキテクチャの可動部分をすべて自分でホストしているときに最もよく達成できるものだと思います。その一方で、システムの一部をリモートモデルで実行する必要があるような、説得力のあるユースケースを提示する場合のある顧客ドメインやビジネス戦略が存在する現実も無視することはできません。つまり、テナントが所有する環境でシステムの一部を実行することは間違っていると断言するほど厳格にはなれないということです。

この問題に注目すればするほど、SaaS Anywhereのような類のものは避けられないことに気づきました。SaaSプロバイダーがこのアプローチを採用することが求められるビジネスケースは、すでにありますし、将来的にも今後出てくるでしょう。レイテンシー、コンプライアンス、セキュリティ、その他多くのドメイン固有のニーズはすべて、どのように環境の一部を分散させるかに何らかの影響を与える可能性があります。

ここで、最初に取り上げた基本的なオーナーシップの問題に戻ります。最も純粋なオーナーシップの定義を元にすると、テナントがこれらのリソースを所有している可能性があると言っても過言ではないと思います。私たちが答えを出さなければならない本当の問題は、誰がこれらのリソースを制御するかということです。これがオーナーシップに関する問題の核であり、また、問題を少し厄介にする部分でもあります。理想的なシナリオでは、SaaSプロバイダーは、あたかもSaaSプロバイダーの環境にあるかのようにこれらのリソースをプロビジョニング、構成、スケール、管理できる権限を持って、あらゆるリモートリソースに対する完全で包括的な制御を行います。この方法では、リモートであることによる影響をはるかに管理しやすくなります。一方で、これが現実的か疑問に思うのも当然のことでしょう。テナントがこれらのリソースに対するこれだけの制御権を本当に受け渡すでしょうか？ そうでない場合は、テナントがこれらのリモートリソースに対する操作とアクセスの部分的な制御権を付与する、一種の共同親権のような形に落ち着くことになるでしょう。

この共同所有のモデルでは、SaaS環境全体のデプロイ、構成、運用をさらに複雑にするであろう、まったく新しい課題に取り組む必要が出てきそうです。さて、すべての面を指示または制御することができない可能性のあるリモート環境では、変更をオーケストレーションおよび同期する方法についても考える必要があります。テナントの管理者と協力して、リモート環境がアーキテクチャの進化するニーズと常に同期していることを担保する必要があるかもしれません。

分散型オーナーシップの道を進めば進むほど、より広範なSaaSのビジョンが損なわれ始める可能

性があります。このようなオーナーシップに関する難しい課題への対処方法を企業が理解できるように するには、あなたがここで重要な役割を果たす必要があります。システムの一部をリモートテナント環境で実行するという考えを、自社のビジネスではいつどこで採用するのが合理的かを判断するのがあなたの仕事になります。顧客の声に耳を傾け、彼らのニーズをサポートしたいと思うでしょうが、SaaS環境を保護する必要もあります。このアプローチの採用に伴う潜在的な影響を明確かつ定量化して、ビジネスリーダーとプロダクトリーダーに対して、このモデルをサポートすることで生じる可能性のある長期的なトレードオフを明らかにするよう全力を尽くす必要があります。

私がはっきりさせておきたいポイントは、オーナーシップはデリケートなトピックで、ビジネスチームと技術チームによる慎重な分析と検討が必要だということです。どのようにオーナーシップへアプローチするかで、将来のSaaSビジネスのプロファイルに大きな影響が及ぶ可能性があります。

15.1.2　流れを制限する

SaaSであるとはどういうことか、私がその特徴として強調してきたのは、テナントが基盤となるアーキテクチャにどのように配置されるかにかかわらず、SaaSプロバイダーが単一の体験を通じてすべてのテナントをオンボーディング、デプロイ、管理、運用できるようにする、シングルペインオブグラスを持つことに重点を置くということです。この原則は、分散リソースをサポートする必要があるSaaS環境ではさらに重要になります。

これはおそらく、SaaS Anywhereモデルの最大の課題となる可能性があります。どの程度の妥協や変更をSaaSの原則に加えるとやりすぎになるのでしょうか？　このモデルを投影して、環境への潜在的な影響を考慮すると、結局は多くの複雑な制約が足枷となることが想像できます。皮肉なことに、これによって最終的にはSaaSよりもマネージドサービスのモデルの方に徐々に流されていく結果となるでしょう。これらのリソースをサポートするために少しずつ犠牲を払っていくと、SaaSではない環境で通常見られるような運用の複雑性による制約を課された状況に陥る可能性があります。

では、この課題をどのように乗り越えればよいのでしょうか？　絶対的な正解はほとんどありません。基本的に、私はいつも、これらのリモートリソースの存在がビジネスの成功にどのように影響するかを自問することから始めると思います。このアプローチを採用することで、ビジネスの立ち上げと成長に不可欠な明確な顧客ニーズをターゲットにすることができるだろうか？　また、この分散モデルをサポートすることで引き受ける複雑性によって、まるでペナルティを課されているように感じることなく、このアプローチが運用をスケールさせ、利益を維持し、事業を急速に成長させることができるかどうかにどのように影響するかを評価したいと思っています。これらは、SaaS Anywhereモデルへ向かって進む上で評価しなければならないパラメーターの一例にすぎません。この機能を欲しがるかもしれない数社の顧客のことだけを考えるのではなく、多くの顧客が分散リソースを活用するかもしれない未来を見据えて検討してください。

15.1.3　さまざまな種類のリモート環境

　ここでは、システムの一部が別の環境で実行されている状況を説明するために、リモートを一般的な用語として使用しています。実際には、リモートであるとはどういうことを指すのかは、SaaS環境によって異なります。それぞれ種類ごとに、SaaSソリューションの設計と実装に影響を与える可能性があります。

　まずは、リモートリソースがオンプレミスでホストされる最も単純でわかりやすいリモートモデルの例から見ていきましょう。このモデルでは、システムの一部をテナントのデータセンターやその他の環境で実行し、そこでテナント専用のリモートリソースを保持します。このモデルでは、アーキテクチャはオンプレミス環境の性質に大きく影響されます。ここでは、利用可能な統合の選択肢を評価し、リモートリソースをどの程度管理するかを判断する必要があるかもしれません。

　オンプレミスには別の種類もあります。このモデルは、オンプレミスで実行されるインフラストラクチャがクラウドプロバイダーによって提供されます。これは、クラウドプロバイダーのサービスの一部をサポートするリモートデプロイ可能なハードウェアに依存しているため、テナントはクラウドの機能にもアクセスできる一方で、オンプレミスのニーズも満たすことができます。たとえば、AWSにはAWS OutpostsとAmazon EKS Anywhereがあり、これらを使用してオンプレミスでAWSサービスのバージョンを実行することができます。このアプローチは、SaaSプロバイダーにとって良い妥協点となる可能性があります。これにより、クラウドセキュリティと統合機能を活用して、コントロールプレーンとリモートサービス間の統合を構築できる場合もあります。

　最後に、すべてをクラウドでホストする方法を紹介します。テナントの環境が、テナントのクラウドアカウントで実行されているため、リモートとみなされているだけです。これは、リモートモデルをかなりシンプルにし、組み込みのクラウド機能を活用してリモートリソースと統合できるようになります。これにより、SaaS Anywhere実装の全体的な構成が簡素化され、コントロールプレーンとテナント環境間のやり取りをより自然に制御および管理する方法が構築される傾向があります。

　リモートリソースに関するこれら3つの異なる考え方は、SaaS Anywhereの別のレイヤーの課題を浮き彫りにしています。リソースのリモート化を検討する際は、ソリューションの統合、セキュリティ、およびパフォーマンスにリモート環境の性質がどのように影響するかについても考慮する必要があります。

15.1.4　地域ごとのデプロイvs. リモートリソース

　一部のSaaSプロバイダーは、複数の地域で製品をホストしているグローバルな動作環境を持っています。このモデルでは、基本的に、特定の地域または地方内にソリューションの完全な独立したデプロイを実行するために必要なすべてのものを起動することになります。これもSaaS Anywhereの一種と考えたくなるかもしれませんが、私はこれら2つのモデルが同じであるとは考えていません。

　ソリューションのデプロイを複数持つことが目標の場合は、アプリケーションプレーンのコピー全体を各宛先にデプロイすることに重点を置きます。デプロイするアプリケーションプレーンは、その

地域のすべてのテナントをサポートするためのものです。これは、アプリケーションの特定のリソースを選び出して、特定のテナント環境に選択的にデプロイすることとはまったく異なります。

このSaaS Anywhereについての議論では、テナントが基盤となるインフラストラクチャに直接アクセスできないような体験により焦点を当てています。たとえば、SaaS CRMや会計ソリューションでは、通常、基盤となるインフラストラクチャをテナントに公開することはありません。しかし、組織がサービスとしてのモデルでインフラストラクチャ機能を提供しているシナリオもあります。この場合は、テナントがインフラストラクチャリソースに触れるのはそれほど難しくないかもしれません。これはどちらかというと、ビルダー、アーキテクト、運用チームに提供されるサービスを作成する際の副産物です。私が言いたいのは、リモートリソースをサポートする方法とタイミングを導く原則は、ソリューションの性質によって変わる可能性があるということです。さまざまなドメインや対象とするペルソナの現実を考慮に入れると、境界線はきっとさらに曖昧になるでしょう。

15.2　アーキテクチャパターン

　SaaS Anywhereは、通常、SaaSアーキテクチャがリモートリソースに依存している環境を特徴付けることを目的としています。つまり、このモデルに適合する組み合わせや構成はたくさんあるということです。同時に、リモートリソースもいくつかの異なる種類があり、それぞれに独自の考慮事項があります。目標は、これらの基本的なSaaS Anywhereパターンに焦点を当て、各パターンに関連する影響と考慮事項を特定することです。

　ただし、これらのパターンに取り掛かる前に、まずSaaS Anywhereモデルの核となる要素の概要を見てみましょう。図15-3は、SaaS Anywhere環境の最も基本的な要素を表した初歩的な図です。

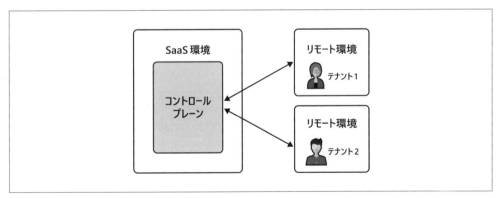

図15-3　中央管理されたコントロールプレーン

　この図は、SaaSアーキテクチャを2つの異なる要素に分割しています。左側には、当然のことながら、コントロールプレーンがあります。コントロールプレーンは引き続き同じ重要な役割を果たし、SaaS環境の管理と運用に使用される一元的な窓口となります。そのため、リソースをリモートのテナント環境に移動する場合でも、リモートリソースのプロビジョニング、管理、構成方法を統一できるコントロールプレーンが必要です。目標は、リモートリソースのすべてのオーケストレーションが引

き続きコントロールプレーンを通じて行われるようにすることです。これにより、テナント固有のリモートリソース要件をサポートする1回限りの仕組みを導入する必要がなくなります。

図の右側には、リモートテナント環境があります。これらのSaaS Anywhereパターンすべてで、基本的にはサービスやデータベース、その他のリソースをテナントが所有する環境に配置していることがわかります。これらのテナント環境はすべて、コントロールプレーンと何かしらの形で統合されています。実際には、これは多くの場合、テナント環境からはデータが送信され、コントロールプレーンからは操作が呼び出される双方向の通信経路です。これがどのように機能するかは、技術スタックの性質と各テナント環境にデプロイされるリソースの種類によって大きく異なります。

これらのアーキテクチャパターンはすべて、より複雑な可用性モデルを継承していることに注意が必要です。システムの可用性とテナントの体験は、これらのリモートリソースの可用性に依存します。これらのリモートリソースが利用できないシナリオにどう対応するかを検討する必要があるでしょう。そのためには、このようなリモート環境で発生する可能性のある障害を適切に検出して管理できる構造や仕組みを作成するための多額の投資が必要になる可能性があります。

次の節では、チームがよく目にする、顧客やドメインの要件に後押しされてリモートにデプロイされたリソースをサポートする必要性がある具体的な事例をいくつか紹介します。各パターンの基本的な特徴を概説し、各戦略の採用を推進する動機となるいくつかの要因に焦点を当てます。

15.2.1　リモートデータ

リモートデータは、最も一般的なSaaS Anywhereアーキテクチャパターンの1つです。リモートデータモデルのサポートを検討する企業、ユースケース、ビジネス要因が増えているようです。詳細を説明する前に、まずリモートデータ戦略を採用する環境のSaaSアーキテクチャを見てみましょう。図15-4は、データの一部をリモート環境に保存するマルチテナントソリューションの一例です。

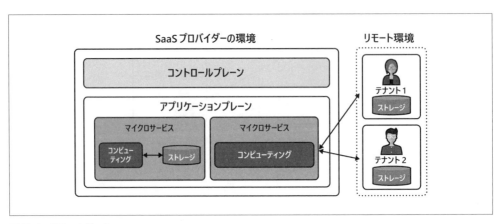

図15-4　リモートデータ

この図では、左側にマルチテナントアーキテクチャの従来の要素をすべて示していることがわかり

ます。ほとんどの点で、この環境は、本書全体で説明してきたのと同じパターンと戦略に準拠しています。微妙な違いの1つは、あるマイクロサービスがリモートストレージ（図の右側）に接続していることです。システムにはテナントごとに個別のストレージがあり、マイクロサービスは各リクエストを適切なテナントストレージリソースにマッピングする必要があることに気づくでしょう。

　通常、ストレージをテナントの環境に移動する動機はさまざまです。たとえば、特定のデータをリモートに保存する必要があるというドメイン固有のコンプライアンス要件や規制要件がある場合があります。また、データの一部をテナントの環境で管理および保存する必要がある特定のセキュリティ上の制約を持ったテナントもあるかもしれません。テナントのデータのソースとサイズによっては、リモートストレージモデルでデータを保管したいと思うチームもあるでしょう。この場合、ただデータ量が膨大なために、SaaSプロバイダーの環境に移動することは現実的ではない場合もあります。大まかに言えば、チームをリモートデータモデルへと導く根底には、さまざまな要因（技術、パフォーマンス、コンプライアンス、データサイズなど）があるということです。

　リモートデータをサポートするからといって、システムのすべてのデータがリモートでなければならないわけではないことに注意してください。そうではなく、リモートで管理する必要がある特定のデータ群を特定し、システムの残りのデータは管理し続けるようにしてください。この点を強調するために、図15-4の図には、SaaSプロバイダーの環境内にデータを保存するマイクロサービスも含まれています。

　リモートデータのサポートを検討しているときはいつでも、これがソリューションのパフォーマンスとセキュリティモデルにどのように影響するかについても考慮する必要があります。確かに、リモートデータでは、データへのリモートアクセスがソリューションのパフォーマンスにどのように影響するかを考慮する必要があります。また、これらのリモートデータソースへのアクセスをどのように認可するかも決める必要があります。これには、テナントコンテキストを適用して各テナントのストレージリソースへのアクセスを制限/管理することも含まれるでしょう。

　リモートデータのサポートが必要となる環境も現実に存在するでしょうが、この機能の導入を強く求めるテナントがいる可能性を念頭に、その考え方に対して準備をしておくべきです。ほとんどの場合、SaaS環境のネイティブ機能で、テナントのセキュリティ、規制、およびドメインに関する考慮事項の多くをサポートできるでしょう。重要なのは、厳しい質問をしたり、企業や顧客の仮定に異議を唱えたりすることなく、チームがリモートデータをサポートするのは見たくないということです。

15.2.2　リモートアプリケーションサービス

　リモート環境について考えるとき、これを単にリモートインフラストラクチャへのアクセスとみなすべきではありません。サービスやコードをアプリケーションプレーンからリモート環境に移動する場合もあります。図15-5は、リモートのテナントの環境でサービスをホストする方法の一例です。

　この図の左側には、SaaSプロバイダーの環境でホストされているマルチテナントアーキテクチャの

基礎があります。ここで新しくなったのは、アプリケーションプレーンからマイクロサービスを完全に切り出して、リモート環境でホストしたことです。つまり、アプリケーションプレーンはこれら2つの環境に広がりました。テナント環境は実質アプリケーションプレーンの論理的な拡張として振る舞います。

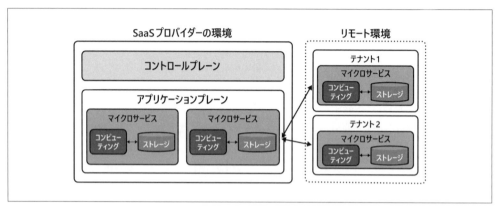

図15-5　リモートアプリケーションサービスの実行

　一般的には、いくつかの要因によってサービス全体をリモート環境に置くことになります。規制上の理由でコンピューティングをリモート環境に置く必要がある場合や、特定のパフォーマンス上の問題により、これらのサービスをリモート環境内の他のリソースの近くに配置する必要がある場合もあります。たとえば、株取引の要件により、取引に参加しているインフラストラクチャやシステムの近くで取引ソリューションの一部をホストする必要がある株取引ソリューションを見たことがあります。

　また、このアプローチは、データをリモートに置く必要があり、その結果、レイテンシーやパフォーマンスの問題を解決するためにアプリケーションサービスもリモート環境に移動するようなシナリオでも適用できます。データに対する主要な操作をリモートサービス経由で実行すれば、アプリケーションプレーンとリモートサービス間で流す必要のあるデータ量を制限することができます。これをいつどのように行うかは、ワークロードと、データとコンシューマーサービス間のやり取りの性質に大きく依存します。

　境界を越えてサービスをリモート環境に移動すると、運用、拡張性、可用性の面でさらなる複雑性を取り込むことになります。たとえば、オンボーディングおよびデプロイツールは、各テナント環境で実行されているサービスのプロビジョニングと更新をサポートする必要があります。また、これらのリモートサービスのスケーリングにどのように取り組むかを決める必要もあります。サービスのスケーリングプロファイルを設定するのに十分なリモート環境のオーナーシップを持っている場合があるかもしれません。そうでない場合は、これらのリモートサービスのスケーリングプロファイルを管理および設定できる他の方法を検討する必要があるかもしれません。

15.2.3 リモートアプリケーションプレーン

まれに、アプリケーションプレーン全体をリモート環境でホストする必要がある場合があります。この場合、基本的に、テナント体験はすべてリモート環境の拡張性と性能に依存すると言っても過言ではありません。図15-6は、このモデルの一例です。

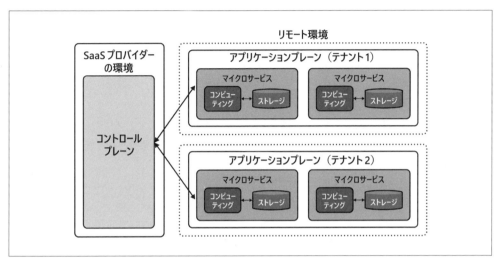

図15-6 リモートアプリケーションプレーン

このアプローチを使用すると、SaaSプロバイダーの環境は非常に小さな構成に縮小されます。残っているのはコントロールプレーンだけです。アプリケーションプレーンにあったものはすべてリモート環境に移動されています。このアプローチを採用すると、各テナントが独自の完全に専用のアプリケーションリソースセットを実行する、フルスタックのサイロモデルに身を任せることになります。これに関してはすべて、フルスタックのサイロ体験を採用する際と同じ原則と考慮事項に従うことになります。唯一のユニークな点は、テナントサイロがリモート環境で実行されていることです。

このモデルでも、すべてのテナントで実行される単一のバージョンのアプリケーションを用意することが目標であるということに注意してください。テナント環境がリモートの場合、これを実現するのはより難しくなるかもしれませんが、それでも目標であることには変わりありません。ここでの課題の大部分は、2つの環境にうまく適用できるプロビジョニング、構成、デプロイ戦略を特定することです。個々のテナント環境で発生する可能性のある問題に対処するために、耐障害性の高い仕組みを導入することになるかもしれません。たとえば、デプロイ中にあるテナント環境で何か障害が発生した場合、このような状況をうまく処理する仕組みを作成できますか？

このモデルを採用することは、SaaSビジネスにとって大きな妥協点となるでしょう。これにより、インフラストラクチャを共有することで生じるスケールメリットを実現するチャンスが実質的になくなります。また、テナント環境の拡張性、可用性、パフォーマンスは、リモートのテナント環境の性能によって直接左右されます。これを紹介したのは、主に、一部の組織ではこれが起こり得ることだ

と認めるためです。ただし、このアプローチに伴うビジネス、技術、および運用上のトレードオフは非常に大きな影響を与えるでしょう。したがって、この道を進む場合は、これがビジネスの成長、効率性、拡張性にとってどのような意味を持つのかを理解する必要があります。

15.2.4　同じクラウド内にとどまる

ここで説明したパターンの実装の複雑性は、リモート環境の性質によって大きく変わる可能性があります。クラウドベースのソリューションを実行していて、リモートのテナント環境も同じクラウドで実行されている場合、この体験の全体的な摩擦は軽減されるでしょう。

同じクラウドを使用している場合、テナント環境はSaaSプロバイダーの環境にある同じアーキテクチャ構成とサービスすべてにアクセスできるでしょう。これにより、リモートリソースの実行が簡単になります。たとえば、同じクラウドで実行されているテナント環境でアプリケーションサービスを実行する場合、そのサービスはSaaSプロバイダーの環境で実行する場合と同じ戦略を使用してスケール、構築、構成することができます。

私にとって、これはSaaS Anywhereの話における重要な違いです。システムの一部をリモート環境に移動するたびに、その環境の性能に依存することになります。だからこそ、SaaS Anywhereの精神は、リモートサービスが同じクラウド内で実行されているときに最もよく発揮されると思っています。他の種類のリモート環境も有効ですが、受け入れるのが一層難しくなる複雑性を積み重ねるでしょう。

15.2.5　統合戦略

リソースがリモート化されるにつれ、SaaSプロバイダーとリモート環境間の統合をどのように実装するかについても検討する必要があります。推奨されるアプローチのような単一のソリューションはありませんし、リモート環境（オンプレミス、アカウント間など）の性質が、統合の実装に使用できるツールや技術に何らかの影響を与えることは間違いないでしょう。

私にとって、この議論は、2つの環境間でどのようなやり取りが行われるかを調べることから始まることが多いです。これはやり取りの多い統合でしょうか？ 統合は非同期で行えるでしょうか？ どのくらいのデータが環境の間を流れるでしょうか？ 統合をどのように保護すればよいでしょうか？ これらはすべて、統合戦略を選択する際に自問する必要がある質問の一例にすぎません。

また、統合の実装に利用できるさまざまな技術もあります。たとえば、メッセージベースの統合モデルを使用して2つの環境を接続したり、インフラストラクチャ全体の構成にリモート環境をより自然に適合させるネットワーク機能を使用したりすることができます。ここには正解も不正解もありません。どの方法を選択するかは、リモート環境の現実とそれが何を可能にするかによって決まります。

15.3 運用上の影響と考慮事項

あなたのソリューションがリモートリソースをサポートすることになる場合、これにより運用体験にさらなる複雑性がもたらされることが予想されるはずです。リモートリソースの存在によって、テナントのプロビジョニング、構成、オンボーディング、管理方法すべてが影響を受ける可能性があります。要するに、これはオーナーシップがアーキテクチャを著しく複雑にする可能性がある領域です。リモートリソースへのアクセス、構成、管理方法の原則は、リモート環境に対してどの程度の制御ができるかによって決まることになるかもしれません。

今やリモートリソースがあるので、これがSaaS環境の全体的な運用プロファイルにどのように影響するかを考慮する必要があります。これにより、独自の拡張性、可用性、パフォーマンスの要件を備えたリモート環境への依存関係を持ったことになります。ソリューションの健全性と顧客体験は、いくつかの点で、この制御できる範囲が限られた外部エンティティに依存しています。

以下の節では、リモートリソースのサポートがアーキテクチャの設計と実装に影響を与える可能性がある主な領域をいくつか取り上げます。

15.3.1 プロビジョニングとオンボーディング

私は、完全に自動化されたオンボーディング体験を持つことの重要性をかなり強調してきました。環境に導入される新しいテナントをサポートするために必要なすべてのリソースをプロビジョニングおよび構成する詳細なオンボーディングフローを含むサンプルアーキテクチャの概要を説明しました。さて、分散型リソースモデルを検討する際は、リモートリソースの必要性が、オンボーディング体験の自動化、効率性、耐久性にどのように影響するかを考えなければなりません。

ここで出てくる質問はたくさんありますが、そのほとんどはリモートリソースのオーナーシップとライフサイクルに関するものです。理想的なケースでは、テナントのオンボーディングとプロビジョニングのプロセスが、リモートリソースを完全に制御するでしょう。つまり、SaaS環境で実行されているオンボーディング機能が、これらのリソースを直接プロビジョニング、構成、管理できるということです。そうすればSaaS Anywhereモデルの影響が限定され、あたかも自分のSaaS環境の一部であるかのようにこれらのリソースを作成、更新、管理できるようになります。リモートモデルにはまだパフォーマンスやその他の懸念事項があるかもしれませんが、このレベルの制御ができるのであれば、リモートリソースモデルに関連する多くの課題を確実に軽減できるでしょう。

問題は、テナントの環境でホストされているリソースのライフサイクルを完全に制御できるようにすることは、テナントにとって現実的ではないかもしれないことです。それらは、サポートしたい範囲を超えるレベルのアクセスと制御をあなたに委任することになる可能性があります。すべてがはるかに複雑になる可能性があるのはこのためです。たとえば、テナントがオンボーディングするたびにリモートのデータベースを作成する必要がある場合、そのデータベースの作成と構成を調整する、より段階的なオンボーディング体験が必要になります。これには、テナントの新しいデータベースをプロビジョニングし構成するために、処理、スクリプト、またはツールを実行するようテナント管理者

に要求することが含まれる場合があります。

一般的に、リモートリソースのプロビジョニングについて制御できる部分が減るほど、SaaSビジネスの俊敏性と運用効率に与える影響は大きくなります。これらはすべて、リモートリソースのサポートがビジネスに適しているかどうかを考えるときに考慮しなければならない妥協点の一部です。顧客やドメインの明確なニーズによってこれらの課題が相殺される場合もあります。その他の場合では、ビジネスと、基盤となるすべての実装を所有および管理できることによって可能になるビジネスの急速な成長に支障をきたす場合もあります。

15.3.2　リモートリソースへのアクセス

リソースをリモート環境に移動するときは、たとえそれが同じクラウド内にある場合でも、SaaS環境からこれらのリモートリソースへのアクセスをどのように管理するかを考える必要があります。このアクセス権がどのように付与されるかは、行う統合の性質によって異なります。重要なのは、設計の一部として、リモート環境へのアクセスを許可する何らかの仕組みまたは機能が必要になるということです。これがいつどのように行われるかは、統合の性質とアクセスするリソースによって異なります。

SaaS Anywhereモデルのセキュリティも、アクセスしようとしているリモート環境の種類によって影響を受けます。たとえば、リモートリソースがオンプレミスで実行されている場合は、より専門的な、または的を絞ったアプローチが必要になる場合があります。また、環境の統合に使用しているサービスとツール（イベント、API、同期、非同期）は、環境間のやり取りをどのように保護するかに大きな影響を与えます。

あまり明白ではないかもしれない考慮事項がもう1つあります。リモート環境がコントロールプレーンとやり取りする必要があるシナリオがあります。リモートサービスでは、おそらく、SaaS環境で実行されている一元化されたコントロールプレーンに、ログや請求イベント、メトリクス、洞察データを送り返す必要があるでしょう。つまり、リモートサービスには、コントロールプレーンのこれらの部分へのアクセスを許可する必要があります。

15.3.3　拡張性と可用性

マルチテナントでは、チームはソリューションの拡張性と回復力に重点を置く必要があります。SaaS環境で障害が発生すると、すべてのテナントに影響が及ぶ可能性があります。環境のすべてのリソースを完全に制御できる場合でも、堅牢な拡張性および回復力戦略を構築することは十分に困難です。リモートリソースをサポートすることで、この話がいかに複雑になるか想像してみてください。

リソースがリモート環境で実行されている場合、それらのリソースがどのようにスケーリングに対処し、可用性を高めるかを制御できなくなる可能性があります。SaaS Anywhereでは、全体的な拡張性と可用性モデルに外部の依存関係を組み込む必要があります。リモート環境で何らかの障害が発生した場合はどうなるでしょうか？　他のテナントに影響を与えずに、システムがこの障害に適切に対

応するにはどうすればよいでしょうか？ これらの障害をどのように管理および検出し、運用チームに知らせますか？ これらは、モデルの一部としてリモートリソースをサポートすることを検討する際に考慮すべき質問の一例にすぎません。

15.3.4　運用上の洞察

ソリューションがどこで実行されているかにかかわらず、ソリューションは運用の健全性とアクティビティを一元的に把握できる単一のビューを提供する必要があります。これはつまり、たとえリモートリソースがあったとしても、これらのリソースの使用量、健全性、運用上の洞察は、SaaSソリューションの管理と運用に使用する他のすべての運用データと一緒に表示しなければなりません。

これを実現するには、メトリクス、ログ、その他の運用データをSaaS環境のコントロールプレーンに送信するためのリモートリソースが必要です。たとえば、リモートのマイクロサービスがある場合、そのサービスはSaaSプロバイダーの環境で実行されている場合に通常送信するであろう運用データと洞察すべてを同様に送信する必要があります。リモートリソースに関連する問題を検出およびトラブルシューティングするためには、このデータに一元的にアクセスできることが不可欠です。

一般的に、SaaS Anywhere戦略にはさらなる複雑性と課題が伴うため、これらの環境で表面化する可能性のある問題により能動的に対処できる運用ツールに強く投資する必要があります。

15.3.5　更新のデプロイ

リモートリソースの使用は、SaaS製品のデプロイ範囲に直接影響します。更新を配信する際には、インフラストラクチャの自動化コードに、各テナントのリモート環境へサービス、更新、その他の変更をデプロイできるようなサポートを含める必要があります。これらの概念の実装は、リモートリソースをどの程度制御できるかに大きく依存します。

リモートのデータベースのスキーマを段階的に変更する必要がある更新を配信するところを想像してみてください。完全に制御できる場合は、この変更を直接適用できます。そうでない場合は、リモート環境の所有者とこの変更をどのように調整できるかを検討する必要があります。また、リモートの更新が一部失敗するシナリオにどのように対処するかについても検討する必要があります。

ここで重要なのは、リモートリソースへのデプロイに伴う可能性のある課題を考慮に入れて、マルチテナントデプロイの範囲と性質を再評価する必要があるということです。

15.4　まとめ

SaaS Anywhereは、私を2つの方向に引っ張るトピックです。私の中のアーキテクトは、マルチテナントソリューションを構成する方法にあまり制約が課されないように、アーキテクチャの可動部分をすべて完全に制御したいと思っています。一方で、ビジネスやドメインが課す要件によって、自分の限界を試さざるを得ない場合があることも承知しています。この章でSaaS Anywhereを紹介しようと思ったのは、こうした現実を認識し、SaaSアーキテクチャの基盤を完全に損なうことなく分散

型マルチテナント環境を構築する方法を検討し始めることでした。

この章の冒頭では、SaaS Anywhereモデルの中心的な原則をいくつか概説しました。目標は、ソリューションの一部がリモート環境で実行されるモデルをサポートするマルチテナントアーキテクチャの作成に伴う中心的な概念を大まかに把握することでした。この議論で重要な部分は、オーナーシップの役割と、それがSaaS Anywhere戦略の展開にどのように影響するかという点に関するものでした。

そこから、アーキテクチャパターンの方に移り、さまざまな種類と範囲のリモートリソースを見てきました。目標は、SaaSプロバイダーがサポートする必要のありそうな典型的なパターンをいくつか紹介することでした。リモートデータベース、リモートマイクロサービス、完全なリモートアプリケーションプレーンについて説明し、さまざまな種類のリモートリソースに伴う考慮事項をいくつか取り上げました。その狙いは、システムの一部をリモートモデルでデプロイすることに伴う可能性、現実、動機の一部を紹介することでした。

この章の締めくくりとして、リモートリソースのサポートを検討する際に評価すべき最も重要な分野の1つである運用について確認しました。SaaS AnywhereがSaaSの運用ストーリー全体に新たな側面をもたらすと感じた分野をいくつか取り上げました。これが拡張性、可用性、デプロイ、運用上の洞察、セキュリティへ与える影響を調べました。

私は、SaaS Anywhereを、バランスを取るようなものと捉えています。チームは、理にかなっている場合にのみこのモデルを採用することができますし、またそうするべきです。同時に、このアプローチの採用にあたっては、多くの内省が必要です。この道を進む上では必ず、ビジネスの全体的な成長、俊敏性、イノベーションのプロファイルに対して比較検討を行う必要があります。ビジネスが成長を促進するために俊敏性を重んじるほど、リモートリソースモデルをサポートすることがその成長をいかに複雑にするかを考えなければなりません。

次の章に進むにあたり、生成AI（GenAI）を使用したマルチテナントSaaSアプリケーションの構築とはどのようなものかを見ていきたいと思います。生成AIの登場によって、今や検討すべきさまざまな戦略があります。テナントやSaaSビジネスに価値を創造し、差別化を図るために、生成AIの力をどのように活用すればよいかを判断する際に、これらの戦略を検討する必要があります。その一環として、生成AIがSaaSの中心的な概念（ノイジーネイバー、分離、ティアリングなど）にどのように影響するかについても考慮する必要があります。目標は、マルチテナントが生成AIの実装に影響するいくつかの分野に焦点を当てて、生成AIとSaaSの状況をよく理解してもらうことです。

16章
生成AIとマルチテナント

　ソフトウェア開発の世界全体で、自社製品のどこにどのように生成AI（GenAI）を導入できるかが問われています。生成AIは、アーキテクチャのどこに、どのように生成AIを導入できるか評価させる、まったく新しい機会をもたらしました。生成AIの可能性に目を向ければ、これが幅広い分野やユースケースのアプリケーションに大きな影響を与えるであろうことは想像に難くありません。しかし、私たちの目的としては、SaaSプロバイダーが自社製品を差別化する新しい体験を提供するために、生成AI機能とマルチテナントを組み合わせることができる分野を特定することでした。そのことを念頭に置いて、この章では、SaaSプロバイダーが生成AIモデルにテナントコンテキストの機能を導入できるようにする、具体的な生成AIアーキテクチャ戦略の概要に焦点を当てました。この追加されたコンテキストによって、SaaSプロバイダーは、テナントコンテキストを推論に適用する単一の共有マルチテナント生成AI基盤を持つことができ、個々のテナントのニーズに合わせた応答を生成することができます。また、これによりマルチテナントの考慮事項に関するまったく新しい景色が開けます。分離、ノイジーネイバー、コスト、プライシングなどは、これらの原則をマルチテナントの文脈で適用するためにこれまでにないアプローチが必要になる新しい領域です。

　まずは、生成AIを活用した機能を含むマルチテナントソリューションの構築に伴ういくつかの中心的な概念を確認して、基礎を築く必要があります。ここでの目標は、マルチテナントの現実を全体的な生成 AI 戦略に統合するとはどのようなことかを検討する前に、基本的なビルディングブロックの概要を説明することで、生成AIとSaaSの全体像をより明確にすることです。

　基本を押さえた後、この章では、テナントごとの生成AI機能をサポートするために設定できる、具体的な生成AIの構成と仕組みについて説明していきます。その狙いとしては、すべてのテナントで共有される単一の大規模言語モデル（LLM）を持ちつつ、テナントまたはドメイン固有の体験を実現するテナントごとの設定をLLMに施すための機能をサポートするにはどうすればよいかを検討することです。ここで取り上げる構成は、検索拡張生成（RAG）とファインチューニングの2つで、これらの仕組みをマルチテナントアーキテクチャに適用する際に生じる微妙な違いに焦点を当てます。

　これらの新しい生成AI機能を紹介するにあたり、中心的なマルチテナントの原則をこれらの構成に適用するとはどのようなことかについても検討する必要があります。この章のこの部分では、テナ

382 | 16章　生成AIとマルチテナント

ント分離、ノイジーネイバー、オンボーディングなどの従来のマルチテナントの概念を、これらの新しい仕組みに対してどのように適用できるかを見ていきます。生成AIのリクエストをどのように分離しますか？ テナントがシステムを飽和させないようにするにはどうすればよいでしょうか？ これらは、生成AIを環境に導入する際に考慮すべき新しい分野の一部です。最後に、これらの生成AI戦略がプライシング、コスト配賦、ティアリング、スロットリング戦略の展開に与える影響を探って、この章を締めくくります。

　ここでのより広い目標は、単にマルチテナントの生成AIに関する議論を開始し、生成AIとマルチテナントが交差する可能性のあるいくつかの領域を特定することです。生成AIが台頭し、より多くのSaaSソリューションへ組み込まれていく中で、これがSaaSアーキテクチャの全体的な構成のどこにどのように影響するかを検討し続けることは重要です。また、この分野は急速に進化しており、指針は当面は動く的のようなものであることも注目に値します。

16.1　中心的な概念

　マルチテナント生成AIの詳細に入る前に、技術の全体像をよりよく理解するために少し基礎を固めておくのが理にかなっているでしょう。それから、これらの基本的な概念の上にマルチテナントの構成と原則を加えるとはどういうことかを見ていきましょう。**図16-1**は、生成AI体験を構成する中心的なビルディングブロックを非常に簡潔にまとめています。

　この図では、マルチテナント戦略を検証する上で比較的大きな役割を果たす要素に焦点を当て、生成AI環境のいくつかの主要な要素を少し階層的に見てみようと試みています。

　この図を下から眺めていくと、まず生成AI体験の最も重要な側面から始めていることがわかるかと思います。生成AIの世界の中心であるLLMがあるのはここです。これらのモデルは、SaaSソリューションのさまざまな生成AI機能をサポートするために必要なすべての入力を受け取り、処理し、応答を生成するようにトレーニングされています。これらのLLMは、幅広いリクエストに対応できるように、膨大なトレーニングを実施しています。

　もちろん、LLMには複数の種類があり、それぞれが独自の微妙な違いを持っています。特定のドメインやリクエストの種類に適しているものもあるかもしれません。たとえば、画像生成を目的とするものもあれば、言語の翻訳に特化しているものもあるでしょう。可能性の幅が広がり続けていることを実感していただくために、ここにいくつか例を挙げました。これらの中には、AWSの生成AIサービスに関連するものもあれば、OpenAIのサービスに紐付けられるものもあります。重要なポイントは、生成AIをSaaSソリューションに導入する際は、どのLLMがニーズに最も適しているかを検討する必要があるということです。

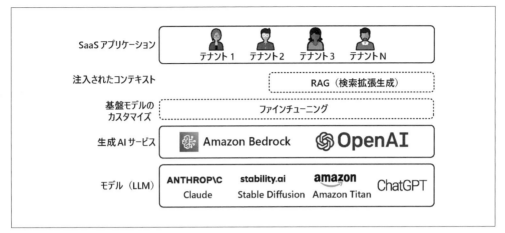

図16-1 基本的な生成AIビルディングブロック

　LLMの1つ上にあるのは、これらのLLMの上に位置付けられる生成AIサービスです。これらのサービスは、開発者が基盤となるLLMの操作を設定したり、呼び出したりするために使用できるAPIや機能を提供します。ここではAmazon BedrockとOpenAIを紹介していますが、どちらも生成AIビルダー体験に独自の課題をもたらします。最も単純なユースケースでは、これがSaaSアプリケーションのエントリーポイントとなるでしょう。ソリューションは、ただこれらの生成AIサービスに対してリクエストを呼び出して、応答を取得するだけで済みます。これは非常に単純なシナリオで、マルチテナントに関する考慮事項はあまりありません。それでも、一部のソリューションでは、これが有効な方法となるでしょう。

　ただ、さらに上に進むにつれて、生成AIサービスに追加の機能が重ねられているのがわかります。最初に示したレイヤーはファインチューニングです。基本的な考え方としては、LLMそれ自体は、ソリューションのニーズをサポートするためにある程度のリファインメントが必要な場合があるかもしれないということです。これは、ソリューションの特定の要件により的を絞ることができるように、LLMの機能を補完するために使用できるドメインやその他のコンテキスト層を導入することによって、LLMの中心的な機能を拡張するものだと考えてください。このファインチューニングは、完全な生成AIの範囲と体験の上に任意で構築するものであることを示すために、LLMと生成AIサービスの上に破線のボックスとして表現しました。

　ファインチューニングの上には、検索拡張生成（RAG）を表す層があることもわかります。RAGは、生成AI体験の機能を拡張するもう1つの方法です。これも任意の機能で、生成AIの全体的な体験をリファインメントしたり、的を絞ったりすることができます。これは生成AIサービスの外部に位置し、これらのサービスに送られるプロンプトを補強します。ファインチューニングとRAGについては、この章の後半で詳しく説明します。この時点で、これらの基本的なビルディングブロックを特定し、これらが生成AIソリューション全体の構成において果たす役割を概説したいと思います。

最後に、この図の一番上には、マルチテナントSaaSアプリケーションがあります。これは、マルチテナント環境とその裏にある生成AI機能とのやり取りを表す、どちらかというと概念的なプレースホルダーです。この環境は、チューニングや拡張を行わずに直接生成AIサービスとやり取りする場合もあれば、特定のテナントやドメインのニーズに的を絞るために、これらのテナントに焦点を当てたリファインメントに依存する場合もあります。

16.1.1 マルチテナントによる影響

基本的なビルディングブロックが整ったところで、この生成AIパズルの主要な可動部分がどのようにアプリケーションの設計に組み込まれるかを見ていきましょう。まずは、最もシンプルな、どんな環境にでも生成AIを導入できる可能性のある方法から始めましょう。図16-2は、生成AIサービスと連携するSaaSアプリケーションの基本的な要素を示す概念図です。

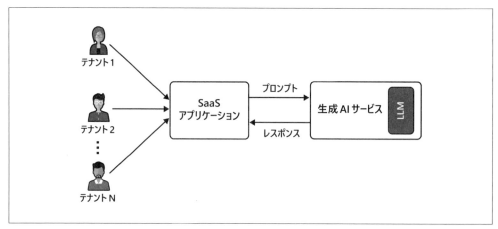

図16-2　シンプルな生成AI統合

これは最もシンプルなものです。SaaSアプリケーションは、テナントからのリクエストを受け取り、生成AIサービスにプロンプトを送信し、応答を受け取るだけです。この方法において、これらのテナントに異なる体験を提供するものは何もありません。つまり、同じリクエストを送信した場合、全員が同じ応答を受け取ります。生成AIとの対話の出力に影響を与えるような、テナントコンテキストの適用は何も行っていません。実際には、生成AIサービスを呼び出すアプリケーションは、マルチテナントかどうかに関係なくどんなアプリケーションでも構いません。これはまだ有効なモデルであると言えるでしょう。これは、テナントのプロファイルに基づいてよりコンテキストに応じた応答を生成するというこの考え方とはまったく関係ありません。

では、このアプローチを変えて、テナントコンテキストを含めるようにするにはどうすればよいでしょうか？生成AI体験全体にテナントコンテキストを取り入れるには、どんな戦略を導入すればよいでしょうか？選択肢をよりよく理解するために、全体的な体験にテナントコンテキストを適用し始

める別のマルチテナント生成AIのアプローチを見てみましょう（図16-3を参照）。

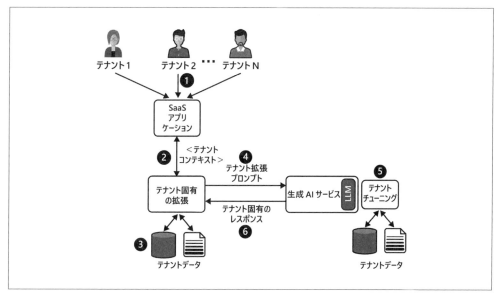

図16-3　テナントコンテキストを使用した生成AI

　図16-2で示した基本的なモデルを拡張して、この体験にテナントコンテキストを適用する要素をいくつか追加したことがわかります。図を左から右に見ていくと、まずSaaSアプリケーションとやり取りをしている複数のテナントがいることに気づくでしょう（ステップ1）。この体験のこの部分は、前の例で見たものと変わりありません。

　ここで新しく登場したのは、テナント固有の拡張という概念です。ここでは、SaaSアプリケーションと生成AIサービスの間に新しい機能が追加されています。狙いとしては、アプリケーションと生成AIサービスの間に何かを配置し、テナント固有の拡張コンテキストをプロセスに導入するという考え方です。そのため、テナントコンテキストは生成AIの呼び出しプロセス（ステップ2）の一部となり、テナント固有のデータを使用してリクエストを拡張します（ステップ3）。これで、生成AIサービスに送信されるリクエストは、テナントコンテキストによって変更されることになります（ステップ4）。また、リクエストを拡張するだけでなく、LLMにテナント固有のファインチューニング（ステップ5）を追加することもでき、テナントまたはドメインのデータに基づいてリファインメントすることもできるかもしれません。拡張とファインチューニングのこの組み合わせは、各テナントのリクエストに対して生成される出力に影響を及ぼします（ステップ6）。

　このモデルには2つの重要な側面があります。まず、そして最も明白なのは、生成AIサービスとのやり取り全体にわたって意図的にテナントコンテキストを抽出して適用しているという考え方です。そして最も見逃しがちな点は、RAGとファインチューニングのところで描かれている追加のテナントデータです。重要なのは、単にいくつかの静的なパラメーターに基づいてプロンプトの変更や生成を

行っているわけではないということです。そうではなく、エンドツーエンドの体験を形作るためのより豊かなモデルをもたらす追加のテナントデータを与えています。

ご想像の通り、これらのテナント固有の構成を導入すると、あらゆる種類の疑問が生じます。これらの構成をどのように作成するか、どのように分離するか、どのように表現するか、さらにはどのようにルーティングするか、これらはすべて生成AI体験にテナントコンテキストを追加する際に考慮すべき要素として挙げられるものです。したがって、図16-3は比較的概念的である一方で、マルチテナントのサポートが生成AIアーキテクチャの設計と実装にどのように影響するかを想像することはできるでしょう。ただし、これで複雑性が増すことによって、ユニークで的を絞った生成AI体験をテナントに提供することができ、SaaSソリューションの差別化やターゲティングが可能になるというメリットもあります。

16.1.2　カスタマイズされたテナントAI体験の構築

テナントコンテキストを適用するというアイデアは、この時点ではまだ少し抽象的に思えるかもしれません。これをもう少し具体的にするために、このテナントごとのカスタマイズの力を利用して、さまざまなテナントに強力で特別な体験を構築することができるある特定のドメインでこのアプローチを使用する例について考えてみましょう。図16-4では、eコマースの環境でテナントごとの生成AIのカスタマイズをどのようにサポートできるかに焦点を当てたシナリオの例が示されています。

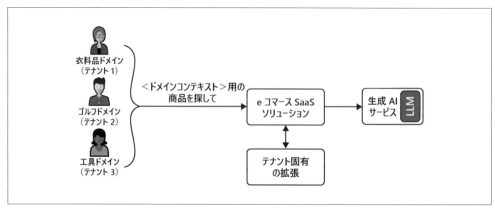

図16-4　テナントごとの生成AIの例

このソリューションは、一般的なeコマースプラットフォームを備えており、さまざまなテナントがプラットフォーム上に独自のカスタムストアを作成することができます。このプラットフォームで販売を行っている店は、さまざまな商品カテゴリにまたがって非常に多岐にわたるでしょう。この例では、3つのまったく異なるカテゴリー（衣料品、ゴルフ、工具）の商品を販売するテナントを3つ含めました。これらの各テナントは、オンボーディングの一環として、店で販売されている商品の性質に関するより多くのコンテキストを伝えるためのデータを提供しています。

16.1 中心的な概念 | **387**

さて、表面的には、この3つはまだただの店のように思えるかもしれません。商品を一覧表示したり、注文を処理したりするだけです。これらのさまざまな店にまたがった中心的な操作や機能は確かにありますが、ゴルフクラブの買い物の体験は、衣料品や工具を買う体験とはかなり異なるであろうことも想像できます。買い物客として、クラブの種類やゴルファーの能力などに特化した特性を持つゴルフクラブをシステムに探してもらうようにお願いすることもできるでしょう。あるいは、自分の好みに基づいたクラブをお勧めするように頼むかもしれません。ゴルフドメインにより的を絞った応答を生成することができるように、生成AI体験にテナント固有のリファインメントを取り入れることができるのはまさにここです。衣料品や工具の分野でも同じことが言えます。

これは少し単純化しすぎかもしれませんが、マルチテナント環境がこれらの生成AIのリファインメントの仕組みを活用して、LLMがより多くのカスタマイズした応答やテナントコンテキストに応じた応答を生成できるようにする方法がわかるでしょう。このモデルの力によって、SaaSプロバイダーは、既存のLLMの中心的な機能をベースにしつつ、顧客に付加価値と差別化の新たな一面をもたらすことのできる構成を導入することができます。

16.1.3　幅広い可能性

私は、よりテナントのコンテキストに即した生成AI体験の構築に重点を置いてきました。しかし、SaaSプロバイダーが生成AIを自社の環境に適用できる分野は他にも多数あることに注意することが重要です。これらの他の生成AIアプリケーションを概説する際に課題となるのは、ソリューションと戦略が環境やビジネスモデルの性質によって大きく異なることです。

生成AIをSaaSビジネス全体に適用する上で有力な候補として浮上しつつある分野がいくつかあります。たとえば、生成AIをカスタマージャーニーにどのように適用できるかを検討しているチームがあります。生成AIを使用することで、テナントのライフサイクル全体のさまざまな段階におけるテナントの動きを分析、リファインメント、調整する方法を検討しています。これは顧客ライフサイクルのすべての段階に適用でき、顧客の認知から支持に至るまでのあらゆる段階に関係します。

運用は生成AIの可能性を秘めたもう1つの領域です。SaaS環境では、多くの場合、運用とビジネス両方のコンテキストで役立つ傾向、健全性、アクティビティパターンを評価することができる幅広い洞察やメトリクスを追跡します。この段階では、このデータと生成AIを組み合わせることで、運用チームがSaaS環境のアクティビティについて、より豊かで動的で洞察力に富んだ視点を手に入れられるようなモデルを作成できると想定されます。これには、より広範なビジネス上の意味を持つ質問が含まれる場合があります。顧客にとって価値実現までの時間が遅くなっているのはなぜでしょうか？ リリースプロセスの俊敏性は向上していますか？ どのくらいの頻度で更新を配信することができていますか？ 最新の更新はパフォーマンスにどのような影響を与えましたか？ これはありそうな質問のほんの一例です。実際には、質問はその後より特殊なものになり、チームはさらに難しい質問ができるようになると思います。最適化の提案、負荷予測、潜在的な分離における課題の特定などを行うSaaSの生成AI体験を想像してみてください。

388 | 16章　生成AIとマルチテナント

　覚えておくべき重要なポイントは、他の多くの環境と同様に、SaaSにおける生成AIの範囲と役割は予想以上に広い可能性があるということです。生成AI分野の探索を始めるにあたっては、ビジネスのさまざまな側面にわたってどこにどのように生成AIを適用できるかを検討する必要があります。

16.1.4　SaaSとAI/ML

　生成AIが話題になっている一方で、生成AIだけが唯一のここで概説する体験の対象であると考えるのは誤りです。実際は、人工知能/機械学習（AI/ML）に自然に適合する堅牢なマルチテナント戦略がたくさんあり、生成AIによってそれらの影が薄くなることはないはずです。

　生成AIの世界では、マルチテナントへの取り組みのほとんどが、LLMをテナントコンテキストで強化することに注力しています（それが理にかなっている場合）。しかし、AI/MLではこの動向は変化します。SaaSソリューションのニーズをサポートするために、MLモデルを作成してトレーニングしていることが多いのではないでしょうか。そのマインドセットでは、私たちはまったく新しい機会とユースケースを切り開きます。さて、AI/MLをどこで、どのように使用すればよいかを判断するにあたって、個々のテナントに完全にカスタマイズされたMLモデルを提供するとはどのようなことかを考えることになるでしょう。モデル自体と、それをテナント向けにトレーニングして使用できるようにする能力は、SaaS製品の1つの差別化要因になり得ます。

　テナントごとのAI/MLモデルを持つというこの考え方は、本書全体を通して説明してきたティアリング戦略と規模の経済性戦略にかなり自然に対応することになります。たとえば、ベーシックティアのテナントに基本的な体験を提供する単一のプール化されたMLモデルを用意することができます。これらのテナントはすべて、テナントごとの特化をサポートしていない事前にパッケージされたモデルを共有します。それから、プレミアムティアに対しては、トレーニングデータをアップロードしてテナント固有のMLモデルを作成するという、よりカスタマイズされた体験を提供できます。

　一部のSaaS企業にとって、機械学習の力を使用して的を絞ったテナント体験を促進するというこの戦略が、いかに説得力のあるものであるかがわかるでしょう。また、組織が独自のMLモデルを構築し、それをサービスとしてのモデルで提供する場合もあります。このアプローチでは、SaaSプロバイダーは独自のモデルを構築し、それをテナントが利用するサービスとして収益化します。

　このAI/MLの分野は、推論をテナントにどのように提供するかを制御するためのさらなる調整ポイントも導入します。たとえば、Amazon SageMakerを使用している場合は、AI/ML推論リクエストの使用量プロファイルを設定することができます。このサービスは、推論に対するスケールメリットを活用して、複数のテナントにまたがって推論を共有できる仕組みをサポートしています。また、上位ティアのテナントのSLAやノイジーネイバー要件に対応できる専用の推論機構も用意されています。一般的に、AI/MLは生成AIで見られるようなブラックボックスにはならない傾向があり、推論インフラストラクチャの構成により大きな影響を及ぼすことができます。

　SaaSのAI/ML戦略の世界に対する理解が少し深まり、これまで探求してきた一般的な原則や戦略とより自然に結び付けられるようになりました。AI/MLがあなたのSaaS製品の性質により適して

いるかどうかを判断するために、この分野における選択肢をさらに詳しく調べることをお勧めします。ただし、この章では生成AIの微妙な違いについてさらに焦点を当てたいと思います。というのも、マルチテナント生成AIの全貌は、まだかなり漠然としていると思うためです。

16.2　テナント固有のリファインメントの導入

テナント固有のリファインメントに関する基本的な概念はすでに取り上げました。次は、もう少し掘り下げて、マルチテナント環境でこれらの手法を使用する際に伴う仕組みと詳細を調べる時間です。目標は、テナントコンテキストによって生成AI体験を拡張するとはどういうことかを具体化するために、この考え方の定義をもう少し明確にすることです。これにより、これらの構成が生成AI体験全体のどこに適合するかについて、より明確なメンタルモデルが得られます。次の節では、テナント固有のカスタマイズを導入するために使用できる2つの主な手法を見ていきます。LLMのファインチューニングに注目する前に、まずは検索拡張生成（RAG）から始めます。おわかりのように、これらの仕組みはどちらも、テナントに焦点を当てた体験を作成するためのアプローチが大きく異なります。それぞれがどのように独立して機能するか、また、さまざまなニーズをサポートするためにそれらをどのように組み合わせることができるかを見ていきます。

16.2.1　RAGによるテナントレベルのリファインメントのサポート

RAGは、開発者が的を絞った拡張をプロンプトに適用できるようにする汎用的な生成AIの仕組みです。これを使うと、生成AIサービスに送信される入力の性質を前処理してリファインメントすることができます。RAGの役割をよりよく理解するために、まずはRAGを使用して生成AIプロンプトにテナントコンテキストを追加するシンプルなSaaS環境を見てみましょう（図16-5）。

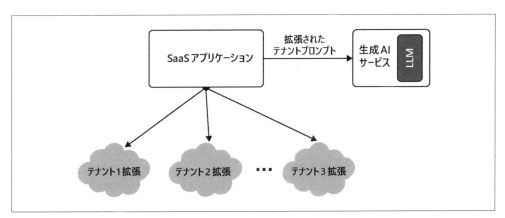

図16-5　RAGとテナントコンテキストの基本

この図を見ると、下の方にテナント拡張という漠然とした概念があることに気づくでしょう。基本的に、これらの各イメージは、生成AIサービスに送信されるリクエストを拡張するために使用できる

さまざまなテナント固有の構成のプレースホルダーを表すためのものです。これらのRAG構成が実際にどのように実装されるかは、SaaSソリューションの性質とニーズによって大きく異なる可能性があることを明確にするために、このような形で説明しています。RAGモデルでよく使用される特定の仕組みとツールはいくつかあります。しかし、実際には、拡張モデルを実装するためにここで使用できる技術は非常にさまざまです。

このようなテナントごとのリファインメントは、何らかの形で直接LLMの形を変えたり、生成AIサービスを設定したりするものと考えがちです。生成AIサービスに送信されるプロンプトの拡張にのみ焦点を当てているRAGでは、これらのどちらも当てはまりません。つまり、リクエストの性質を変えたり、リファインメントしたりするだけで、その効果が得られるということです。

つまり、RAGの仕組みとツールのどの組み合わせがソリューションのマルチテナントのニーズに最も適しているかを判断することにほとんどの重点が置かれるということです。マルチテナントRAGの設計の形式を定義するために、ベクトルデータベース、検索インデックス、リレーショナルデータベース、またはその他のツールのどれを使用しますか？ここに記載されている選択肢と設計上の考慮事項の一覧は、確実にこの章の範囲を超えています。ただし、これらのさまざまなRAGアプローチそれぞれに関連する微妙な違いをよりよく理解するには、この領域を掘り下げる必要があるでしょう。

ただし、このような背景を踏まえて、SaaS環境でテナントごとのRAGモデルを使用するとはどういうことか、もう少し具体的に見てみましょう。図16-6は、前述のeコマースの例（図16-4）を基に構築されており、SaaS eコマースプラットフォーム内の個々の店の体験をどのようにリファインメントできるかを示しています。

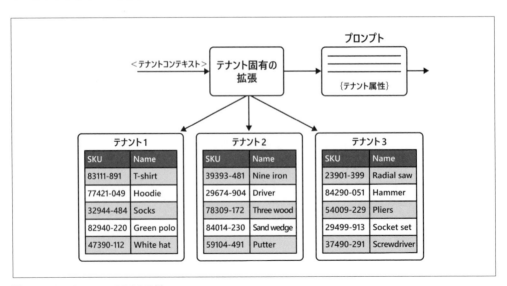

図16-6　SaaS eコマースRAGの例

この図には3つの異なるテナントがあり、それぞれが特定のドメインのテナントです。わかりやす

くするために、それぞれのテナントのオンラインストアで入手できるさまざまな商品の性質に関する情報を保持するリレーショナルデータベースの形でRAGのデータを表示しています。たとえば、テナント1は衣料品店を表しており、さまざまな衣料品に関するデータが含まれています。一方、テナント2はゴルフクラブに関する商品のデータを持っています。

実際のRAGの設定とデータはこれよりもはるかに変わったものになるでしょうが、これにより、このテナントコンテキストに応じたRAGデータから派生したパラメーターでLLMプロンプトをどのように拡張するかを決定することができる、的を絞ったテナント固有の情報を作成する方法がわかるはずです。

基本的な流れとしては、生成AIサービスに送信されるプロンプトごとに、現在のテナントコンテキストを使用して生成AIプロンプトにテナントコンテキスト情報を追加し、テナントごとにカスタマイズされた応答を生成する仕組みを用意します。これがどのように機能するかの仕組みは、使用しているツールによって異なります。拡張プロンプトを生成して送信するためのより自然でシームレスな方法を構築できる、この体験のすべての可動部分をつなげるライブラリやヘルパーもあります。

前述のように、この例は意図的にシンプルにしています。しかし、より複雑なRAG構成に移行するにつれて、このRAG情報を表現および保存するさまざまな技術においてテナント固有のRAG構成がどのように実現できるかを検討する必要があります。この点を強調するために、図16-7に例を挙げました。この例では、Amazon OpenSearchインデックスを使用してテナントごとのベクトル情報を保持し、生成AIプロンプトを拡張する方法を示しています。

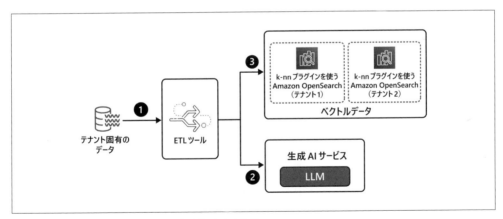

図16-7　テナントごとのOpenSearchインデックスの作成

この例では、テナント固有のデータを取り込み、それを抽出、変換、ロード（ETL）するツールを使って処理して、テナント固有のインデックスに投入するデータを抽出するプロセスを見ることができます（ステップ1）。ここで問題となるのは、このプロセスでは処理される各トークンのベクトルの計算も生成AIサービスとLLMに依存していることです（ステップ2）。計算が済んだら、これらのベクトルはベクトルストレージに挿入されます（ステップ3）。この例ではAmazon OpenSearchイン

デックスです。これを実現するために、OpenSearchは、k近傍法 (k-nn) プラグインを使用して設定されています。これにより、ベクトル空間内の点を検索し、それらの点の「最近傍」を見つけることができます。

これらのOpenSearchインデックスが入力されたら、SaaSアプリケーションはこのデータを使用してプロンプトを拡張できます。このケースでは、埋め込みのトークン化および取得に生成AIサービスを使用します。次に、そのデータを使用して、テナントのOpenSearchインデックスに対してテキストの文脈に基づく類似性検索を実行します。この検索で得られたデータは、最終的な出力を得るために生成AIサービスに送信されるプロンプトの拡張に使用されます。

重要なのは、マルチテナント環境でRAGを適用できるさらに別のモデルに焦点を当てることです。RAGのユースケースの一部としてベクトルデータベースに関するリファレンスは多数ありますが、このモデルにもテナントの概念を導入できる方法があることを説明したかったのです。ここで行うことのほとんどは、一般的なベクトルデータベース戦略と非常に一致しています。主な違いは、各テナントのベクトルデータを保持するために個別のOpenSearch構成が必要であることです。当然、どのベクトルストレージツールを採用するかは、各テナントのベクトルデータをどのように分割するかに直接影響します。

RAGモデルでは、個々のテナントについてデータをどのように表現するかを選択することができます。ここでは、このデータをテナントごとにサイロ化するか、プール化するか、またどのように分離するかを選択できます。図16-8は、サイロモデルとプールモデルを組み合わせてRAG情報を保存するRAG構成の一例です。

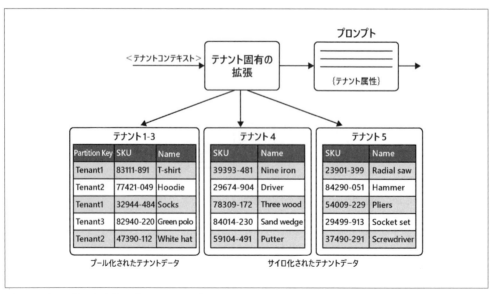

図16-8　サイロ化およびプール化されたRAGデータ

この図には、5つの異なるテナントのRAGデータがあるのがわかるかと思います。右下には、サイロ化されたデータを持つ2つのテナントがあります。テナント4はゴルフドメインのRAG情報を、テナント5は工具ドメインの情報を持っています。これらのテナントは、パフォーマンスや分離など、さまざまな理由からサイロ化することができるでしょう。

図の左下には、プール化されたテナントがあります。これらのテナントはすべて衣料品ドメインに属し、テナントIDでパーティショニングされた1つのテーブルに配置されています。ここでは、衣料品ドメイン固有の運用上または効率性のニーズに基づいて、プール化戦略を採用できます。このデータをどのようにプール化するか、またプール化するかどうかは、ソリューションの性質に依存します。重要なのは、一般的なマルチテナントデータパーティショニングに関する議論の一部であったのと同じデータパーティショニングの考慮事項が影響してくるということです。

16.2.2　ファインチューニングによるテナント固有のリファインメントのサポート

ファインチューニングは、テナントの体験をリファインメントし、的を絞るためのもう1つのアプローチを提供します。RAGはどちらかというとLLMの外部でリクエストを前処理するものでしたが、ファインチューニングはLLMの動作を変更することに重点を置いています。つまり、ファインチューニングはより直接的にLLMに適用され、LLMが提供する体験を拡張および形成するということです。図16-9は、これから取り上げるファインチューニングのモデルを表した概念図です。

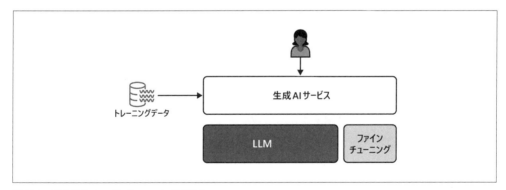

図16-9　基本的なファインチューニングの概念

図16-9は、あらゆる生成AI体験の中核となる基本的な概念を示しています。基本的に、生成AIサービスにプロンプトを送信しているクライアントがいて、そのサービスは基盤となるLLMを利用してリクエストを処理します。ここで異なるのは、LLMがリクエストを処理する方法に直接影響を与えるファインチューニングも環境に導入していることです（図の右下）。ここでは、LLMの動作を拡張することで、LLMがソリューションのニーズにうまく合致した、より的を絞ったコンテキストに応じた応答を提供できるようにしていることが想定されます。

図の左側では、トレーニングデータというアイデアを取り入れていることがわかります。ここで示したいのは、ファインチューニングの体験を設定および準備する一環として、この新しいコンテキストデータを使用して環境を「トレーニング」する必要があるということです。この「トレーニング」プロセスに含まれる性質と仕組みは、使用している生成AIサービスと適用されているトレーニングの種類によって異なる可能性があります。この特定の例では、中核となるLLMを変更することなく体験を拡張するparameter efficient fine-tuning（PEFT）を使用するシナリオを示しました。これは、チューニングがLLMの範囲外で適用されることを示すことで伝わります。

トレーニングが完了すると、生成AIサービスに送信されるリクエストには、ファインチューニングによって提供された追加のコンテキストが含まれるようになります。LLMをリファインメントするためのこのアプローチは、より的を絞った体験を構築し、SaaS製品の全体的な機能を強化したい場合に特に役立ちます。LLMの強化に異なるアプローチを取るファインチューニング戦略が他にもあることには注意してください。ファインチューニングを詳しく調べる際には、生成AIサービスがサポートするさまざまなファインチューニングの選択肢を検討する必要があります。

16.2.2.1　汎用的なファインチューニングの使用

ご想像の通り、ファインチューニングは、マルチテナントアーキテクチャの要件をサポートするためにさまざまな戦略で適用できる仕組みです。最初に検討したいのは、すべてのテナントに適用できる、より汎用的な機能としてファインチューニングを使用するという考え方です。この場合、テナントコンテキストという概念を処理したり、サポートしたりすることなく、ファインチューニングを使ってLLMの全体的な構成を形成できます。この点で、汎用的なファインチューニングはSaaSではない環境とまったく同じように適用されるでしょう。すべてのリクエストに対して等しくLLMを拡張するだけです。

このようなファインチューニングにSaaSのニュアンスはほとんどありませんが、それでもSaaSプロバイダーにとっては価値のあるツールとなり得ます。たとえば、ヘルスケアドメイン向けのSaaSソリューションを作成していて、LLMをリファインメントして、ヘルスケア関連のタスクのコンテキストとニーズをより直接的にサポートできるようにしたいとします。ここでは、PEFTまたはLLMの直接的なトレーニングを通じて汎用的なファインチューニングを適用することになります。

これは、生成AI体験の全体的な機能に磨きをかけたいと考えているSaaSプロバイダーにとって特に強力な機能となり得ます。これにより、LLMの中心的な機能をリファインメントし、特定のドメインのコンテキストを追加できるようになります。確かに、LLMは、このような汎用的なファインチューニングを必要とせずに、ソリューションの基本的なニーズをサポートできるかもしれません。しかし、多くの場合、このレベルのファインチューニングは、生成AI機能の独自のニーズと価値提案に的を絞ったLLM体験を構築する上で不可欠なものとみなされるでしょう。場合によっては、それがSaaS企業にとって差別化を図る知的財産の主軸となることもあり得ます。

16.2.2.2 テナントレベルのファインチューニングの使用

　テナント固有のリファインメントをどのようにサポートできるかを考え始めると、ファインチューニングはより興味深くなります。テナントごとにファインチューニングを選択的に適用して、個々のテナントにカスタマイズされたLLM体験を提供できるようにするというのが狙いです。図16-10は、テナントごとのファインチューニング戦略を示す概念図です。

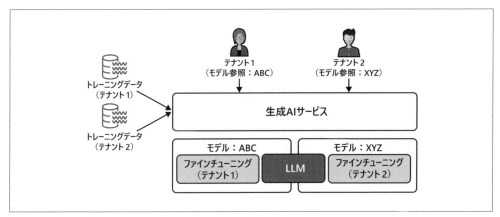

図16-10　テナントごとのファインチューニングの有効化

　このテナントごとのファインチューニングへの移行が、生成AI体験の設計にどのように影響したかがわかります。図の下には、LLMと各テナントのファインチューニング設定の論理的な組み合わせがあることがわかるかと思います。LLMはまだ1つだけですが、LLMと各テナントのファインチューニングの組み合わせは、テナントのリクエストを処理する際に別々に参照できるようになった論理的な構成を表しています。たとえば、テナント1とLLMを組み合わせると、ABCというラベルの付いた論理モデルが生成されます。一方、テナント2とLLMの組み合わせにはXYZというラベルが付けられています。これらのラベルは単なる概念的なプレースホルダーです。各生成AIサービスは、これらの論理モデルを表現および識別する独自の方法を備えています。

　もちろん、テナントごとのファインチューニングを導入する一環として、各テナントのトレーニングデータを分離する必要もあります（図の左側）。新しいテナントが環境に導入されるたびに、テナントごとのファインチューニングの設定とトレーニングプロセスの実行に関するサポートを含める必要があります。もちろん、システムでサポートする必要のあるテナントの数によっては、制限に達する可能性もあるでしょう。また、一部のテナントでテナントごとのファインチューニングを行い、他のテナントでは共有のファインチューニングを使用する（またはまったく使用しない）シナリオも考えられます。これは、提供している体験をどのようにパッケージ化および階層化するかという話に戻ります。

　この戦略を使用するには、テナントコンテキストを生成AIサービスの各呼び出しの一部として考える必要もあります。環境のコードまたはライブラリ内のどこかで、リクエストからテナントコンテキ

ストを抽出し、どのテナントの論理モデル識別子にマッピングすればよいかを判断する必要があります。それから、この識別子を使用して生成AIサービスを呼び出す必要があります。これにより、適切なテナント固有のファインチューニングをリクエストに適用することができます。この概念は図の上部に示されています。テナント1とテナント2は、リクエストにテナントコンテキストを注入するパラメーターの一部として、モデルへの参照を提供していることがわかるでしょう。

16.2.3　RAGとファインチューニングの組み合わせ

この時点で、生成AI体験にテナントとドメインのコンテキストを導入するにあたって、RAGとファインチューニングでは大きく異なるアプローチを取っていることが明確になったはずです。この2つが異なることは事実ですが、これらは相互に排他的であるとみなすべきではありません。実際には、テナント固有のリファインメント戦略の一部として、RAGとファインチューニングの両方を使用できます。図16-11を見れば、マルチテナント環境のニーズをサポートするためにRAGとファインチューニングをどのように組み合わせることができるかが一目でわかります。

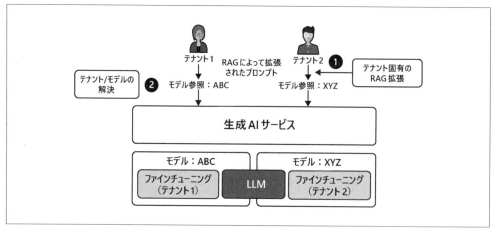

図16-11　RAGとファインチューニングの組み合わせ

この例では、RAGを通じて導入するのが最適なある程度のテナントごとのカスタマイズと、ファインチューニングを適用するのが最適な追加のいくつかのリファインメントを入れることを想定しています。これらを組み合わせるということは、呼び出しプロセスにおける適切な段階で両方の構成要素を導入および適用するということです。

リクエストが送信されるたびに、ソリューションはプロンプトを拡張し、RAGを使用してテナント固有のコンテキストをリクエストに注入する必要があります（ステップ1）。次に、どの論理モデルを呼び出してテナント固有のファインチューニングを適用するかを決定する必要があります（ステップ2）。これにより、拡張されたプロンプトが適切なテナントごとにファインチューニングされたモデルに送信されて、処理されます。理論上、これはよりテナントに的を絞った応答を生成します。

16.3　一般的なマルチテナントの原則の適用 | **397**

もちろん、これはRAGとファインチューニングを組み合わせるために使用できる1つのアプローチにすぎません。これを実際にどのように実装するかは、SaaS製品の要件や性質に大きく依存します。最終的には、サポートする必要のある体験を最も的確に狙えるチューニングはどのようなものかを判断することになります。RAGとファインチューニングのどの組み合わせが有効と考えられるかを決定付ける原則はありません。

16.3　一般的なマルチテナントの原則の適用

生成AI体験にマルチテナント構成を導入し始める際には、これらの新しい生成AI構成にSaaSの中心的な原則をどのように適用するかについても検討する必要があります。生成AIは基本的な要素を一切変えることはありませんが、より広いSaaS環境に影響を与える可能性のあるいくつかの新しい分野を切り開きます。これらの生成AI要素がSaaS環境の拡張性、パフォーマンス、俊敏性、効率性にどのように影響するかについては、まだ検討する必要があります。以下の節では、生成AIがマルチテナントアーキテクチャ全体に新たな特性をもたらす可能性のある主な分野について概説します。

16.3.1　オンボーディング

テナント固有のリファインメントやその他の生成AIの仕組みをSaaS環境に導入する際には、これらのリファインメントを可能にするさまざまな新しいテナント固有のインフラストラクチャ要素も導入することになります。トレーニングデータ、ベクトルデータベース、ファインチューニングは、マルチテナントアーキテクチャの構成に新しい要素を追加します。もちろん、専用のテナントリソースを導入する場合は、それがオンボーディングの自動化全体にどのように影響するかについても考慮する必要があります。**図16-12**では、生成AIの設定をオンボーディング体験にどのように組み込むことができるかを垣間見ることができます。

この例では、標準的なオンボーディングプロセスから基本的なものをいくつか取り入れました。新しい部分としては、テナント固有の生成AIのリファインメントの可動部分を設定するためのフローを提供するプレースホルダーがいくつか追加されています。手順を追っていくと、まずテナントがオンボーディングサービスで登録するところから始まることがわかります（ステップ1）。次に、テナントおよびユーザーの作成、請求の設定という従来の手順をすべて実行します（ステップ2）。

オンボーディングフローの最後の部分では、テナントプロビジョニングサービスを呼び出して、必要なテナントリソースを作成および設定します（ステップ3）。ここで、さまざまな生成AIのテナント固有のリファインメント要素を作成するためのサポートを追加する必要性を捉えるために、RAG設定サービスを追加しました（ステップ4）。このサービスは、テナント固有のリファインメントモデルのサポートおよび構成に必要な、ストレージやその他のインフラストラクチャを作成するスクリプトや自動化ツールを呼び出します（ステップ5）。

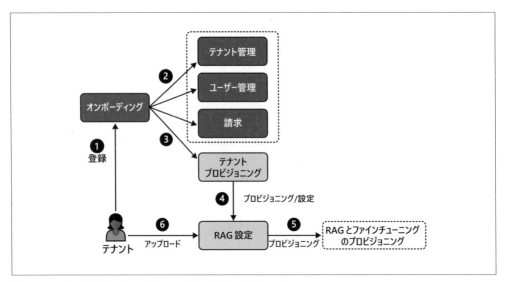

図16-12 テナント固有のリファインメントを含むオンボーディング

　さて、テナントリソースがプロビジョニングされても、リファインメントに使用するデータがどこから来るのかについてはまだ疑問が残ります。このデータはシステムの既存の部分から提供されるのでしょうか、それともテナントによって提供されるのでしょうか？　どちらのシナリオもあり得ます。この例では、テナントからデータが提供されるシナリオを含めました（ステップ6）。もちろん、これはオンボーディング体験をさらに複雑なものにします。プロセスは、いつテナントがアクティブになったとみなせるかを判断するために、追加のロジックや追跡を必要とするかもしれません（リファインメントに使用するデータをいつアップロードしたか、またはアップロードしたかどうかに基づいて）。

　これは、これらの新しい生成AIの仕組みがどのようにオンボーディング体験を形成するかを示す一例にすぎません。ここで強調しておきたいのは、これらの生成AIのリファインメント戦略には、オンボーディングプロセスの設計と実装に確実に影響するテナントごとの新しいリソースが伴うということです。

16.3.2　ノイジーネイバー

　ノイジーネイバーという概念は、生成AIでは少し興味深いものになります。多くのシナリオでは、当然、過剰なトラフィックを発生させているテナントをノイジーであるとみなします。典型的な例として、1つ以上のテナントから大量のリクエストが送信され、システムに過負荷がかかり、他のテナントに影響を及ぼす可能性のあるシナリオをノイジーネイバーと関連付ける傾向があります。この考え方は、生成AIのモデルでもなお有効です。他のテナントの体験に影響を与える大量の生成AIリクエストを送信するテナントが依然として存在することは確かです。

　しかし、生成AIでは、環境のノイジーネイバーの動作に影響を与える要因が他にもあります。生

成AIのワークロードでは、リクエストおよびレスポンスの複雑性も、サービスにかかる負荷のレベルとある程度の相関関係を持っています。そのため、ノイジーネイバーモデルに新たなレイヤーを追加して、テナントが複雑なリクエストの連続でサービスを飽和させないように、トークンの数や個々のリクエストの複雑性を評価できる構成を導入する必要があります。これは、生成AIサービスに依存するシステムの一部に対してテナントごとに異なるSLAが提供される場合など、全体的なティアリング戦略にも影響するかもしれません。

これにより、アーキテクチャ全体に新たなノイジーネイバーの問題が加わり、個々のテナントによって生じる負荷の複雑性を追跡および評価できる洞察とツールが必要になります。このようなノイジーネイバーの状況を能動的に検出して管理できるポリシーを実装するには、このデータを可視化する必要があります。

16.3.3　テナント分離

マルチテナント環境にデータを追加するときはいつでも、データをテナント間のアクセス（意図的かそうでないかにかかわらず）から保護する方法について考える必要があります。ベクトルデータベース、RAGデータ、テナントごとのファインチューニングを作成する場合は、これらのリソースが適切に保護されるようにするためのテナント分離ポリシーおよび戦略を導入する必要もあります。図16-13は、分離ポリシーによるテナントリソースの保護を表す概念図です。

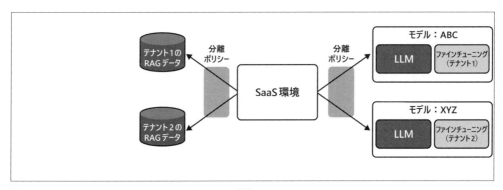

図16-13　マルチテナントリファインメントリソースの分離

この図には、テナント間のアクセスから分離する必要があるRAGとファインチューニング両方のテナントリソースの例が含まれています。中央には、RAGやファインチューニングの構成へのアクセスを必要とするであろうコードや仕組みを表すプレースホルダーがあります。また、これらのリソースへアクセスを試みる際は必ず分離ポリシーを適用する必要があるという考えを伝えるためのボックスも用意しました。これらは、実行時に適用されるポリシーでも、インフラストラクチャのデプロイ時に適用されるポリシーでも構いません（使用している技術の性質に依存します）。

このトピックにおける課題は、マルチテナントでリファインメントの仕組みを実装するための技術や戦略のバリエーションがただ多すぎることです。ベクトルデータベース、検索インデックス、その

400 | 16章　生成AIとマルチテナント

他多くの技術があり、それぞれにテナントレベルでデータを分離するための独自のアプローチが必要になる場合があります。

16.4　生成AIのプライシングとティアリングに関する考慮事項

　生成AIは、製品のプライシング、パッケージング、ティアリングの選択に直接影響を及ぼすさまざまな要素をもたらします。この分野にはいくつかの指針がありますが、SaaS企業は、生成AIをSaaS環境に組み込む際に生じる微妙な違いを取り込んだプライシングモデルを作成するのに役立つ明確なパターンと戦略を依然として模索しています。

　生成AI機能のプライシングは、おそらく生成AIの使用量レベルがSaaS製品全体のプライシングモデルに織り込まれるようなパターンに従うことが想定されます。単に混在している場合もあれば、請求モデルの別のコンポーネントとして呼び出される場合もあるでしょう。組み合わせが多すぎて、どのようなアプローチが望ましいかを一纏めにして述べることはできません。実際には、SaaSの世界にはよく理解されているプライシングのテーマがある一方で、ドメイン、市場、その他の現実によって、1つのソリューションでもさまざまなプライシングモデルが混在していることがよくあります。

　まず、昨今の生成AIサービスの請求方法を見てみると、これらのコストをどのようにSaaSのプライシング戦略に統合することができるかがよくわかります。生成AIサービスのプライシングは、サービスがAPIを公開して、基盤となるインフラストラクチャの詳細を隠すマネージドサービスのモデルに適合する傾向があります。これにより、サービスを従量課金制のモデルに変更することができるようになります。これらのサービスのコスト単位は、送信されるプロンプトと返される出力の複雑性から導き出されます。この複雑性は、プロンプト内のトークンの数と出力内のトークンの数に基づいて計測されます。これらのプロンプトと出力のトークン数に関連付けられて、特定の価格帯およびティアが設定されます。また、これらのトークンの価格帯は、利用しているLLMによって異なる場合があることもわかります。このパターンは、アクティビティの量よりも、プロンプトを処理してそれに対応する出力を生成するために必要なリソースにより多くのコストがかかるという点で、少し変わったパターンです。

　生成AIのコストを構成するパズルの微妙な違いは他にもたくさんありますが、このトークンの複雑性という概念は、システムのコストに影響を与える主要な要因となることが多いでしょう。また、モデルのファインチューニングには別途コストがかかることもあります。

16.4.1　プライシングモデルの開発

　このような生成AIのプライシングの力学を踏まえて、今度はこれらのコストをSaaSのプライシング戦略全体に組み込むとはどういうことかを解明する必要があります。プライシングへのアプローチは、生成AIをどのように体験に組み込むかに大きく影響される傾向があります。その存在がテナントからはまったく見えないようなモデルで生成AIを使用する場合もあれば、直接テナントに生成AI

の機能を公開するような形で生成AIを表に出す場合もあります。当然、これら2つのアプローチでは、まったく異なるプライシング戦略が必要になるでしょう。

まず、組み込みモデルについて見てみましょう。**図16-14**は、マルチテナント体験の一部の内部要素をサポートするために生成AIを利用しているSaaS環境を示しています。

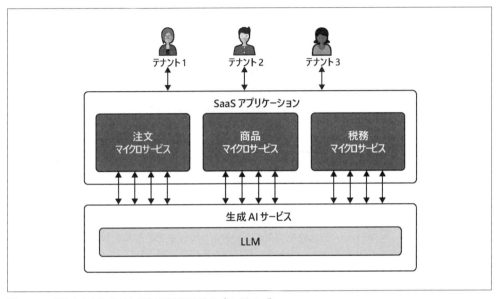

図16-14 固定された生成AIとのやり取りにおけるプライシング

この図には、3つのマイクロサービスがあり、それぞれが生成AIサービスと一定のやり取りを行っていることがわかります。これらのやり取りのプロンプトと出力にはある程度のパラメーター化が含まれる可能性はありますが、トークン化プロファイルは比較的予測しやすそうに思えます。このようなより制御された体験によって、これらのさまざまな操作に関連するコストの合理的な見積もりを作成するのに十分なデータが得られ、これらのワークロードがソリューションの全体的なコストプロファイルにどのように影響するかをより正確に予測することができるようになります。

生成AIサービスとのやり取りがより自由なものになると、プライシングはさらに複雑になります。たとえば、SaaS環境が生成AI体験の要素をより直接テナントに(たとえばチャットボット経由で)公開するシナリオを考えてみましょう。このモデルでは、プロンプトと出力の性質およびトークンの複雑性が大きく異なるものになる可能性があります。テナントの使用量パターンのばらつきによってインフラストラクチャコストが大幅に変動する可能性があるため、固定価格を設定することはほとんど不可能になります。

このようなシナリオでは、この使用量を測定し、これらのコストを全体的なプライシングモデルに直接組み込むことができます。問題は、これらの使用量イベントをどのようにキャプチャし、特定のテナントと関連付けるかということです。そのためには、プロンプトと出力の複雑性を分析し、その

使用量を個々のテナントに結び付ける仕組みを導入する必要があります。図16-15は、生成AI関連の請求メトリクスをキャプチャおよび送信する方法を表す概念図です。

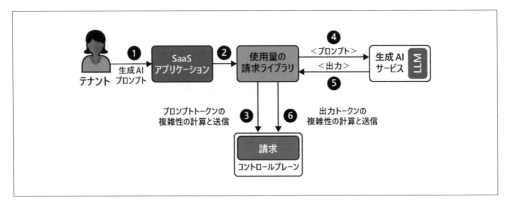

図16-15　トークンの複雑性のキャプチャと計算

　この例における主な違いは、始まり方です。テナントがSaaSアプリケーションにプロンプトを送信しているのがわかるかと思います（ステップ1）。現実的には、これは実際のプロンプトではないかもしれませんが、テナントが未知の複雑性をシステムに送信しているという考え方です（図16-14で見た、より固定型の例とは異なります）。

　このリクエストがアプリケーションによって処理されると、生成AIサービスに送信して処理する準備が整います。ただし、処理される前に、使用量の請求ライブラリによって評価されます（ステップ2）。このライブラリは概念的なプレースホルダーで、インバウンドリクエストを傍受して処理できるマイクロサービスやその他の構成を介して導入することができるでしょう。この例では、複雑性を計算して、コントロールプレーンにある請求サービスにメータリングイベントを送信します（ステップ3）。

　ここから、プロンプトが生成AIサービスに送信されます（ステップ4）。生成AIサービスから出力が返されると（ステップ5）、ライブラリは出力も傍受してその複雑性を評価し、2つ目のメータリングメッセージを請求サービスに送信します（ステップ6）。

　このプロセスによってキャプチャされたプロンプトと出力の使用量データは、請求システムによって集計され、全体的な請求モデルの一部として組み込まれます。ここで重要なのは、使用量が予測できない場合でも、テナントがシステムに予期せぬインフラストラクチャコストを課すことを防ぐために、全体的な請求モデルの一部としてこれを表面化できるだろうということです。

　この同じ構成が、プライシングや請求以外の価値をもたらす可能性があることは注目に値します。テナントごとの使用量アクティビティを把握し、その使用量をコストと相関させて、テナントあたりのコストメトリクスを算出することの一般的な重要性についてはすでに概説しました。この仕組みから得たデータは、生成AIの使用量を表面化するためにも使用でき、環境のテナントあたりのコストプロファイルの分析に役立ちます。

16.4.2 階層型テナント体験の構築

ティアリングは、SaaSに関する議論全体を通して大きなテーマでした。そして、当然のことながら、生成AIの話でもティアリングがよく登場します。SaaSプロバイダーが、ティアリングを使用してさまざまなスループットのレベルを異なる価格帯で提供することで、生成AI機能とSLAを関連付けようとすることはない話ではありません。これにより、下位のティアのテナントによる使用量のレベルを制限できるため、過剰なインフラストラクチャコストの発生を防ぎ、潜在的に他のテナントの体験に影響を及ぼす可能性も防ぐことができます。

これをもう少し具体的に説明するために、ベーシックティアとプレミアムティアのテナントがいるシナリオを考えてみましょう。さて、システムの生成AIの部分には、これらの各ティアの使用量アクティビティを制御できるスロットリングの仕組みを導入したいと思うかもしれません。図16-16は、この戦略の可動部分を示しています。

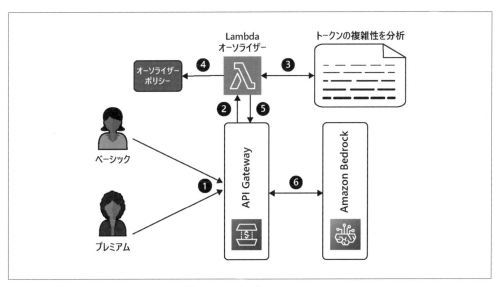

図16-16 生成AIリクエストのティアリングとスロットリング

このアプローチでは、プライシングで使用したものと同じ傍受戦略を使用します。実際、これはティアリングやプライシングの要件をサポートする共通の考え方かもしれません。本質的には、各インバウンドリクエストを評価して、階層型のスロットリングポリシーを適用するかどうかを判断する何らかの方法が必要です。図の左側には、2つの異なるテナントのティアがリクエストを送信しているのが見えます（ステップ1）。さて、これをもう少し具体的にするために、AWSサービスを使用した例を示しました。具体的には、生成AIサービス（この場合はAmazon Bedrock）の前にAPI Gatewayを配置していることがわかるかと思います。

API Gatewayに送信される各リクエストは、Lambdaオーソライザーによって処理されます（ステップ2）。このサーバーレス関数は、受信したプロンプトの複雑性を評価します（ステップ3）。この

複雑性分析の出力によって、リクエストの処理を続けるべきかを判定し、allow/denyの状態を定義したオーソライザーポリシーを設定します（ステップ4）。この設定はAPI Gatewayに返され（ステップ5）、許可されていればAmazon Bedrockに送信されて処理されます（ステップ6）。

確かに、これはAPI Gatewayによるスロットリングの既存の仕組みを使用して生成AIサービスへのアクセスを制御しようとする比較的シンプルなモデルです。これを実現するためのより洗練された方法があるかもしれませんが、それでも考え方自体は有効です。本質的には、これはプロンプトの複雑性を評価し、それをティアベースのスロットリングポリシーの一部として使用することに関するものです。場合によっては、スロットリングモデルの一部として、複雑性と頻度のデータを組み合わせることも検討できるかもしれません。

ティアリングには、テナントの特定の使用量アクティビティを重視しないアプローチがもう1つあります。生成AIサービスは一般的に複数のLLM（それぞれ独自の違いがある）をサポートしているため、さまざまなティアまたは価格帯で異なるLLMへのアクセスを提供することを選択できます。これにより、ベーシックティアのテナントは低コストのLLMにアクセスし、プレミアムティアのテナントはおそらく「より優れた」高額なLLMにアクセスさせることができます。

全体として、これらの戦略のどれがあなたの環境に適しているかを本当に判断するのは難しいことです。単に変数が多すぎるために、これをどの絶対的な正解にもマッピングすることができません。生成AIサービスが環境内でどのように使用されているかにも大きく依存します。サービスが完全に内部的なものであれば、生成AIサービスをより直接公開しているソリューションとは異なる動きがあるでしょう。

16.5　まとめ

この章では、SaaSビルダーに生成AI機能をマルチテナント環境に導入するために使用できるツールと方法の一部を垣間見てもらうことを目的としました。私の目標は、生成AIの機能とSaaS環境の現実が交差するパターンや戦略をいくつか特定することでした。その中には、的を絞った生成AIのテナント固有のリファインメントを活用して、製品や全体的なテナント体験により大きな価値をもたらす方法を検討することも含まれていました。

まず、生成AIの中心的な概念を確認し、生成AIアーキテクチャの構成における基本的な要素の概要を説明しました。その一環として、マルチテナントを生成AI体験に組み込む方法についての見解を示しました。次に、より具体的な概念に移って、RAGやファインチューニングなどの構成がどのようにテナント固有のリファインメントを生み出すことができるかを調べました。生成AI環境におけるさまざまなマルチテナントの可能性を理解するには、これらの構成によって、どこで、どのようにカスタマイズしたテナント体験を構築できるかを理解することが重要です。

次に、この章では、マルチテナント環境でこれらの構成を採用することに伴うより広範な影響の調査に移りました。ここでは、テナント分離、ノイジーネイバー、オンボーディングなどのSaaSの中心的な概念が、これらの新しい構成の存在によってどのように、どこで影響を受けるかを調べました。

最後に、生成AIがソリューションのティアリング、プライシング、スロットリング、コストモデルに及ぼす影響を探ることでこの章を締めくくりました。

この時点で、生成AIの概念とSaaSが新興の話題であることは明確になったはずです。この分野は急速に進化しており、新しい選択肢によって新たな戦略や原則が出現し続けることはわかっているため、私の目標は、現在の可能性のいくつかを明らかにするためにできることをすることでした。ここで説明した手法のいくつかは、テナントごとの構成として適用することが意図されているものではなかった可能性もあります。しかし、ほとんどのマルチテナントアーキテクチャは、このようにしてさまざまなツール、サービス、環境に取り入れられています。今あるツールで何ができるかを考え始める必要があり、マルチテナントプロバイダーのニーズが最終的にこれらのツールとサービスの進化を後押しすることを期待しています。

生成AIと広範なSaaS戦略およびアーキテクチャパターンについて説明したので、本書の最終章では、いくつかの主要な指針となる原則を探りたいと思います。目標は、私が本書を通して触れてきたいくつかの重要なテーマをまとめることです。これらの原則をまとめて詳しく説明することで、SaaSアーキテクチャとビジネスの設計および構築方法を形作る一連の共通の価値観を確立するのに役立つ洞察が得られます。

17章
指針となる原則

　本書全体を通して、私はSaaSの技術とビジネスが混在している原則を明らかにしようと努め、SaaSビジネスの設計、構築、運用へのアプローチ方法に直接影響する主要な概念に焦点を当ててきました。いくつかの点では、基盤となる実装にマルチテナントをどのように組み込むことができるかについての微妙な違いをすべて知るよりも、これらの基本的な概念をしっかりと把握することの方が、より重要です。どの戦略を検討するべきか、どの質問を企業に投げかけるべきか、どのマルチテナントパターンがビジネスのニーズに最も合致するかを判断するための指針となり、役に立つのは、まさにこれらの概念です。これらの原則の重要性を踏まえると、この指針だけに焦点を当てた専用の章を設けることは、価値があると思います。

　これらの原則の良い分類方法を代表する3つの領域を取り上げます。この章の最初では、戦略、ビジョン、組織について見ることから始めます。SaaSで成功するための大部分の原動力は、SaaSで達成したい目標は何か、SaaSであるとはどういうことか、そして明確なサービス中心のマインドセットと戦略に基づいてどのようにチームを編成および区分すればよいかについて、明確な共通の見解を持つことです。私はさまざまな原則の概要を説明しますが、そのすべてが、組織がトップダウンの連携を実現するのによく苦労している領域に焦点を当てています。

　この章の次の節では、技術的な原則にさらに焦点を当てます。ここでは、ビルダーやアーキテクトがマルチテナント環境を構築する方法に影響を与える可能性のある戦略とメンタルモデルについて詳しく見ていきます。この章の最後では、運用上の考慮事項を取り上げ、SaaS運用モデルの基盤を形成するのに役立つかもしれないいくつかの基本的な指針となる原則を特定します。SaaSビジネスを成功させるためには、正しく運用を行うことが不可欠であり、チームはどのように必要な優先順位をこの領域に割り当てることができるかを考える必要があります。

　この章は、決して指針となる原則の最終的な一覧を示すことを意図したものではありません。そうではなく、私の目標は、SaaSデリバリーモデルの採用を成功させる上で大きな役割を果たす、いくつかの一般的な方法論やアプローチを代表するテーマをただ明らかにすることです。

17.1 ビジョン、戦略、組織

SaaS企業と連携し、SaaSソリューションの構築を支援し始める際、私が最も関心があるのは、その企業が戦略、ビジョン、組織をどのように推進しているかを理解することです。私は、SaaSの採用がチームの運用方法や重視する点にどのように影響しているか、そしてビジネスの成功と成長を促進するそれを彼らがどのように捉えているかを理解したいと思っています。

SaaSの原則にうまく従うことは非常に簡単なことのように思えますが、この基本的な考えにどれだけの数の企業が苦労しているかを知ると驚くかもしれません。SaaSを、主にビジネスにある程度の効率性をもたらす新しい技術戦略とみなしている組織を私は今でも目にします。このような場合、企業は、サービスとしてのマインドセットをビジネスの骨組みに組み込むためのビジョン、戦略、文化を構築することの重要性を過小評価する傾向にあります。

SaaSの成功は常にトップから始まります。SaaSが自社製品の構築、運用、販売、マーケティング、サポートをどのように変えるかを理解し、評価する経営幹部が必要です。サービスを方向付ける方法を知っているリーダーがいると、あなたや周囲のチームは、SaaSのマインドセットを取り入れる際に生じるあらゆる微妙な違いを受け入れ、取り入れることができるようになります。これは、組織がSaaSデリバリーモデルに関連する俊敏性、イノベーション、効率性、成長を実現するための基盤を構築する上で不可欠です。

以下の節では、ビジョン、戦略、組織を確立しようとしている組織に共通する課題と機会として特徴的ないくつかの主要な領域を紹介します。

17.1.1 ビジネスモデルと戦略を構築する

ビジネスの成功の中心には、常に戦略とビジョンがあることはよく知られています。しかし、SaaS企業、それもかなりの大企業が、どこを目指しているのか、どのような価値観が進む先を方向付けるべきか、どのような指針が下流の実行に影響を与えるかを明確に把握していないまま、SaaSデリバリーモデルの採用を決める例をたくさん見てきました。これらの組織は、SaaSの価値に賛同するものの、戦略を詳細に定義するための難しい質問を実際には自問することなく、チームにその道を進ませ始めます。

これがどのチームにとってもどれほど問題になるかは想像できるでしょう。さて、これがSaaS環境に与える可能性のある複合的な影響を考えてみましょう。SaaSのパズルを構成するバリエーションやピースは多すぎるため、戦略を曖昧にすることはできません。優れたSaaSチームは、ビジョンと戦略に取り組み、ビジネスの目標に最も合致するSaaSとはどのようなものかをより明確に把握できるように努力します。そのためには、現在および将来の市場セグメント、テナントのプロファイル、サポートする必要のあるワークロード、目標とする利益、そしてSaaS戦略に大きな影響を与えるその他の多くの洞察をより深く掘り下げて理解する必要があります。これには、ビジネスがどのように成長すると予想されるかを考えることも含まれます。毎年10個の新しいテナントが追加されると想定し

ていますか？ それとも1,000個ですか？ それらのテナントにどのように働きかける想定ですか？ マーケティングモデルの一環でフリーティアを提供しますか？ SaaSビジネスのビジョンと計画を練るために必要なさまざまなトピックやデータポイントを列挙すれば、このページをすべて埋め尽くすことができるでしょう。

　SaaSの事業展開に直接影響を与えることになる、中心的な価値を確立するのはこの段階です。製品部門、運用、アーキテクト、ビルダーなどは全員、このビジョンの具体化を始めるときに、これらの目標とデータポイントを参照することになります。このデータがなければ、チームはビジネスの成功がどのようなものかを明確に把握できないかもしれません。ビジョンと戦略が曖昧な場合、SaaS企業は、どのような種類のSaaS体験を構築しようとしているのか、それはどのように発展させていくべきなのか、どのくらいの規模をサポートする必要があるのかなどについて、結局非常に緩い定義しかできない可能性があります。どのチームにも、何を目指すか、そして何より、何を目指さないかを定義する、明確な北極星が必要です。

　ここでのより広いテーマは、従来の目標やメトリクスを超えるビジョンと戦略を策定する必要があるということです。SaaSの場合、それだけでは十分ではありません。ビジョンと戦略をさらに推し進めて、テナント、セグメント、成長戦略などのより完全なプロファイルを策定する必要があります。これがないと、チームは致命的なギャップを自分たちで埋めなければいけなくなります。

17.1.2　効率性を徹底的に重視する

　SaaSの話は、規模の経済性にかなりの重点を置いています。つまり、全体的な戦略と日々の業務では、それがビジネスのすべての可動部分にわたってどのように効率性を高めるかを常に考える必要があります。メンタルモデルとしては、顧客やビジネスの新たなニーズに基づいて拡張および方向転換する能力に焦点を当てる機会をチームは積極的に受け入れます。企業としての目標は、SaaSによって実現される効率性を、成長、俊敏性、イノベーションを促進することができる燃料として活用することです。SaaSモデルの重要な柱は、SaaSは変化を必要とする環境で成功するということです。実際、堅調なSaaSビジネスを構築するために費やされる努力とエネルギーの多くは、効率化を可能にする人材、文化、構成、戦略への投資に一点集中しています。

　では、このより広い目標を踏まえて、リーダーはこの効率性の達成にどのように取り組むべきでしょうか？ 効率性は主に技術的な問題だと思われがちです。一部の人にとって、これはSaaSの罠です。チームがただ単にインフラストラクチャの規模とコストの観点から効率性を見ようとすることがあまりに多すぎます。技術は、効率性のパズルのただの1つのピースにすぎません。SaaS企業の効率性について調べるとき、私はより広い視野で効率性を捉えます。チームの編成方法、販売方法、顧客のオンボーディング方法、製品チームはどのように機能しているか、カスタマーサクセスはどのように組み込まれているか、その他さまざまな領域を調べます。企業の構造と文化がビジネス全体の効率性にどのように貢献しているかを評価して、組織が全体としてどの程度効率的に運営されているかを知りたいと思っています。この効率性を利用して規模を拡大するように会社が組織されているかど

うかを知りたいのです。この点を強調するために、SaaSプロバイダーに仮定の質問を投げかけます。明日、1,000人の新規顧客が追加されるとして、自社のビジネスがこれをどのようにサポートできるかを尋ねます。これはまったく非現実的かもしれませんが、スケールするビジネスを構築できたかどうかという興味深い疑問を生じさせます。技術を越えて、組織のさまざまな部門がこの負荷に対応するためにどのようにスケールできるかが問われます。この負荷の急増は、運用チームにどのような影響を与えるでしょうか？ オンボーディングは、この負荷に耐えられるほど十分に効率的でしょうか？ カスタマーサクセスチームは、このニーズに合わせてスケールできるでしょうか？ これらはすべて、ビジネスが効率的に拡大する準備が整っていることを示す場合もあればそうでない場合もある緊張点の一例です。

　拡張性と効率性の概念は、組織のビジョンと戦略の中核となる要素でなければなりません。組織のリーダー、プロダクトオーナー、アーキテクト、運用チームの全員が、全体的な戦略の一環として、これらの効率性をどのように達成できるかを考える必要があります。

17.1.3　技術ファーストの罠を回避する

　チームがSaaSの構築に着手するとき、マルチテナントアーキテクチャの詳細を直接掘り下げたいと思う傾向がよくあります。これらのチームは、どの技術の組み合わせが自社のSaaS製品の要件に最もよく対応できるかを突き止めることに集中しすぎています。どのアイデンティティモデルを使うべきか？ テナントリソースをどのように分離できるか？ マルチテナントデータをどのように保存するか？ これらはすべて、このような技術中心の組織が最初に抱く疑問の一例です。多くの場合、これらの議論のほとんどはビジネスチームの視界の外で行われています。実際、ビジネスチームも、SaaSは専ら技術的な領域に属するものと安心しきっている可能性があります。

　SaaSにおける課題は、ビジネスと技術の戦略の間にはるかに緊密な関係があることです。多くの点で、ビジネスと技術の道のりは並行して進める必要があります。現実的には、これから行うアーキテクチャに関する選択の多くは、ビジネスのビジョンと戦略に完全に依存しています。どの市場に参入しようとしていますか？ テナントのペルソナはどのようなものですか？ さまざまなセグメントごとに要件は異なりますか？ 製品をどのようなティアに分け、料金を設定しますか？ これらは単なる高度なビジネスのデータポイントではありません。ここで行う選択は、アーキテクチャで採用される基本的な方向性や戦略に影響を与える可能性があります。SaaSアーキテクトは、実現しようとしているマルチテナントのプロファイルおよび体験について、明確かつ共同で合意された見解なしに、先に進むことは許されません。これらの概念を事後に組み込むことはできません。

　一般的に、技術的な要件を単独で策定すると、SaaS製品の成功と成長を損なう可能性のある制約や前提が課せられることがよくあります。もし、あなたが社内でSaaSへの移行を推進する唯一の技術者である場合、まずは製品、運用、ビジネスの戦略担当者を集め、提供するサービスの体験、ペルソナ、マルチテナントプロファイルについて難しい質問を投げかけることから始めることに焦点を当てる必要があります。

17.1 ビジョン、戦略、組織 | **411**

これは基本的で当たり前のことのように思えるかもしれませんが、ビジネスと技術の戦略の間に強いつながりがないように見える企業に出くわすことが何度もあります。ビルダーは構築を行いたく、技術への強い関心から盲点が生じ、SaaSであるとはどういうことかに関するビジネス上の見解に目を向けることの重要性を見逃してしまうことがよくあります。私は、製品に関するビジネス上の重要な質問に何も答えることなく、技術チームと技術リーダーがSaaSソリューションの開発を何ヶ月も続けるSaaSプロジェクトに数え切れないほど参加してきました。これは、陥りやすい罠です。このような状況では、プロセス全体を通して技術戦略とビジネス戦略が一致していることを確認するために、継続的なより一層の努力を行わなければなりません。

17.1.4　コスト削減を越えて考える

一部の人にとって、SaaSへの移行は、コストを削減して運用効率を最大化したいという強い思いから影響を受けていることがよくあります。これらはまったく妥当な目標であり、運用の複雑性や顧客への1回限りインストールの負担によって利益が損なわれている組織にとっては非常に重要です。

問題は、このマインドセットが意味するのは、SaaSソリューションのビジョンと戦略が、コストを抑えるために既存製品のマルチテナントバージョンを作ることにほとんどの重点を置いているということです。SaaSがコスト効率を実現することは事実ですが、これを戦略と実行の中心に据えると、重要な点を見逃してしまうように思えます。

一般的に、SaaSへの移行は、コスト削減をはるかに越える変革的なイベントです。多くの場合、SaaSの採用とは、自社製品の構築、運用、マーケティング、販売、収益化方法を再考することです。SaaSのスケールメリットと俊敏性を活用して、イノベーションと成長を促進することです。コストは、より広範なSaaSの価値提案のただの1つのパラメーターにすぎません。

重要なのは、SaaS採用のビジョンと戦略をコスト削減だけに限定するべきではないということです。むしろ、コスト効率と最適化を最優先にしてマルチテナントアーキテクチャと運用モデルが構築されるスケールメリットの観点から、これを捉えるのが望ましいと思っています。

17.1.5　SaaSに全力で取り組む

一部のSaaSプロバイダーは、すべてを手に入れたいという誘惑に駆られています。彼らは、SaaSがどのようにビジネスをより迅速に成長させ、それに伴う効率性、俊敏性、イノベーションを実現できるかを理解しています。彼らにSaaSの基本原則に全力で取り組んでいるかどうかを尋ねると、はっきりとした答えが返ってきます。彼らは、すべての顧客に単一の統一された体験を提供することで得られるメリットを求めていますし、すべての顧客で同じバージョンを実行することの重要性を認識しています。一見すると、彼らはすべての主要なSaaSの原則に沿ったビジョンと戦略を持っているように見えます。

ですが、そのビジョンを深く掘り下げていくと、注意点が浮かび上がってきます。確かにこれらの組織はSaaSに全面的に取り組もうとしていますが、規則に当てはまらない一部の顧客もいます。こ

れらの少数の顧客のニーズは非常に重要であるとみなされているため、結局1回限りの構成と環境を提供することになってしまいます。ここで、企業はSaaSの岐路に立たされます。SaaSビジネスのビジョン、戦略、成功を損なうことなく、これらの1回限りの例外をサポートすることは可能でしょうか？ このアプローチをサポートすることで、徐々にマネージドサービスプロバイダーのモデルに移行し、すべての顧客に単一の統一された環境を提供することで得られるスケールメリットを十分に実現できなくならないでしょうか？

　ここでチームが直面しているビジネスの現実はよく理解できます。これは、SaaSに移行中の企業にとって特に課題となる場合があります。株主、売上予測、既存の関係により、SaaSへ全力で取り組むことが難しい場合があるかもしれません。また、大規模な顧客からの要望を断るのは難しいこともよくあります。目先の儲かる取引の魅力は、組織を揺るがしかねません。

　公平を期すために言うと、ここには絶対的な正解も間違いもありません。最終的に、企業は、市場、ビジネス、顧客からのさまざまなプレッシャーに基づいて妥協をすることになります。私にとっては、SaaSの採用によって達成しようとしていることは何かについて明確なビジョンを持つことの方が重要です。スケールするというSaaSの価値を最大化し、そのスケールの基盤を利用してビジネスを成長させるということが目標であれば、1回限りの顧客体験を実現するモデルをサポートすることの長期的な影響を比較検討する必要があります。1回限りの顧客対応を引き受けるたびに、SaaSの中心的な価値提案からは徐々に離れていく可能性があります。

　場合によっては、これが合理的なトレードオフで実行可能な選択肢になるかもしれません。そうでない場合は、利益率の低下、運用コストの上昇、俊敏性の低下といった意図しない道を歩むことになる場合もあります。重要なのは、これらのトレードオフを認識し、自分が行っている選択が長期的な野望にどのように影響するかを明らかにすることです。

17.1.6　サービス中心のマインドセットを採用する

　サービスとしてのソフトウェアの「サービス」の部分は、途中で忘れ去られてしまうことがあります。SaaSに移行中のチームの多くは、主に機能に重点を置く従来の製品中心のマインドセットに根ざしています。そのため、一部の人にとっては、サービスとしてのモデルへの移行が少し難しくなります。SaaSでは、チームがソフトウェアの機能的な側面を越えて考える必要があり、その対象範囲を広げ、製品のより広い体験について考慮する必要があります。

　この変化は、ビジネスのあらゆる側面に及びます。プロダクトオーナーである私のバックログには、運用に焦点を当てたあらゆる種類の新しい成果物が追加されます。テナントのオンボーディングはどれくらい効率的ですか？ 価値実現までの時間をどのように測定していますか？ テナント体験に関する洞察をもたらすどのようなデータがありますか？ これらは、プロダクトオーナーとして注目したい領域のほんの一例にすぎません。また、これらはこのサービス体験を実装および測定しなければならないビルダーにも影響を与えます。

　このサービスというマインドセットがどのように組織のあらゆる役割にまで広がるか想像できるで

しょう。カスタマーサクセス、営業、マーケティング、運用、そしてビルダーは、アプローチを変え、顧客体験に影響を与えそうなサービスのさまざまな部分を優先する必要があります。場合によっては、組織がサービスメトリクスに関する共通の目標を採用することさえあるかもしれません。これは、複数のチームにまたがるサービス重視の目標を採用することで、チームにサイロから抜け出し、より協働し、豊かなサービス体験を構築することの重要性に重点を置くよう促すことが狙いです。

　重要なのは、体験についての視野を広げ、体験のサービス範囲がビジネスの成功にどのように、またどこで影響するかを考えることです。SaaSを単なる製品販売の別の手法とみなす罠にはまってはいけません。

17.1.7　既存のテナントペルソナを越えて考える

　SaaSビジネスを構築するときは、ソリューションを使用するテナントのプロファイルと性質をしっかりと把握する必要があります。どのシステムでも、顧客のペルソナを開発する必要があります。しかし、SaaSの場合、この議論には従来のテナントのペルソナの概念を超えた別のレイヤーがあります。

　SaaSの世界では、テナントのペルソナがシステムの設計および構築方法に大きな影響を及ぼす可能性があります。本書全体を通して、ティアリング、デプロイモデル、分離戦略、その他の手法を使用してSaaSのテナントに独自の体験を提供するさまざまなアーキテクチャパターンを探ってきました。これらはすべて、あなたのツールバッグに含まれるツールで、ビジネスに提供できるものです。しかし、市場がどのように細分化されているかを考えるのも事業の仕事です。現在リーチしようとしている顧客は誰ですか？ また、ソリューションにさまざまな体験を構築することで、他にどのようなセグメントをターゲットにできるでしょうか？ 事業の利益率を損なうことなく、さまざまな市場セグメントに対応できるようなティアリング戦略やプライシング戦略をどこに導入したらよいでしょうか？ 製品の提供範囲や影響力、成長を最大化するための最適なポジショニングを行うことができる方法を理解するために、このような質問を企業として問う必要があります。

　ビジョンと戦略を形成する一環として、最も自然なターゲットになりそうな顧客だけでなく、より幅広い選択肢を提供することで新しい顧客セグメントにリーチする方法を考えてください。これは、ソリューションのパッケージ化と提供方法に直接影響を及ぼします。ここで行う選択は、アーキテクチャと運用体験の主要な要素にもおそらく影響するでしょう。

　テナントのペルソナの性質は、他の重要な決断にも影響します。システムを利用する予定のテナントの数、これらのユーザーによる負荷、コンプライアンス要件、パフォーマンス要件などはすべて、これから行うアーキテクチャの選択に影響を与える可能性のある要因です。100個のテナントをサポートするために構築するアーキテクチャは、1,000個のテナントをサポートするために構築するアーキテクチャとはかなり異なるでしょう。一部のテナントは、パフォーマンスよりも価格を重視するかもしれません。豊富なテナントプロファイルを構築する一環として考慮しなければならない変数はたくさんあります。

SaaSビジネスは、こうしたデータ収集に懸命に取り組み、より多様なテナント体験をサポートできる階層型の体験を考えるよう懸命に努力する必要があります。

17.2　主要な技術上の考慮事項

SaaS技術者の仕事は、基本を越えて、ソリューションのコスト効率、俊敏性、運用プロファイルを向上させることができるかもしれない、新しい創造的な方法の特定に挑戦することです。組織は、相反する目標の複雑な組み合わせのバランスを取ったアーキテクチャの構築をあなたに求めます。これにより、一連の変化する可能性のあるビジネス、市場、顧客の目標に沿った技術戦略を見つける能力が試されます。SaaSアーキテクトは、企業がSaaSの目標を実現するためのアーキテクチャ、ツール、構成の構築の中心を担っています。

この節では、技術チームがSaaS環境の設計と構築にどのように取り組むかを形作る上で重要な役割を果たす主要な原則をいくつか取り上げたいと思います。目的は、SaaS製品を作成する際に最優先に考える必要があると私が思う、いくつかの大まかな領域に焦点を当てることです。

17.2.1　万能なモデルは存在しない

ビルダーやアーキテクトが、SaaSアーキテクチャの設計図を求めて私のところに来ることがよくあります。彼らは、あらゆるドメイン、ビジネス上の問題、ユースケースに普遍的に適用できる、1つの金メッキを施したマルチテナントアーキテクチャを求めています。これは少し大げさかもしれませんが、それが質問の背景にある感情であることはよくあります。

この時点で、SaaSの設計図がただ1つではないことは明らかなはずです。実際、これがSaaSが非常に魅力的だと私が思う理由の1つです。顧客が提案するアーキテクチャを調べるたびに、顧客環境の特定のビジネス、運用、技術、タイミングの現実に最も的を絞ったSaaS戦略の組み合わせを見つけるのが私の仕事です。確かに、すべてのSaaSソリューションに共通するテーマと基本原則は存在します。しかし、これらの原則を実用的なアーキテクチャに実際にマッピングする方法は、ソリューションによって大きく異なります。「10章　EKS SaaS：アーキテクチャパターンと戦略」と「11章　サーバーレスSaaS：アーキテクチャパターンと戦略」で確認した2つのアーキテクチャスタックを見てみると、どのようにそれぞれの技術がSaaSの話題に独自の構成要素と仕組みを取り入れているかがわかるでしょう。

私の場合、目指すアーキテクチャにたどり着くために、ビジネスの関係者とプロダクトオーナーを対象とすることが多いたくさんの質問のリストから始めます。どこから始めようとしているのか、ドメインの性質、市場からのプレッシャー、テナントのペルソナ、使用している技術スタック、その他多くの要因から、どんな種類のアーキテクチャがビジネス、技術、顧客のニーズに合致するかを判断するために必要な洞察が得られます。これはすべて、これらの選択を行うのに役立つ十分な詳細を提供する明確なビジョンと戦略を持つことに帰結します。このデータがなければ、アーキテクチャをどのように選択すればよいのかわかりません。そのためには、先に進む前にビジネス部門に戻って必要

17.2 主要な技術上の考慮事項 | 415

なデータを取得しなくてはならないかもしれません。場合によっては、ビジネス部門にさらに戦略を定義することを求める強制的な役割をあなたが果たすのがよいかもしれません。

17.2.2 マルチテナントの原則を守る

　技術チームは、システムの構築、運用、導入方法の詳細にただ没頭しています。これらのチームは、ビジネスが目指す俊敏性、イノベーション、効率性をサポートできるように、SaaSの中心的な価値が適用されていることを請け負う最前線にいます。他のチームが、組織がSaaSの目標を達成する能力に影響を与えるような妥協を行ったかどうかを見つけることはまずできません。

　つまり、技術チームは何らかの追加の責任を負っていることになります。システムを効果的にスケールさせる方法、パフォーマンスの要件を満たす方法、ティアリングのニーズをサポートする方法、効率的なテナントオンボーディングを提供する方法、テナントリソースの適切な分離を維持する方法などを理解しているのは、彼らでなければなりません。最終的に、企業は、迅速なリリース、スケールメリットの実現、ゼロダウンタイムの体験の提供を可能にするベストプラクティス戦略の採用を、これらのチームに委ねます。

　この約束を果たすには、どのような環境でも困難が伴うでしょう。テナントが増えたり、減ったり、負荷のプロファイルが絶えず変化しているマルチテナントのワークロードをサポートする必要があるシステムを構築する場合は、特に課題となります。SaaSアーキテクトがアーキテクチャの保護に特に熱心に取り組まなければならないと感じるのはまさにこのためです。多くの場合、企業はマルチテナントアーキテクチャの中心的な価値を忠実に守る能力を試すチャンスを享受できるかもしれません。あなたの仕事は、これらの原則のアンバサダーとなって、これを守り続けることです。これにより、単一の統一された体験を通じてテナントの管理、運用、デプロイを行う能力を徐々に損なうような妥協をすることなく、企業が顧客のニーズに対応する創造的な方法を見つけることができるようになります。

　企業が危険な道を進んでいるときはいつでも、ビジネスの指針となっているビジョンと戦略に立ち戻らせてください。SaaSの価値提案を完全に実現することからさらに遠ざかる可能性のある危険な道のりであることを強調してください。

17.2.3 マルチテナントの基盤を初日から構築する

　本書全体を通して、堅牢でベストプラクティスに沿ったSaaS環境を構築する上で核となると思われるさまざまなマルチテナント戦略について概説してきました。一般的に、これらの概念はビルダーの共感を呼ぶと思います。彼らにはその価値がわかります。彼らは、これらの戦略をソリューションに適用することがいかに重要であるかを理解しています。これらの基本原則はチームの共感を呼ぶ一方で、それらが必ずしも初日からふさわしい優先順位を与えられ、焦点を当てられるとは限りません。それよりも、チームは急いでアプリケーションサービスの構築を開始し、ソリューションを稼働させることに最初のエネルギーを集中させるのをよく目にします。中には、こうした核となる分野横断的

な概念は、大したペナルティもなくプロセスの後半でも組み込むことができるという期待があるようです。

　私の考えでは、マルチテナントへの移行の最初のステップは、コントロールプレーンの骨組みを作成することから始める必要があります。目標は、テナントをプロビジョニングするオンボーディングプロセス、テナントと管理者のアイデンティティを確立するために必要な部分、バックエンドサービスにテナントコンテキストを注入するテナントの認証を導入して、テナントに関する最も基本的な要素を整備することです。ここから始めることで、SaaS環境の基本的なビルディングブロックが構築され、チームはアーキテクチャのあらゆる側面においてマルチテナントのサポートに関するニュアンスへの対処を始めなければならなくなります。また、管理に関する体験の要素も表面化し始め、テナントライフサイクルの追跡と管理に使用される基本的な仕組みが明らかになります。これは小さな一歩のように思えるかもしれませんが、残りのマルチテナントへの移行に向けた準備を整える連鎖的な効果を生み出します。

　アプリケーションプレーンの方に着手すると、この進展がわかるでしょう。ここでは、アプリケーションサービスがテナントコンテキストにアクセスできるようになっています。今や、このコンテキストがサービスの実装にどのように影響するかを検討せざるを得ません。テナントコンテキストをログとメトリクスに取り込みますか？ テナントコンテキストをどのように使用してサービスのデータパーティショニングと分離を実装しますか？ これらはすべて、テナントコンテキストの存在により、チームがアプリケーションコードの実行範囲にテナントという概念を適用せざるを得ない領域の一例です。また、アプリケーションサービス全体で再利用できるライブラリやヘルパーを導入する機会にもなります。トークンの抽出、テナントコンテキストを含むログ、スコープが絞られた分離資格情報の取得など、これらはすべて、アプリケーションサービス全体で共有できる再利用可能なコードまたはライブラリの候補となる領域です。

　もちろん、アプリケーションサービスがマルチテナントに対応し、ログ、メトリクス、請求データを送信するようになったことで、どのようにこのデータを使用して環境の運用面を改善できるかを検討できます。チームは、一元的に送信されるテナントコンテキストが加えられたテナントに対応したログを使用して、コードのトラブルシューティングを行うことができるようになりました。これにより、ビルダーはログを個々のテナントに絞り込んで調べることができるようになります。これがいかに運用ツールと運用体験の初期段階の基盤を築き始めているかはわかるかと思います。早い段階から、ビルダーには、最終的に本番での体験に欠かせないものになる運用の仕組みをシミュレートして訓練してもらいたいと思うものです。また、システムの能力を検証したい品質保証チームには、テナントを追加してワークロードに負荷をかけることを可能にすることができます。複数のテナントをオンボーディングできることにより、これらのチームがさまざまなテナントプロファイルに基づいてテストと検証を自動化する方法について考え始めることができます。

　これにより、テナントの概念とコントロールプレーンを導入することに初期の労力を集中させ、チームが初日からマルチテナントの方式で構築および運用できるようになることがいかに重要である

17.2　主要な技術上の考慮事項　| 417

かがご理解いただければ幸いです。

17.2.4　1回限りのカスタマイズは避ける

　SaaS環境において、俊敏性と効率化の目標の多くは、すべての顧客で同じバージョンのソフトウェアを実行することで達成されます。ここから逸脱していくと、SaaSであるということから遠ざかるようになります。したがって、カスタマイズがSaaSの世界でどのような役割を果たすべきか疑問に思うのは当然です。カスタマイズを許可していますか？ それとも禁止していますか？ その境界はどこにありますか？

　この多くは、SaaS製品にカスタマイズをどのように、どこで、いつ導入するかの背後にある意図とマインドセットに帰着すると思います。一部のチームは、カスタマイズを個々の顧客に1回限りの機能を提供するツールとみなすでしょう。アプローチによっては、これがマイナスの結果をもたらす可能性があります。一人の顧客のニーズを満たすためにSaaS環境に何かを導入するときはいつでも、それがビジネスの全体的な目標と一致しているかどうかを問う必要があります。一方で、SaaSシステムも、カスタマイズの手法を用いてテナントにさまざまな体験を提供する単一バージョンの製品を持つこともできると期待するのは間違いではありません。

　ここでの微妙な違いをよりよく理解するために、カスタマイズを導入するための2つの異なるアプローチを考えてみましょう。この議論では、機能フラグを使用してソリューション内の機能を有効化または無効化すると仮定しましょう。さて、あるシナリオでは、機能フラグを個々のテナントに異なる体験を提供する方法とみなすことができます。これは、取引を追い求めて、顧客を獲得するために必要なものは何でも提供したいという従来の誘惑に負ける組織でよく起きることです。このアプローチの課題は、SaaSの基本的な目標が徐々に損なわれ、多くの場合、サポートや管理が困難な複雑なコードや構成の迷路に迷い込んでしまうことです。もう1つのシナリオでは、機能フラグをより選択的に適用します。ここでは、カスタマイズをテナントごとの概念とみなすのではなく、カスタマイズをどのテナントにも適用できる汎用的な共通の仕組みとみなします。主な狙いは、異なる体験のカテゴリーを定義する方法として機能フラグを使用することです。典型的な例としては、機能フラグを使用して各ティアの異なる体験を構成する、ティアリングを軸とするものがあります。根本的な違いは、個々のテナントではなく、あるプロファイルに合致するテナントのグループに対してカスタマイズを適用していることです。

　これに絶対的な正解はありません。より重要なのは、そのマインドセットです。機能フラグを、1回限りのテナントごとのカスタマイズの複雑な網を作成するために使用していますか？ それとも、明確に定義された一連のカスタマイズプロファイルにテナントのグループを配置するために使用していますか？ 構造を正しく理解した上でカスタマイズを提供する方法として機能フラグを採用するというのが狙いです。

17.2.5 マルチテナントアーキテクチャを測定する

本書全体を通して見てきたように、SaaSアーキテクチャにはさまざまな種類があります。1つの組織内で、さまざまなテナントワークロード、デプロイモデル、パフォーマンスプロファイル、ティアリング戦略などをサポートしている場合があります。このような多様で、場合によっては競合するニーズを考えると、結果としてできあがったアーキテクチャが実際のテナントワークロードにどの程度対応できるかを評価するのは難しい場合があります。現在の環境が適切に機能していたとしても、テナントやワークロードの組み合わせが時間の経過とともに変化するにつれて、システムが引き続き機能するという保証はありません。

このような現実から、マルチテナント環境のパフォーマンス、拡張性、効率性を継続的に把握できるツールと仕組みの導入が特に重要になっています。確かに、既存の技術スタックでも、アーキテクチャの振る舞いをプロファイリングするのに役立つ有用なデータをすでに提供している場合があります。しかし、マルチテナントに関するより的を絞った洞察を得るためには、さらに追加のメトリクスや分析を環境に仕込む必要がある場合が多いです。テナントやティアがどのように環境に負荷をかけているかを詳しく知り、どのようなアーキテクチャのチューニングが必要かを理解するのに役立つ特定のメトリクスを把握する必要があるでしょう。また、このデータから、過剰にプロビジョニングされていたり、想定外の方法でテナントがリソースを飽和させていたりする領域が明らかになるかもしれません。

重要なのは、マルチテナントアーキテクチャは常に変化しているということです。これは、特にテナントの出入りが活発なSaaSビジネスにおいてはなおさら予想されることです。先手を打つ唯一の方法は、アーキテクチャの振る舞いを分析およびプロファイリングすることができるようなデータを明らかにすることに投資し、アクティビティと使用量を特定のテナントやティアに関連付けることです。

17.2.6 開発者体験を効率化する

SaaSソリューションを構築していると、テナント分離、データパーティショニング、ティアリングなどの概念をサポートするさまざまなポリシーを導入することになります。SaaSアーキテクトは、これらの仕組みが開発者の生産性を何らかの形で妨げないようにするために、できる限りのことをしたいと思うはずです。理想的には、ビルダーがコード全体にマルチテナント戦略の痕跡を追加する必要がなく、ただ開発中の機能に集中できるような体験を構築したいはずです。

コードを単純化するだけでなく、マルチテナント構成のビルド、デプロイ、バージョン管理も一元化したいと思うでしょう。すべてのポリシーとコードを、再利用可能なライブラリ一式に移したいという考え方です。これは、実際のところ、どんなものを構築する際にも適用される一般的な設計のベストプラクティスに従うことにすぎません。ただし、複数のサービスにわたって使用できるマルチテナント構成について、チームが参照する場所を1か所にまとめることでもあります。

そのため、SaaSアプリケーションのサービスを構築する際には、テナントの詳細を開発者の視界

の外に移動する機会を探す必要があります。初日から追求できそうな明らかな目標がいくつかあります。たとえば、多くのシステムでは、トークン管理を行うヘルパーを導入して、受け取ったトークンからテナントコンテキストを簡単に抽出できる仕組みをビルダーに提供します。ログは、テナントコンテキストを自動的に挿入するヘルパーを追加できるもう1つの領域です。テナント分離もまた、チームが分離戦略とコードをライブラリに移行したいと思う別の領域です。目標は、これらの戦略にできる限りシンプルに適合できるようにすることです。

ここでの成功の真の尺度は、アプリケーションサービスのコードの中に直接見つけることができます。あるサービス内の何らかの操作を調べて、テナントコンテキストを取得、適用、注入するためのコードが次から次へと織り混ぜられていることに気づいたら、これらの概念をヘルパーライブラリに移行するためにここでさらに作業を行う必要があることは明らかです。ここで重要なのは、このアプローチによってマルチテナントに関する処理がアプリケーションコードから完全に削除されると言っているわけではないということです。開発者にとっての複雑性を最小限に抑えるために、ここでできることをすることが重要です。

17.3　運用のマインドセット

SaaS企業は、ビジネスの成功を促進するために、豊富で能動的な運用ツールに強く依存しています。このニーズへの対応は、マルチテナント環境では特に困難になる場合があります。そこでは、より流動的で、予測がつかない可能性があるさまざまなテナントのペルソナが、アーキテクチャの限界に挑み、負荷をかけるためです。マルチテナントは、環境に新たな運用リスクのレイヤーを追加する可能性もあります。プール化されたリソースへの依存度が高まるにつれ、すべての顧客に影響を与える可能性のあるシステム停止という現実にも直面することになります。このような種類の障害は、大きく報じられ、ブランドに長期的な損害を与える可能性があります。

こうした課題の多い運用ニーズに対応するためには、SaaS企業が運用を優先することを明確に確約する必要があります。これについては、**「12章　テナントを意識した運用」**で詳しく説明しましたが、次の節で、全体的なSaaS運用のマインドセットに含まれる主要な指針となる原則をいくつか取り上げたいと思います。

17.3.1　システムの健全性を越えて考える

多くの組織では、運用部門は現状維持の責任を負うチームとみなされています。彼らの仕事は、システムの状態を監視および管理することです。これは、一部の組織においては運用の役割に関するまったく正当な考え方です。しかし、SaaSでは、運用チームはシステムが稼働していることを確認する以上の幅広い役割を担っているはずです。私にとって、SaaSの運用チームは、マルチテナントアーキテクチャを通じて展開されるすべてのアクティビティ、傾向、体験を監視する中心的な存在です。彼らは、さまざまなプロファイルと使用量パターンを持つテナントによって、多様なマルチテナントのポリシーとアーキテクチャ戦略が十分に行使されているのを目にします。

SaaSの運用チームは、ビジネスの全体的な運用状況をまとめて把握することができる、健全性、アクティビティ、メトリクスに関するデータを観察および解釈する中心的な役割を果たします。私にとっては、ここは少し意見が分かれるところです。私は、運用が、バグ、システム停止、障害を越えて、アーキテクチャとビジネスが発展していく様をより広範囲に観察できる洞察にまでその役目を拡張していると思っています。

これをより具体的に説明するために、テナントオンボーディング体験に関する運用ビューの例を見てみましょう。あるレベルでは、運用チームはオンボーディングの障害を監視および把握し、この領域で発生した障害のトラブルシューティングに取り組みます。これがどちらかというと従来の運用の役割です。さて、別のコンテキストでは、オンボーディングプロセスに関するメトリクスや傾向も監視しています。これにより、オンボーディングが負荷にどのように対応しているか、SLAは満たしているか、テナントがプロセスをどの程度効率的に進めているかについての洞察が得られます。このやり方では、壊れているものは何もありませんが、テナントの体験に影響を与える可能性のある問題や非効率なものがないかどうかを確認するために、引き続きオンボーディングの状況を常に把握しようと努めています。企業はこれを把握し、オンボーディングプロセスを改善する新しい方法を積極的に見つけたいと思っているでしょう。

主な考え方は、SaaS企業は、運用体験を通じて明らかになり、行動の指針となる洞察に対する見方を広げるべきだということです。マルチテナント環境には、進化し続けるニーズに基づいて絶えず推し進められている可動部分や戦略が多数存在することがよくあります。チームは、採用したアーキテクチャと設計戦略がこれらのニーズにうまく対処しているかどうかを知りたいと思うでしょう。

マルチテナントの詳細には、観察および評価する必要があるものがたくさんあります。たとえば、スロットリングポリシーがベーシックティアのテナントにどのように適用されているかを確認したい場合があります。また、プラチナティアのテナントのサイロ化されたリソースの使用量傾向を評価して、過剰にプロビジョニングされていないかを調べたい場合もあります。あるいは、テナントが特定のインフラストラクチャリソースにどのように負荷をかけているかを確認したいこともあります。全体的なテーマとしては、私は単に健全性に関するイベントに反応しているだけではないということです。今アーキテクチャで採用されているマルチテナントのポリシーの実行状況を評価しているのです。どのように、どこで、いつテナントが私の想定していなかった方法で私の仮定を試す可能性があるのかを把握するために、私は隅々まで調べています。

一部の人にとっては、これはすでにやっていることの延長のように思えるかもしれません。このトピックについてチームと話し合うと、チームはその必要性を理解しているし、対応しているとよく言われます。しかし、彼らの運用ツールやアプローチを掘り下げてみると、テナントコンテキストをほとんどまたはまったく認識していない既製のツールの組み合わせにほとんど依存していることに気づくことがよくあります。確かに、ツールは引き続き環境を構成する重要な要素です。それと同時に、システム独自のマルチテナント運用状況を分析できるように、独自のカスタマイズまたは構成済みの仕組みでこれらのツールを補強する必要がある場合もあります。

全体として、本当に強調すべき点は、運用がサービス体験の中心であるということです。これは、成功するSaaS企業の最も基本的な要素の1つであり、チームに新たな問題を予測し、テナントの課題に迅速に対処し、システム停止を防ぐためのツールと仕組みを提供します。マルチテナントビジネスの運営に伴う複雑な動的変化に対処できるようにするために、ここで適切なツールに投資することは不可欠です。

17.3.2　能動的に構成を変更する

SaaSは一般的に、ゼロダウンタイムの体験を実現することを目指しています。たとえば、完全にプール化された環境を運用している場合、障害が発生するとすべてのテナントに波及する可能性があります。いかなる障害も、ビジネスに大きな影響を及ぼす可能性があります。これは当然、SaaSの運用チームにさらなるプレッシャーを与えます。チームは、テナントに影響が及ぶ前に問題を回避する能力を最大限に高めるにはどうすればよいかを常に検討しています。私にとって、このことは、運用上の問題がより広範囲に影響を及ぼす前にそれを検出して明らかにすることができるポリシーと仕組みを実装する能動的な運用ツールの必要性も強調しています。

多くの点で、ここでのマインドセットは主に一般的な運用プラクティスの延長線上にあります。運用チームは通常、このニーズを満たすために使用できるアラートとアラームをすでに用意しています。SaaSの運用では、これらの構成をどのように、どこに導入すべきかを考えることがより重要です。たとえば、ティアに焦点を当てたスロットリングポリシーを設定して、テナントがシステムの一部を飽和させないようにしたり、プール化されたテナントが共有データベースに過負荷をかけている可能性があることを知らせるメトリクスをデータベースから取得したりすることがあります。つまり、アーキテクチャにはさまざまなマルチテナントのポリシーや仕組みがあり、アクティビティを監視したり、場合によってはアラートやアラームを発生させたりする必要がある、アーキテクチャにおける重要な運用上の緊張点を見つける必要があるということです。

能動的なアプローチを取ることで、障害の可能性を減らせるような構成を導入する新たな機会が見えてくるかもしれません。そこから得られるデータは、ポリシー、デプロイ、パーティショニング、サイジング、その他のアーキテクチャ面の変更をもたらす可能性があり、環境の設計をより能動的に進化させることができます。

17.3.3　マルチテナント戦略を検証する

SaaSシステムがテナントのさまざまなニーズにどのように対応するかは、実際にはわかりません。このような負荷の予測不可能性は、SaaSチームにとって現実のものです。同時に、これはシステムの運用状態にとって明らかなリスクとなる領域でもあります。テナントはどんな予想外の新しいことを試す可能性があるでしょうか？ テナントの負荷は時間の経過とともにどのように変化するでしょうか？ このために備えられることは何でもするべきですが、ここで確実なことはほとんどありません。

このニーズに対応するために、チームはシステムにどのような負荷をかけることができるかを検討

し、システムが期待通りのパフォーマンスで応答できるかどうかを検証することができますし、また そうすべきです。繰り返しになりますが、ストレステストと負荷テストは新しいものではありません。 ただし、マルチテナント環境では、検証方法に組み込む必要のある新しい側面と考慮事項があります。

SaaS環境に負荷を与え、検証するというこの考え方は、本書全体を通して行ってきたメトリクス に関する議論と一部関連しています。たとえば、システムのオンボーディング効率を測定し、それに 指標を付与することについて説明しました。問題は、システムが目標として合意したレベルの効率性 を達成できるかどうかを、どうやって確かめるかということです。そこで、負荷テストとストレステ ストには、システムのオンボーディングパフォーマンスを試すテストを含める必要があります。短い 時間内でテナントを100個追加すると何が起きますか？ この状況に対応するために、システムはどの ようにスケールしますか？ プロファイルの異なるテナント（サイロやプールなど）のオンボーディング はどのように処理されますか？ これはシステムの他の側面に悪影響を与える可能性がありますか？ こ れらの質問に答える唯一の方法は、複数のユースケースにわたってこのアクティビティをシミュレー トすることです。

オンボーディングは、マルチテナント戦略を検証する必要があるたくさんの領域の1つにすぎませ ん。システムのティアベースのスロットリング戦略をテストするために、負荷をシミュレートするこ ともあるかもしれません。マイクロサービスのプール型スケーリング戦略をシミュレートすることも できます。テナント分離戦略を検証するためにテストを導入することもあるでしょう。できることは たくさんあります。これが組織の運用プロファイルにどれほどの価値をもたらすことができるかは 想像できるでしょう。これらの負荷をシミュレートしてポリシーを検証すればするほど、これらの問 題が本番環境で表面化する可能性を抑えることができるという確信が高まります。

いくつかの点で、このアプローチは少しカオステストの領域に入り込んでいることに気づくでしょ う。ここでは、基本的にマルチテナントアーキテクチャに多くの課題を投げかけ、その課題にどのよ うに対応するかを確認しようとします。その一環として、これらのテストに含まれる可能性のあるテ ナントのペルソナやプロファイルの組み合わせについても検討する必要があります。たとえば、プレ ミアムティアのテナントにノイジーネイバーの状況が発生しないかを確かめるために、システムの重 要な部分を使用する大量のベーシックティアのテナントを対象とする負荷テストを実施するとよいで しょう。全体的な目標は、テナントプロファイル（ティア、ワークロードなど）をさまざまに組み合わ せた一連のテストスイートを作成することです。

このテストに関する議論は、品質保証や開発のドメインの方がより適しているのではないかと疑問 に思うのは当然です。おそらくそうでしょう。しかし、これは運用の世界の一部でもあると思います。 これらのテストを実施する一環として、テナントを意識した運用ツールを通じてテストの副作用を分 析および表面化できるかも検証しているためです。この検証は、アーキテクチャのテストだけでなく、 運用モデルの有効性をテストすることでもあります。

17.3.4　あなたはチームの一員です

　運用チームは、自分たちがチームのビジョン、戦略、設計、構築の下流にいるとみなすことがよくあります。場合によっては、運用チームはむしろサポート重視の役割だと捉えていることもあります。私は開発プロセスの可動部分すべてに運用チームを組み込む必要があると思います。これらのチームは、SaaSのビジョンと実行に独自の視点をもたらし、SaaS製品を効果的に管理および運用する能力に、さまざまなモデルやアプローチがどのように影響を及ぼすかについて意見を述べます。

　私は、運用がいささか静的なものであると誤ってみなされる可能性があることが課題の一部だと思っています。メンタルモデルでは、ただ既知のツールや仕組みをシステムに適用してシステムの健全性を監視するだけだと思い込まれています。このアプローチでは、環境を構成するのに使用された基盤となる戦略とポリシーについて、運用者が最小限の洞察しか必要としていないことを前提としています。

　私は、特にSaaS環境の場合、運用を開発全体の意思決定に緊密に統合する必要があると思います。これにより、選択がサービスの全体的な運用にどのように影響するかを具体化し、理解する上で積極的な役割を果たすことができるようになるためです。これくらい関係性が深まると、基盤となるアーキテクチャの詳細により一致する運用体験を構築するために使用されるツールと戦略は、より直接的な影響を受けます。チームは、より豊かな運用体験をもたらす洞察、メトリクス、運用ビューを開発しやすくなります。

　この一環として、プロダクトオーナーやアーキテクトは、いつ、どのように運用の成果物をサービスのバックログに入れる必要があるかを検討することが期待されます。SaaS製品が変化し、運用体験の変更も必要になるかもしれない場合は、それらの変更をバックログに追加して優先順位を付ける必要があります。これらの運用上の影響をバックログに含めると、進行中の開発作業に運用の視点をうまく統合することができます。

17.4　まとめ

　SaaS製品を成功させるための道筋は、必ずしも明確ではありません。善意のチームは、SaaSビジネスの構築に伴う無数のビジネスおよび技術上の課題を乗り越えるのに苦労することがよくあります。最大の課題は、SaaSはビジネスチームと技術チーム間の高度な協働を必要とするビジネス戦略であるということです。ここでチームが必要としているのは、目標とするSaaS製品体験をビジネスのすべての可動部分に波及させるメンタルモデルにマッピングする、共通のビジョンを軸に足並みを揃えるのに役立つ明確な指針となる原則です。

　この章では、SaaSのビジョンと原則にしっかりと従うことが重要な領域である、いくつかの主要な指針となる原則をまとめました。最初に、戦略、ビジョン、組織について調べました。目標は、SaaS企業の成功に影響を与えていると私が考える、最も共通する分野横断的なテーマをいくつか取り上げることでした。SaaSビジネスが、組織のすべての可動部分に波及する統一された価値体系と戦略を必要とする、いくつかの基本的な分野について概説しました。企業内のほんの小さなずれさえ、最

終的にはSaaS製品の成長、拡張性、効率性に影響を与える可能性がある重要な分野に焦点を当てたかったのです。

また、これらの指針となる原則を技術的な観点から検討し、SaaSアーキテクチャの方向性と戦略に影響を与える可能性のある一般的な領域に焦点を当てました。ここでの狙いは、より広範な技術戦略への取り組み方に最も大きな影響を与える可能性のある基本原則をいくつか確認することでした。最後に、運用のマインドセットに影響を与える可能性のあるいくつかの原則について調べました。SaaS環境で運用チームが果たす役割を理解することに重点を置き、マルチテナント環境の運用に伴う現実に対処するためにSaaS運用チームがアプローチを強化する必要がある領域の概要を示しました。

ここで説明した原則は、私がこれまで組織が苦戦していると感じた主な分野の一部にすぎないことに注意してください。これらの中心的な原則を1か所にまとめることで、詳細から離れてSaaSソリューションの開発を取り巻く基本的なテーマを検討できるようになっていれば幸いです。SaaSとは何かについて上から下までうまく一致している組織は、多くの場合、SaaS製品の成功を最大化しやすい状況にあります。

索　引

数字
1回限りのカスタマイズ（one-off customization）————417

A
ABAC（属性ベースのエージェント）————214
AI（人工知能）————388
Amazon Cognito————105
Amazon Simple Storage Service（S3）————195
Amazon Virtual Private Cloud————224
API Gateway————142-143, 221, 223, 275-277
APIのティアリング————352
　　API Gateway————352
　　　　APIキー————353
　　　　スロットリングポリシー————352
　　API Management————352
　　Apigee————352
Argo Workflows————248-250
AWS CodePipeline————247
AWS Lambda
　　関数のライフサイクル————271-272
　　サーバーレステナントのルーティング————142
　　デプロイモデル————267
　　　混合モード————270-271
　　　サイロ————269-270
　　　プール————269-270
　　レイヤー————177
AWS Outposts————370

B
B2B（企業対企業）モデル————18
　　フルスタックのサイロデプロイモデル————54
B2C（企業対消費者）モデル————18
Blast Radius————182

C
CAC（顧客獲得コスト）————305
CDK（Cloud Development Kit）————247, 276

CDN（コンテンツ配信ネットワーク）————133
CI/CD（継続的インテグレーション/継続的デプロイ）————67
　　自動化————247
CloudFormation————276
CloudFront————133
CLTV（顧客生涯価値）————305
CLTV/CAC比————305
CodeBuild————276

D
DynamoDB————112
　　NoSQLデータパーティショニング————192

E
EKS（Elastic Kubernetes Service）————225, 233-261
　　EKS Anywhere————370
　　SaaS————234-236
　　仮想————240
　　クラスター————237
　　コントロールプレーンのデプロイ戦略————242-243
　　サーバーレスコンピューティング————259
　　スケーリングモデル————234
　　テナント分離————252-257
　　テナントを意識したデプロイ————250-252
　　デプロイツール————235
　　デプロイパターン————236
　　ノードタイプ————257-259
　　分離————235
　　ルーティング————243-245
EKS Anywhere————370
EKS SaaSリファレンスアーキテクチャ————259

F
Flux————248-250

G
GUID（グローバル一意識別子）————87, 113

テナント識別子 87

H

Helm 247-248

I

IAM (Identity and Access Management) 253
IRSA (IAM Roles for Service Accounts) 253

J

JSON Web Token (JWT) 31, 98-100
　Bearerトークン 163-164

L

Lambda Extensions 177
Lambda関数 269
Lambdaレイヤー 177
layered migration 329-332
LLM (大規模言語モデル) 381-383

M

MFA (多要素認証) 106
ML (機械学習) 388
MRR (月間経常収益) 305
MSP (マネージドサービスプロバイダー) モデル 13

N

Namespaces 236
NoSQL
　DynamoDB 112
　データパーティショニング 192
　　サイロデータパーティショニング 193
　　チューニング 194
　　プール化されたデータパーティショニング 192

O

OAuth (Open Authorization) 97
OIDC (OpenID Connect) 97
OPA (オープンポリシーエージェント) 214
Open Authorization (OAuth) 97
OpenID Connect (OIDC) 97
OpenSearch
　インデックス 392
　データパーティショニング 199
　　混合モードのデータパーティショニング 203
　　サイロデータパーティショニング 201-202
　　プール化されたデータパーティショニング 200-201

P

PEFT (parameter efficient fine-tuning) 394
PLG (プロダクトレッドグロース) 351

R

RAG (Retrieval-Augmented Generation) 381, 383
　テナント固有のリファインメント 389-393
　ファインチューニングとの組み合わせ 396
RBAC (役割ベースのアクセス制御) 215, 347
　テナント分離 215

S

S3 (Amazon Simple Storage Service) 195
SaaS (Software-as-a-Service)
　EKS 234-236
　運用 292-294
　境界線 12
　サーバーレスコンピューティングとの相性 264-267
　チーム編成 13-14
　定義 1, 19
　ビジネスモデル 14-17
　マインドセット 1, 412
　マルチテナント 8
　アプリケーションプレーン
　　　　　　　　　　アプリケーションプレーンを参照
　コントロールプレーン コントロールプレーンを参照
SaaS Anywhere 365-380
　アーキテクチャ 371
　　クラウド 376
　　コントロールプレーン 371
　　統合 376
　　リモートアプリケーションサービス 373-374
　　リモートアプリケーションプレーン 375-376
　　リモートデータ 372-373
　　リモートテナント環境 371
　オーナーシップ 367-369
　オンボーディング 377-378
　概念図 366
　回復力 378
　可用性 378
　更新のデプロイ 379
　地域ごとのデプロイ 370-371
　プロビジョニング 377-378
　リモート環境 370
　リモートリソースへのアクセス 378
SAM (Serverless Application Model) 276
Simple Storage Service (S3) 195
SLA (サービスレベル合意)
　ストレージ 181
　ティアリング 37
Software-as-a-Service SaaSを参照
STS (Security Token Service) 171

T

TTL (有効期限) 223

V

VPC（仮想プライベートクラウド）――――60, 224

あ行

アイテムレベルの分類（item-level isolation）――213, 227-228
アイデンティティ（identity）
    OIDC――――98
    作成――――95-107
    システム管理者――――82
    テナント――――95
        コントロールプレーン――――28-29
        追加――――97, 100-101
    テナント管理サービス――――110
    認証――――96
    フェデレーション――――103-105
    ベースライン環境――――82
    ユーザー――――95-96
アイデンティティモデル（identity model）――――327
アスペクト（aspect）――――175-176
アプリケーションによる強制的な分離
  （application-enforced isolation）――――214
アプリケーションのデプロイ（application deployment）――36
アプリケーションプレーン（application plane）――24-26, 31
    技術選択――――41
    コントロールプレーンとの統合――――40-41
    コントロールプレーンとの連携――――27
    データパーティショニング――――34
    テナントコンテキスト――――31-32
        ティアリング――――37
    テナントのプロビジョニング――――39
    テナントのルーティング――――34-36
    テナント分離――――32-33
    マルチテナントアプリケーションデプロイ――――36
アプリケーションマイクロサービス
  （application microservice）――――9
移行（migration）――――319-342
    アイデンティティモデル――――327
    新しいマイクロサービス――――335
    コストの推移――――323-325
    コントロールプレーン――――325
    収益の推移――――323-325
    出発点――――339-341
    タイミング――――321-323
    パターン――――325-326
        基礎的な概念――――326-327
        サービスごと――――332-336
        サイロ型リフトアンドシフト――――328-329
        段階的なアプローチ――――337-339
        比較――――336-337
        レイヤー型――――329-332
    フィッシュモデル――――323-325

レガシーコードとコントロールプレーンの統合――――336
イノベーション（innovation）――――16
運用（operation）
    俊敏性メトリクス――――296
        可用性――――297
        サイクルタイム――――298
        失敗したデプロイ――――298
        不具合検出漏れ率――――298
        平均検出／復旧時間――――298
        リリース頻度――――297
    使用量メトリクス――――299
        マイクロサービス層――――302
        リソースレベル――――300
    生成AI――――387
    ティアリング――――361-362
    テナントあたりのコストメトリクス――――302-304
    ビジネス健全性メトリクス――――304-305
    複合メトリクス――――305-306
    ベースラインメトリクス――――306
    メトリクス――――294
        オンボーディングメトリクス――――295
        テナントアクティビティ――――294
        テナントアプリ分析――――295
        テナントライフサイクルメトリクス／イベント――295
運用効率（operational efficiency）――――15
運用コンソール（operations console）――――308-311
    体験と技術メトリクスの組み合わせ――――311
    ダッシュボード――――311
    能動的な戦略――――312
    ログ――――311
運用上の複雑性（operational complexity）――――273-274
運用のマインドセット（operations mindset）――292-294, 419
    システムの健全性――――419-421
    戦略の検証――――421-422
    チーム――――423
    能動的な構成――――421
影響範囲（blast radius）
    データパーティショニング――――183
    フルスタックのサイロデプロイモデル――――55-56
    フルスタックのプールデプロイモデル――――67
オーナーシップ（ownership）
    SaaS Anywhere――――367-369
    分散型――――369
オープンポリシーエージェント
  （Open Policy Agent：OPA）――――214
オブジェクトストレージ（object storage）
    データパーティショニング――――195
        サイロデータパーティショニング――――197
        プール化されたデータパーティショニング――195-199
    データベースのマネージドアクセス――――198-199
オンボーディング（onboarding）――――84-85

カスタムクレームの追加 ――――――100-101	フルスタックのプールデプロイモデル ――――67
管理コンソールからオンボーディングの開始 ――82	リモートリソース ――――――――――378-379
コントロールプレーン ――――――――26-27	間接層 (man-in-the middle) ――――――137-138
サーバーレスコンピューティング ――――276	管理コンソール (administration console) ――38
テナントプロビジョニングサービス ――278	オンボーディングの開始 ――――――82
自動化 ――――――――――――245-247	機械学習 (machine learning：ML) ――――388
Argo Workflows ――――――――248-250	企業対企業 (business-to-business：B2B) モデル――18
Flux ――――――――――――248-250	企業対消費者 (business to consumer：B2C) モデル――18
Helm ――――――――――――247-248	技術上の考慮事項 (technical consideration)
障害対応 ――――――――――――94-95	1回限りのカスタマイズ ――――――417
状態 ―――――――――――――――89	アーキテクチャの測定 ―――――――418
生成AI ――――――――――――397-398	開発者体験 ――――――――――418-419
ティアベース ――――――――――89-92	汎用的モデル ―――――――――414-415
テスト ―――――――――――――――95	マルチテナントの基盤の構築 ―――415-416
テナント管理サービス ――――――――110	マルチテナントの原則を守る ―――――415
テナント管理者 ―――――――――――88	技術ファーストの罠 (tech-first trap) ―――410-411
テナントごとのVPCモデル ―――――――62	共有インフラストラクチャモデル
テナントごとのアカウントモデル ―――――59	(shared infrastructure model) ――――――5, 24
テナント識別子 ―――――――――――87	集合住宅のたとえ ―――――――――24
テナントドメイン ――――――――133-134	グローバル一意識別子
パターン ――――――――――――――86	(globally unique identifier：GUID) ―――――87
プール化されたリソースのプロビジョニング ――92	継続的インテグレーション/継続的デプロイ (Continuous
フルスタックのデプロイモデル ――――――91	Integration/Continuous Delivery：CI/CD) ――67
分散型サービス ―――――――――――87	月間経常収益 (monthly recurring revenue：MRR) ―305
メトリクス ――――――――――――295	検索拡張生成 (Retrieval-Augmented Generation：RAG)
リソースの追跡 ――――――――――――93	―――――――――――――――381, 383
リモートリソース ――――――――377-378	コアテナント属性 (core tenant attribute) ―――110
オンボーディングサービス (Onboarding service)――86	更新のデプロイ (update deployment) ―――――379
	構成 (configuration)
か行	アイデンティティ構成 ――――――――110
概念的なデプロイモデル	インフラストラクチャ構成の保存 ―――113
(conceptual deployment model) ―――――――46	テナント ―――――――――――114-117
開発者体験 (developer experience) ――――418-419	能動的 ――――――――――――――421
拡張性 (scaling)	効率 (efficiency) ――――――――――409-410
テナントごとのVPCモデル ―――――――62-63	顧客獲得コスト (customer acquisition cost：CAC) ―305
テナントごとのアカウントモデル ―――――59	顧客生涯価値 (customer lifetime value：CLTV) ―305-306
認証 ――――――――――――――147	コスト (cost)
フルスタックのサイロデプロイモデル ―――54	顧客獲得 ―――――――――――――305
フルスタックのプールデプロイモデル ―――66	削減 ――――――――――――――411
ランタイム分離 ――――――――222-224	フルスタックのプールデプロイモデル ―――67
カスタマイズ (customization) ――――――417	混合モードのデータパーティショニング
カスタムクレーム (custom claim) ――――――98	(mixed mode data partitioning) ――――――202
追加 ――――――――――――100-101	混合モードのデプロイモデル
テナントコンテキスト ――――――100-101	(mixed mode deployment model) ―――――71-73
仮想プライベートクラウド	Lambda ――――――――――――270-271
(Virtual Private Cloud：VPC) ―――――60, 224	コンテナ (container)
価値重視のティアリング (value-focused tiering)――347-348	コンピューティングモデル ―――――――158
可用性 (availability)	ルーティング ――――――――――145-146
SaaS Anywhere ――――――――378-379	コンテナコンピューティングモデル
オンボーディング ――――――――――94	(container compute model) ―――――――158
フルスタックのサイロデプロイモデル ―――55-56	コンテンツ配信ネットワーク

(Content Delivery Network：CDN) ······ 133	API Gateway ······ 275
コントロールプレーン (control plane) ······ 24-26	EKS ······ 259
SaaS Anywhere ······ 371	サーバーレスストレージ (serverless storage) ······ 188
アイデンティティ ······ 28-29	サーバーレスルーティング (serverless routing) ······ 142-144
アプリケーションプレーンとの統合 ······ 40-41	サービス (service)
アプリケーションプレーンとの連携 ······ 27	オンボーディング ······ 84-85
移行 ······ 325	セルフサービス ······ 85
オンボーディング ······ 26-27	内部 ······ 85
管理コンソール ······ 38	カートサービス ······ 92
技術選択 ······ 41	構築 ······ 17-19
サーバーレスコンピューティング ······ 272-273	サイロ化 ······ 156-158
請求 ······ 30	従来のアプリケーション ······ 150
テナント管理 ······ 30-31	請求サービス ······ 88, 94
テナントのプロビジョニング ······ 39	設計
デプロイ ······ 242-243	コンピューティング技術 ······ 158-159
フルスタックのサイロデプロイモデル ······ 53-54	ストレージ ······ 159
フルスタックのプールデプロイモデル ······ 62	分析 ······ 160-161
プロビジョニングサービス ······ 90	メトリクス ······ 160-161
プロビジョニングの選択肢 ······ 83-84	テナント管理 ······ 87, 109
ベースライン環境 ······ 80	テナントコンテキスト ······ 101-103
メトリクス ······ 29	テナントプロビジョニング ······ 249
リモートリソース ······ 371	テナントを意識したデプロイ ······ 250-252
レガシーコードの統合 ······ 336	ノイジーネイバー ······ 153-155
コンピューティング技術 (compute technology) ······ 158-159	評価サービス ······ 92
コンピューティングのティアリング (compute tiering) ······ 354	プール型マルチテナント環境 ······ 151-152
サーバーレスコンピューティング ······ 354	プロビジョニングサービス ······ 89-91
スケーリング ······ 356	ベストプラクティス ······ 152
同時実行 ······ 354	マルチテナント ······ マルチテナントサービスを参照
	レストランの例 ······ 17
さ行	サービスごとの移行
サードパーティの請求 (third-party billing) ······ 94	(service-by-service migration) ······ 332-336
サーバーレスコンピューティング	サービス体験 (service experience) ······ 12
(serverless computing) ······ 263	サービス中心のマインドセット
SaaSとの相性 ······ 264-267	(service-centric mindset) ······ 412-413
運用の複雑さ ······ 274	サービスメトリクス (service metrics) ······ 160-161
オンボーディング ······ 276	サービスレベル契約 (service level agreement)
開発者の更新 ······ 280	······ SLAを参照
ティアリング ······ 354	サイクルタイム (cycle time) ······ 298
デプロイモデル ······ 267	サイドカー (sidecar) ······ 176-177
混合モード ······ 270-271	サイロ化されたサービス (siloed service) ······ 156-158
コントロールプレーン ······ 272-273	サイロ化されたストレージ (siloed storage) ······ 356
サイロ ······ 269-270	サイロ型リフトアンドシフト (silo lift-and-shift) ······ 328-329
プール ······ 269-270	サイロデータパーティショニング
同時実行 ······ 287-288	(siloed data partitioning) ······ 180
ノイジーネイバー ······ 287-288	NoSQLのデータパーティショニング ······ 193
プロビジョニング ······ 276	OpenSearch ······ 201-202
分離 ······ 281	運用 ······ 184
デプロイ時の分離 ······ 283-284	オブジェクトストレージサービス ······ 197
プール分離 ······ 281-283, 284	管理 ······ 184
ルートベース ······ 285-287	リレーショナルデータパーティショニング ······ 190-192
ルーティング ······ 274	サイロデプロイ (siloed deployment) ······ 238-241

プールデプロイ........................241
サイロデプロイモデル (silo deployment model)........48-50
 Lambda........................269-270
 フルスタック........................50
  SaaS........................51
  影響範囲........................55-56
  拡張性への影響........................54
  可用性........................55-56
  コスト........................54
  コスト配賦........................56
  コントロールプレーンの複雑性........................53-54
  適している場面........................51
  テナントごとのVPCモデル........................60-63
  テナントごとのアカウントモデル........................56-60
  テナントごとのサブネットモデル........................62
  ルーティング........................54
サイロ分離 (silo isolation)........................284
システム管理者 (system administrator)........................38
システム管理ベースライン環境
 (system admin baseline environment)........................82
システムの正常性 (system health)........................419-421
自動化 (automation)
 オンボーディング........................245-247
  Argo Workflows........................248-250
  Flux........................248-250
  Helm........................247-248
 デプロイ........................245-247
シャーディング (sharding)........................203
俊敏性メトリクス (agility metrics)........................296-299
 可用性........................297
 サイクルタイム........................298
 デプロイ／リリース頻度........................297
 デプロイの失敗........................297
 不具合検出漏れ率........................298
 平均検出／復旧時間........................298
使用量重視のティアリング
 (consumption-focused tiering)........................345-347
使用量ベースのプライシング
 (consumption-based pricing)........................346
使用量ポリシー (consumption policy)........................346
使用量メトリクス (consumption metrics)........................299
 アーキテクチャの階層........................301-302
 マイクロサービス層........................302
 リソースレベル........................300
シングルテナント (single-tenant)........................11-12
人工知能 (artificial intelligence：AI)........................388
スケーリング (scaling)
 EKS........................234
 SaaS Anywhere........................378
 リモートリソース........................378

ストレージ (storage)
 SLA........................181
 影響範囲........................183
 オブジェクト........................195-199
 サーバーレス........................188
 サービス設計........................159
 使い分け........................184
 ワークロード........................181
ストレージのコンピューティングサイジング
 (storage compute sizing)........................186-188
 サーバーレスストレージ........................188
 スループット........................188
 スロットリング........................188
ストレージのティアリング (storage tiering)........................356-358
スナップショット (snapshot)........................24
スムーズなオンボーディング (frictionless onboarding)........................16
スループット (throughput)........................188
スロットリング (throttling)
 ストレージのコンピューティングのサイジング........................188
 ティアリング........................360
請求 (billing)
 コントロールプレーン........................30
 請求サービス........................88, 94
 ティアリング........................350
 テナント管理サービス........................112
 テナントの有効化と無効化........................118-119
生成AI (GenAI)........................381
 LLM (大規模言語モデル)........................382-383
 運用........................387
 オンボーディング........................397-398
 顧客体験........................386-387
 ティアリング........................400, 403-404
 テナント固有のリファインメント
  RAG........................389-393
  ファインチューニング........................393-396
 ノイジーネイバー........................398-399
 プライシング........................400-402
 分離........................399
 マルチテナント........................384-386
成長 (growth)........................16
製品とサービス (products versus services)........................17-19
セルフサービスのオンボーディング
 (self-service onboarding)........................85
戦略の検証 (strategy validation)........................421-422
戦略の構築 (strategy building)........................408-409
属性ベースのアクセス制御
 (attribute-based access control：ABAC)........................214
ソフトウェアデリバリー (software delivery)
 伝統的なモデル........................2-4
 統合モデル........................4-8

た行

ターゲットリリース (targeted release)⋯⋯⋯315-317
大規模言語モデル
    (large language models：LLM)⋯⋯⋯381-383
ダッシュボード (dashboard)⋯⋯⋯⋯⋯⋯⋯⋯311
多要素認証 (multi-factor authentication：MFA)⋯⋯106
チーム (team)
    運用のマインドセット⋯⋯⋯⋯⋯⋯⋯⋯423
    編成⋯⋯⋯⋯⋯⋯⋯⋯⋯⋯⋯⋯⋯⋯⋯13-14
チャーン (Churn)⋯⋯⋯⋯⋯⋯⋯⋯⋯⋯⋯⋯305
ティアリング (tiering)⋯⋯⋯⋯⋯⋯⋯37, 343-363
    APIのティアリング⋯⋯⋯⋯⋯⋯⋯⋯⋯352
        API Gateway⋯⋯⋯⋯⋯⋯⋯352-354
        API Management⋯⋯⋯⋯⋯⋯⋯352
        Apigee⋯⋯⋯⋯⋯⋯⋯⋯⋯⋯⋯352
        PLG⋯⋯⋯⋯⋯⋯⋯⋯⋯⋯⋯⋯351
    運用⋯⋯⋯⋯⋯⋯⋯⋯⋯⋯⋯⋯361-362
    オンボーディング⋯⋯⋯⋯⋯⋯⋯⋯89-92
    価値重視⋯⋯⋯⋯⋯⋯⋯⋯⋯⋯⋯347-348
    コンピューティングのティアリング⋯⋯354-355
        サーバーレスコンピューティング⋯⋯354
        スケーリング⋯⋯⋯⋯⋯⋯⋯⋯356
    サーバーレスコンピューティング⋯⋯⋯276
    実装⋯⋯⋯⋯⋯⋯⋯⋯⋯⋯⋯⋯352-361
    使用量重視⋯⋯⋯⋯⋯⋯⋯⋯⋯345-347
    ストレージのティアリング⋯⋯⋯⋯356-358
    スロットリング⋯⋯⋯⋯⋯⋯⋯⋯⋯360
    請求⋯⋯⋯⋯⋯⋯⋯⋯⋯⋯⋯⋯⋯350
    生成AI⋯⋯⋯⋯⋯⋯⋯⋯⋯400, 403-404
    ティアの管理⋯⋯⋯⋯⋯⋯⋯⋯⋯⋯360
    ティアの切り替え⋯⋯⋯⋯⋯⋯123-126
    テナント体験⋯⋯⋯⋯⋯⋯⋯⋯⋯⋯360
    デプロイ重視⋯⋯⋯⋯⋯⋯⋯⋯⋯348-349
    デプロイモデル⋯⋯⋯⋯⋯⋯⋯⋯358-359
    転換点⋯⋯⋯⋯⋯⋯⋯⋯⋯⋯⋯⋯344
    パターン⋯⋯⋯⋯⋯⋯⋯⋯⋯⋯344-351
    複合ティアリング⋯⋯⋯⋯⋯⋯⋯⋯350
    フリーティア⋯⋯⋯⋯⋯⋯⋯⋯349-350
    分離⋯⋯⋯⋯⋯⋯⋯⋯⋯⋯⋯⋯⋯348
データシャーディング (data sharding)⋯⋯203-204
データパーティショニング (data partitioning)⋯34, 179-207
    NoSQLのデータパーティショニング⋯⋯192
        サイロデータパーティショニング⋯⋯193
        チューニング⋯⋯⋯⋯⋯⋯⋯⋯194
        プール化されたデータパーティショニング⋯192
    OpenSearchサービス⋯⋯⋯⋯⋯⋯⋯199
        混合モードのデータパーティショニング⋯203
        サイロデータパーティショニング⋯201-202
        プール化されたデータパーティショニング⋯200-201
    運用⋯⋯⋯⋯⋯⋯⋯⋯⋯⋯⋯⋯⋯184
    影響範囲⋯⋯⋯⋯⋯⋯⋯⋯⋯⋯⋯183
    オブジェクトストレージサービス⋯⋯⋯195
        サイロデータパーティショニング⋯⋯197
        プール化されたデータパーティショニング⋯195-199
    管理⋯⋯⋯⋯⋯⋯⋯⋯⋯⋯⋯⋯⋯184
    サイロデータパーティショニング⋯⋯⋯201
    ストレージ
        SLA⋯⋯⋯⋯⋯⋯⋯⋯⋯⋯⋯181
        使い分け⋯⋯⋯⋯⋯⋯⋯⋯⋯184
        ワークロード⋯⋯⋯⋯⋯⋯⋯181
    セキュリティ⋯⋯⋯⋯⋯⋯⋯⋯205-206
    データベース
        マネージドアクセス⋯⋯⋯⋯198-199
        リレーショナルデータベース⋯189-192
    データライフサイクル⋯⋯⋯⋯⋯⋯205
    バックアップとリストア⋯⋯⋯⋯⋯184
    プールデータパーティショニング⋯⋯200
    複数環境のサポート⋯⋯⋯⋯⋯⋯185
    分離⋯⋯⋯⋯⋯⋯⋯⋯⋯⋯⋯⋯183
    リレーショナルデータベース⋯⋯⋯189
        サイロモデル⋯⋯⋯⋯⋯⋯190-192
        プールモデル⋯⋯⋯⋯⋯⋯⋯189
データへのアクセス (data access)⋯⋯167-169
テナント (tenant)⋯⋯⋯⋯⋯⋯⋯⋯5, 21-43
    集合住宅のたとえ⋯⋯⋯⋯⋯⋯⋯⋯24
    グループ化⋯⋯⋯⋯⋯⋯⋯⋯⋯105-106
    コアテナント属性⋯⋯⋯⋯⋯⋯⋯110
    顧客との比較⋯⋯⋯⋯⋯⋯⋯⋯⋯⋯5
    実行中のスナップショット⋯⋯⋯⋯24
    専用リソース⋯⋯⋯⋯⋯⋯⋯⋯⋯⋯10
    テナントとユーザーの管理⋯⋯⋯⋯111
    テナントを追加したアーキテクチャ⋯22-24
    認証⋯⋯⋯⋯⋯⋯⋯⋯⋯⋯⋯⋯⋯106
    分離⋯⋯⋯⋯⋯⋯⋯⋯⋯⋯⋯⋯⋯107
    マッピング⋯⋯⋯⋯⋯⋯⋯⋯⋯105-106
    ユーザーIDの共有⋯⋯⋯⋯⋯⋯⋯106
    ライフサイクル管理⋯⋯⋯⋯⋯⋯⋯117
        ティアの切り替え⋯⋯⋯⋯123-126
        廃止⋯⋯⋯⋯⋯⋯⋯⋯⋯120-123
        有効化と無効化⋯⋯⋯⋯⋯118-119
    ライフサイクルのコンポーネント⋯⋯112
テナントアイデンティティ (tenant identity)
                アイデンティティを参照
テナントアクティビティメトリクス
    (tenant activity metrics)⋯⋯⋯⋯⋯294
    オンボーディングメトリクス⋯⋯⋯295
    テナントアプリ分析⋯⋯⋯⋯⋯⋯⋯295
    テナントライフサイクルメトリクス／イベント⋯295
テナントあたりのコストメトリクス
    (cost-per-tenant metrics)⋯⋯⋯⋯302-304
テナントアプリ分析 (tenant app analytics)⋯⋯295
テナント管理 (tenant management)⋯⋯⋯⋯30-31

テナント管理サービス (Tenant Management service)
　　　　　　　　　　　　　　　　　　87, 109
　　NoSQL　　　　　　　　　　　　　　112
　　アイデンティティ構成　　　　　　　110
　　インフラストラクチャ構成の保存　　113
　　オンボーディング　　　　　　　　　110
　　コアテナント属性　　　　　　　　　110
　　構築　　　　　　　　　　　　　111-113
　　請求　　　　　　　　　　　　　　　112
　　テナント構成　　　　　　　　　114-117
　　テナント識別子　　　　　　　　　　113
　　テナントライフサイクル管理　　　　117
　　　　ティアの切り替え　　　　　123-126
　　　　廃止　　　　　　　　　　　120-123
　　　　有効化と無効化　　　　　　118-119
　　テナントライフサイクルのコンポーネント　112
　　ユーザー　　　　　　　　　　　　　110
　　ルーティングポリシー　　　　　　　111
テナント管理者 (tenant administrator)　　38
テナントごとの API Gateway モデル
　　(API Gateway-per-tenant model)　　143
　　REST のパス　　　　　　　　　　　285
　　サーバーレステナントのルーティング　274
　　分離　　　　　　　　　　　　　　　281
　　ルートベースの分離　　　　　　　　285
テナントごとの VPC モデル
　　(VPC-per-tenant full stack silo model)　60-63
　　オンボーディング　　　　　　　　　62
　　拡張性　　　　　　　　　　　　62-63
テナントごとのアカウントモデル (account-per-tenant)
　　オンボーディング　　　　　　　　　59
　　拡張子　　　　　　　　　　　　　　59
　　フルスタックサイロのデプロイ　　56-60
テナントごとのサブドメインモデル
　　(subdomain-per-tenant model)　　132
テナントごとのサブネットモデル
　　(subnet-per-tenant full stack silo model)　62
テナントごとのバニティドメインモデル
　　(vanity domain-per-tenant model)　132-133
テナント固有のリファインメント (tenant refinement)
　　RAG　　　　　　　　　　　　389-393
　　生成 AI
　　　　オンボーディングパイプライン　279
　　　　ファインチューニング　　　393-394
テナントコンテキスト (tenant context)　31-32
　　一元化されたサービス　　　　101-103
　　カスタムクレーム　　　　　　100-101
　　ティアリング　　　　　　　　　　37
　　データアクセス　　　　　　　167-169
　　特性　　　　　　　　　　　　　　175
　　認証フロー　　　　　　　　　　　136

フルスタックのプールデプロイモデル　　64
マルチテナントサービス　　　　　163-164
メトリクス　　　　　　　　　　165-167
ログ　　　　　　　　　　　　　164-165
テナント識別子 (tenant identifier)
　　GUID　　　　　　　　　　　　　87
　　オンボーディング　　　　　　　　　87
　　作成　　　　　　　　　　　　　　　87
テナントドメイン (tenant domain)　130-132, 135-136
　　エントリーポイント
　　　　オンボーディング　　　　　133-134
　　　　テナントごとのサブドメインモデル　132
　　　　テナントごとのバニティドメインモデル　133
　　　　テナントマッピング　　　　　132
テナントのオンボーディング操作
　　(Onboarding Tenant action)　　　116
テナントの廃止 (decommissioning tenants)　120-123
テナントプロビジョニング (tenant provisioning)　39, 249
テナントプロビジョニングサービス
　　(Tenant Provisioning service)　　279
テナント分離 (tenant isolation)　　　分離を参照
テナントペルソナ (tenant persona)　413-414
テナントユーザー (tenant user)　　　　38
テナントライフサイクルメトリクス／イベント
　　(tenant lifecycle metrics/events)　295
テナントリソース (tenant resource)　　87
テナントルーティング (tenant routing)　34-36
テナントを意識したログ (tenant-aware logging)
　　　　　　　　　　　　165, 327, 336
デプロイ (deployment)
　　アプリケーション　　　　　　　　　36
　　失敗　　　　　　　　　　　　　　297
　　自動化　　　　　　　245-247, 313-314
　　　　ターゲットリリース　　　　315-317
　　　　範囲　　　　　　　　　　　　314
　　テナントを意識した　　　　　250-252
　　頻度　　　　　　　　　　　　　　297
デプロイ重視のティアリング
　　(deployment-focused tiering)　348-349
デプロイ時の分離 (deployment-time isolation)
　　　　　　　　　　218-224, 283-284
デプロイの失敗 (failed deployment)　　297
デプロイパターン (deployment pattern)　236
デプロイモデル (deployment model)
　　Lambda　　　　　　　　　　　　267
　　　　混合モード　　　　　　　270-271
　　　　サイロ　　　　　　　　　269-270
　　　　プール　　　　　　　　　269-270
　　概念的　　　　　　　　　　　　　46
　　混合モードのデプロイモデル　　71-73
　　サイロ化デプロイ　　　48-50, 238-241

選択	47-48
ティアリング	358-359
テナントを意識した	250
ハイブリッドなフルスタックのモデル	70-71
プールデプロイ	237-238
プールモデル	48-50
フルスタック	90
サイロモデル	50-63
プールモデル	63-69
ポッドのデプロイモデル	73-75

統合 (integration)

SaaS Anywhere	376
ソフトウェアデリバリー	4-8
レガシーコードとコントロールプレーン	336

同時実行 (concurrency)

コンピューティングのティアリング	354-355
サーバーレスコンピューティング	287-288

動的注入 (dynamic injection) 281-283

な行

内部オンボーディング (internal onboarding)	85
認可 (authorization)	214-216
認証 (authentication)	106
MFA	106
アイデンティティ	96
拡張性	147
間接層の課題	137-138
正面玄関	130-138
単一ドメイン経由でのアクセス	135-136
テナントコンテキスト	136
テナントドメイン経由でのアクセス	130-132
オンボーディング	133
テナントごとのサブドメインモデル	132
テナントごとのバニティドメインモデル	132-133
認証済みのテナントルーティング	140-142
マルチテナントの認証フロー	138
万能な方法	140
フェデレーション	139-140
例	138
ノイジーネイバー (noisy neighbor)	153-155
Lambda関数	269
サーバーレスコンピューティング	287-288
生成AI	398-399
能動的な構成 (proactive construct)	421

は行

パーティショニング (partitioning)	34
ハイブリッドモデル (hybrid model)	70-71
バックアップとリストア (backup and restore)	184
万能なモデル (one-size-fits-all model)	414-415
ビジネス健全性メトリクス (business health metrics)	

	304-305
ビジネス目標 (business objective)	
イノベーション	16
運用効率	15
俊敏性	15
スムーズなオンボーディング	16
成長	16
ビジネスモデル (business model)	14-17
評価サービス (Ratings service)	92
ファインチューニング (fine-tuning)	
生成AI	393-394
RAG	396
テナントレベル	395
汎用的	394
フィッシュモデル (fish model)	323-325
プール化されたストレージ (pooled storage)	356
プール化されたリソース (pooled resource)	80
プール型マルチテナント環境	
(pooled multi-tenant environment)	151-152
プールデータパーティショニング	
(pooled data partitioning)	180
NoSQL データパーティショニング	192
OpenSearch	200-201
運用	184
オブジェクトストレージサービス	195-199
デフォルト化	185
リレーショナルデータパーティショニング	189
プールデプロイモデル (pooled deployment model)	
	48-50, 237-238
Lambda	269-270
サイロデプロイとの組み合わせ	241
フルスタック	63
影響範囲	67
拡張性	66
可用性	67
コスト	67
コントロールプレーン	63
サンプルアーキテクチャ	68-69
テナントコンテキスト	64
分離	66
プール分離 (pooled isolation)	281-283
フェデレーションアイデンティティ (federated identity)	
	103-105
複合ティアリング (composite tiering)	350
複合メトリクス (composite metrics)	305-306
プライシングモデル (pricing model)	400-402
フリーティアモデル (free tier model)	349-350
フルスタックデプロイ (full stack deployment)	91
フルスタックのサイロデプロイモデル	
(full stack silo deployment model)	50
SaaS	51

影響範囲-------------------------55-56
拡張性への影響-------------------54
可用性------------------------55-56
コスト---------------------------54
コスト配賦-----------------------56
コントロールプレーンの複雑性------53-54
適している場面--------------------51
テナントごとのVPCモデル----------60-63
　　オンボーディング---------------62
　　拡張性-------------------------63
テナントごとのアカウントモデル----56-60
　　オンボーディング---------------59
　　拡張性-------------------------59
テナントごとのサブネットモデル-------62
ルーティング----------------------55
フルスタックのプールデプロイモデル
（full stack pool deployment model）----63
　　影響範囲-----------------------67
　　拡張性-------------------------66
　　可用性-------------------------67
　　コスト-------------------------67
　　コントロールプレーン------------64
　　サンプルアーキテクチャ--------68-69
　　テナントコンテキスト------------64
　　分離---------------------------66
フルスタックの分離（full stack isolation）----213, 224-225
プロダクトレッドグロース（product-led growth：PLG）
-------------------------------------351
プロビジョニング（provisioning）-------39, 91
　　サーバーレスコンピューティング---276
　　プール化されたリソース----------92
　　リモートリソース-------------377-378
プロビジョニングサービス（Provisioning service）----89-91
分散型オーナーシップ（distributed ownership）----368
分離（isolation）-------32-33, 107, 170-172, 175, 209-231
　　EKS----------------------235, 252-257
　　RBAC-------------------------215
　　アイテムレベル------------213, 227-228
　　アプリケーションによる強制的な分離----214
　　アプリケーションの分離とインフラストラクチャの分離
-------------------------------------216
　　サーバーレスコンピューティング---281
　　　　サイロ分離-----------------284
　　　　デプロイ時の分離---------283-284
　　　　プール分離--------------281-283
　　　　ルートベースの分離-------285-287
　　サイロ化された関数--------------269
　　実行時---------------------218-224
　　生成AI-------------------------399
　　ティアリング-------------------348
　　データパーティショニング--------183

デプロイ時---------------------218-224
認可-------------------------214-216
フルスタック----------------213, 224-225
フルスタックのプールデプロイモデル----66
ポリシーの管理----------------229-230
ランタイム
　　拡張性----------------------222-224
　　傍受---------------------------221
リソースレベル----------------213, 225-227
分離資格情報の注入（isolation credential injection）----281
分離モデル（isolation model）
　　アイテムレベルの分離------------213
　　フルスタックの分類--------------213
　　リソースレベルの分離------------213
　　レイヤー-------------------216-218
ベアラートークン（bearer token）----163-164
平均検出／復旧時間（mean time to detection/recovery）
-------------------------------------298
ベースライン環境（baseline environment）----78
　　DevOps-------------------------79
　　管理コンソールからオンボーディングの開始----82
　　構築------------------------79-81
　　コントロールプレーン------------80
　　　　プロビジョニングの選択肢----83-84
　　システム管理者のアイデンティティ----82
　　プール化されたリソース----------80
ベースラインメトリクス（baseline metrics）----306
傍受（interception）-----------------221
ポッドのデプロイモデル（pod deployment model）----73-75

ま行

マネージドサービスプロバイダー
（Managed Service Provider：MSP）モデル----13
マルチテナント（multi-tenant）
　　概要------------------------8-11
　　用語----------------------------8
マルチテナントサービス（multi-tenant service）----161-163
　　Lambda Extensions-------------177
　　Lambdaレイヤー----------------177
　　一元化--------------------172-175
　　サイドカー----------------176-177
　　テナントコンテキスト----------163-164
　　　　データアクセス-----------167-169
　　　　メトリクス--------------165-167
　　　　ログ-----------------164-165
　　テナント分離---------------170-172
　　特性----------------------175-176
　　ミドルウェア-------------------177
マルチテナントの認証フロー
（multi-tenant authentication flow）----138
　　万能な認証方法-----------------140

フェデレーション	140
例	138

メトリクス (metrics)
運用メトリクス	294
運用コンソール	311
サービス設計	160-161
テナントアクティビティ	294-296
テナントコンテキスト	165-167
計装	306-307
コントロールプレーン	29
集約	306-307
俊敏性メトリクス	296-299
可用性	297
サイクルタイム	298
デプロイ / リリース頻度	297
デプロイの失敗	298
不具合検出漏れ率	298
平均検出 / 復旧時間	298
使用量メトリクス	299
アーキテクチャの階層	301-302
マイクロサービス層	302
リソースレベル	300
テナントあたりのコストメトリクス	302-304
ビジネス健全性メトリクス	304-305
複合メトリクス	305-306
ベースラインメトリクス	306

や行

役割ベースのアクセス制御
（role-based access control：RBAC)	215, 347
有効期限 (time-to-live：TTL)	222

ユーザー (user)
管理者	87
システム管理者	38
テナント管理者	38
テナントとユーザーの管理	111
テナントユーザー	38
プール	105
ユーザーアイデンティティ (user identity)	95
共有	106

ら行

ランタイム分離 (runtime isolation)	218-224
拡張性	222-224
傍受	221

リソース (resource)
オンボーディングされたリソースの追跡	93
プール化された	80

リソースレベルの分離 (resource-level isolation)
	213, 225-227

リモートアプリケーションサービス
(remote application service)	373-374

リモートアプリケーションプレーン
(remote application plane)	375-376
リモート環境 (remote environment)	370
リモートデータ (remote data)	372-373

リモートリソース (remote resource)　366
アクセス	378
オーナーシップ	367-369
オンプレミス	370
オンボーディング	377-378
可用性	378
更新のデプロイ	379
コントロールプレーン	371
スケーリング	378
地域ごとのデプロイとの違い	370-371
プロビジョニング	377-378
利用できない	372

リリース (release)
ターゲットリリース	315-317
頻度	297

リレーショナルデータベースのパーティショニング
(relational data partitioning)	189
サイロモデル	190-192
プールモデル	189

ルーティング (routing)
EKS	243-245
Ingressコントローラ	243
インバウンドロードバランサー	243
コンテナ	145-146
サーバーレス	142-144
サーバーレスコンピューティング	275
サーバーレステナントのルーティングモデル	274
サービスメッシュ	243
テナントごとのAPI Gatewayモデル	143
認証済みのテナント	140-142
フルスタックのサイロデプロイモデル	55

ルートベースの分類 (route-based isolation)	285-287
レガシーコード (legacy code)	336

ログ (logging)
運用コンソール	311
テナントコンテキスト	164-165
テナントを意識	165, 327, 336

わ行

ワークロード (workload)	181

著者紹介

Tod Golding（トッド・ゴールディング）

クラウドに最適化されたアプリケーションの設計とアーキテクチャに10年間携わってきたクラウドアプリケーションアーキテクト。AWSのグローバルSaaS部門を率いるトッドは、SaaS技術の第一人者として、幅広いチャネル（講演、執筆、さまざまなSaaS企業との直接的な業務）を通じてSaaSのベストプラクティスに関する指針を公開および提供している。トッドは、技術リーダー、アーキテクト、開発者として20年以上の経験があり、スタートアップからテクノロジー大手（AWS、eBay、Microsoft）まで、さまざまな企業で働いた経歴がある。トッドは、技術カンファレンスで講演するだけでなく、*Professional .NET Generics*の著者でもあり、*Better Software*誌のコラムニストでもあった。

訳者紹介

河原 哲也（かわはら てつや）

アマゾン ウェブ サービス ジャパン合同会社にて、ISV/SaaS事業者を中心としたAWSソフトウェアパートナーをBuild, Market, Sellの観点で幅広く支援するソリューションアーキテクトチームの本部長として従事。近年はAWS Marketplaceビジネスに注力している。前職の国産ハードウェアベンダーでは、自社製品とさまざまなISV製品の組み合わせによる基幹システムパッケージSAP向けプラットフォームソリューションの開発と展開を推進していた。

櫻谷 広人（さくらや ひろと）

アマゾン ウェブ サービス ジャパン合同会社にて、パートナーソリューションアーキテクトとして、主にISV/SaaS事業者を中心としたSaaS開発/運用関連の技術支援に従事。その他、サーバーレス技術やAWS Marketplaceの利用を推進する活動を行う。前職では、eコマース領域のスタートアップの立ち上げに携わり、執行役員CTOとしてプロダクトマネジメントや開発チームのリードを務める。

査読協力

岩浅 貴大（いわさ たかひと）、矢ヶ崎 哲宏（やがさき あきひろ）、豊田 真行（とよだ まさゆき）

表紙の説明

「マルチテナントSaaSアーキテクチャの構築」の表紙を飾る動物は、オオミミギツネ（*Otocyon megalotis*）です。この小さくて友達のような形をした生き物は、実はイヌ科の原始的な種で、更新世中期（12万6千年前から77年前）のある時期に初めて出現した、最古の犬の一種です。オトキオン属（ギリシャ語で耳を意味する*otus*と、犬を意味する*cyon*が語源）の現存する唯一の種でもあります。

オオミミギツネは、東部アフリカと南部アフリカにおいて、地理的に約600マイル離れた2つの異なる個体群（カネスケンス亜種とメガロティス亜種）＊が確認されています。この地域の開放的な草原、低木地、サバンナ、林縁などで、つがいや小さな家族群で生活し、巣穴で子育てをしています。巣穴は、乾燥環境や半乾燥環境の極端な気温から身を守る避難所としても使われます。

大きな耳は、乾燥地帯の生息種によく見られる特徴であり、体温調節に一役買っています。その表面積によって、熱を外部に逃がしやすくなっているのです。また、オオミミギツネは、その大きな耳を活かして、餌の大半を占めるシロアリやサソリ、その他の虫の地中の動きを察知することもできます。興味深いことに、オオミミギツネはイヌ科の動物の中で唯一、完全な食虫性と考えられており、その食性に適応するため、他のイヌ科の動物よりも歯が小さくなっています。

生息数が安定していることもあり、オオミミギツネは、IUCN（国際自然保護連合）によって保護の観点から低危険種として分類されています。オライリーの表紙を飾る動物の多くは絶滅の危機に瀕しています。そのすべてが世界にとって重要な動物なのです。

表紙のイラストはカレン・モンゴメリー（Karen Montgomery）によるもので、*The Natural History of Animals*のアンティークな線刻画が元になっています。本シリーズのデザインは、イーディ・フリードマン（Edie Freedman）、エリー・フォルクハウゼン（Ellie Volckhausen）、カレン・モンゴメリー（Karen Montgomery）によるものです。

＊ https://oreil.ly/qDLG4

マルチテナントSaaSアーキテクチャの構築
──原則、ベストプラクティス、AWSアーキテクチャパターン

2025年1月15日　初版第1刷発行
2025年6月18日　初版第3刷発行

著　　　者	Tod Golding（トッド・ゴールディング）	
訳　　　者	河原 哲也（かわはら てつや）、櫻谷 広人（さくらや ひろと）	
発 行 人	ティム・オライリー	
制　　　作	スタヂオ・ポップ	
印刷・製本	日経印刷株式会社	
発 行 所	株式会社オライリー・ジャパン	
	〒105-0003　東京都港区西新橋一丁目18番6号	
	TEL　（03）6257-2177	
	FAX　（03）6257-3380	
	電子メール　japan@oreilly.co.jp	
発 売 元	株式会社オーム社	
	〒101-8460　東京都千代田区神田錦町3-1	
	TEL　（03）3233-0641（代表）	
	FAX　（03）3233-3440	

Printed in Japan（ISBN978-4-8144-0101-7）
落丁、乱丁の際はお取り替えいたします。

本書は著作権上の保護を受けています。本書の一部あるいは全部について、株式会社オライリー・ジャパンの承諾を得ずに、著作権法の範囲を超えて無断で複写、複製することは禁じられています。